湖北省学术著作出版专项资金资助项目

智　能　制　造　技　术　丛　书

小波有限元方法及其在结构健康监测中的应用

杨志勃　田绍华　张兴武　翟　智　陈雪峰　著

武汉理工大学出版社
·武　汉·

内 容 提 要

小波有限元方法是近年来依据已有小波理论并结合传统有限元理论发展而来的一种快速、高效的数值方法，对于结构动力学分析等问题具有优良的计算能力。本书以小波有限元方法及其在结构健康监测中的应用为研究对象，形成了一系列的研究成果，从频率、振型、信息融合等角度阐述了相关问题。

本书对从事机械故障诊断、损伤检测及动力学分析的研究人员和专业技术人员具有一定的参考价值，也可作为高等院校相关专业的研究生教材或参考书。

图书在版编目(CIP)数据

小波有限元方法及其在结构健康监测中的应用/杨志勃等著. —武汉：武汉理工大学出版社，2019.6

ISBN 978-7-5629-5961-8

Ⅰ. ①小… Ⅱ. ①杨… Ⅲ. ①小波理论-有限元法-应用-结构-监测-研究 Ⅳ. ①TU317

中国版本图书馆 CIP 数据核字(2019)第 124816 号

项目负责人：王兆国　　**责 任 编 辑**：余士龙

责 任 校 对：刘　凯　　**封 面 设 计**：兴和设计

出版发行：武汉理工大学出版社(武汉市洪山区珞狮路 122 号　邮编：430070)

http://www.wutp.com.cn

经 销 者：各地新华书店

印 刷 者：武汉市金港彩印有限公司

开　　本：787×1092　1/16

印　　张：15.75

字　　数：403 千字

版　　次：2019 年 6 月第 1 版

印　　次：2019 年 6 月第 1 次印刷

印　　数：1～1500 册

定　　价：89.00 元

凡购本书，如有缺页、倒页、脱页等印装质量问题，请向出版社发行部调换。

本社购书热线电话：027-87515778　87515848　87785758　87165708(传真)

前　　言

小波有限元方法是近年来依据已有小波理论并结合传统有限元理论发展而来的一种快速、高效的数值方法，对于结构动力学分析等问题具有优良的计算能力。本书以小波有限元方法及其在结构健康监测中的应用为研究对象，形成了一系列的研究成果，从频率、振型、信息融合等角度阐述了相关问题。

全书共分为 9 章，第 1 章介绍了小波有限元的发展历史及结构健康监测方法的背景；第 2 章介绍了一般小波有限元、小波弯曲单元、多变量小波有限元方法和小波复合材料单元的理论基础，解决了复杂小波有限元格式的一般推导问题；第 3 章至第 6 章结合小波有限元方法近些年的发展，分别展示了一般小波单元、小波弯曲单元、多变量小波单元、小波复合材料单元等多种单元的构造方法，形成了相关小波单元族；第 7 章以特征值频率为监测对象，开展了基于小波有限元方法频率预测的损伤识别研究；第 8 章以特征向量模态为对象开展了损伤识别研究；第 9 章以应变模态为对象，系统地阐述了信息融合相关方法在结构健康监测中的应用。

感谢国家自然科学基金项目（项目编号：51875433、51605365），陕西省青年科技新星计划（2019KJXX-043）、陕西省重点研发计划（2017ZDCXL-GY-02-01、2017ZDCXL-GY-02-02）及西安交通大学中央高校基本科研业务费的资助与支持。本书的具体编写分工如下：杨志勃教授参与了本书第 1 章至第 9 章的撰写工作和相关研究工作；陈雪峰教授参与了本书第 1 章至第 3 章的撰写工作；张兴武副教授参与了本书第 5 章的撰写工作；翟智助理研究员参与了本书第 6 章的撰写工作；田绍华博士参与了本书第 7 章至第 9 章的撰写工作，并在整个编撰过程中给予了极大的支持和帮助。同时，非常感谢左浩博士、耿佳博士在本书的编撰过程中给予的支持和帮助。

本书对从事机械故障诊断、损伤检测及动力学分析的研究人员和专业技术人员具有一定的参考价值，也可作为高等院校相关专业的研究生教材或参考书。由于时间关系和作者水平所限，书中难免会有各种纰漏与错误，烦请各位读者不吝指教、批评指正。今后我们会继续努力并不断充实书中内容，希望通过本书与同行学者进行深入的学术交流，起到抛砖引玉的作用。

作　者

2018 年 9 月

目　　录

1 绪　论

1.1 机械健康监测及模型问题

1.1.1 机械的健康监测问题

由于设计上的缺陷、结构材料老化、自然灾害以及使用失当等原因，机械设备在运行过程中大量存在着诸如疲劳裂纹、松动、蠕变、失稳、腐蚀及磨损等损伤状态，极大地威胁着使用者的安全。在结构健康监测(Structural Health Monitoring，SHM)被明确界定前，工程界就已开展了若干以无损检测技术为核心的工程结构状态检查。随着传感技术的进一步发展，现今大多数重要结构在制造或建造过程中均预先埋入了诸多传感器进行实时的动力学无损检测。因此，结构健康监测与无损检测技术在工程结构中已融为一体，保障着人类的安全，而作为一个新兴的独立概念，结构健康监测技术自提出至今尚不足 30 年[1]。

早期的 SHM 技术可追溯至海洋平台工程、桥梁工程、土木工程及水利工程的研究当中，美国土木工程师学会(ASCE)每年都会对国内各领域工程结构健康的状况进行评级。该学会在 2012 年年度基础设施报告书中指出，美国有 1/3～1/2 的路桥、建筑等基建设施存在不同程度的结构性损伤，更预计在 2020 年前投入用于结构维护的资金将超过 3.6 万亿美元[2]；其交通部报告亦指出每年约有 5600 座桥梁需要更新。邻国日本预计到 2020 年将有超过半数的桥梁由于结构损伤需要进行维护[3]。由于存在大量事故案例与客观需求，结构健康监测技术在关乎国计民生的土木结构安全及健康研究领域引起了学者们的广泛关注。虽起源于土木建筑类行业，但结构健康监测的内涵早已超出了原有的范畴，延伸至与国民经济息息相关的各行业。机械行业涵盖面广，且机电设备事故常见且多发，对人民经济、安全等方面的危害不亚于土木建筑，因此，对机电设备开展健康监测研究也显得十分重要。据欧盟统计，全世界由于机械构件的断裂、疲劳等失效破坏所造成的经济损失高达各国国民生产总值的 6%～8%[4]；美国空军号称最安全的战斗机 F-16 在 1975 至 1996 年间由于发动机故障共引发灾难性事故 88 起[5]；在石化产业中，美国石化企业每年因机械故障导致的直接经济损失高达 160 亿美元[6,7]。当采用了恰当的监测手段后，经济损失与事故发生率可以大大地降低，例如，日本实施故障诊断技术后机械事故发生率降低为原先水平的 25%左右，因此节省了近 50%的维修费用[8]；英国 2000 个工厂在采取故障监测技术后每年可节约维修费用 3 亿英镑[6]。由此可见，对机械结构开展健康监测不仅可以有效地避免恶性事故的发生，而且对确保重大装备的安全服役具有重大的社会意义和经济意义。机械工程与其他学科存在着较深入的学科交叉，开展机械结构的健康监测既要求力学、结构、非线性科学等最新的理论和技术支持，又要求损伤机理实验、实际工程验证、监测系统调试，使得系统论、信息论、电气等学科在其中拥有广阔的用武之地。“中国制造 2025”、“科技创新 2030”、两机专项等也对机械结构健康监测技术提出了更多、更高、更新的要求，使得该项研究具有更深刻的学术意义和现实意义。

即使是对于机械健康监测这样一个内容相对有限的领域，健康监测技术的组成也显得相当宽泛，包括监测系统硬件研究、软件研究、远程监测的网络协议研究、无线传感网络研究，等等。但毋庸置疑，作为结构健康监测基础的无损检测方法与算法才是该项技术的研究核心所在，而其他研究均是为更好地进行损伤辨识提供准确的测试量及其他数据传输服务[1]。从机械工程应用的角度来看，使用传统的无损检测技术均在不同程度上难以满足机械结构损伤检测中在线检测、原位检测及通用性的要求，如：磁粉探伤方法只适用于铁磁性材料的表面损伤检测；荧光探伤方法仅适用于结构件表面裂纹检测，且需在特殊光照环境中进行辨识；X 射线检测设备昂贵，电磁辐射危害健康；超声检测对工作表面要求严格，对缺陷揭示缺乏直观性，不适用于表面缺陷的检测。因此，以上方法均难以应用在健康监测当中。另一方面，在机械结构运行过程中存在着大量振动信号，诸如位移、速度、加速度、动态应力-应变等，对这些信号的测试与分析往往不会影响到机械结构的运转或工位，因此，利用振动信号进行结构动力学无损检测是机械结构健康监测的核心与内涵所在。

机械结构动力学无损检测可分为模型修正法、模态参数指标法（包括频率、振型等）以及应力波监测。其中，模型修正法以损伤数值模型得到的仿真数据为基础，为实际损伤结构测试数据提供参考，多以损伤数据库查询的方式实现健康监测；模态参数指标法以结构的整体动力学平衡方程为基础，通过计算和测试模态参数量在损伤前后的变化来反映损伤；应力波监测则以结构的局部动力学平衡为依据，根据局部损伤对应力波的反射作为损伤判据，结合数值模型计算判定损伤，往往适用于不易被充分激励结构的动力学无损检测。总结三类方法可以发现，它们对损伤的辨识不同程度地依赖于数值模型求解（正问题）和损伤指标的建立（反问题），因此，开展结构健康监测中的正反问题结合研究有利于提升现有监测技术的效果及效率。

1.1.2 计算力学的发展为结构健康监测的精确建模提供了有效途径

力学理论的发展是与数学物理方程求解方法发展并行的，作为力学的重要分支，计算力学的发展过程更是如此。传统的力学观点认为，只要将合适的力学模型上升到数学模型并最终得到偏微分方程或方程组，确定其各种边界条件及耦合，余下的工作就是对方程进行求解。但实际情况却远非如此，对实际物体进行合理抽象化往往是极其困难的，与此同时，对基本方程的求解也远未达到完善的地步。因此，计算力学被更广泛地引入到实用当中。

纵观计算力学的发展历程，先进数值方法的出现，特别是有限元及边界元等方法的出现，总是能为结构设计与分析提供强大的支撑与发展的动力。结构健康监测研究中存在大量建模问题，而模型中往往存在裂纹局部应力集中、边界条件突变等奇异性问题，以及其他大梯度问题，传统数值方法对这些问题的分析存在收敛速度慢、分析精度低等制约，给准确和实时地进行机械结构健康监测造成了一定困难。使用合适的数值方法可以有效地解决或缓解这些问题，例如 Doyle 和 Gopalakrishnan 等开展的谱元研究[9-12]及小波谱元研究[13-23]，Ostachowicz 等提出的谱有限元法[24-29]和 Narendar 等提出的改进 Terahertz 波方法[30,31]以及 Chen 等开展的小波有限元研究[32,33]，都为结构健康监测中的应力波传播分析提供了可靠的分析方法；在以模态参数为对象的监测手段方面，Nelson 等提出的大型有限元简化计算方法为大型结构的特征值快速计算提供了有效的途径[34]；Karaağacl₁ 等提出的动态有限元方法为频率监测提供了手段[35]，而 Karaagac 则使用能量原理推导出有限元正向问题中的裂纹模型列式，解决了传统裂纹模型精度不足给结构健康监测带来的问题[36-38]。这些工作从不同角度支持了结构健康监测技术的发展与应用研究。

近几年来小波变换理论和有限元技术得到了迅速发展，带动了小波有限元技术的发展和在结构健康监测技术中的应用[39-44]。小波有限元技术采取小波函数与尺度函数代替传统的有限元多项式插值函数，在具备了传统有限元的一般优势的同时，其多尺度多分辨的优势对裂纹分析等大梯度和奇异性问题显现出独特的优势[45,46]，因此更适合于结构健康监测建模使用。以小波有限元结合高精度的裂纹模型和几何模型，有望提升传统结构健康监测方法的效果，从而产生充满生机和活力的结构动力学无损检测新技术。

1.2 小波有限元的发展历史与特点

有限元的本质可以归结为变分原理和逼近空间的采用。狭义的有限元将分片插值多项式作为逼近空间，而广义的有限元采用更广泛的基函数作为逼近空间[47]。传统有限元法在求解大梯度和裂纹等典型奇异性问题时需要在该区域采用十分精细的网格或采用高阶单元，随着梯度变化或裂纹发生扩展，在新的计算过程中需要重新划分相应的网格，这样极大地降低了计算精度和计算效率。

小波分析是当今数学领域研究的热点，其突出的优势在于小波在时域和频域都具有良好的局部化特性，从而可以聚集到对象的任意细节，目前被广泛应用于信号处理[48]、图像处理[49]、故障诊断[50]和数值计算[51]等领域。小波理论的强劲发展也无不例外地进入有限元领域。小波有限元法是将信息科学领域中的小波理论与传统有限元法变分原理互相交叉融合而形成的一种新型数值分析工具。小波有限元主要是针对传统有限元方法在计算大梯度、裂纹等奇异性问题存在不足而提出的。小波有限元将传统有限元多项式插值函数利用小波基函数进行替代，该方法结合了传统有限元离散逼近的优点和小波函数多分辨、多尺度等优良特性，是一种优于传统单元网格加密和阶次升高的自适应有限元算法。小波有限元法具有求解精度高、收敛速度快、数值稳定性好等优良特性，可为具体问题分析提供一簇数值稳定的小波单元。因此，小波有限元对裂纹分析、大梯度和应力集中等奇异性问题求解具有优越性[47]。目前，小波有限元广泛采用 Daubechies 小波、样条小波、区间 B 样条小波以及 Hermite 小波等小波基函数，为结构分析和工程应用提供了更多选择。

1.2.1 Daubechies 小波有限元

具有良好的紧支性、正交性的 Daubechies 小波自问世以来，引起了诸多学者的关注，对其理论研究和应用研究异常活跃，研究成果层出不穷[52]。美国德州农工大学 Ko 等[53]于 1995 年利用具有紧支和正交特性的 Daubechies 小波构造了 V_0 逼近空间的规则区域内的小波单元，并基于变分原理研究了一维和二维的 Neumann 问题。随后，Ko 等[54]利用 Daubechies 小波尺度函数代替传统有限元经常采用的多项式插值，并重点阐述了三角形小波单元的构造过程，真正实现了小波理论扩展至结构有限元分析领域。利用 Daubechies 小波尺度函数作为插值函数构造结构小波单元，紧支性可以保证以最少的自由度最大限度地逼近待求函数，正交性可以保证有限元形成的刚度矩阵和质量矩阵都是稀疏矩阵，这样可以极大地减少奇异性问题有限元求解的计算量。Patton 等[55]利用 Daubechies 尺度函数构造了一维小波单元用于结构振动和波传播问题的求解，该方法可以减少结构分析所需的自由度，提高计算效率。美国休斯敦大学 Glowinski 等[56]比较了 Daubechies 小波有限元和传统有限元在求解具有 Neumann 边界条件的泊松方程的计算精度和求解效率，指出小波有限元的优势在于高精度和高效率，而存在的主要问题是处理边界条件和构造小波单元。Lilliam 等[57]将 Daubechies 小波尺度函数作为有限元插值基函数，构造了 Euler-Bernoulli 梁和 Mindlin 板的 Daubechies 小波单元，并通过数值算例验证了其求解精度。印度学者 Mitra 等[58,59]改进了传统频域谱元法，将具有紧支性、多分辨率的 Daubechies 小波尺度函数引入导波传播建模过程，提出了适用于高频导波传播机理研究的小波谱有限元法，并开展了一维、二维结构损伤导波传播机理研究。小波谱有限元法将导波传播偏微分方程转化为常微分方程，利用 Daubechies 小波基函数实现时域空间逼近。由于 Daubechies 小波基函数具有紧支性和局部化的优点，小波谱有限元法有效地解决了传统频域谱元法在时域内由傅里叶变换引起的“环绕问题”。随后，Gopalakrishnan 等[60-62]将小波谱有限元法扩展至复合材料结构领域，基于第一阶剪切变形理论构造了适用于一维和二维结构导波传播机理研究的 Daubechies 小波单元，并研究了复合材料层合板和胶接复合梁结构导波传播机理及损伤作用过程。

骆少明等[63]提出了一种基于小波基函数插值的有限元方法，该方法可以利用正交 Daubechies 小波基函数对大梯度及具有突变性质的问题进行高精度分析，随后讨论了其数值稳定性和收敛性。Ma 等[64,65]构造了一维 Daubechies 小波梁单元，利用转换矩阵实现了小波空间与物理空间的转换，解决了相邻单元之间的连接和边界问题，数值结果表明该方法具有较高的计算精度。西安交通大学陈雪峰等[66,67]提出了任意尺度在[0,1]区间上计算刚度矩阵和载荷向量的联系系数积分方法，构造了二维 Daubechies 小波薄板单元，研究了方形和 L 形板平面应力问题。随后，陈雪峰等[68]提出了基于 Daubechies 小波有限元模型的裂纹故障诊断的三线相交法，利用等效扭转线性弹簧模型模拟结构裂纹，实现了悬臂梁结构裂纹位置和深度参数的定量诊断。他们的研究结果表明，小波有限元方法在处理奇异性问题时具有分析精度高和局部化计算的能力。中南大学金坚明等[69]构造了具有紧支性的非张量积形式二维 Daubechies 小波单元，并将其用于弹性薄板的变形问题。兰州大学周军等[70]改进了小波逼近函数，构造了适用于静力学、动力学和屈曲分析的 Daubechies 小波梁和板单元，实现了广义边界条件常规化处理。然而，由于 Daubechies 小波没有显式数学表达式，其尺度函数和小波函数通常以数值和曲线方式给出，联系系数计算困难，目前使用传统的数值积分无法得到令人满意的精度，这也限制了其在有限元领域的应用。

1.2.2 样条小波有限元

样条函数的概念是美国数学家 Schoenberg[71]于 1946 年提出，他认为在数学向量场中描述平滑且片段连续的多项式，低阶的样条插值能产生和高阶多项式插值类似的效果，并且可以避免“龙格现象”数值不稳定的出现。1979 年，我国石钟慈院士[72]提出了样条有限元，研究了梁、板以及梁板组合结构弯曲变形，并指出 B 样条函数对于中厚板和壳体需要微分连续性的问题，计算量少而精度佳。随后，我国台湾学者 Chen 等结合有限元的多功能性和 B 样条小波逼近精度和多分辨率的优点提出了样条小波有限元法，并构造了 B 样条小波单元分析桁架[73]和薄膜[74]结构振动问题。Canuto 等[75,76]详细讨论了半正交 B 样条小波有限元构造基本原理,并采用全域离散法给出了在偏微分方程求解的应用实例,证明了样条小波有限元的有效性和在奇异性、大梯度问题求解中的优越性。合肥工业大学沈鹏程教授[77-79]长期从事样条有限元的应用研究,将 B 样条函数引入到力学问题的求解中,系统地介绍了 B 样条小波有限元在计算力学中的应用,并对板、壳等结构进行了弯曲变形、自由振动以及稳定性分析。Ren 等[80]详细论述了一维、二维以及三维典型样条小波单元构造,并求解了两端固支梁、平板以及悬臂短梁的静力学问题,研究结果表明样条小波有限元适用范围广,且数值求解精度高、收敛速度快。Liu 等[81]应用 B 样条小波有限元法研究了二维弹性结构大变形问题。随后,Liu 等[82]在整个结构求解域使用不同的 B 样条小波尺度函数逼近,实现了二维结构弹性变形多尺度分析。

相比于其他小波基函数,区间 B 样条小波(B-spline wavelet on the interval,BSWI)的多分辨率以及局部化特性,可以有效地克服边值问题分析时数值振荡问题[83,84]。此外,区间 B 样条小波具有解析表达式,可以方便地获得积分和微分联系系数。因此,以区间 B 样条小波作为插值函数的样条小波有限元也吸引了诸多学者的重点关注。英国布鲁内尔大学 Musuva 等[85]利用 BSWI 小波有限元法研究动载荷作用下的框架结构的振动问题,与传统有限元法相比,小波有限元法采用较少的单元就可以获得更高的计算精度。Amiri 等[86]将小波有限元法应用于梁结构损伤定位,利用 BSWI 小波尺度函数构造了含多损伤 Euler 梁单元,并利用前三阶模态振型成功识别了结构损伤参数。南京航空航天大学尤琼等[41]构造了基于 BSWI 小波的车桥系统相互作用有限元模型,成功地将小波有限元法应用于移动载荷识别反问题研究。桂林电子科技大学 Xiang 等以区间 B 样条小波为基函数,构造了一系列小波单元,如梁[87]、板[88,89]和壳[90]等典型结构 BSWI 小波单元,并成功地将小波有限元方法应用于转子的裂纹故障诊断[91]。西安交通大学陈雪峰等[92]长期开展样条小波有限元的理论研究,基于 Mindlin 板理论构造了适用于中厚板自由振动和屈曲分析的 BSWI 小波板单元,数值结果表明 BSWI 小波有限元的求解精度和计算效率都非常好。随后,陈雪峰等在结构建模阶段用壳体假设代替传统的几何逼近,构造了曲梁[93]、柱壳以及双曲壳[94]等结构小波单元,提高了传统小波有限元求解弯曲结构的计算精度。Zhang 等[95,96]基于多变量广义势能原理构造出相应的多变量 BSWI 小波单元,实现广义位移、广义力和广义应变三类场变量的独立求解,同时也避免了传统方法在后两类场变量分析中的二次求解,提高了分析精度和计算效率。Geng 等[97]基于广义势能原理和 BSWI 小波尺度函数构造了 C1 型 B 样条薄板(C1BKP)小波单元,该单元可以求解薄板结构的高阶固有频率。

借助样条小波有限元在求解结构静力学和动力学问题上具有精度高、收敛快等优点,且使用较少的小波单元就可以获得令人满意的计算结果,诸多学者将 BSWI 小波有限元应用于结构导波传播机理研究。Yang 等利用 BSWI 小波有限元法研究了一维杆、梁[98]以及曲梁[99]结构中的导波传播特性,并根据 Castigliano 能量定理建立了相应的裂纹损伤模型,研究了一维结构导波传播规律及与损伤相互作用过程。随后,Yang 等将该方法扩展至二维结构导波传播问题,研究了面内导波传播规律,并通过商业软件 ABAQUS 验证了求解结果的有效性与精确性[100]。研究结果表明:采用 BSWI 小波有限元方法能够为结构健康监测中的导波传播问题提供可靠、有效的数值计算工具。Xu 等[101]利用 BSWI 小波有限元法构造了地基承受谐波周期载荷作用的多尺度模型,该模型可以精确地描述地基结构应力波传播问题。大连理工大学李东升等[102]结合小波有限元和传统谱元法的优点，提出了基于快速傅里叶变换的BSWI小波有限元求解一维结构导波传播问题，并全面对比了传统有限元法、BSWI小波有限元法、谱元法以及基于快速傅里叶变换的BSWI小波有限元求解导波传播问题的优缺点。目前，样条小波有限元仅限于线弹性结构和各向同性结构单元构造，并未实现复合材料结构等复杂结构单元构造。

1.2.3 Hermite小波有限元

Hermite小波函数具有紧支性、高阶的消失矩、半正交性以及正则性等优良特性，因此其可用于解决奇异性问题，并可在提高计算精度的同时降低运算量。2006年，加拿大阿尔伯塔大学Jia等[103]构造了区间Hermite三次样条小波，并对其性质作出了详细的论述，然后将其用于求解具有Dirichlet边界的Sturm-Liouville问题。Zupan等[104]基于小位移变形假设构造了扭曲Hermite小波梁单元，解决了弯曲梁和空间扭曲梁结构有限元计算精度不高的问题。Hermite小波基函数的正交性与给定的内积有关，相应的多尺度方程将在一定范围内解耦，Hermite小波基函数可以通过提升策略来实现区域内网格逼近。因此，Hermite小波有限元法非常适用于结构多尺度数值分析。Xiang等[105]提出了一种用于求解一维和二维泊松方程的多尺度小波数值方法，该方法通过提高局部区域的Hermite小波基函数尺度来达到提高计算精度的目的。随后，Xiang等将Hermite小波有限元应用于梁类结构多损伤识别[106]和板类结构应力强度因子计算[107]等奇异性问题，研究结果表明Hermite小波有限元适用于大梯度、裂纹奇异性等数值问题，且计算效率优于传统有限元法。Long等[108]基于Hermite小波基函数提出了适用于旋转轴动力学特性研究的多尺度小波数值方法。Chen等[109]指出Hermite小波基函数具有小波的优良特性，如多分辨率和显式表达式，适用于实现Hermite小波有限元的提升策略，并利用Hermite小波基函数作为插值函数求解奇异摄动对流控制扩散问题。中南大学任伟新等[110]将同时具有三角函数良好逼近特性和小波多分辨率和局部特性的Hermite插值型小波引入结构分析领域，推导了相应的梁和刚架Hermite小波单元，并分析了等截面、变截面梁的弯曲变形、自由振动以及失稳问题。随后，任伟新等[111]结合Hermite小波插值函数与传统有限元的多项式插值函数，提出了自适应Hermite小波复合单元法，有效地提高了结构分析的计算精度。Shen等[112]基于三次Hermite小波尺度函数构造薄板小波单元，用以分析薄板、斜板的弯曲和自由振动问题，并与ANSYS和理论解进行对比。香港理工大学Zhu等[113,114]提出了一种自适应尺度损伤识别算法，该方法利用Hermite小波的多尺度构造结构的运动方程和提升策略，在损伤区域分辨率逐渐从低到高变化，实现了梁和板结构损伤的定位和定量识别。西安交通大学薛晓峰等[115]构造了一维梁单元、二维板壳的HCSWI单元，并通过数值算例验证了HCSWI单元在结构分析中具有高精度的优点。随后，薛晓峰等又将Hermite小波有限元应用于各向同性结构应力波传播[116]和载荷识别[117]问题。然而，Hermite小波有限元存在边界问题，通常的做法是截断尺度函数和小波函数；对于复杂边界条件，应使用拉格朗日乘子来处理，难以用于工程问题的求解。

1.3 本书的特点

为了纪念小波有限元方法的重要贡献者何正嘉教授，作者在何正嘉教授原有小波有限元方法的基础上，结合该方法与相关理论在近五年的发展，及作者在结构健康监测领域的一些肤浅研究,写成此书。

参考文献

[1] OSTACHOWICZ W M, GÜEMES J A. New trends in structural health monitoring. Springer, 2013.

[2] ASCE. ASCE 2012 年年度报告. http://www. asce. org/reportcard/2013.

[3] 曹茂森. 基于动力指纹小波分析的结构损伤特征提取与辨识基本问题研究. 南京:河海大学,2005.

[4] 高庆. 工程断裂力学. 重庆:重庆大学出版社,1986.

[5] 陆惠良. 军事飞行事故研究. 北京:国防工业出版社,2003.

[6] LEE G, HAN C, YOON E S. Multiple-fault diagnosis of the Tennessee Eastman process based on system decomposition and dynamic PLS. Industrial & Engineering Chemistry Research, 2004, 43(25): 8037-8048.

[7] LEE G, SONG S O, YOON E S. Multiple-fault diagnosis based on system decomposition and dynamic PLS. Industrial & Engineering Chemistry Research, 2003, 42(24): 6145-6154.

[8] 吴善超,韩宇. 关于落实《国家自然科学基金"十二五"发展规划》的认识与思考. 中国科学基金,2011,20:228-232.

[9] GOPALAKRISHNAN S, DOYLE J F. Spectral super-elements for wave propagation in structures with local nonuniformities. Computer Methods in Applied Mechanics and Engineering, 1995, 121(1-4): 77-90.

[10] GOPALAKRISHNAN S, DOYLE J F. Wave propagation in connected wave guides of varying cross-section. Journal of Sound and Vibration, 1994, 175(3): 347-363.

[11] GOPALAKRISHNAN S, MARTIN M, DOYLE J F. A matrix methodology for spectral-analysis of wave-propagation in multiple connected timoshenko beams. Journal of Sound and Vibration, 1992, 158(1): 11-24.

[12] DOYLE J F. Wave propagation in structures. Springer, 1989.

[13] MITRA M, GOPALAKRISHNAN S. Vibrational characteristics of single-walled carbon-nanotube: Time and frequency domain analysis. Journal of Applied Physics, 2007, 101(11): 114320.

[14] MITRA M, GOPALAKRISHNAN S. Wavelet spectral element for wave propagation studies in pressure loaded axisymmetric cylinders. Journal of Mechanics of Materials and Structures, 2007, 2(4): 753-772.

[15] MITRA M, GOPALAKRISHNAN S. Extraction of wave characteristics from wavelet-based spectral finite element formulation. Mechanical Systems and Signal Processing, 2006, 20(8): 2046-2079.

[16] MITRA M, GOPALAKRISHNAN S. Wavelet based 2-D spectral finite element formulation for wave propagation analysis in isotropic plates. CMES-Computer Modeling in Engineering & Sciences, 2006, 15(1): 49-67.

[17] CHAKRABORTY A, GOPALAKRISHNAN S. A spectral finite element model for wave propagation analysis in laminated composite plate. Journal of Vibration and Acoustics-Transactions of the Asme, 2006, 128(4): 477-488.

[18] MITRA M, GOPALAKRISHNAN S. Wavelet based spectral finite element for analysis of coupled wave propagation in higher order composite beams. Composite Structures, 2005, 73(3): 263-277.

[19] MITRA M, GOPALAKRISHNAN S. Wave propagation analysis in carbon nanotube embedded composite using wavelet based spectral finite elements. Smart Materials & Structures, 2005, 15(1): 104-122.

[20] CHAKRABORTY A, GOPALAKRISHNAN S. Thermoelastic wave propagation in anisotropic layered media - a spectral element formulation. International Journal of Computational Methods, 2004, 1(3): 535-567.

[21] CHAKRABORTY A, GOPALAKRISHNAN S. A bigher-order spectral element for wave propagation analysis in functionally graded materials. Acta Mechanica, 2004, 172(1-2): 17-43.

[22] CHAKRABORTY A, GOPALAKRISHNAN S. A spectrally formulated finite element for wave propagation analysis in layered composite media. International Journal of Solids and Structures, 2004, 41(18-19): 5155-5183.

[23] KUMAR D S. MAHAPATRA D R, GOPALAKRISHNAN S. A spectral finite element for wave propagation and structural diagnostic analysis of composite beam with transverse crack. Finite Elements in Analysis and Design, 2004, 40(13-14): 1729-1751.

[24] ŻAK A, RADZIEŃSKI M, OSTACHOWICZ W, et al. Damage detection strategies based on propagation of guided elastic waves. Smart Materials and Structures, 2012, 21(3): 035024.

[25] WANDOWSKI T, OSTACHOWICZ W, et al. Guided wave-based detection of delamination and matrix cracking in composite laminates. Proceedings of the Institution of Mechanical Engineers Part C-Journal of Mechanical Engineering Science, 2011, 225(C1): 123-131.

[26] MAJEWSKA K, MIELOSZYK M, OSTACHOWICZ W. Application of FBGs grids for damage detection and localisation. Applied Mechanic and Materials, 2011, 70: 375-380.

[27] MAJEWSKA K M, ŻAK A J, OSTACHOWICZ W. Vibration control of a rotor by magnetic shape memory actuators-an experimental work. Smart Materials and Structures, 2010, 19(8): 085004.

[28] OSTACHOWICZ W, PAWEL K, PAWEL M, et al. Damage localisation in plate-like structures based on PZT sensors. Mechanical Systems & Signal Processing, 2009, 23(6): 1805-1829.

[29] OSTACHOWICZ W. Damage detection of structures using spectral finite element method. Computers & Structures, 2008, 86(3-5): 454-462.

[30] NARENDAR S, GOPALAKRISHNAN S. Study of terahertz wave propagation properties in nanoplates with surface and small-scale effects. International Journal of Mechanical Sciences, 2012, 64(1): 221-231.

[31] NARENDAR S, GOPALAKRISHNAN S. Terahertz wave characteristics of a single-walled

carbon nanotube containing a fluid flow using the nonlocal Timoshenko beam model. Physica E:Low-Dimensional Systems and Nanostructures,2010,42(5):1706-1712.

[32] CHEN X F,YANG Z B,ZHANG X W,et al. Modeling of wave propagation in one-dimension structures using B-spline wavelet on interval finite element. Finite Elements in Analysis and Design,2012,51:1-9.

[33] CHEN X F, XIANG J W. Solving diffusion equation using wavelet method. Applied Mathematics and Computation,2011,217(13):6426-6432.

[34] NELSON R B. Simplified calculation of eigenvector derivatives. AIAA Journal, 1976, 14: 1201-1205.

[35] Karaağaçlı T, YILDIZ E, ÖZTÜRK H. A new method to determine dynamically equivalent finite element models of aircraft structures from modal test data. Mechanical Systems and Signal Processing,2012,31:94-108.

[36] KARAAGAC C,SABUNCU M,ÖZTÜRK H. Crack effects on the in-plane static and dynamic stabilities of a curved beam with an edge crack. Journal of Sound and Vibration,2011,330(8): 1718-1736.

[37] KARAAGAC C, SABUNCU M, ÖZTÜRK H. Free vibration and lateral buckling of a cantilever slender beam with an edge crack: Experimental and numerical studies. Journal of Sound and Vibration,2009,326(1-2):235-250.

[38] KARAAGAC C,ÖZTÜRK H,SABUNCU M. Lateral dynamic stability analysis of a cantilever laminated composite beam with an elastic support. International Journal of Structural Stability and Dynamics,2007,7(3):377-402.

[39] 向家伟,陈雪峰,李兵,等. 基于区间 B 样条小波有限元的裂纹故障定量诊断. 机械强度,2005,27(2):163-167.

[40] 陈雪峰,何家正,李兵,等. 早期裂纹故障预示中的高精度小波有限元算法. 中国科学 E 辑,2005,35(11):1145-1155.

[41] 尤琼,史治宇,罗绍湘. 基于小波有限元的移动荷载识别. 振动工程学报,2010,23(2): 188-193.

[42] 李兵,陈雪峰,何正嘉. 工字截面梁轨结构裂纹损伤的小波有限元定量诊断. 机械工程学报,2010(20):58-63.

[43] 彭惠芬,孟广伟,周立明. 等. 基于小波有限元法的虚拟裂纹闭合法. 吉林大学学报:工学版,2011,41(5):1364-1368.

[44] 张兴武,陈雪峰,何正嘉,等. 基于多变量小波有限元的一维结构分析. 工程力学,2012,29(8):302-307.

[45] 向家伟,陈雪峰,李锡夔. 基于区间三次 Hermite 样条小波的 Poisson 方程数值求解方法. 应用数学和力学,2009,30(10):1243-1250.

[46] 向家伟,刘毅,陈雪峰,等. 轴承转子系统分析的小波有限元法. 振动工程学报,2009,22(4): 406-412.

[47] 何正嘉,陈雪峰. 小波有限元理论研究与工程应用的进展. 机械工程学报,2005,41(3):1-11.

[48] DEBNATH L. Wavelets and Signal Processing. Heidelberg: Springer,2005.

[49] SAHA S. Image compression——from DCT to wavelets: A review. in The ACM Magazine for Students. 2000,12-21.
[50] YAN R,GAO R X,CHEN X F. Wavelets for fault diagnosis of rotary machines: A review with applications. Signal Processing,2014,96(5):1-15.
[51] LI B,CHEN X F. Wavelet-based numerical analysis: A review and classification. Finite Elements in Analysis & Design,2014,81(4):14-31.
[52] DAUBECHIES I,HEIL C. Ten lectures on wavelets. Computers in Physics,1998,6(3):1671.
[53] KO J,KURDILA A J,PILANT M S. A class of finite element methods based on orthonormal, compactly supported wavelets. Computational Mechanics,1995,16(4):235-244.
[54] KO J,KURDILA A J,PILANT M S. Triangular wavelet based finite elements via multivalued scaling equations. Computer Methods in Applied Mechanics & Engineering,1997,146(1-2):1-17.
[55] PATTON R D,MARKS P C. One-dimensional finite elements based on the Daubechies family of wavelets. AIAA Journal,1996,34(8):1696-1698.
[56] GLOWINSKI R,PAN T W,ZHOU X D,et al. Wavelet and Finite Element Solutions for the Neumann Problem Using Fictitious Domains. Journal of Computational Physics,1996,126(1):40-51.
[57] LILLIAM A D,MARTIN M T,VAMPA V. Daubechies wavelet beam and plate finite elements. Finite Elements in Analysis & Design,2009,45(3):200-209.
[58] MITRA M,GOPALAKRISHNAN S. Wavelet based spectral finite element modelling and detection of de-lamination in composite beams. Proceedings of the Royal Society A,2006,462(2070):1721-1740.
[59] MITRA M,GOPALAKRISHNAN S. Extraction of wave characteristics from wavelet-based spectral finite element formulation. Mechanical Systems & Signal Processing,2006,20(8):2046-2079.
[60] SAMARATUNGA D,JHA R,GOPALAKRISHNAN S. Wavelet spectral finite element for wave propagation in shear deformable laminated composite plates. Composite Structures,2014,108(1):341-353.
[61] SAMARATUNGA D,JHA R,GOPALAKRISHNAN S. Wave propagation analysis in laminated composite plates with transverse cracks using the wavelet spectral finite element method. Finite Elements in Analysis & Design,2014,89:19-32.
[62] SAMARATUNGA D,JHA R,GOPALAKRISHNAN S. Wave propagation analysis in adhesively bonded composite joints using the wavelet spectral finite element method. Composite Structures,2015,122:271-283.
[63] 骆少明,张湘伟.一类基于小波基函数插值的有限元方法.应用数学和力学,2000,21(1):11-16.
[64] MA J X,XUE J J,YANG S J,et al. A study of the construction and application of a Daubechies wavelet-based beam element. Finite Elements in Analysis & Design,2003,39(10):965-975.

[65] 马军星,王进. 弹性地基梁小波有限元分析. 系统仿真学报,2007,19(10):2183-2185.

[66] CHEN X F,MA J X,YANG S J,et al. The construction of wavelet finite element and its application. Finite Elements in Analysis & Design,2004,40(5-6):541-554.

[67] CHEN X F,HE ZH J,XIANG J W,et al. A dynamic multiscale lifting computation method using Daubechies wavelet. Journal of Computational & Applied Mathematics,2006,188(2):228-245.

[68] CHEN X F,HE ZH J,XIANG J W,et al. An efficient wavelet finite element method in fault prognosis of incipient crack. Science in China,2006,49(1):89-101.

[69] JIN J M,XUE P X,XU Y X,et al. Compactly supported non-tensor product form two-dimension wavelet finite element. Applied Mathematics & Mechanics,2006,27(12):1673-1686.

[70] ZHOU Y H,ZHOU J. A modified wavelet approximation of deflections for solving PDEs of beams and square thin plates. Finite Elements in Analysis & Design,2008,44(12-13):773-783.

[71] SCHOENBERG I J. Contributions to the Problem of Approximation of Equidistant Data by Analytic Functions. Boston:Birkhäuser. 1988,3-57.

[72] 石钟慈. 样条有限元. 计算数学,1979. 1(1):50-72.

[73] CHEN W H,WU C W. A spline wavelets element method for frame structures vibration. Computational Mechanics,1995,16(1):11-21.

[74] WU C W,CHEN W H. Extension of spline wavelets element method to membrane vibration analysis. Computational Mechanics,1996,18(1):46-54.

[75] CANUTO C,TABACCO A,URBAN K. The wavelet element method Part Ⅰ:Construction and analysis. Applied & Computational Harmonic Analysis,1998,6(1):1-52.

[76] CANUTO C,TABACCO A,URBAN K. The wavelet element method Part Ⅱ:Realization and Additional Features in 2D and 3D. Applied & Computational Harmonic Analysis,1998,8(2):123-165.

[77] SHEN P C,WANG J G. Solution of governing differential equations of vibrating cylindrical shells using B-spline functions. Numerical Methods for Partial Differential Equations,1986,2(3):173-185.

[78] 沈鹏程,何沛祥. Analysis of bending,vibration and stability for thin plate on elastic foundation by the multivariable spline element method. 应用数学和力学(英文版),1997,18(8):779-787.

[79] 沈鹏程,何沛祥. 计算力学中的样条有限元法的进展. 力学进展,2000,30(2):191-199.

[80] HAN J G,REN W X,HUANG Y. A spline wavelet finite-element method in structural mechanics. International Journal for Numerical Methods in Engineering,2006,66(1):166-190.

[81] LIU Y,SUN L,XU F,et al. B spline-based method for 2-D large deformation analysis. Engineering Analysis with Boundary Elements,2011,35(5):761-767.

[82] LIU Y,SUN L,LIU Y H,et al. Multi-scale B-spline method for 2-D elastic problems. Applied Mathematical Modelling,2011,35(8):3685-3697.

[83] BERTOLUZZA S,NALDI G,RAVEL J C. Wavelet methods for the numerical solution of

boundary value problems on the interval. Wavelet Analysis and Its Applications, 1994: 425-448.

[84] GOSWAMI J C, CHAN A K, CHUI C K. On solving first-kind integral equations using wavelets on a bounded interval. IEEE Transactions on Antennas and Propagation, 1995, 43 (6): 614-622.

[85] MUSUVA M, MARES C. Vibration analysis of frame structures using wavelet finite elements. Journal of Physics: Conference Series, 2012, 382(1).

[86] AMIRI G G, JALALINIA M, NASROLLAHI A, et al. Multiple crack identification in Euler beams by means of B-spline wavelet. Archive of Applied Mechanics, 2015, 85(4): 503-515.

[87] XIANG J W, CHEN X F, HE ZH J, et al. The construction of 1D wavelet finite elements for structural analysis. Computational Mechanics, 2007, 40(2): 325-339.

[88] XIANG J W, CHEN X F, HE ZH J, et al. The construction of plane elastomechanics and Mindlin plate elements of B-spline wavelet on the interval. Finite elements in analysis and design, 2006, 42(14-15): 1269-1280.

[89] XIANG J W, CHEN X F, HE ZH J, et al. A new wavelet-based thin plate element using B-spline wavelet on the interval. Computational Mechanics, 2008, 41(2): 243-255.

[90] XIANG J W, CHEN X F, HE ZH J, et al. A class of wavelet-based flat shell elements using B-spline wavelet on the interval and its applications. Cmes-computer Modeling in Engineering & Sciences, 2008, 23(1): 1-12.

[91] XIANG J W, CHEN X F, HE ZH J, et al. Crack detection in a shaft by combination of wavelet-based elements and genetic algorithm. International Journal of Solids and Structures, 2008, 45 (17): 4782-4795.

[92] YANG Z B, CHEN X F, ZHANG X W, et al. Free vibration and buckling analysis of plates using B-spline wavelet on the interval Mindlin element. Applied Mathematical Modelling, 2013, 37(5): 3449-3466.

[93] YANG Z B, CHEN X F, HE Y M, et al. The Analysis of Curved Beam Using B-Spline Wavelet on Interval Finite Element Method. Shock and Vibration, 2014, 2014(3): 67-75.

[94] YANG Z B, CHEN X F, HE Y M, et al. Vibration analysis of curved shell using B-Spline Wavelet on the Interval (BSWI) finite elements method and general shell theory. Computer Modeling in Engineering & Sciences (CMES), 2012, 85(2): 129-155.

[95] ZHANG X W, CHEN X F, HE ZH J, et al. Multivariable finite elements based on B-spline wavelet on the interval for thin plate static and vibration analysis. Finite Elements in Analysis and Design, 2010, 46(5): 416-427.

[96] ZHANG X W, CHEN X F, HE ZH J, et al. The analysis of shallow shells based on multivariable wavelet finite element method. Acta Mechanica Solida Sinica, 2011, 24 (5): 450-460.

[97] GENG J, CHEN X F, ZHANG X W, et al. High-frequency vibration analysis of thin plate based on wavelet-based FEM using B-spline wavelet on interval. Science China Technological Sciences, 2017, 60(5): 792-806.

[98] CHEN X F,YANG Z B,ZHANG X W,et al. Modeling of wave propagation in one-dimension structures using B-spline wavelet on interval finite element. Finite Elements in Analysis and Design,2012,51:1-9.

[99] YANG Z B,CHEN X F,LI X,et al. Wave motion analysis in arch structures via wavelet finite element method. Journal of Sound and Vibration,2014,333(2):446-469.

[100] YANG Z B, et al. Wave motion analysis and modeling of membrane structures using the wavelet finite element method. Applied Mathematical Modelling,2016,40(3):2407-2420.

[101] XU Q,CHEN J Y,JING L,et al. Study on spline wavelet finite-element method in multi-scale analysis for foundation. Acta Mechanica Sinica,2013,29(5):699-708.

[102] SHEN W,LI D S,ZHANG S F,et al. Analysis of wave motion in one-dimensional structures through fast-Fourier-transform-based wavelet finite element method. Journal of Sound & Vibration,2017,400:369-386.

[103] JIA R Q, LIU S T. Wavelet bases of Hermite cubic splines on the interval. Advances in Computational Mathematics,2006,25(1-3):23-39.

[104] ZUPAN E,ZUPAN D,SAJE M. The wavelet-based theory of spatial naturally curved and twisted linear beams. Computational Mechanics,2009,43(5):675-686.

[105] XIANG J W,CHEN X F,LI X K. Numerical solution of Poisson equation with wavelet bases of Hermite cubic splines on the interval. Applied Mathematics and Mechanics (English Edition),2009,30(10):1325-1334.

[106] XIANG J W,LIANG M. Multiple Damage Detection Method for Beams Based on Multi-Scale Elements Using Hermite Cubic Spline Wavelet. Discrete Optimization,2011,73(3):23-39.

[107] XIANG J W,WANG Y X,JIANG ZH S,et al. Numerical Simulation of Plane Crack Using Hermite Cubic Spline Wavelet. Computer Modeling in Engineering & Sciences,2012,88(1):1-15.

[108] XIANG J W, LONG J Q, JIANG Z S. A numerical study using Hermitian cubic spline wavelets for the analysis of shafts. ARCHIVE Proceedings of the Institution of Mechanical Engineers Part C Journal of Mechanical Engineering Science,2010,224(9):1843-1851.

[109] CHEN X F, XIANG J W. Solving diffusion equation using wavelet method. Applied Mathematics & Computation,2011,217(13):6426-6432.

[110] HE W Y, REN W X. Finite element analysis of beam structures based on trigonometric wavelet. Finite Elements in Analysis & Design,2012,51:59-66.

[111] HE W Y, REN W X. Adaptive trigonometric hermite wavelet finite element method for structural analysis. International Journal of Structural Stability & Dynamics,2013,13(01):1-12.

[112] SHEN P,HE Y M,DUAN Z S,et al. Wavelet finite element method analysis of bending plate based on hermite interpolation. Applied Mechanics & Materials,2013,389:267-272.

[113] HE W Y,ZHU S,REN W X. A wavelet finite element-based adaptive-scale damage detection strategy. Smart Structures & Systems,2014,14(3):285-305.

[114] HE W Y,ZHU S. Adaptive-scale damage detection strategy for plate structures based on

wavelet finite element model. Structural Engineering & Mechanics,2015,54(2):239-256.

[115] XUE X F,ZHANG X W,LI B,et al. Modified hermitian cubic spline wavelet on interval finite element for wave propagation and load identification. Finite Elements in Analysis & Design,2014,91:48-58.

[116] XUE X F,ZHANG X W,CHEN X F,et al. Hermitian plane wavelet finite element method: Wave propagation and load identification. Computers & Mathematics with Applications,2016,72(12):2920-2942.

[117] XUE X F,ZHANG X W,CHEN X F,et al. Load identification in one dimensional structure based on hybrid finite element method. Science China Technological Sciences,2017,60(4):538-551.

2 小波有限元基础理论

2.1 引　　言

变分原理是有限元方法的计算基础。变分原理从能量的角度通过最小势能原理描述了弹性体在载荷作用下的力学行为以及本身的力学特性。有别于从微分方程通过分部积分直接建立有限元方程的一般流程，在力学问题中，由于能量泛函的可知性，通过变分原理建立对应的有限元格式的过程更为简洁、优美。早期的有限元，包括小波有限元方法在内，多是建立在单场位移变量的基础上，此类有限元称为假定位移元，随着有限元方法在工程中的应用，特别是在结构健康监测问题中的应用，传统位移元的一些不足之处逐渐被暴露出来，因此，近四十年来，学者们在广义变分原理的基础上逐步建立了多变量有限元和多变量小波有限元的求解格式，解决了精确应力-应变场的求解问题。另一方面，由于在效率方面的优势，对于仅需预测位移等一般结构健康监测问题，传统位移元已经足够。基于以上考虑，本书将从单变量和多变量两类小波有限元方法出发，介绍传统小波有限元方法的理论基础和一些新的进展。

2.2 弹性理论基本方程

本节将讨论在给定的力边界和位移边界条件下，处于平衡状态的变形弹性体基本方程。此类方程的基本假设是小变形，在小变形条件下，物体内某一点的三个位移分量 u、v、w 均足够小，以至于方程可以被线性化，这些线性化方程包括以下几组。

2.2.1 力学方程：平衡方程

在笛卡尔直角坐标系中，弹性体的 6 个应力分量满足以下 3 个偏微分方程：

$$\frac{\partial \sigma_x}{\partial x}+\frac{\partial \tau_{xy}}{\partial y}+\frac{\partial \tau_{xz}}{\partial z}+F_x=0 \tag{2.1}$$

$$\frac{\partial \tau_{yx}}{\partial x}+\frac{\partial \sigma_y}{\partial y}+\frac{\partial \tau_{yz}}{\partial z}+F_y=0 \tag{2.2}$$

$$\frac{\partial \tau_{zx}}{\partial x}+\frac{\partial \tau_{zy}}{\partial y}+\frac{\partial \sigma_z}{\partial z}+F_z=0 \tag{2.3}$$

其中，$\boldsymbol{F}$ 表示体积力。为表述方便，将以上三式改写为矩阵形式，可得：

$$\boldsymbol{\Theta}^{\mathrm{T}}\boldsymbol{\sigma}+\boldsymbol{F}=\mathbf{0} \tag{2.4}$$

其中，$\boldsymbol{\Theta}$ 为微分算子矩阵：

$$\boldsymbol{\Theta}^{\mathrm{T}} = \begin{bmatrix} \frac{\partial}{\partial x} & 0 & 0 & 0 & \frac{\partial}{\partial z} & \frac{\partial}{\partial y} \\ 0 & \frac{\partial}{\partial y} & 0 & \frac{\partial}{\partial z} & 0 & \frac{\partial}{\partial x} \\ 0 & 0 & \frac{\partial}{\partial z} & \frac{\partial}{\partial y} & \frac{\partial}{\partial x} & 0 \end{bmatrix} \tag{2.5}$$

$\boldsymbol{\sigma}$ 为应力向量：

$$\boldsymbol{\sigma} = \{\sigma_x, \sigma_y, \sigma_z, \tau_{yz}, \tau_{xz}, \tau_{xy}\}^{\mathrm{T}} \tag{2.6}$$

$\boldsymbol{F}$ 为应力向量：

$$\boldsymbol{F} = \{F_x, F_y, F_z\}^{\mathrm{T}} \tag{2.7}$$

2.2.2 几何方程：应变位移方程

在笛卡尔坐标中，弹性体的 6 个应变分量与 3 个位移分量关系如下：

$$\varepsilon_x = \frac{\partial u}{\partial x} \tag{2.8}$$

$$\varepsilon_y = \frac{\partial v}{\partial y} \tag{2.9}$$

$$\varepsilon_z = \frac{\partial w}{\partial z} \tag{2.10}$$

$$\gamma_{yz} = \frac{\partial v}{\partial z} + \frac{\partial w}{\partial y} \tag{2.11}$$

$$\gamma_{zx} = \frac{\partial u}{\partial z} + \frac{\partial w}{\partial x} \tag{2.12}$$

$$\gamma_{xy} = \frac{\partial u}{\partial y} + \frac{\partial v}{\partial x} \tag{2.13}$$

以上方程的矩阵表达为：

$$\boldsymbol{\varepsilon} = \boldsymbol{\Theta} \boldsymbol{u} \tag{2.14}$$

即

$$\begin{Bmatrix} \varepsilon_x \\ \varepsilon_y \\ \varepsilon_z \\ \gamma_{yz} \\ \gamma_{zx} \\ \gamma_{xy} \end{Bmatrix} = \boldsymbol{\Theta} \begin{Bmatrix} u \\ v \\ w \end{Bmatrix} \tag{2.15}$$

2.2.3 本构方程：应力-应变关系

对于各向异性的线弹性体，其应力-应变关系为：

$$\boldsymbol{\sigma} = \boldsymbol{D\varepsilon} \tag{2.16}$$

其中，$\boldsymbol{D}$ 为 6×6 的柔度矩阵，每一项 D_{ij} 均表示弹性系数，矩阵为对称矩阵，因此共 21 个独立的弹性系数。对于各向同性线弹性体，使用 Lame(拉梅) 系数表示，上述应力-应变关系可简化为：

$$\sigma_x = \lambda(\varepsilon_x + \varepsilon_y + \varepsilon_z) + 2\mu\varepsilon_x \tag{2.17}$$

$$\sigma_y = \lambda(\varepsilon_x + \varepsilon_y + \varepsilon_z) + 2\mu\varepsilon_y \tag{2.18}$$

$$\sigma_z = \lambda(\varepsilon_x + \varepsilon_y + \varepsilon_z) + 2\mu\varepsilon_z \tag{2.19}$$

$$\tau_{yz} = \mu\gamma_{yz} \tag{2.20}$$

$$\tau_{zx} = \mu\gamma_{zx} \tag{2.21}$$

$$\tau_{xy} = \mu\gamma_{xy} \tag{2.22}$$

其中,Lame 系数与弹性模量 E 及泊松比 ν 关系如下:

$$\lambda = \frac{\nu E}{(1+\nu)(1-2\nu)} \tag{2.23}$$

$$\mu = \frac{E}{2(1+\nu)} \tag{2.24}$$

2.3　经典变分原理

对于给定的微分/偏微分方程,在边界条件的作用下,寻找精确的闭式解往往具有很大难度。为此,19 世纪末,学者们提出将原有的微分/偏微分问题转化为一定条件下的泛函极值或驻值问题进行求解,这种方法称为变分法。变分法不仅可以提供与原问题等价且易于求解的格式,更重要的是,当所给问题不能求得精确解时,变分法可以提供近似解,这一点对于工程应用具有重大意义。

求解弹性问题时,需要求解三类变量,即应力、应变、位移。在实际使用过程中,往往根据需要先求得这些变量中的一部分,继而通过本构关系等求得其余变量。根据选择变量的不同,经典的变分原理细分为最小势能原理与最小余能原理。

2.3.1　最小势能原理

最小势能原理:在一切具有足够光滑性并满足应变位移方程和已知位移边界条件的所有允许应变 ε_{ij} 及允许位移 u_i 中,实际的 ε_{ij} 与 u_i 必定使弹性体的总势能为极小。

为便于表述,在此使用张量符号,弹性体的总势能包含两个部分,其一为弹性体的应变能:

$$\Pi_{P1} = \frac{1}{2}\boldsymbol{\varepsilon}^{\mathrm{T}}\boldsymbol{D}\boldsymbol{\varepsilon} \tag{2.25}$$

其二为体积力 F 与表面力 T 的位能:

$$\Pi_{P2} = -\int_V F_i u_i \mathrm{d}V - \int_S T_i u_i \mathrm{d}S \tag{2.26}$$

总势能为两者之和,即为:

$$\Pi_P = \Pi_{P1} + \Pi_{P2} \tag{2.27}$$

令总势能的变分为零,即可得到其驻点。

2.3.2　最小余能原理

最小余能原理:在一切具有足够光滑性且满足平衡方程及已知力边界条件的允许应力中,真实应力 σ 总使得弹性系统余能最小。

弹性体的余能同样由两部分组成,其一为弹性体余能:

$$\Pi_{C1} = \frac{1}{2}\boldsymbol{\sigma}^{\mathrm{T}}\boldsymbol{D}^{-1}\boldsymbol{\sigma} \tag{2.28}$$

其二为已知边界位移的余能：

$$\Pi_{C2} = -\int_{S} T_i u_i \mathrm{d}S \tag{2.29}$$

总余能为两者之和，即为：

$$\Pi_C = \Pi_{C1} + \Pi_{C2} \tag{2.30}$$

令总余能的变分为零，即可得到其驻点。

2.4 Hellinger-Reissner 变分原理

Hellinger-Reissner 变分原理是一种广义变分原理，与经典变分原理不同，它包含了位移和应力两类场变量。Hellinger-Reissner 变分原理可以通过采用拉格朗日乘子方法解除最小余能原理中的变分约束条件（域内平衡及已知力边界）来建立。Hellinger-Reissner 变分原理的推导过程可以在大多数经典变分书籍中找到，本书仅在此给出其能量泛函的最终表达形式：

$$\Pi_{\mathrm{HR}}(\boldsymbol{\sigma},\boldsymbol{u}) = \int_V \left[\frac{1}{2}\boldsymbol{\sigma}^{\mathrm{T}}\boldsymbol{D}^{-1}\boldsymbol{\sigma} + (\boldsymbol{\Theta}\boldsymbol{\sigma} + \bar{\boldsymbol{F}})^{\mathrm{T}}\boldsymbol{u}\right]\mathrm{d}V - \int_S \boldsymbol{T}\bar{\boldsymbol{u}}\mathrm{d}S - \int_{S_\sigma}(\boldsymbol{T} - \bar{\boldsymbol{T}})\boldsymbol{u}\mathrm{d}S \tag{2.31}$$

式中，变量上带横线代表边界变量，由于能量泛函中包含应力、位移两类变量，因此可以基于此建立二类变量小波有限元格式。

2.5 Hu-Washizu 变分原理

相比于 Hellinger-Reissner 变分原理的二类变量特性，Hu-Washizu 变分原理在泛函中附加考虑了应变，形成了三类变量小波有限元格式的基础：

$$\begin{aligned}\Pi_{\mathrm{HW}}(\boldsymbol{\sigma},\boldsymbol{\varepsilon},\boldsymbol{u}) = &\int_V \left[\boldsymbol{\sigma}^{\mathrm{T}}\boldsymbol{\varepsilon} - \frac{1}{2}\boldsymbol{\varepsilon}^{\mathrm{T}}\boldsymbol{D}\boldsymbol{\varepsilon} + (\boldsymbol{\Theta}\boldsymbol{\sigma} + \bar{\boldsymbol{F}})^{\mathrm{T}}\boldsymbol{u}\right]\mathrm{d}V \\ &- \int_S \boldsymbol{T}\bar{\boldsymbol{u}}\mathrm{d}S - \int_{S_\sigma}(\boldsymbol{T} - \bar{\boldsymbol{T}})\boldsymbol{u}\mathrm{d}S\end{aligned} \tag{2.32}$$

基于此类三类变量变分原理，可以将应力、应变、位移作为自变量建立有限元格式，本书以此建立了三类变量小波有限元方法。

2.6 小波基函数的类型

2.6.1 小波分析概述

小波这一名词(Wavelet)，直观解释为“小的波形”。此处所谓的“小”，是指相对于傅里叶(Fourier)变换中三角基函数的不衰减性而言，具有衰减特性，因此大多数小波可以认为是近似紧支的，称之为“波”则是考虑了其波动性，即其振幅正负相间的震荡形式。与 Fourier 变换相比，小波变换是时间（空间）频率的局部化分析，它通过伸缩平移运算对信号（函数）逐步进行多尺度细化，最终达到高频处时间细分，低频处频率细分，能自动适应时频信号分析的要求，从而可聚焦到信号的任意细节，解决了Fourier变换困难的问题，成为继Fourier变换以来在科学方法上的重大突破，因此也有人把小波变换称为“数学显微镜”。

小波分析是当前应用数学和工程学科中一个迅速发展的新领域，经过近30年的探索研究，重要的数学形式化体系已经建立，理论基础更加扎实。小波变换联系了应用数学、物理学、计算机科学、信号与信息处理、图像处理、地震勘探等多个学科。数学家认为，小波分析是一个新的数学分支，它是泛函分析、Fourier分析、样条分析、数值分析的完美结晶；信号和信息处理专家认为，小波分析是时间-尺度分析和多分辨分析的一种新技术，它在信号分析、语音合成、图像识别、计算机视觉、数据压缩、地震勘探、大气与海洋波分析等方面的研究都取得了有科学意义和应用价值的成果。

小波函数种类繁多，小波变换种类亦繁多，适合作为有限元基函数的小波函数不胜枚举，但考虑到结构力学中样条的广泛适用性，本书主要以区间B样条小波有限元为基础进行展开，建立单变量及多变量小波有限元格式，当然，在具体研究中，读者不妨使用二代小波、插值小波、三角小波等形式进行构造。

2.6.2 区间B样条小波

区间B样条小波(B-spline wavelet on the interval,BSWI)有限元方法是基于在较大梯度变化场中建立高精度单元的思路而提出的，它是将BSWI与传统有限元方法相结合，利用BSWI尺度函数或小波函数作为插值函数构造单元，借助基底函数系数与待求物理参数关系保证单元公共边的连续性，使问题的求解在一个嵌套序列中进行。利用BSWI优良的数值逼近性，以及能够利用一个BSWI单元求出边界和内部多个节点值的特性，在计算中可以采用较少的单元获得较高的精度。与此同时，针对问题的求解精度要求，可以灵活地选用不同尺度下的小波基。BSWI有解析表达式，当采用BSWI尺度函数或小波函数作为试函数和检验函数构造小波有限元刚度矩阵和右端项列阵时，存在着效率高的数值求解方法(分段高斯积分)。同时，任何区间的小波在空间域具有良好的局部化性质，都能克服求解边值问题时在边界上出现的数值振荡这一缺陷。

传统的小波函数是定义在整个实数轴$\mathbf{R}$上的平方可积实数空间$L^2(\mathbf{R})$上的完备基，在求解边值问题时，在边界上会出现数值振荡，为克服这一缺陷，美国学者Chui和Quak构造了BSWI函数[1]，并给出了快速分解和重构算法。有限区间上的小波，对每一个尺度空间和小波空间，其维数是有限维的，因此，任何区间上的函数皆可展开成有限维的小波级数，这对于小波有限元分析中单元插值函数构造具有重要的意义，便于将尺度或者小波函数作为基函数应用到有限元方法中。BSWI具有如下相关特性。

$[a,b]$区间上的函数$f(t)$可通过变换$x=(t-a)/(b-a)$变为$[0,1]$区间上的函数，因此，在$[0,1]$区间上构造区间小波。把原始的$L^2[0,1]$中的子空间记为$V_0^{[0,1]}$，它由内部局部支撑基函数与边界基函数张成，即零尺度函数空间：

$$V_0^{[0,1]}=\langle\varphi_{0k}:k\in S(0)\rangle+\langle\varphi_{0k}^b:k\in B(0)\rangle \tag{2.33}$$

其中，函数φ_{0k}是内部尺度函数，下标0表示尺度，下标k表示平移因子。定义于$L^2[0,1]$空间上，内部有限指标集为$S(0)$，φ_{0k}^b是边界尺度函数，上标b表示边界，边界有限指标集为$B(0)$。类似地可以定义j尺度函数空间：

$$V_j^{[0,1]}=\langle\varphi_{jk}:k\in S(j)\rangle+\langle\varphi_{jk}^b:k\in B(j)\rangle,\quad j>0 \tag{2.34}$$

式中，$V_j^{[0,1]}$ 空间中有限内部指标集为 $S(j)$；有限边界指标集为 $B(j)$；φ_{jk} 全体称为对应尺度的内部尺度函数，其中下标 j 表示尺度，下标 k 表示平移因子；φ_{jk}^b 全体称为对应尺度的边界尺度函数。

由于在实际的数值计算中一般都采用偶数阶B样条函数，而三至四阶为结构分析中较为合适的阶次，因此采用四阶区间B样条函数。零尺度二阶B样条尺度函数 $\varphi_{2,k}^0(k=-1,0)$ 分别为：

$$\varphi_{2,-1}^0(x)=\begin{cases}1-x, & x\in[0,1]\\ 0, & \text{其他}\end{cases}\qquad \varphi_{2,0}^0(x)=\begin{cases}x, & x\in[0,1]\\ 2-x, & x\in[1,2]\\ 0, & \text{其他}\end{cases}\tag{2.35}$$

零尺度二阶B样条小波函数 $\psi_{2,k}^0(k=-1,0)$ 分别为：

$$\psi_{2,-1}^0(x)=\frac{1}{6}\begin{cases}-6+23x, & x\in[0,0.5]\\ 14-17x, & x\in[0.5,1]\\ -10+7x, & x\in[1,1.5]\\ 2-x, & x\in[1.5,2]\\ 0, & \text{其他}\end{cases}\qquad \psi_{2,0}^0(x)=\frac{1}{6}\begin{cases}x, & x\in[0,0.5]\\ 4-7x, & x\in[0.5,1]\\ -19+16x, & x\in[1,1.5]\\ 29-16x, & x\in[1.5,2]\\ -17+7x, & x\in[2,2.5]\\ 3-x, & x\in[2.5,3]\\ 0, & \text{其他}\end{cases}\tag{2.36}$$

零尺度四阶B样条尺度函数 $\varphi_{4,k}^0(k=-3,-2,-1,0)$ 分别为：

$$\varphi_{4,-3}^0(x)=\frac{1}{6}\begin{cases}6-18x+18x^2-6x^3, & x\in[0,1]\\ 0, & \text{其他}\end{cases}$$

$$\varphi_{4,-2}^0(x)=\frac{1}{6}\begin{cases}18x-27x^2+\frac{21}{2}x^3, & x\in[0,1]\\ 12-18x+9x^2-\frac{3}{2}x^3, & x\in[1,2]\\ 0, & \text{其他}\end{cases}$$

$$\varphi_{4,-1}^0(x)=\frac{1}{6}\begin{cases}9x^2-\frac{11}{2}x^3, & x\in[0,1]\\ -9+27x-18x^2+\frac{7}{2}x^3, & x\in[1,2]\\ 27-27x+9x^2-x^3, & x\in[2,3]\\ 0, & \text{其他}\end{cases}$$

$$\varphi_{4,0}^0(x)=\frac{1}{6}\begin{cases}x^3, & x\in[0,1]\\ 4-12x+12x^2-3x^3, & x\in[1,2]\\ -44+60x-24x^2+3x^3, & x\in[2,3]\\ 64-48x+12x^2-x^3, & x\in[3,4]\\ 0, & \text{其他}\end{cases}$$

零尺度四阶B样条小波 $\psi_{4,k}^0$ 可以通过下式表示：

$$5040\psi_{4,k}^0(x)=\sum_{i=0}^{3}a_ix^i\tag{2.37}$$

式中对应不同 k 的系数 a_0、a_1、a_2、a_3 值如表2.1和表2.2中每格数字所示。

表 2.1 对应 $k=-3,-2$ 的系数 a_0、a_1、a_2、a_3 值

区间	$k=-3$	$k=-2$
[0,0.5]	−5097.9058,75122.08345, −230324.8918,191927.6771	1529.24008,−17404.65853, 39663.39526,−24328.27397
[0.5,1]	25795.06384,−110235.7345, 140390.7438,−55216.07994	96.3035852,−8807.039551, 22468.15735,−12864.78201
[1,1.5]	−53062.53069,126337.0492, −96182.03978,−23641.5146	−37655.11514,104447.2167, −90786.09884,24886.63674
[1.5,2]	56268.26703,−92324.54624 49592.35723,−8752.795836	132907.7898,−236678.5931, 136631.1078,−25650.52030
[2,2.5]	−31922.33501,39961.3568, −16550.59433,2271.029421	−212369.3156,281237.0648, −122326.7213,17509.11789
[2.5,3]	8912.77397,−9040.773971, 3050.25799,−342.4175544	184514.4305,−195023.4306, 68177.47685,−7891.441873
[3,3.5]	−904,776, −222,127/6	−88440.5,77931.5, −22807.5,2218
[3.5,4]	32/3,−8, 2,−1/6	21319.5,−16148.5, 4072.5,−342
[4,4.5]		−11539/6,1283.5, −285.5,127/6
[4.5,5]		125/6,−12.5, 2.5,−1/6

表 2.2 对应 $k=-1,0$ 的系数 a_0、a_1、a_2、a_3 值

区间	$k=-1$	$k=0$
[0,0.5]	−11.2618185,68.79311672, −242.2663844,499.28435	0,0, 0,1/6
[0.5,1]	330.8868107,−1984.098658, 3863.517164,−2237.904686	8/3,−16, 32,−127/6
[1,1.5]	−9802.095725,28414.84895, −26535.43044,7895.077856	−360.5,1073.5, −1057.5,342
[1.5,2]	75963.58449,−143116.5114, 87818.80985,−17516.97555	8279.5,−16206.5, 10462.5,−2218
[2,2.5]	−270337.7867,376335.5451, −171907.2184,25770.69585	−72596.5,105107.5, −50194.5,7891.5
[2.5,3]	534996.0062,−590065.0062, 214653.0021,−25770.66691	324403.5,−371292.5, 140365.5,−17516.5
[3,3.5]	−633757.5,578688.5, −174931.5,17516.5	−844350,797461, −249219,77312/3
[3.5,4]	455610.5,−355055.5, 91852.5,−7891.5	4096454/3,−1096683, 291965,−77312/3

续表 2.2

区间	$k=-1$	$k=0$
[4,4.5]	−191397.5,130200.5, −29461.5,2218	−1404894,981101, −227481,17516.5
[4.5,5]	41882.5,−25319.5, 5098.5,−342	910410,−562435, 115527,−7891.5
[5,5.5]	−10540/3,1918, −349,127/6	−353277.5,195777.5, −36115.5,2218
[5.5,6]	36,−18, 3,−1/6	72642.5,−36542.5, 6124.5,−342
[6,6.5]		−5801.5,2679.5, −412.5,127/6
[6.5,7]		343/6,−24.5, 3.5,−1/6

为了使在区间[0,1]上至少有一个内部小波,必须满足下式:

$$2^j \geqslant 2m-1 \tag{2.38}$$

在求解有限元方程时,需要应用满足式的尺度函数和小波函数作为基函数,设满足式的最小尺度为 j_0,对于四阶 BSWI,$j_0=3$。对任意尺度 j 的 m 阶 B 样条尺度函数 $\varphi_{m,k}^j(\xi)$ 以及相应的小波函数 $\psi_{m,k}^j(\xi)$,可用以下的公式求出:

$$\varphi_{m,k}^j(\xi)=\begin{cases}\varphi_{m,k}^l(2^{j-l}\xi),k=-m+1,\cdots,-1 & (0\text{ 边界})\\ \varphi_{m,2^j-m-k}^l(1-2^{j-l}\xi),k=2^j-m+1,\cdots,2^j-1 & (1\text{ 边界})\\ \varphi_{m,0}^l(2^{j-l}\xi-2^{-l}k),k=0,\cdots,2^j-m & (\text{内部})\end{cases} \tag{2.39}$$

$$\psi_{m,k}^j(\xi)=\begin{cases}\psi_{m,k}^l(2^{j-l}\xi),k=-m+1,\cdots,-1 & (0\text{ 边界})\\ \psi_{m,2^j-2m-k+1}^l(1-2^{j-l}\xi),k=2^j-2m+2,\cdots,2^j-m & (1\text{ 边界})\\ \psi_{m,0}^l(2^{j-l}\xi-2^{-l}k),k=0,\cdots,2^j-2m+1 & (\text{内部})\end{cases} \tag{2.40}$$

设 j_0 为满足式(2.38)的尺度,对任意 $j>j_0$,在式(2.39)和式(2.40)中令 $l=0$,可以得到任意尺度 j 的尺度函数和小波函数。由前述定理可知,在 0、1 边界有 $m-1$ 个边界尺度函数和小波函数,2^j-m+1 个内部尺度函数,以及 2^j-2m+2 个内部小波。因此,[0,1]区间上的尺度函数可用行向量的形式表示为:

$$\boldsymbol{\Phi}=\{\varphi_{m,-m+1}^j(\xi)\quad \varphi_{m,-m+2}^j(\xi)\cdots\varphi_{m,2^j-1}^j(\xi)\} \tag{2.41}$$

[0,1]区间上的小波函数可用行向量形式表示为:

$$\boldsymbol{\Psi}=\{\psi_{m,-m+1}^j(\xi)\quad \psi_{m,-m+2}^j(\xi)\cdots\psi_{m,2^j-m}^j(\xi)\} \tag{2.42}$$

对于 $m=4$、$j=3$ 的小波函数 $\psi_{4,k}^3(\xi)$,共有 8 个。其中,0 边界小波函数为 $\psi_{4,-3}^3(\xi)$、$\psi_{4,-2}^3(\xi)$ 和 $\psi_{4,-1}^3(\xi)$;1 边界小波函数为 $\psi_{4,2}^3(\xi)$、$\psi_{4,3}^3(\xi)$ 和 $\psi_{4,4}^3(\xi)$,内部小波函数为 $\psi_{4,0}^3(\xi)$、$\psi_{4,1}^3(\xi)$。可以由零尺度的小波函数求出。图 2.1 为阶数 $m=4$、尺度 $j=3$ 的尺度函数和小波函数。

从单变量函数到两个变量函数的最自然的方法是利用张量积的形式,也就是说,定义 $f(x_1,x_2)=f_1(x_1)f_2(x_2)$。我们可以用两种不同的方法使用张量积来建立二维小波,一种是利用小波函数的张量积,另一种是利用多分辨分析的张量积,即尺度函数的张量积。这两种张量积形式分别是一维二进伸缩算子 $\boldsymbol{T}_jf(x)=f(2^jx)$ 的不同推广。小波函数的张量积形式对应的是:

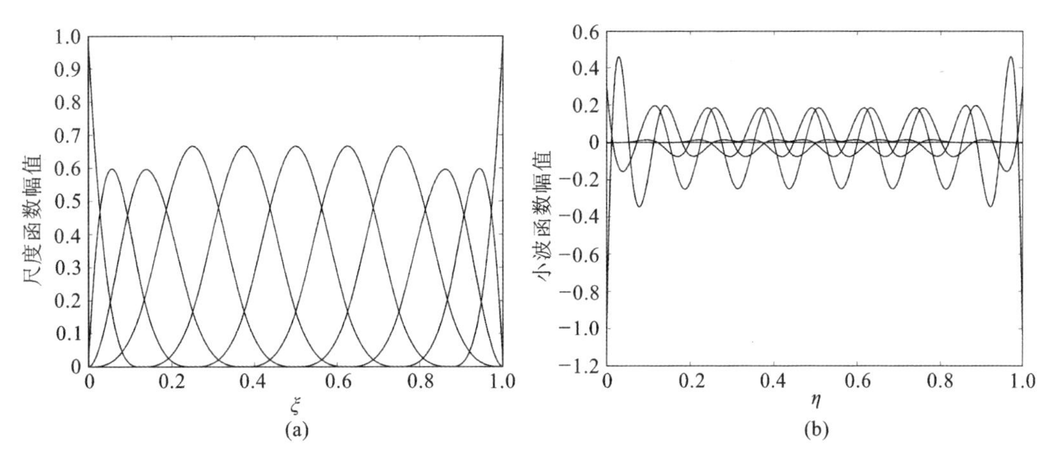

图 2.1 $[0,1]$ 区间上 $m=4$、$j=3$ 的区间 B 样条尺度函数及小波函数

(a) 尺度函数；(b) 小波函数

$$\boldsymbol{T}_{j_1,j_2}f(x_1,x_2)=f(2^{j_1}x_1,2^{j_2}x_2) \tag{2.43}$$

式中，j_1、j_2 表示分辨率。尺度函数的张量积形式则对应为：

$$\boldsymbol{T}_jf(x_1,x_2)=f(2^jx_1,2^jx_2) \tag{2.44}$$

显然，更一般的伸缩算子应该为：

$$\boldsymbol{T}_Af(x_1,x_2)=f\left(\boldsymbol{A}\begin{bmatrix}x_1\\x_2\end{bmatrix}\right) \tag{2.45}$$

$\boldsymbol{A}$ 是 2×2 矩阵。

当：

$$\left.\begin{aligned}\boldsymbol{A}&=\begin{bmatrix}2^{j_1}&\\&2^{j_2}\end{bmatrix}\\\boldsymbol{A}&=\begin{bmatrix}2^{j}&\\&2^{j}\end{bmatrix}\end{aligned}\right\} \tag{2.46}$$

时，就是式(2.43)和式(2.44)。

由于采用小波函数的张量积在不同的方向具有不均匀性，故一般采用尺度函数的张量积。本节所讨论的二维 BSWI 定义在区间$[0,1]$上，为描述方便，省略了尺度空间和小波空间中的上标“$[0,1]$”。此时有如下性质：

假定在 $L^2(\mathbf{R})$ 上有两个多分辨分析，分别为$\{V_j^1,\boldsymbol{\Phi}_1\}$ 和$\{V_j^2,\boldsymbol{\Phi}_2\}$，对应的两个小波函数则记为 $\boldsymbol{\Psi}_1$ 和 $\boldsymbol{\Psi}_2$，定义子空间 $F_j=V_j^1\otimes V_j^2\subset L^2(\mathbf{R})$，则子空间序列$\{\boldsymbol{F}_j\}$，$j\in\mathbf{Z}$ 满足下列性质：

(1)$\mathrm{close}(\bigcup\limits_{j\in\mathbf{Z}}\boldsymbol{F}_j)=L^2(\mathbf{R}^2)$

(2) $\bigcap\limits_{j\in\mathbf{Z}}\boldsymbol{F}_j=\{0\}$

(3)$f(x_1,x_2)\in\boldsymbol{F}_0\Leftrightarrow f(2^{-j}x_1,2^{-j}x_2)\in\boldsymbol{F}_j$

(4)$f(x_1,x_2)\in\boldsymbol{F}_0\Leftrightarrow f(x_1-k,x_2-l)\in\boldsymbol{F}_0,\forall k,l\in\mathbf{Z}$

(5) 函数系$\{\boldsymbol{\Phi}_1(x_1-k),\boldsymbol{\Phi}_2(x_2-l)\}k,l\in\mathbf{Z}$ 构成 $\boldsymbol{F}_0$ 的规范 Riesz 基。

因为 $V_{j+1}^1=V_j^1\dotplus W_j^1,V_{j+1}^2=V_j^2\dotplus W_j^2$，所以有：

$$\boldsymbol{F}_1=V_1^1\otimes V_1^2=\boldsymbol{F}_0\oplus(V_0^1\otimes W_0^2)\dotplus(V_0^2\otimes W_0^1)\dotplus(W_0^1\otimes W_0^2) \tag{2.47}$$

符号$\otimes$表示张量积。由此可以得到 $L^2(\mathbf{R}^2)$ 中的四个函数 $\boldsymbol{\psi}^1=\boldsymbol{\Phi}_1\otimes\boldsymbol{\Psi}_2,\boldsymbol{\psi}^2=\boldsymbol{\Phi}_2\otimes\boldsymbol{\Psi}_1,\boldsymbol{\psi}^3=$

$\boldsymbol{\Psi}_1 \otimes \boldsymbol{\Psi}_2$ 和 $\boldsymbol{\varphi} = \boldsymbol{\Phi}_1 \otimes \boldsymbol{\Phi}_2$，若 $\boldsymbol{\Phi}_1$、$\boldsymbol{\Psi}_1$、$\boldsymbol{\Phi}_2$、$\boldsymbol{\Psi}_2$ 是紧支撑的，则张量积小波也是紧支撑的。按照以上的性质，假设 m 阶 j 尺度下 $L^2(\mathbf{R}^2)$ 空间中的二维张量积 BSWI 由两个一维多分辨逼近空间 V_j^1 和 V_j^2 张量积生成，则张量积空间 $F_j = V_j^1 \otimes V_j^2$，其尺度函数为：

$$\boldsymbol{\varphi} = \boldsymbol{\Phi}_1 \otimes \boldsymbol{\Phi}_2 \tag{2.48}$$

式中，$\boldsymbol{\varphi}$ 表示二维 BSWI 尺度函数，$\boldsymbol{\Phi}_1$ 和 $\boldsymbol{\Phi}_2$ 分别为 m 阶 j 尺度下的一维 BSWI 尺度函数组成的行向量，表示为：

$$\boldsymbol{\Phi}_1 = \{\varphi_{m,-m+1}^j(\xi) \quad \varphi_{m,-m+2}^j(\xi) \quad \cdots \quad \varphi_{m,2^j-1}^j(\xi)\} \tag{2.49}$$

$$\boldsymbol{\Phi}_2 = \{\varphi_{m,-m+1}^j(\eta) \quad \varphi_{m,-m+2}^j(\eta) \quad \cdots \quad \varphi_{m,2^j-1}^j(\eta)\} \tag{2.50}$$

小波函数为：

$$\boldsymbol{\psi}^1 = \boldsymbol{\Phi}_1 \otimes \boldsymbol{\Psi}_2 \tag{2.51}$$

$$\boldsymbol{\psi}^2 = \boldsymbol{\Psi}_1 \otimes \boldsymbol{\Phi}_2 \tag{2.52}$$

$$\boldsymbol{\psi}^3 = \boldsymbol{\Psi}_1 \otimes \boldsymbol{\Psi}_2 \tag{2.53}$$

式中，$\boldsymbol{\Psi}_1$ 和 $\boldsymbol{\Psi}_2$ 分别为 m 阶 j 尺度下的一维 BSWI 小波函数，表示为：

$$\boldsymbol{\Psi}_1 = \{\psi_{m,-m+1}^j(\xi) \quad \psi_{m,-m+2}^j(\xi) \quad \cdots \quad \psi_{m,2^j-m}^j(\xi)\} \tag{2.54}$$

$$\boldsymbol{\Psi}_2 = \{\psi_{m,-m+1}^j(\eta) \quad \psi_{m,-m+2}^j(\eta) \quad \cdots \quad \psi_{m,2^j-m}^j(\eta)\} \tag{2.55}$$

图 2.2(a) 给出了阶数 $m=4$、尺度 $j=3$ 下的二维 BSWI 尺度函数 $\boldsymbol{\varphi}$，图 2.2(b) 给出了小波函数 $\boldsymbol{\psi}^1$，图 2.2(c) 和图 2.2(d) 分别给出了另外两组小波函数 $\boldsymbol{\psi}^2$ 和 $\boldsymbol{\psi}^3$。

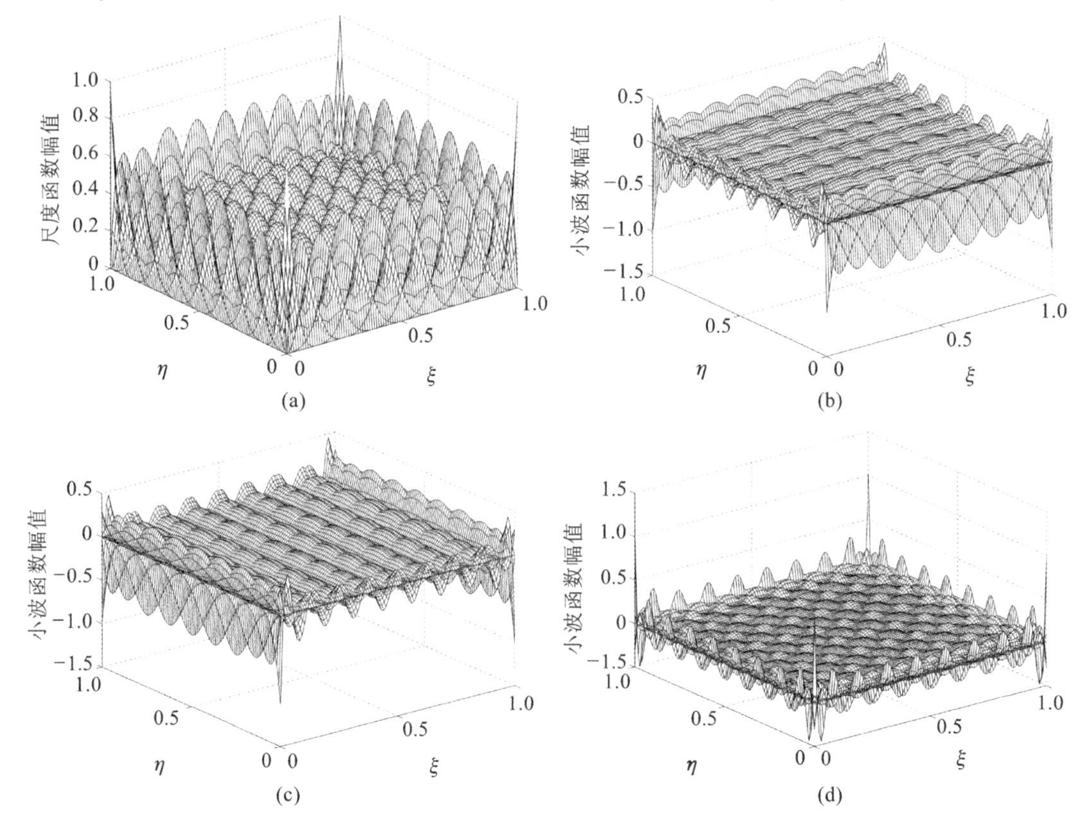

图 2.2 二维张量积 $\mathrm{BSWI4}_3$

(a) 尺度函数 $\boldsymbol{\varphi}$；(b) 小波函数 $\boldsymbol{\psi}^1$；(c) 小波函数 $\boldsymbol{\psi}^2$；(d) 小波函数 $\boldsymbol{\psi}^3$

与一维 BSWI 多分辨分析相比，二维张量积 BSWI 多分辨分析复杂许多，此时，可得到 $L^2(\mathbf{R}^2)$ 中的三组小波函数 $\boldsymbol{\psi}^1$、$\boldsymbol{\psi}^2$、$\boldsymbol{\psi}^3$，使得 BSWI 小波函数 $\{\psi^c(2^j x_1, 2^j x_2)\}$，$(j \in \mathbf{Z}_+, c = 1, 2, 3)$ 构成 $L^2(\mathbf{R}^2)$ 的规范半正交基，即二维张量积 BSWI 对应三组小波函数的伸缩。

参 考 文 献

[1] CHUI C K,QUAK E. Wavelets on a bounded interval. Numerical Methods in Approximation Theory,1992(9):53-75.

3 一般小波单元

3.1 区间B样条小波

本章主要以 $BSWI4_3$ 为例，介绍单变量小波有限元的一般构造方法及应用，包含了结构力学和机械动力学分析中常用的杆单元、梁单元、曲梁单元、膜单元、板单元及曲壳单元等。

为了满足相邻单元在边界上位移的兼容性和连续性，以及方便引入边界条件，单元刚度矩阵和质量矩阵必须由小波空间转换到物理空间，相应的单元自由度(Degree of Freedoms，DOFs)从小波插值系数转换到未知场函数，因此，首先引入在BSWI单元构造中起关键作用的转换矩阵。

考虑一维边值问题：

$$\left.\begin{aligned}L(u(x)) &= f(x)\\ \Omega &= \{x \mid x \in [c,d]\}\end{aligned}\right\} \tag{3.1}$$

式中，L 表示微分算子；Ω 为求解域，通过网格剖分将 Ω 分成许多子域 Ω_i，对任一子域 $\Omega_i = \{x \mid x \in [a,b]\}$，可以映射为标准的求解域 $\Omega_s = \{\xi \mid \xi \in [0,1]\}$。当采用阶数为 m、尺度为 j 的 BSWI 尺度函数(记为 $BSWIm_j$)作为插值函数构造单元 e 时，单元上的节点分布及相应的坐标如图3.1所示，Ω_i(单元长度 $l_e = x_{n+1} - x_1$)被分成 $n = 2^j + m - 2$ 个部分，单元节点总数为 $n+1$。

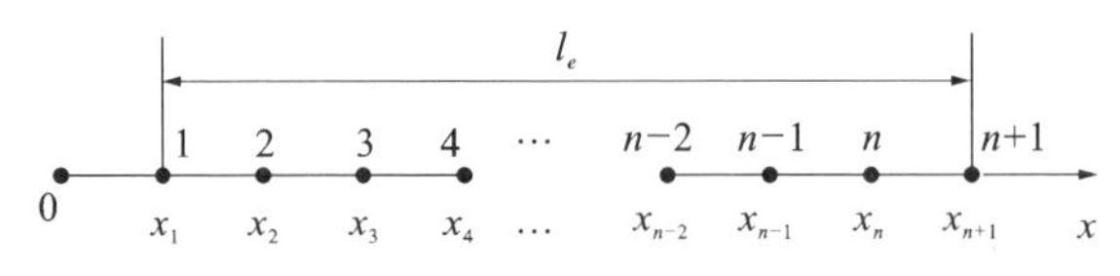

图3.1 子域 Ω_i 离散

单元各节点实际坐标值为：

$$x_h \in [x_1, x_{n+1}],\quad 1 \leqslant h \leqslant n+1 \tag{3.2}$$

定义转换公式：

$$\xi = (x - x_1)/l_e,\quad 0 \leqslant \xi \leqslant 1 \tag{3.3}$$

式(3.3)将 x 映射成标准求解区间[0,1]，将式(3.2)代入式(3.3)，可得到每个节点 x_h 的映射值 ξ_h：

$$\xi_h = (x_h - x_1)/l_e,\quad 0 \leqslant \xi_h \leqslant 1, 1 \leqslant h \leqslant n+1 \tag{3.4}$$

当采用 $BSWIm_j$ 尺度函数作为插值函数时，未知场函数 $u(\xi)$ 可表示为：

$$u(\xi) = \sum_{k=-m+1}^{2^j-1} a_{m,k}^j \varphi_{m,k}^j(\xi) = \boldsymbol{\Phi} \boldsymbol{a}^e \tag{3.5}$$

式中，$\boldsymbol{a}^e = \{a^j_{m,-m+1} \quad a^j_{m,-m+2} \quad \cdots \quad a^j_{m,2^j-1}\}^{\mathrm{T}}$ 表示小波插值系数列向量。

定义物理自由度列向量为：

$$\boldsymbol{u}^e = \{u_1 \quad u_2 \quad \cdots \quad u_{n+1}\}^{\mathrm{T}} \tag{3.6}$$

将式(3.4)代入式(3.5)，可得：

$$\boldsymbol{u}^e = \boldsymbol{R}^e \boldsymbol{a}^e \tag{3.7}$$

式中矩阵 $\boldsymbol{R}^e$ 为：

$$\boldsymbol{R}^e = [\boldsymbol{\Phi}^{\mathrm{T}}(\xi_1) \quad \boldsymbol{\Phi}^{\mathrm{T}}(\xi_2) \quad \cdots \quad \boldsymbol{\Phi}^{\mathrm{T}}(\xi_{n+1})]^{\mathrm{T}} \tag{3.8}$$

继而可得：

$$\boldsymbol{u}(\xi) = \boldsymbol{\Phi}(\boldsymbol{R}^e)^{-1}\boldsymbol{u}^e = \boldsymbol{N}^e\boldsymbol{u}^e \tag{3.9}$$

其中

$$\boldsymbol{N}^e = \boldsymbol{\Phi}(\boldsymbol{R}^e)^{-1} = \boldsymbol{\Phi}\boldsymbol{T}^e \tag{3.10}$$

式中，$\boldsymbol{N}^e$ 为 BSWI 小波单元形函数。令转换矩阵 $\boldsymbol{T}^e$ 为 $\boldsymbol{R}^e$ 的逆矩阵，即：

$$\boldsymbol{T}^e = (\boldsymbol{R}^e)^{-1} \tag{3.11}$$

以上即单变量小波有限元的一般推导方法。

3.2　杆　单　元

轴力杆单元能量泛函为：

$$\Pi = U - T - W \tag{3.12}$$

式中弹性应变能为：

$$U = \frac{1}{2}\int_V \boldsymbol{\varepsilon}^{\mathrm{T}}\boldsymbol{D}\boldsymbol{\varepsilon}\,\mathrm{d}V = \frac{1}{2}\int_L EA\left(\frac{\partial u}{\partial x}\right)^2 \mathrm{d}x \tag{3.13}$$

式中动能为：

$$T = \frac{1}{2}\int_L \rho A\left(\frac{\partial u}{\partial t}\right)^2 \mathrm{d}x \tag{3.14}$$

式中外力做功为：

$$W = \int_L f(x)u\,\mathrm{d}x \tag{3.15}$$

其中，E 为弹性模量；A 为截面面积；u 为轴向位移；$f(x)$ 为外加轴向力。当采用 BSWI 尺度函数或小波函数作为插值函数时，每个单元被分成 $n = 2^j + m - 2$ 个部分，单元节点总数为 $n+1$。标准轴力杆单元上的节点分布及相应的坐标如图 3.2 所示。

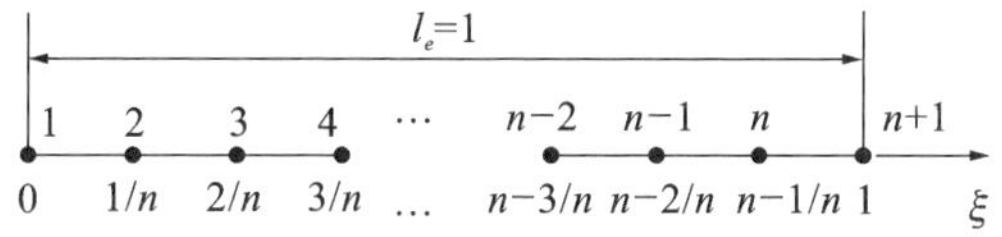

图 3.2　标准轴力杆单元上的节点分布及相应的坐标

由有限元插值关系，令：

$$\boldsymbol{u} = \boldsymbol{\Phi}\boldsymbol{T}^e\boldsymbol{u}^e \tag{3.16}$$

代入能量泛函，令能量泛函变分为零，可得刚度矩阵：

$$\boldsymbol{K}^e = \frac{EA}{l_e}\int_0^1 (\boldsymbol{T}^e)^{\mathrm{T}} \frac{\mathrm{d}\boldsymbol{\Phi}^{\mathrm{T}}}{\mathrm{d}\xi} \frac{\mathrm{d}\boldsymbol{\Phi}}{\mathrm{d}\xi}\boldsymbol{T}^e \mathrm{d}\xi \tag{3.17}$$

质量矩阵：

$$\boldsymbol{M}^e = \rho A l_e \int_0^1 (\boldsymbol{\Phi T}^e)^{\mathrm{T}} \boldsymbol{\Phi T}^e \mathrm{d}\xi \tag{3.18}$$

分布外载荷向量：

$$\boldsymbol{F}^e = l_e \int_0^1 (\boldsymbol{\Phi T}^e)^{\mathrm{T}} f(x) \mathrm{d}\xi \tag{3.19}$$

集中载荷列阵：

$$\boldsymbol{F}_j^e = \sum_j F_j (\boldsymbol{\Phi T}^e)^{\mathrm{T}} \xi_j \tag{3.20}$$

式中，F_j 为集中载荷；ξ_j 为集中力作用点在标准[0,1]区间上的坐标值。由此通过矩阵组装，可以得到 BSWI 轴力杆单元有限元静态问题求解方程：

$$\boldsymbol{Ku} = \boldsymbol{F} \tag{3.21}$$

动力学特征值分析：

$$(\boldsymbol{K} - \omega^2 \boldsymbol{M})\boldsymbol{u} = \boldsymbol{0} \tag{3.22}$$

动力学响应问题：

$$\boldsymbol{Ku} + \boldsymbol{M}\frac{\partial^2 \boldsymbol{u}}{\partial t^2} = \boldsymbol{F}(t) \tag{3.23}$$

由于BSWI尺度函数有解析表达式，以上的计算涉及的微分和积分可以直接计算得到，亦可用分段高斯积分求出。对于具体问题求解，可以与传统有限元方法一样，将单元刚度矩阵和载荷列阵按照对应的自由度叠加，形成总体刚度矩阵和载荷列阵，进而求解。

分别采用阶数 $m=2$、尺度 $j=3$ 和阶数 $m=4$、尺度 $j=3$ 的 BSWI 尺度函数构造单元，分别简写为 $\mathrm{BSWI2}_3$ 和 $\mathrm{BSWI4}_3$ 轴力杆单元。在保证转换矩阵非奇异且节点总数为 2^j+m-1 前提下，单元的节点排列分别如图 3.3 和图 3.4 所示。其中图 3.3 为等间隔排列的 $\mathrm{BSWI2}_3$ 轴力杆单元，图 3.4 为非等间隔排列的 $\mathrm{BSWI4}_3$ 轴力杆单元。

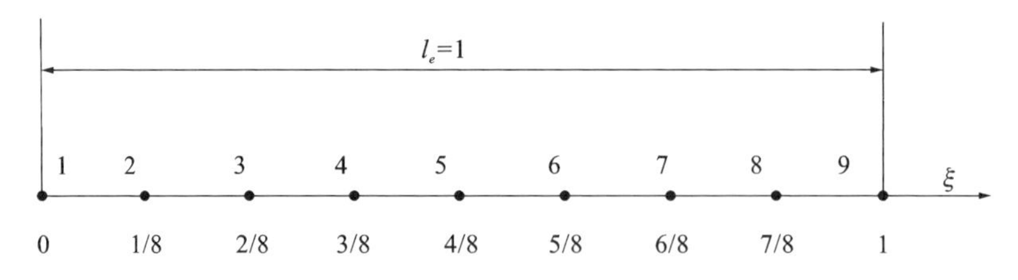

图 3.3　$\mathrm{BSWI2}_3$ 轴力杆单元标准求解域 Ω_s 离散

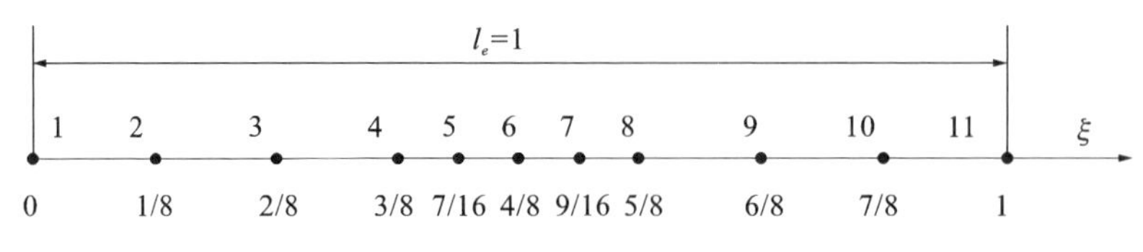

图 3.4　$\mathrm{BSWI4}_3$ 轴力杆单元非均匀求解域 Ω_s 离散

算例 3.1　图 3.5 所示等截面直杆，长度为 L，杆截面面积为 A，弹性模量为 E，两端固支，沿杆轴线均布载荷 $f(x)=1$，分析其变形和应变。

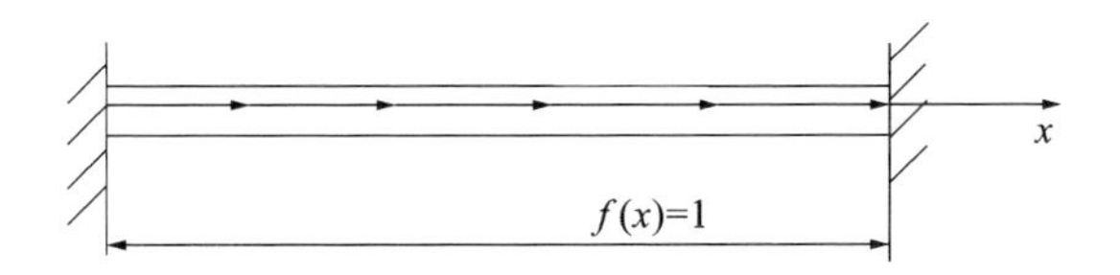

图 3.5　承受轴线均布载荷的两端固支轴力杆

由材料力学知识可得理论解为：

$$u(x) = \frac{L^2}{2EA}(\xi - \xi^2), \xi = \frac{x}{L} \in [0,1]$$

$$\varepsilon(x) = \frac{L}{2EA}(1 - 2\xi), \xi = \frac{x}{L} \in [0,1]$$

分别采用1个BSWI2_3和1个BSWI4_3轴力杆单元求解变形结果，如表3.1所示，应变求解结果见表3.2。由表3.1可见，无论是BSWI2_3还是BSWI4_3，单元位移求解结果与理论解相比无误差，这是因为轴力杆微分方程边值问题的积分解就是一次B样条函数，体现了样条函数在偏微分方程求解中的高精度的特点。然而，对于应变求解精度，BSWI2_3单元计算精度较差，可以通过增加单元的个数和提升BSWI的阶数来提高应变求解精度。BSWI4_3单元应变求解的高精度体现了BSWI为结构分析提供多种可供选择的基函数的优越性，可以根据不同的分析要求选择不同阶数和尺度的尺度函数构造单元，满足求解精度要求。

表 3.1　1个BSWI2_3和1个BSWI4_3轴力杆单元求解变形结果与理论解比较

x	理论解(L^2/EA)	BSWI2_3(L^2/EA)	误差(%)	BSWI4_3(L^2/EA)	误差(%)
0	0	0	0	0	0
$L/8$	0.0546875	0.0546875	0	0.0546875	0
$2L/8$	0.0937500	0.0937500	0	0.0937500	0
$3L/8$	0.1171875	0.1171875	0	0.1171875	0
$7L/16$	0.123046875	—	—	0.123046875	0
$4L/8$	0.1250000	0.1250000	0	0.1250000	0
$9L/16$	0.123046875	—	—	0.123046875	0
$5L/8$	0.1171875	0.1171875	0	0.1171875	0
$6L/8$	0.0937500	0.0937500	0	0.0937500	0
$7L/8$	0.0546875	0.0546875	0	0.0546875	0
$8L/8$	0	0	0	0	0

表 3.2　1个BSWI2_3和1个BSWI4_3轴力杆单元求解应变结果与理论解比较

x	理论解(L/EA)	BSWI2_3(L/EA)	误差(%)	BSWI4_3(L/EA)	误差(%)
0	0.5000	0.4375	12.5	0.5000	0
$L/8$	0.3750	0.3125	16.7	0.3750	0

续表 3.2

x	理论解(L/EA)	$BSWI2_3(L/EA)$	误差(%)	$BSWI4_3(L/EA)$	误差(%)
$2L/8$	0.2500	0.1875	25	0.2500	0
$3L/8$	0.1250	0.0625	50	0.1250	0
$7L/16$	0.0625	—	—	0.0625	0
$4L/8$	0	−0.0625	—	0	0
$9L/16$	−0.0625	—	—	−0.0625	0
$5L/8$	−0.1250	−0.1875	50	−0.1250	0
$6L/8$	−0.2500	−0.3125	25	−0.2500	0
$7L/8$	−0.3750	−0.4375	16.7	−0.3750	0
$8L/8$	−0.5000	−0.4375	12.5	−0.5000	0

节点非等间隔排列的前提是保证从小波空间插值系数转换为有限元空间物理自由度的转换矩阵非奇异，这样可以在求解精度不高的地方配置较多的内部节点，有利于以较少的求解自由度获得较高的求解精度。

算例3.2　图3.6所示的变截面杆，杆截面面积分别为A和$2A$，弹性模量为E，两端固支，沿杆轴线在$L/4$处作用集中载荷P，分析其变形和应变。

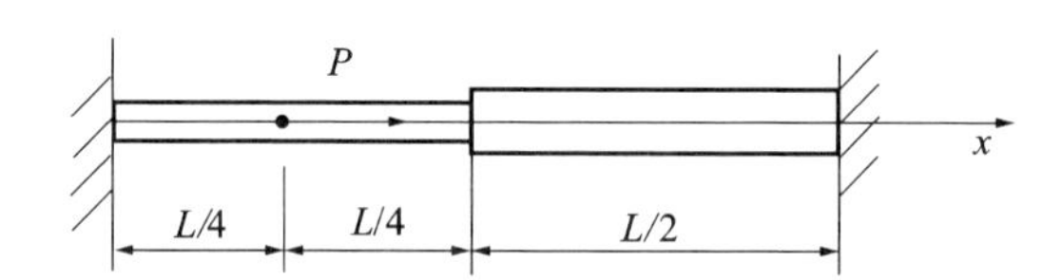

图3.6　承受集中载荷作用的两端固支变截面轴力杆

由材料力学知识可得理论解为：

$$u(\xi)=\begin{cases}\dfrac{2PL}{3EA}\xi, & (0\leqslant\xi\leqslant 1/4)\\ \dfrac{-PL}{EA}\left(\dfrac{1}{3}\xi-\dfrac{1}{4}\right), & (1/4\leqslant\xi\leqslant 1/2)\\ \dfrac{-PL}{6EA}(\xi-1), & (1/2\leqslant\xi\leqslant 1)\end{cases}$$

$$\varepsilon(x)=\begin{cases}\dfrac{2P}{3EA}, & (0\leqslant x\leqslant L/4)\\ \dfrac{-P}{3EA}, & (L/4\leqslant x\leqslant L/2)\\ \dfrac{-P}{6EA}, & (L/2\leqslant x\leqslant L)\end{cases}$$

分别采用4个$BSWI2_3$和4个$BSWI4_3$轴力杆单元求解，其中$\dfrac{L}{2}$至L段采用2个单元，其余两段各采用1个单元进行划分。图3.7所示给出了4个$BSWI2_3$单元求解位移和应变的结果；

图 3.8 所示给出了 4 个 $BSWI4_3$ 单元位移和应变的求解结果。由图可见，无论是 $BSWI2_3$ 还是 $BSWI4_3$，单元的位移和应变求解结果与理论解完全一样。从以上算例可知，BSWI 轴力杆单元具有十分高的位移求解精度，且提供了多种用于结构分析的单元，可以针对不同的具体问题来灵活采用不同的单元。

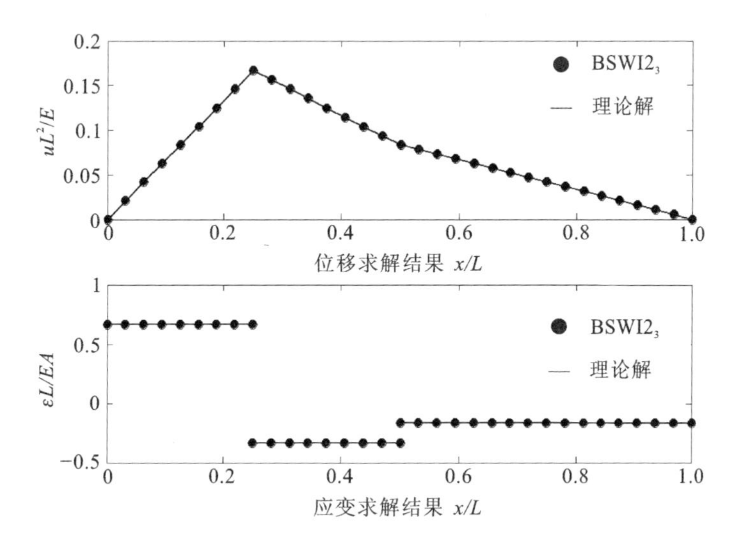

图 3.7　4 个 $BSWI2_3$ **单元求解位移和应变结果**

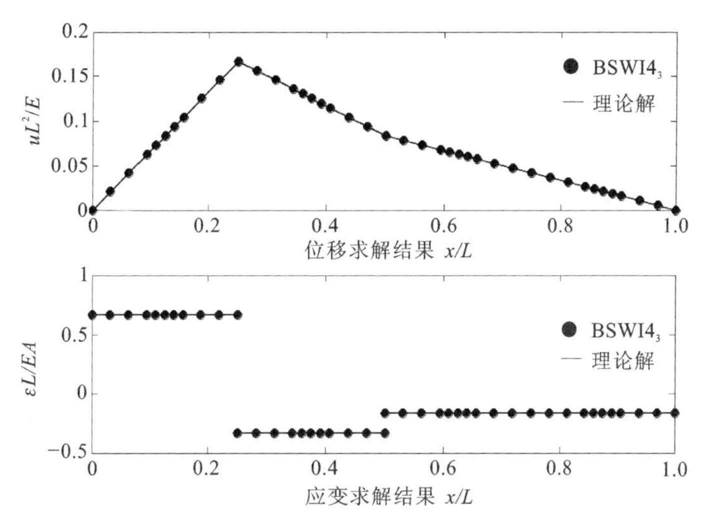

图 3.8　4 个 $BSWI4_3$ **单元求解位移和应变结果**

3.3　Euler 梁单元

Euler 梁单元是具有一阶连续性的 C_1 型单元，挠度 w 及其导数 $\mathrm{d}w/\mathrm{d}x$ 均在单元边界保持连续性，因此转换矩阵需要进行特殊处理。采用 BSWI 尺度函数构造 C_1 型单元，在单元边界节点上对未知场函数 w 和其导数 $\mathrm{d}w/\mathrm{d}x$ 进行插值时，$\mathrm{d}w/\mathrm{d}x$ 并非独立插值，而是依赖于未知场

函数 w。为了在单元边界节点上同时满足未知场函数 w 及其导数的兼容性和连续性，物理空间中单元边界节点应该包括未知场函数 w 及其导数两个自由度，而内部节点仅包括横向位移。单元上节点排列(等间隔分成 $n=2^j+m-4$ 段，节点数为 2^j+m-3，单元总自由度数为 2^j+m-1)如图 3.9 所示，图中边界节点为 $1, n+1$；内部节点为 $2,3,\cdots,n$。$x_i(i=1,2,\cdots,n+1)$ 为单元中各节点的坐标值。

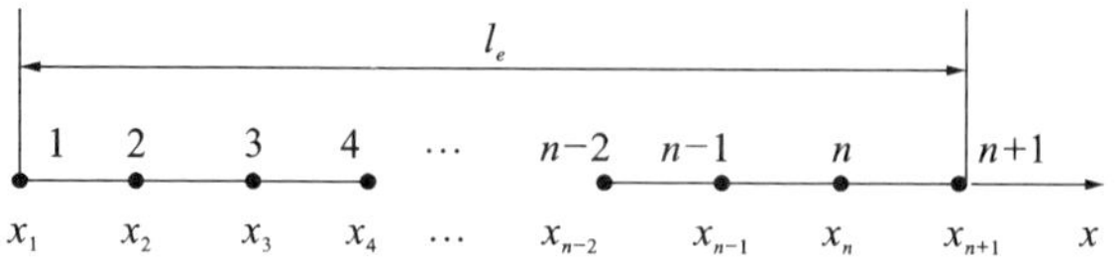

图 3.9　一维 C_1 型单元求解域 Ω_e 节点排列

定义单元物理自由度为：

$$\boldsymbol{w}^e=\{w_1 \quad \theta_1 \quad w_2 \quad w_3 \quad \cdots \quad w_n \quad w_{n+1} \quad \theta_{n+1}\}^{\mathrm{T}} \tag{3.24}$$

式中，$\theta_1=\dfrac{1}{l_e}\dfrac{\mathrm{d}w(\xi)}{\mathrm{d}\xi}\bigg|_{\xi=\xi_1}$ 和 $\theta_{n+1}=\dfrac{1}{l_e}\dfrac{\mathrm{d}w(\xi)}{\mathrm{d}\xi}\bigg|_{\xi=\xi_{n+1}}$，表示单元边界节点上的转角。将式(3.24)中不同节点的 $w(\xi_i)$ 分别代入插值表达式得到：

$$\boldsymbol{w}^e=\boldsymbol{R}_b^e\boldsymbol{a}^e \tag{3.25}$$

式中，矩阵 $\boldsymbol{R}_b^e$ 为：

$$\boldsymbol{R}_b^e=\left[\boldsymbol{\Phi}^{\mathrm{T}}(\xi_1) \quad \frac{1}{l_e}\frac{\mathrm{d}\boldsymbol{\Phi}(\xi)}{\mathrm{d}\xi}\bigg|_{\xi=\xi_1} \quad \boldsymbol{\Phi}^{\mathrm{T}}(\xi_2) \quad \cdots \quad \boldsymbol{\Phi}^{\mathrm{T}}(\xi_n) \quad \boldsymbol{\Phi}^{\mathrm{T}}(\xi_{n+1}) \quad \frac{1}{l_e}\frac{\mathrm{d}\boldsymbol{\Phi}(\xi)}{\mathrm{d}\xi}\bigg|_{\xi=\xi_{n+1}}\right]^{\mathrm{T}} \tag{3.26}$$

因此，带入插值表达式可得：

$$w(\xi)=\boldsymbol{\Phi}(\boldsymbol{R}_b^e)^{-1}\boldsymbol{w}^e=\boldsymbol{N}_b^e\boldsymbol{w}^e \tag{3.27}$$

其中

$$\boldsymbol{N}_b^e=\boldsymbol{\Phi}(\boldsymbol{R}_b^e)^{-1}=\boldsymbol{\Phi}\boldsymbol{T}_b^e \tag{3.28}$$

式中，$\boldsymbol{N}_b^e$ 为 C_1 型小波单元形函数。令矩阵 $\boldsymbol{R}_b^e$ 的逆为转换矩阵，即：

$$\boldsymbol{T}_b^e=(\boldsymbol{R}_b^e)^{-1} \tag{3.29}$$

Euler 梁单元势能泛函为：

$$\Pi(w)=\int_a^b\frac{EI}{2}\left(-\frac{\mathrm{d}^2w}{\mathrm{d}x^2}\right)^2\mathrm{d}x-\int_a^b q(x)w\mathrm{d}x-\sum_j P_j w(x_j)+\sum_k M_k\left(\frac{\mathrm{d}w}{\mathrm{d}x}\right)_k \tag{3.30}$$

式中，单元长度 $l_e=b-a$；EI 为抗弯刚度；$w(x_j)$ 为梁中面的挠度函数；$q(x)$ 为分布载荷；P_j 为集中载荷；M_k 为集中弯矩；x_j 为集中载荷在单元求解域上作用点位置坐标；$\left(\dfrac{\mathrm{d}w}{\mathrm{d}x}\right)_k$ 为集中弯矩作用点处的转角值。标准单元上节点排列见图 3.10。

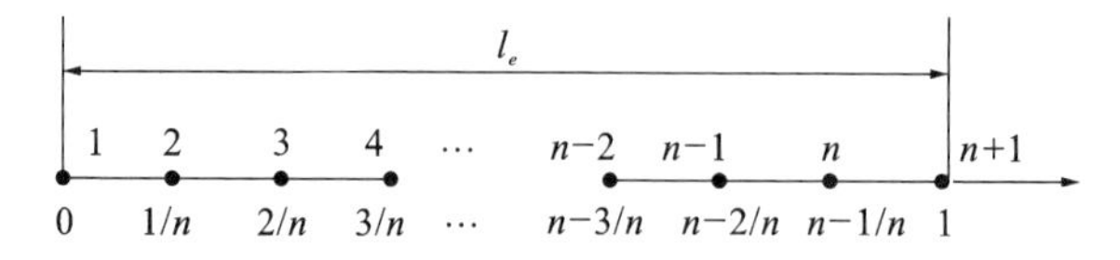

图 3.10　Euler 梁单元标准求解域 Ω_s 节点

本节将单元标准求解域等间隔分成 $n=2^j+m-4$ 段，节点数为 $n+1$，单元总自由度数为

$n+3$。图 3.10 中边界节点为 $1, n+1$；内部节点为 $2,3,\cdots,n$。$0,1/n,2/n,\cdots,1$ 为标准单元中各节点的坐标值。

采用 BSWIm_j 尺度函数作为未知场函数 $w(\xi)$ 的插值函数，有：

$$w(\xi) = \boldsymbol{\Phi T}_b^e \boldsymbol{w}^e \tag{3.31}$$

对于势能泛函式(3.30)，首先将单元求解域 Ω_e 映射到单元标准求解域 Ω_s，由变分原理可知，令 $\delta\Pi = 0$，可得到单元求解方程：

$$\boldsymbol{K}_b^e \boldsymbol{w}^e = \boldsymbol{P}_w^e + \boldsymbol{P}_{w_j}^e + \boldsymbol{P}_{M_k}^e \tag{3.32}$$

式中，单元刚度矩阵为：

$$\boldsymbol{K}_b^e = \frac{EI}{l_e^3}\int_0^1 (\boldsymbol{T}_b^e)^{\mathrm{T}} \frac{\mathrm{d}^2\boldsymbol{\Phi}^{\mathrm{T}}}{\mathrm{d}\xi^2} \frac{\mathrm{d}^2\boldsymbol{\Phi}}{\mathrm{d}\xi^2} \boldsymbol{T}_b^e \mathrm{d}\xi \tag{3.33}$$

分布载荷作用下的载荷列阵：

$$\boldsymbol{P}_w^e = (\boldsymbol{T}_b^e)^{\mathrm{T}} l_e \int_0^1 q(\xi)\boldsymbol{\Phi}^{\mathrm{T}} \mathrm{d}\xi \tag{3.34}$$

集中载荷作用下的载荷列阵：

$$\boldsymbol{P}_{w_j}^e = \sum_j P_j (\boldsymbol{T}_b^e)^{\mathrm{T}} \boldsymbol{\Phi}^{\mathrm{T}}(\xi_j) \tag{3.35}$$

集中弯矩作用下的载荷列阵：

$$\boldsymbol{P}_{M_k}^e = -\frac{1}{l_e}\sum_k M_k (\boldsymbol{T}_b^e)^{\mathrm{T}} \frac{1}{l_e} \left.\frac{\mathrm{d}\boldsymbol{\Phi}(\xi)}{\mathrm{d}\xi}\right|_{\xi=\xi_k} \tag{3.36}$$

有了单元求解方程后就可以像传统单元一样进行单元叠加，进而求出各节点挠度值，而各单元上各节点的转角 $\theta_i (i = 1,2,\cdots,n+1)$ 可通过求出的挠度值用下式求解：

$$\boldsymbol{\theta}_i = \frac{1}{l_e}\left(\left.\frac{\mathrm{d}\boldsymbol{\Phi}(\xi)}{\mathrm{d}\xi}\right|_{\xi=\xi_i}\right)\boldsymbol{T}_b^e \boldsymbol{w}^e \tag{3.37}$$

Euler 梁自由振动问题的势能泛函为：

$$\Pi = \int_a^b \frac{EI}{2}\left(\frac{\mathrm{d}^2 w}{\mathrm{d}x^2}\right)^2 \mathrm{d}x - \int_a^b \frac{1}{2}\rho A\omega^2 w^2 \mathrm{d}x \tag{3.38}$$

式中，ρ 为材料密度；ω 为振动圆频率；A 为梁横截面面积。

对势能泛函式(3.38)，首先将单元求解域 Ω_e 映射到单元标准求解域 Ω_s，后将梁的位移函数代入式(3.38)，并由变分原理可知，令 $\delta\Pi = 0$，可以得到梁自由振动模态方程：

$$(\boldsymbol{K}_b^e - \omega^2 \boldsymbol{M}_b^e)\boldsymbol{w}^e = \boldsymbol{0} \tag{3.39}$$

式中，单元一致质量矩阵 $\boldsymbol{M}_b^e$ 为：

$$\boldsymbol{M}_b^e = l_e\rho A\int_0^1 (\boldsymbol{T}_b^e)^{\mathrm{T}} \boldsymbol{\Phi}^{\mathrm{T}} \boldsymbol{\Phi T}_b^e \mathrm{d}\xi \tag{3.40}$$

有时为了提升计算效率，可以将一致质量矩阵进行对角化得到对角刚度矩阵。式(3.39) 对应的单元自由振动频率方程为：

$$|\boldsymbol{K}_b^e - \omega^2 \boldsymbol{M}_b^e| = 0 \tag{3.41}$$

将单元刚度矩阵和单元一致质量矩阵叠加，可得总体刚度矩阵 $\overline{\boldsymbol{K}}$ 和总体质量矩阵 $\overline{\boldsymbol{M}}$，则细长梁自由振动频率方程为：

$$|\overline{\boldsymbol{K}} - \omega^2 \overline{\boldsymbol{M}}| = 0 \tag{3.42}$$

采用与传统有限元模态分析相同的方法引入边界条件，求解式(3.42)，可以得到 n 个固有频率 ω_i(其中 $i = 1,2,\cdots,n$) 及相应的振型。

算例 3.3 图 3.11 所示为在组合载荷作用下的变截面梁。几何参数和材料参数见图 3.11，$L=1$，$EI=1$，$q_0=2$，$P=5$。求梁中各点的挠度及转角。

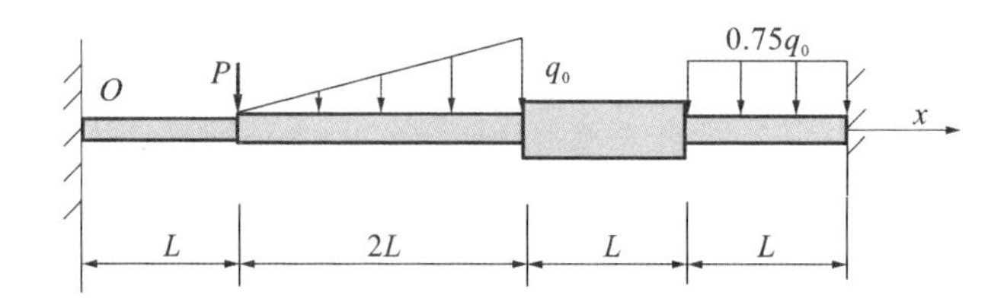

图 3.11 受组合载荷作用的两端固支变截面梁

分别采用 5 个 BSWI4$_3$ Euler 梁单元(47 DOFs) 与 40 个 BEAM3 单元(ANSYS 软件，82 DOFs) 求解，挠度和转角结果见图 3.12，5 个 BSWI4$_3$ Euler 梁单元无论是位移还是转角求解结果都与 40 个 BEAM3 单元吻合得十分好，而总自由度数目小于 40 个 BEAM3 单元。

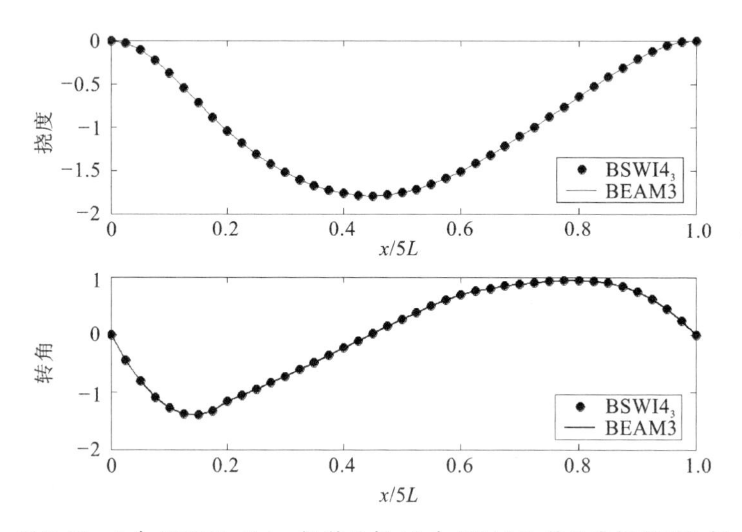

图 3.12 5 个 BSWI4$_3$ Euler 梁单元与 40 个 BEAM3 单元求解结果比较

算例 3.4 按二次规律变化的变截面梁如图 3.13 所示。长 $L=1$，高 $h(x)=[1+0.9(x/L)-1.8(x/L)^2]/10$，宽 $b=1/10$，$E=1.2\times10^6$，集中载荷 $P=1$，截面面积 $A(x)=[1+0.9(x/L)-1.8(x/L)^2]/100$。求各点的挠度及转角。

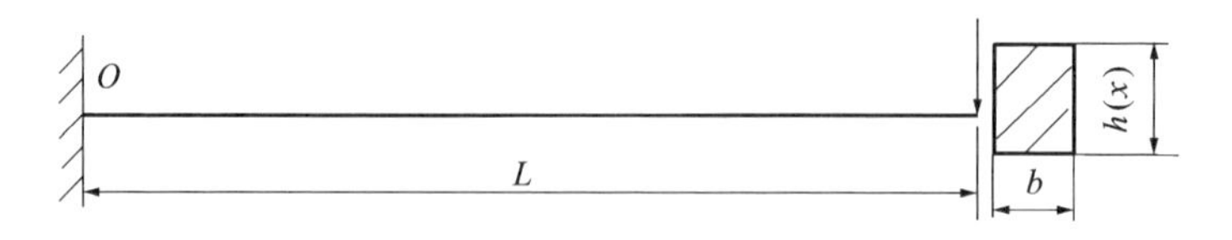

图 3.13 承受集中载荷作用的按二次规律变化的变截面悬臂梁

该算例为典型的变截面梁问题，采用 1 个 BSWI4$_3$ Euler 梁单元(11 DOFs) 求解挠度和转角，并与理论解比较，结果如表 3.3 所示。仅采用 1 个 BSWI4$_3$ Euler 梁单元就可以得到与理论解十分接近的结果，该算例表明：BSWI Euler 梁单元能够以很少的求解自由度获得较高的精度和较强的适应性，可更精确地逼近具有不同梯度变化情况的真实位移场，该单元为不同类型的一维变化梯度、大梯度和奇异性问题小波单元构造提供了一种统一的构造方法。

表 3.3　1 个 $BSWI4_3$ Euler 梁单元求解结果与理论解比较

x	挠度	理论解	相对误差(%)	转角	理论解	相对误差(%)
0	0.000000	0.000000	0	0.000000	0.000000	0
$L/8$	−0.000682	−0.000683	0.146413	−0.010286	−0.010276	0.097314
$2L/8$	−0.002458	−0.002459	0.040667	−0.017851	−0.017852	0.005602
$3L/8$	−0.005096	−0.005097	0.019619	−0.024248	−0.024248	0
$4L/8$	−0.008508	−0.008509	0.011752	−0.030365	−0.030369	0.013171
$5L/8$	−0.012712	−0.012713	0.007866	−0.037072	−0.037077	0.013485
$6L/8$	−0.017860	−0.017862	0.011197	−0.045793	−0.045846	0.115604
$7L/8$	−0.024433	−0.024430	0.01228	−0.061059	−0.061168	0.178198
$8L/8$	−0.034338	−0.034363	0.072753	−0.105426	−0.104764	0.631896

算例 3.5　正弦分布载荷作用下的等截面悬臂梁，如图 3.14 所示，$q_0 = 1, EI = 1, L = 1$，$q(x) = q_0 \sin\left(\frac{\pi x}{L}\right)$。求各点的挠度及转角。

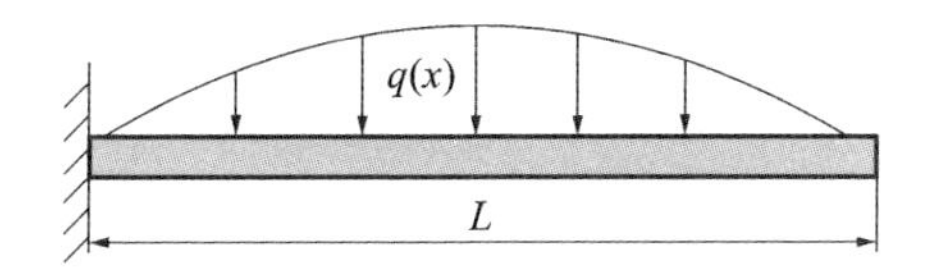

图 3.14　正弦分布载荷作用下的等截面悬臂梁

图 3.15 分别给出了采用 8 个、16 个、32 个、64 个 BEAM3 单元和 1 个 $BSWI4_3$ Euler 梁单元求解挠度和转角结果与理论解在节点上的相对误差值。从图中可以看出，对于变载荷问题，即右端项梯度变化较大的问题，BSWI Euler 梁单元收敛快，1 个 $BSWI4_3$ Euler 梁单元逼近该问

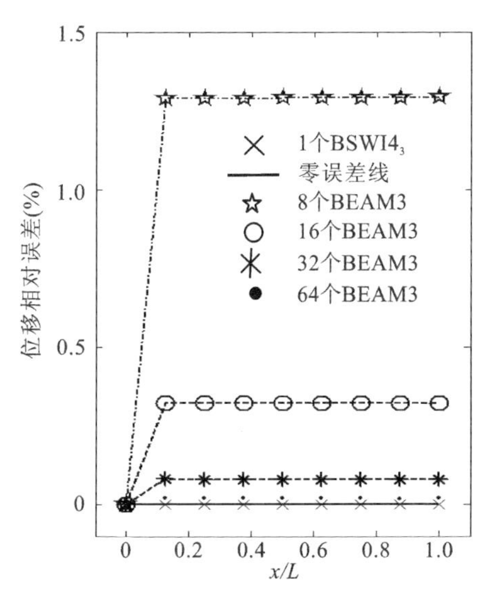

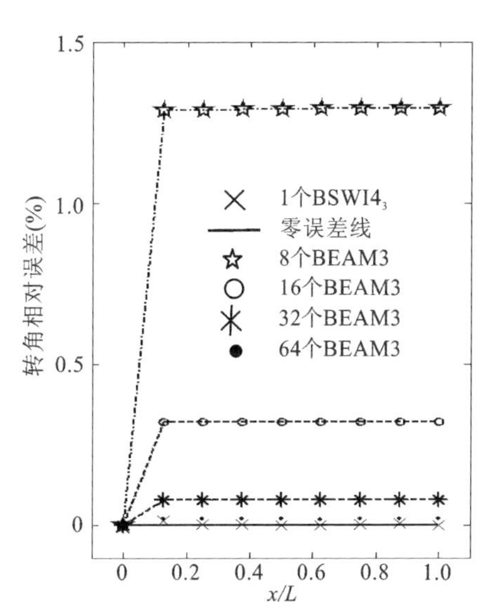

图 3.15　1 个 BSWI 单元及 BEAM3 求解与理论解相对误差图

题时，无论位移还是转角均接近零误差，优于64个BEAM3单元逼近结果。该算例表明：对于变载荷问题，较少的BSWI单元可获得很高的逼近精度，这一优势来源于B样条优良的逼近性能，可以用很少的样条函数的线性组合模拟较大的载荷梯度变化，同样也可以较好地处理局部区域高梯度变化的尺度问题。

以上3个算例表明了BSWI Euler梁单元在求解变截面和变载荷问题时，无论是挠度还是转角，其解精度都十分高，与理论解和其他传统单元相比，所需要的单元和自由度个数很少。BSWI单元继承了B样条函数逼近精度高的优点，同时具有多种可供选择的基函数用以构造适合于不同分析场合的单元。当位移场梯度变化较大时，可以选择阶次较高、尺度较大的BSWI单元；而当位移场梯度变化平缓时，可选择较低阶次和较小尺度的BSWI单元。因小波插值系数通过转换矩阵转换为有限元逼近空间中的物理自由度，不同阶次和尺度的BSWI单元之间，BSWI单元与其他类型的有限单元之间都可以直接进行叠加，这有利于在位移场梯度变化大、奇异性的位置配置高精度的BSWI单元，从而获得从整体到局部均满意的求解结果。

算例3.6 不同边界条件下等截面细长梁无阻尼自由振动分析。梁长 $L=0.565\text{m}$；弹性模量 $E=2.06\times10^{11}\text{N/m}^2$；泊松比 $\nu=0.3$；材料密度 $\rho=7890\text{kg/m}^3$；梁截面高度和宽度 $h\times b=0.02\text{m}\times0.012\text{m}$。

采用1个 BSWI4_3 Euler梁单元求解频率结果见表3.4，振型求解结果见图3.16。为节省篇幅，表3.4和图3.16中仅给出了前三阶频率和振型，实际上，高阶频率和振型结果误差与表3.4和图3.16中给出的结果类似。

表3.4 1个 BSWI4_3 Euler梁单元求解频率结果与理论解比较

细长梁	方法	ω_1(rad/s)	ω_2(rad/s)	ω_3(rad/s)
工况1悬臂	BSWI4_3	324.929	2036.305	5701.927
	理论解	324.893	2036.216	5702.036
	误差(%)	0.0111	0.0044	0.0019
工况2两边固支	BSWI4_3	2067.788	5703.798	11212.720
	理论解	2067.604	5699.430	11173.162
	误差(%)	0.0089	0.0766	0.3540
工况3两边约束转动	BSWI4_3	2067.604	5699.436	11173.206
	理论解	2067.604	5699.430	11173.162
	误差(%)	0	0.0001	0.0004
工况4两边简支	BSWI4_3	912.105	3649.443	8223.024
	理论解	912.089	3648.357	8208.803
	误差(%)	0.0018	0.0298	0.1732
工况5一边简支	BSWI4_3	1424.919	4619.809	9658.942
	理论解	1424.857	4617.451	9633.942
	误差(%)	0.0044	0.0511	0.2595

续表 3.4

细长梁	方法	ω_1(rad/s)	ω_2(rad/s)	ω_3(rad/s)
工况 6 一边固支一边简支	$BSWI4_3$	454.869	1474.725	3083.066
	理论解	454.850	1474.006	3075.395
	误差(%)	0.0042	0.0488	0.2494

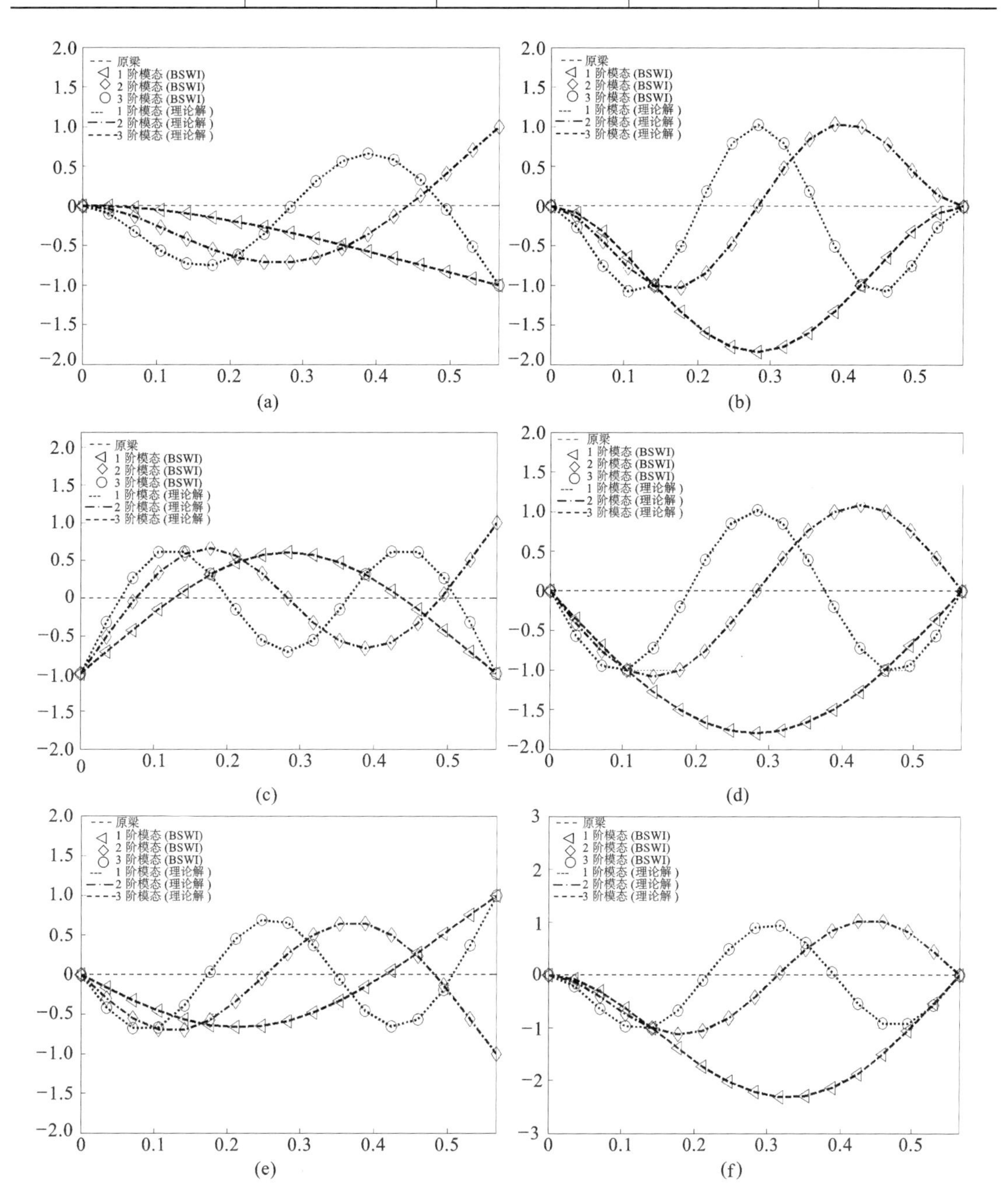

图 3.16　采用 1 个 $BSWI4_3$ Euler 梁单元求解前三阶振型与理论解比较

(a) 工况 1;(b) 工况 2;(c) 工况 3;(d) 工况 4;(e) 工况 5;(f) 工况 6

从表3.4可知，1个$BSWI4_3$ Euler梁单元频率和振型求解结果与理论解的误差十分小，表明了$BSWI4_3$ Euler梁单元在进行梁无阻尼自由振动分析时，在不同的边界条件下均可以得到十分满意的频率和振型结果。这说明了BSWI Euler梁单元不但是一种求解结构静力学问题的性能良好的单元，而且具有针对不同问题的适应性，在求解结构动力学问题时同样有良好的表现。

可以预见，如果将BSWI单元推广至工程中高梯度的其他问题，如材料加工工艺过程中最突出的局部高梯度问题（孔洞处、几何突变处、大变形、高温差分布、高热源处等），结构中材料的特种连接，机械加工过程的数值模拟与控制、先进制造技术中的高速加工过程等数值分析与质量控制，精密制造技术中的宏观尺度和微观尺度（包括纳米级、微米级和毫米级）多尺度耦合有限元模型建立等。

3.4 Timoshenko梁单元

在理论分析中，由于欧拉伯努利梁的C_1连续特性及其精巧的构造方法，该种梁单元备受青睐。然而，对于结构健康监测问题，特别是机械结构的健康监测问题，由于问题本身的复杂性和损伤的奇异性，即使使用小波有限元方法，也不得不使用多个单元进行分析，而此时，单元内部则难以满足欧拉伯努利梁的细长假设（单元厚度 / 单元长度 $< 1/10$）。此外，对于导波传播分析这一特殊课题，可以证明，使用欧拉伯努利梁模型无法求解结构高频导波传播。

在实际工程中，常常会遇到需要考虑横向剪切变形的Timoshenko梁，此时梁内的横向剪切力所产生的剪切变形将引起梁的附加挠度，并使原来垂直于中面的截面变形后不再和中面垂直，且发生翘曲。在Timoshenko梁理论中，假设原来垂直于中面的截面变形后仍保持为平面，但截面和中面不再垂直。

BSWI Timoshenko梁单元物理空间中单元边界节点和内部节点都包括横向位移和转角自由度。当$BSWIm_j$尺度函数构造单元时，单元上节点排列（分成$n = 2^j + m - 2$段，节点数为$n+1$）如图3.17所示，每个节点上自由度为w_i, θ_i（其中$i = 1, 2, \cdots, n+1$），总自由度数为$2(n+1)$。Timoshenko梁单元的特点是，位移$w(\xi)$和转角$\theta(\xi)$分别独立插值，这里分别采用$BSWIm_j$尺度函数插值，即：

$$\left.\begin{aligned} w(\xi) &= \boldsymbol{\Phi T}^e \boldsymbol{w}^e \\ \theta(\xi) &= \boldsymbol{\Phi T}^e \boldsymbol{\theta}^e \end{aligned}\right\} \tag{3.43}$$

式中，$\boldsymbol{w}^e = \{w_1 \quad w_2 \quad \cdots \quad w_{n+1}\}^{\mathrm{T}}$，$\boldsymbol{\theta}^e = \{\theta_1 \quad \theta_2 \quad \cdots \quad \theta_{n+1}\}^{\mathrm{T}}$。

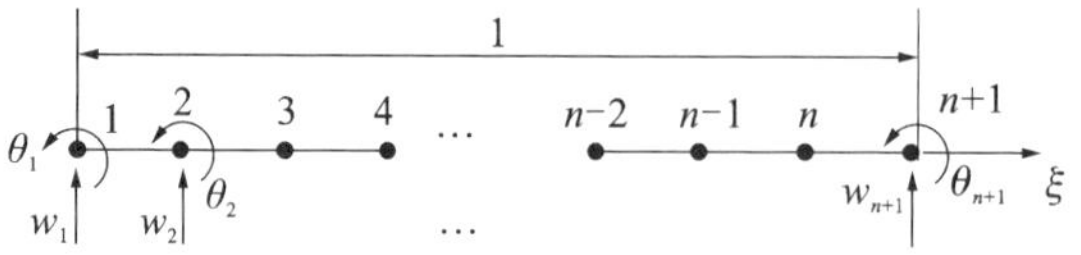

图3.17 BSWI Timoshenko梁单元节点及自由度排列

考虑剪切变形的Timoshenko梁单元的势能泛函为：

$$\begin{aligned} \Pi = &\int_a^b \frac{EI}{2}\left(-\frac{\mathrm{d}\theta}{\mathrm{d}x}\right)^2 \mathrm{d}x + \int_a^b \frac{GA}{2k}\left(\frac{\mathrm{d}w}{\mathrm{d}x} - \theta\right)^2 \mathrm{d}x \\ &- \int_a^b q(x) w \mathrm{d}x - \sum_j P_j w(x_j) + \sum_k M_k \theta(x_k) \end{aligned} \tag{3.44}$$

式中，EI 为抗弯刚度；G 为剪切模量；A 为截面面积；$q(x)$ 为分布载荷；P_j 为集中载荷；M_k 为集中弯矩；x_j 为集中载荷在单元求解域上作用点位置坐标；x_k 为集中弯矩在单元求解域上作用点位置坐标；k 为剪切校正因子。在已有的研究工作中，校正因子有不同的修正方法。剪切校正理论认为截面和中面相交处的剪切应变 γ 应取中面处的实际剪切应变（也就是截面上的最大剪切应变）。据此，对矩形截面，$k=3/2$；对圆形截面，$k=4/3$。而能量等效的校正理论认为按 $U=\frac{1}{2k}GA\gamma^2$ 计算出的应变能应该等于实际剪应力及剪应力分布计算出的应变能。据此，对于矩形截面，$k=6/5$；对于圆形截面，$k=10/9$。

将式(3.43)代入式(3.44)并由变分原理可知，令 $\delta\Pi=0$，得 BSWI Timoshenko 梁单元静态问题有限元求解方程：

$$\begin{bmatrix}\boldsymbol{K}^{e,1} & \boldsymbol{K}^{e,2}\\ \boldsymbol{K}^{e,3} & \boldsymbol{K}^{e,4}\end{bmatrix}\begin{bmatrix}\boldsymbol{w}^e\\ \boldsymbol{\theta}^e\end{bmatrix}=\begin{bmatrix}\boldsymbol{P}^e_w\\ 0\end{bmatrix}+\begin{bmatrix}\boldsymbol{P}^e_{w_j}\\ \boldsymbol{P}^e_{\theta_k}\end{bmatrix} \tag{3.45}$$

其中分布载荷作用下的载荷列阵：

$$\boldsymbol{P}^e_w=(\boldsymbol{T}^e)^{\mathrm{T}}l_e\int_0^1 q(\xi)\boldsymbol{\Phi}^{\mathrm{T}}\mathrm{d}\xi \tag{3.46}$$

集中载荷作用下的载荷列阵：

$$\boldsymbol{P}^e_{w_j}=\sum_j P_j(\boldsymbol{T}^e)^{\mathrm{T}}\boldsymbol{\Phi}^{\mathrm{T}}(\xi_j) \tag{3.47}$$

集中弯矩作用下的载荷列阵：

$$\boldsymbol{P}^e_{\theta_k}=-\sum_k M_k(\boldsymbol{T}^e)^{\mathrm{T}}\boldsymbol{\Phi}^{\mathrm{T}}(\xi_k) \tag{3.48}$$

单元刚度矩阵各子矩阵为：

$$\boldsymbol{K}^{e,1}=\frac{GA}{k}\boldsymbol{\Gamma}^{11} \tag{3.49}$$

$$\boldsymbol{K}^{e,2}=-\frac{GA}{k}\boldsymbol{\Gamma}^{10} \tag{3.50}$$

$$\boldsymbol{K}^{e,3}=(\boldsymbol{K}^{e,2})^{\mathrm{T}} \tag{3.51}$$

$$\boldsymbol{K}^{e,4}=EI\boldsymbol{\Gamma}^{1,1}+\frac{GA}{k}\boldsymbol{\Gamma}^{00} \tag{3.52}$$

以上各式中的积分项为：

$$\boldsymbol{\Gamma}^{11}=(\boldsymbol{T}^e)^{\mathrm{T}}\left\{\frac{1}{l_e}\int_0^1\frac{\mathrm{d}\boldsymbol{\Phi}^{\mathrm{T}}}{\mathrm{d}\xi}\frac{\mathrm{d}\boldsymbol{\Phi}}{\mathrm{d}\xi}\mathrm{d}\xi\right\}(\boldsymbol{T}^e) \tag{3.53}$$

$$\boldsymbol{\Gamma}^{10}=(\boldsymbol{T}^e)^{\mathrm{T}}\left\{\int_0^1\frac{\mathrm{d}\boldsymbol{\Phi}^{\mathrm{T}}}{\mathrm{d}\xi}\boldsymbol{\Phi}\mathrm{d}\xi\right\}(\boldsymbol{T}^e) \tag{3.54}$$

$$\boldsymbol{\Gamma}^{00}=(\boldsymbol{T}^e)^{\mathrm{T}}\left\{l_e\int_0^1\boldsymbol{\Phi}^{\mathrm{T}}\boldsymbol{\Phi}\mathrm{d}\xi\right\}(\boldsymbol{T}^e) \tag{3.55}$$

上角角标表示求导阶次。BSWI Timoshenko 梁单元中，单元物理自由度排列为：

$$\boldsymbol{u}^e=\{w_1\quad\theta_1\quad w_2\quad\theta_2\quad\cdots\quad w_{n+1}\quad\theta_{n+1}\}^{\mathrm{T}} \tag{3.56}$$

由于 w 和 θ 各自独立插值，可以将单元求解方程式(3.56)按照单元节点自由度进行排列，即：

$$\begin{bmatrix} \boldsymbol{K}_{1,1}^e & \boldsymbol{K}_{1,2}^e & \cdots & \boldsymbol{K}_{1,n+1}^e \\ \boldsymbol{K}_{2,1}^e & \boldsymbol{K}_{2,2}^e & \cdots & \boldsymbol{K}_{2,n+1}^e \\ \vdots & \vdots & & \vdots \\ \boldsymbol{K}_{n,1}^e & \boldsymbol{K}_{n,2}^e & \cdots & \boldsymbol{K}_{n,n+1}^e \\ \boldsymbol{K}_{n+1,1}^e & \boldsymbol{K}_{n+1,2}^e & \cdots & \boldsymbol{K}_{n+1,n+1}^e \end{bmatrix} \begin{bmatrix} w_1 \\ \theta_1 \\ \vdots \\ w_{n+1} \\ \theta_{n+1} \end{bmatrix} = \begin{bmatrix} P_{w_1}^e \\ 0 \\ \vdots \\ P_{w_{n+1}}^e \\ 0 \end{bmatrix} + \begin{bmatrix} P_{w_{j,1}}^e \\ P_{\theta_{k,1}}^e \\ \vdots \\ P_{w_{j,n+1}}^e \\ P_{\theta_{k,n+1}}^e \end{bmatrix} \tag{3.57}$$

式中，$\boldsymbol{K}_{i,j}^e = \begin{bmatrix} k_{i,j}^{e,1} & k_{i,j}^{e,2} \\ k_{i,j}^{e,3} & k_{i,j}^{e,4} \end{bmatrix}(i,j=1,\cdots,n+1)$，而 $k_{i,j}^{e,1}$、$k_{i,j}^{e,2}$、$k_{i,j}^{e,3}$、$k_{i,j}^{e,4}$ 分别为式(3.45)中子矩阵 $\boldsymbol{K}^{e,1}$、$\boldsymbol{K}^{e,2}$、$\boldsymbol{K}^{e,3}$、$\boldsymbol{K}^{e,4}$ 对应的元素；载荷列阵中 $\boldsymbol{P}_{w_l}^e$、$\boldsymbol{P}_{w_{j,l}}^e$、$\boldsymbol{P}_{\theta_{k,l}}^e(l=1,2,\cdots,n+1)$ 分别为式(3.45)中载荷列阵子阵 $\boldsymbol{P}_w^e$、$\boldsymbol{P}_{w_j}^e$ 和 $\boldsymbol{P}_{\theta_k}^e$ 的元素。

为了验证所构造的 BSWI Timoshenko 梁单元的正确性和有效性，分别采用等间隔节点排列的 BSWI2_3 和 BSWI4_3 Timoshenko 梁及传统 Timoshenko 梁单元，单元自由度数分别为18、22和4。

算例 3.7　图3.18给出了一个典型的算例，力学参数和载荷为：$EI=\frac{13}{6}\times10^{10}\,\mathrm{N\cdot m^2}$，$GA=10^{11}\,\mathrm{N}$，$k=\frac{6}{5}$，$L=10\,\mathrm{m}$，$q=10^5\,\mathrm{N}$。

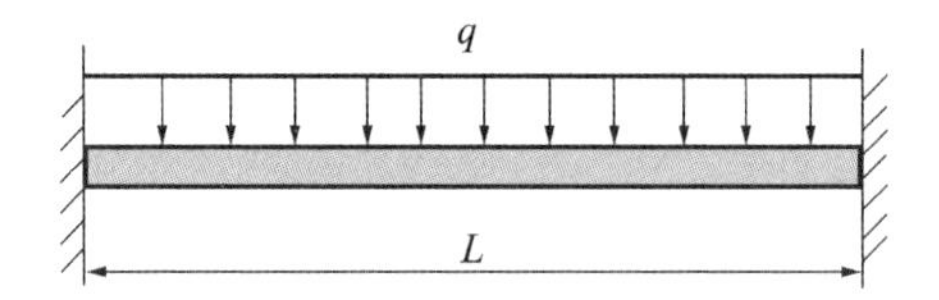

图 3.18　承受均布载荷的两端固支 Timoshenko **梁**

由于 BSWI2_3 Timoshenko 梁单元求解结果与传统两节点 Timoshenko 梁单元(自由度数相同)几乎一样，因此结果不再画出。当直接提升小波基阶次，图3.19给出了1个 BSWI4_3 单元(22DOFs)和10个(22DOFs)、20个(42DOFs)、80个(162DOFs)两节点传统 Timoshenko 梁单元求解结果，由图可见，与传统单元相比，1个 BSWI4_3 Timoshenko 梁单元就可以达到80个传

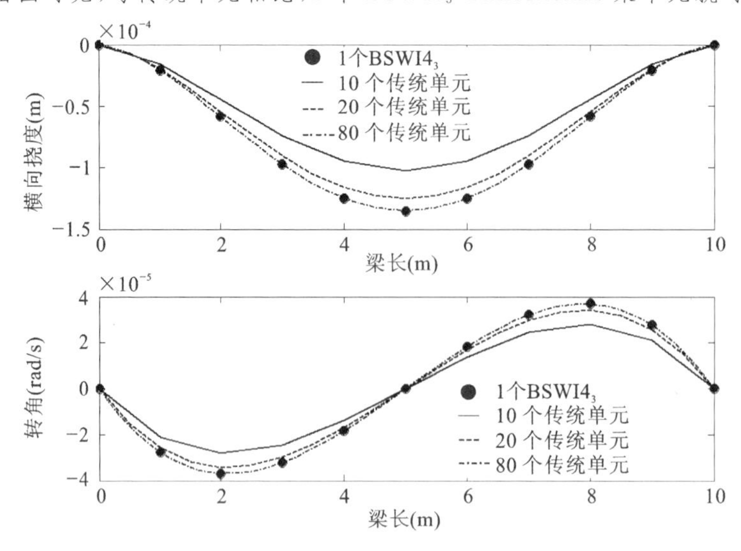

图 3.19　Timoshenko **梁横向位移和转角求解结果比较**

统单元的精度。为直观地比较具有相同计算精度的1个$BSWI4_3$ Timoshenko梁单元和80个传统两节点Timoshenko梁单元的计算效率，在Pentium Ⅵ，1.7MHz，256 M内存PC机上用MATLAB 7.0编制程序计算，计算时间分别为：1 $BSWI4_3$ Timoshenko梁单元为0.34s；80个传统两节点Timoshenko梁单元为4.53s。可见，1个$BSWI4_3$ Timoshenko梁单元计算时间消耗只有80个传统两节点Timoshenko梁单元的1/13，而自由度比（计算规模）只有1/7。很明显，自由度比小于实际计算中时间消耗。

算例3.8 剪切锁死试验。基于Timoshenko梁理论的Timoshenko梁单元，一般会出现剪切锁死（Shear locking）现象，而且随着梁的长高比L/H的增大，锁死现象会越来越严重，当$L/H\to\infty$时，问题只能得到零解。为验证本书构造的BSWI Timoshenko梁单元抵抗剪切锁死的能力，仍以算例3.7为例，为方便用图描述，将分布载荷由$q=10^5$N改为$q=1$N，其他几何尺寸和材料参数与算例3.7相同。图3.20给出了剪切锁死试验结果，图中采用对数坐标，图上给出的曲线分别为80个传统Timoshenko梁单元和2个$BSWI4_3$ Timoshenko梁单元求解梁中点横向位移随梁的长高比L/H的变化曲线和Euler梁理论给出的理论解。由图可见，当$L/H>40$时，80个传统Timoshenko梁单元将出现锁死现象，中点横向位移值偏离而不是收敛于Euler梁解。2个$BSWI4_3$ Timoshenko梁单元解在$L/H>40$时，中点横向位移值收敛于Euler梁理论解，一直到$L/H=10^3$时，没有出现锁死现象，而在$L/H<40$范围内，2个$BSWI4_3$ Timoshenko梁单元和80个传统Timoshenko梁单元具有相同的求解精度。

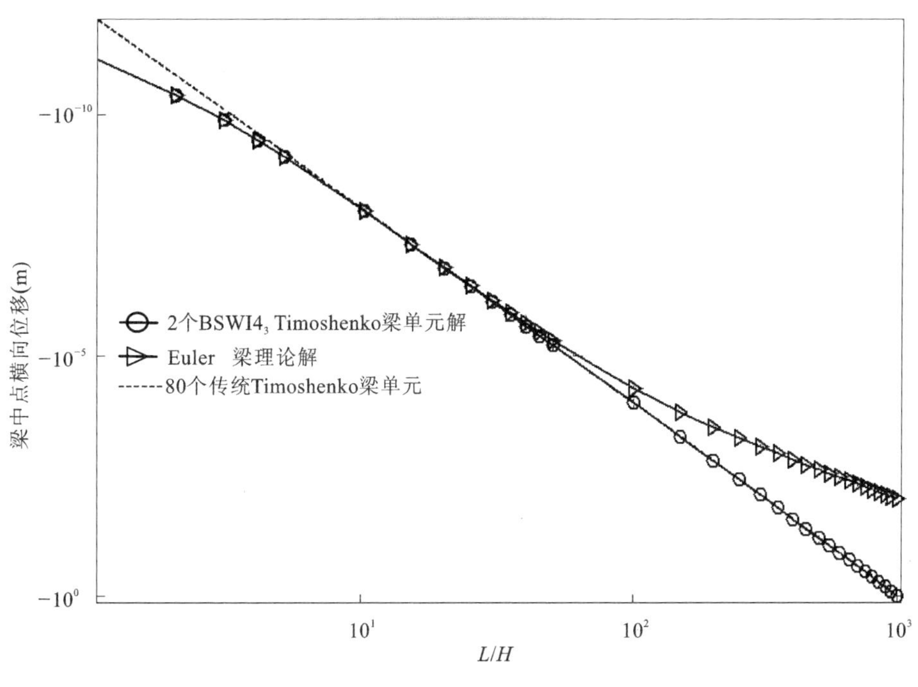

图3.20 剪切锁死试验

以上数值算例结果表明，与传统有限元相比，BSWI Timoshenko梁单元具有较高的求解精度和较快的收敛速度，并且该单元簇中较高尺度和较高阶数的单元具有十分强的抵抗剪切锁死能力。

4 小波弯曲单元构造

4.1 广义壳体理论

在机械制造、航空航天、土木工程等领域，板壳形式的薄壁构件得到了广泛的应用，特别是在结构轻量化要求显著的近现代机械中，壳体结构是无可替代的。随着更多新型材料的开发应用，结构件中的各向异性及横向剪切刚度引起了科学家和工程师的共同关注。在横向剪切刚度作用逐渐显著的情况下，已知的经典薄壳理论和结构计算方法不总是合适与有效的，因此，对新型壳体理论的研究和对经典壳体理论的修正逐渐变成了板壳力学研究的主流。传统的以Kirchhoff-Love假设为基础并忽略横向剪切变形所建立的薄壳理论，由于对横向刚度的过大估计，导致了计算结果往往与实际结构有较大差别。不仅如此，常用机械结构中的板壳件一般都属于中厚件，其厚径比h/R或厚长比h/a常大大超出薄壳结构应用范围，需要计入h/R量级成分才可能得到准确的解答。因此，需要开展以广义壳体理论与Reissner-Mindlin原理为基础的壳体力学研究。在实用方面，曲梁曲壳由于其内在的拉、弯、剪三者耦合及几何特性，相对直梁、平板壳结构而言，弯曲结构拥有良好的承载特性和应用范围，得到了工程界广泛的关注和研究，一些常见的弯曲结构如飞机机翼内部框架、外部蒙皮，轮船龙骨等都是重要的结构部件。基于传统有限元以直代曲的观点，直梁与板壳单元常常被用来对曲梁结构进行分析。由于直梁板壳单元的拉、弯、剪变形之间不存在耦合，这种以变换矩阵强制完成的以直代曲分析往往难以达到令人满意的精度。例如，在静力学分析中，如果忽略拱结构的拉弯耦合，其分析结果精度会随着长径比（长度与半径之比）增大而降低；对动力学分析而言，这种简化则会直接导致高阶模态特征的计算错误[1]，对拱、壳等结构利用弯曲单元进行分析会比利用大量平直单元进行几何近似拥有更好的收敛与更高精度[2]。

利用广义壳理论及BSWI插值函数，构造了一维曲梁与二维曲壳BSWI单元。传统的插值函数被BSWI尺度函数所取代，进而从单元簇的角度，借助BSWI的多尺度、紧支撑以及样条特性，改进了单元的性能。利用结构的变形能、动能及外力功分别代入Hamilton原理并推导出单元的矩阵求解表达式。有别于传统的Wavelet-Galerkin方法，这里所构造的单元通过转换矩阵实现了物理自由度与小波系数间的过渡，亦与传统的Castigliano能量原理解法和Rayleigh-Ritz法不同，本方法可以很好地适应多种边界条件的求解。

从几何的角度来看，壳体可视为一类由上表面与下表面定义的特殊实体，相对于表面的两个横向延展尺度，它在厚度方向上的尺度是极小的，在壳体中与上下表面距离相等的点构成了壳体的中面（类似于板结构与梁结构中性面的概念），从中面出发，向壳体的上下表面延展作法线段，这些法线段的长度形成了壳体的厚度。而从力学的角度来阐述，壳体则表述为一种特殊的退化三维实体模型，其在厚度方向的位移平行于壳体面法向，并且保持一致(即应变 $\varepsilon_{33}=0$)[3]。现考虑形如图4.1所示的一般壳体，使用符号 u、v、w 分别表示 x、y、z 方向的位移，h 表示壳体厚度，R_x，R_y 分别表示壳体在两个延伸方向上的曲率半径。

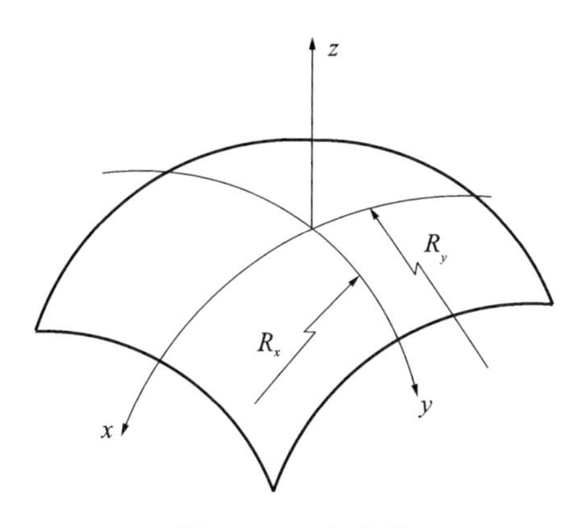

图4.1 一般壳体

由于所描述的壳体为一般壳体，采用笛卡尔坐标系统(直角坐标系与斜角坐标系)描述将直接导致壳体微分关系复杂化，因此考虑采用正交曲线坐标系对其进行数学描述。设 O 为笛卡尔坐标系统 $O(x\ y\ z)$ 的原点，以空间任意一点 O_s 为原点，建立如图4.2所示的正交曲线坐标系统 $O_s(s_1\ s_2\ s_3)$。需要说明的是，在笛卡尔系统中若令 x、y、z 分别为常数，可得到一族平面，相应地，在坐标系统 O_s 中令 s_1、s_2、s_3 分别为常数，得到的是一个曲面族。借助两坐标间的一一对应，建立两者的映射关系，如式(4.1)及式(4.2)所示：

$$\left.\begin{aligned} x &= f_x(s_1,s_2,s_3) \\ y &= f_y(s_1,s_2,s_3) \\ z &= f_z(s_1,s_2,s_3) \end{aligned}\right\} \tag{4.1}$$

$$\left.\begin{aligned} s_1 &= f_x^{-1}(x,y,z) \\ s_2 &= f_y^{-1}(x,y,z) \\ s_3 &= f_z^{-1}(x,y,z) \end{aligned}\right\} \tag{4.2}$$

在微分几何学中，与笛卡尔坐标系统中的微元长度定义类似，正交曲线坐标中任意两点距离采用欧氏距离定义，距离微段 $\mathrm{d}s$ 表示为：

$$\mathrm{d}s = \sqrt{A_1^2\mathrm{d}s_1^2 + A_2^2\mathrm{d}s_2^2 + A_3^2\mathrm{d}s_3^2} \tag{4.3}$$

式中，$A_i(i=1,2,3)$ 称为 Lame 系数，具体形式如下：

$$\left.\begin{aligned} A_1 &= \left[\left(\frac{\partial x}{\partial s_1}\right)^2 + \left(\frac{\partial y}{\partial s_1}\right)^2 + \left(\frac{\partial z}{\partial s_1}\right)^2\right]^{1/2} \\ A_2 &= \left[\left(\frac{\partial x}{\partial s_2}\right)^2 + \left(\frac{\partial y}{\partial s_2}\right)^2 + \left(\frac{\partial z}{\partial s_2}\right)^2\right]^{1/2} \\ A_3 &= \left[\left(\frac{\partial x}{\partial s_3}\right)^2 + \left(\frac{\partial y}{\partial s_3}\right)^2 + \left(\frac{\partial z}{\partial s_3}\right)^2\right]^{1/2} \end{aligned}\right\} \tag{4.4}$$

通过对 Lame 系数取不同值，可以从广义壳理论平滑地过渡到平板壳理论。对于平板壳，取 $A_1=A_2=1$ 和 $s_1=L_x$，$s_2=L_y$；对于圆柱壳，取 $A_1=1$，$A_2=R$ 和 $s_1=\varphi_x$，$s_2=L$；对于双曲圆柱壳和双曲抛物壳，取 $A_1=R_x$，$A_2=R_y$ 和 $s_1=\varphi_x$，$s_2=\varphi_y$，其中 L 表示对应方向壳体

的直边边长，φ 表示特定方向跨角。

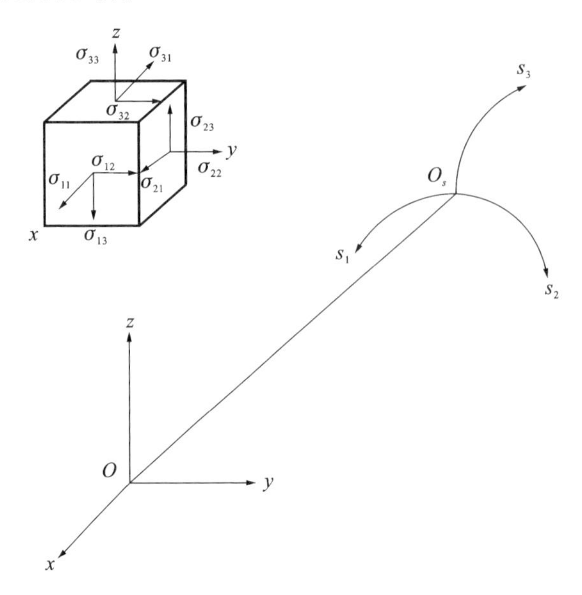

图 4.2　从笛卡尔坐标系统向曲线坐标系统转换

对求解壳体的静变形及动态响应，平衡方程列式是静力学列式与中心差分格式推导所必需的，将其代入三维弹性体平衡方程，得到正交曲线坐标下的平衡方程。进一步，从壳体假设出发，忽略方向 3 的应变，考虑壳体质量，使用牛顿第二定律及张量记号，得到图 4.1 所示的一般壳体，在受到分属各方向的如图 4.3 所示广义力 F_{ij}（拉力及剪切力）与广义矩 M_{ij}（弯矩及扭矩）共同作用下的运动平衡方程为：

$$\left.\begin{aligned}
&\frac{\partial A_2}{\partial s_1}F_{11}+\frac{\partial A_1}{\partial s_1}F_{12}-\frac{\partial A_2}{\partial s_2}F_{22}+\frac{\partial A_1}{\partial s_2}F_{21}+\frac{A_1A_2}{R_1}F_{13}=A_1A_2\rho I_0\frac{\partial^2 u_1}{\partial t^2}+A_1A_2\rho I_1\frac{\partial^2\theta_1}{\partial t^2}\\
&\frac{\partial A_2}{\partial s_1}F_{12}+\frac{\partial A_2}{\partial s_1}F_{21}+\frac{\partial A_1}{\partial s_2}F_{22}-\frac{\partial A_1}{\partial s_2}F_{11}+\frac{A_1A_2}{R_2}F_{23}=A_1A_2\rho I_0\frac{\partial^2 u_2}{\partial t^2}+A_1A_2\rho I_1\frac{\partial^2\theta_2}{\partial t^2}\\
&\frac{A_1A_2}{R_1}F_{11}+\frac{A_1A_2}{R_2}F_{22}-\frac{\partial A_2}{\partial s_1}F_{13}-\frac{\partial A_1}{\partial s_2}F_{23}=A_1A_2\rho I_0\frac{\partial^2 u_3}{\partial t^2}\\
&\frac{\partial A_2}{\partial s_1}M_{11}-\frac{\partial A_2}{\partial s_1}M_{22}+\frac{\partial A_1}{\partial s_2}M_{12}+\frac{\partial A_1}{\partial s_2}M_{21}-A_1A_2F_{13}=A_1A_2\rho I_1\frac{\partial^2 u_1}{\partial t^2}+A_1A_2\rho I_2\frac{\partial^2\theta_1}{\partial t^2}\\
&\frac{\partial A_2}{\partial s_1}M_{12}+\frac{\partial A_2}{\partial s_1}M_{21}+\frac{\partial A_1}{\partial s_2}M_{22}-\frac{\partial A_1}{\partial s_2}M_{11}-A_1A_2F_{23}=A_1A_2\rho I_1\frac{\partial^2 u_2}{\partial t^2}+A_1A_2\rho I_2\frac{\partial^2\theta_2}{\partial t^2}\\
&\text{s. t. } I_0=h\left(1+\frac{h^2}{R_1R_2}\right),I_1=\frac{h^3}{12}\left(\frac{1}{R_1}+\frac{1}{R_2}\right),I_2=\frac{h^3}{12}\left(1+\frac{3h^2}{20R_1R_2}\right)
\end{aligned}\right\}\tag{4.5}$$

式中，$\theta_i(i=1,2,3)$ 表示转角位移，$I_i(i=0,1,2)$ 表示对应的惯性矩。在式(4.5)中，令等式右侧的各惯性项为零，得到系统在静力平衡状态下的运动方程描述：

$$\left.\begin{aligned}
&\frac{\partial A_2}{\partial s_1}F_{11}+\frac{\partial A_1}{\partial s_1}F_{12}-\frac{\partial A_2}{\partial s_2}F_{22}+\frac{\partial A_1}{\partial s_2}F_{21}+\frac{A_1A_2}{R_1}F_{13}=0\\
&\frac{\partial A_2}{\partial s_1}F_{12}+\frac{\partial A_2}{\partial s_1}F_{21}+\frac{\partial A_1}{\partial s_2}F_{22}-\frac{\partial A_1}{\partial s_2}F_{11}+\frac{A_1A_2}{R_2}F_{23}=0\\
&\frac{A_1A_2}{R_1}F_{11}+\frac{A_1A_2}{R_2}F_{22}-\frac{\partial A_2}{\partial s_1}F_{13}-\frac{\partial A_1}{\partial s_2}F_{23}=0\\
&\frac{\partial A_2}{\partial s_1}M_{11}-\frac{\partial A_2}{\partial s_1}M_{22}+\frac{\partial A_1}{\partial s_2}M_{12}+\frac{\partial A_1}{\partial s_2}M_{21}-A_1A_2F_{13}=0\\
&\frac{\partial A_2}{\partial s_1}M_{12}+\frac{\partial A_2}{\partial s_1}M_{21}+\frac{\partial A_1}{\partial s_2}M_{22}-\frac{\partial A_1}{\partial s_2}M_{11}-A_1A_2F_{23}=0
\end{aligned}\right\}\tag{4.6}$$

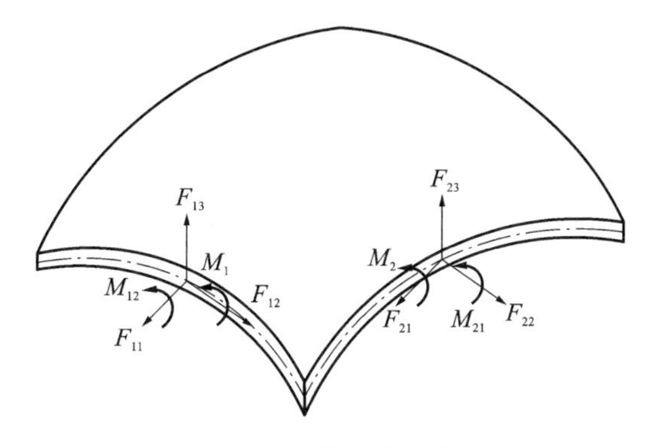

图 4.3　壳体受力示意图

几何方程描述了应变量与弹性体位移量之间的变换关系，对从应变及能量变分原理出发的位移型有限元列式推导至关重要。因此，这里预先给出未经简化的壳体几何方程，以便于随后章节中将其特殊化为某类具体结构以推导相应的曲梁单元及曲壳单元。膜应变-位移关系：

$$\left.\begin{aligned}
\varepsilon_{11}&=\frac{1}{A_1}\frac{\partial u_1}{\partial s_1}+\frac{u_2}{A_1A_2}\frac{\partial A_1}{\partial s_2}+\frac{u_3}{R_1}\\
\varepsilon_{22}&=\frac{1}{A_2}\frac{\partial u_2}{\partial s_2}+\frac{u_1}{A_1A_2}\frac{\partial A_2}{\partial s_1}+\frac{u_3}{R_2}\\
\varepsilon_{12}&=\varepsilon_{21}=\frac{A_1}{A_2}\frac{\partial}{\partial s_2}\left(\frac{u_1}{A_1}\right)+\frac{A_2}{A_1}\frac{\partial}{\partial s_1}\left(\frac{u_2}{A_2}\right)
\end{aligned}\right\}\tag{4.7}$$

弯曲应变-位移关系：

$$\left.\begin{aligned}
\kappa_1&=\frac{1}{A_1}\frac{\partial\theta_1}{\partial s_1}+\frac{\theta_2}{A_1A_2}\frac{\partial A_1}{\partial s_2}\\
\kappa_2&=\frac{1}{A_2}\frac{\partial\theta_2}{\partial s_2}+\frac{\theta_1}{A_1A_2}\frac{\partial A_2}{\partial s_1}\\
\kappa_{12}&=\frac{1}{A_1}\frac{\partial\theta_2}{\partial s_1}-\frac{\theta_1}{A_1A_2}\frac{\partial A_1}{\partial s_2}\\
\kappa_{21}&=\frac{1}{A_2}\frac{\partial\theta_1}{\partial s_2}-\frac{\theta_2}{A_1A_2}\frac{\partial A_2}{\partial s_1}
\end{aligned}\right\}\tag{4.8}$$

剪切应变-位移关系：

$$\left.\begin{aligned}\gamma_1 &= \frac{\partial u_3}{\partial s_1} - \theta_1 \\ \gamma_2 &= \frac{\partial u_3}{\partial s_2} - \theta_2\end{aligned}\right\} \tag{4.9}$$

4.2 曲梁单元

曲梁剪切变形理论是建立在中性面假设上的，类似于 Timoshenko 梁，但不同之处在于 Timoshenko 梁中性面附着在笛卡尔坐标系中，而曲梁中性面附着在自然坐标系中，更便于曲梁描述拉-弯-剪耦合效应，这就使得曲梁具有三个自由度（拉伸、弯曲及转角），而非一般梁所具有的两个自由度（弯曲及转角）如图 4.4 所示。当然，需要说明的是，利用直梁和直杆单元也可以构造具有三个自由度的梁单元，但是这种梁单元的拉伸、弯曲和剪切之间并不存在耦合关系，只是一种简单的叠加，这种思路在早期曲梁构造研究中已被尝试并最终放弃。图 4.4 中，h 表示曲梁厚度，L 表示曲梁跨度，u、w 以及 θ 分别表示切向、法向和转角位移。定义自然坐标系的 x 轴附着于切向，y 轴附着于法向，曲梁中的无应力面被定义为中性面，如图 4.4 点画线所示。类似于板件中根据长厚比进行分类的方式，Gallagher[4] 利用径厚比和跨角对曲梁结构进行了分类：

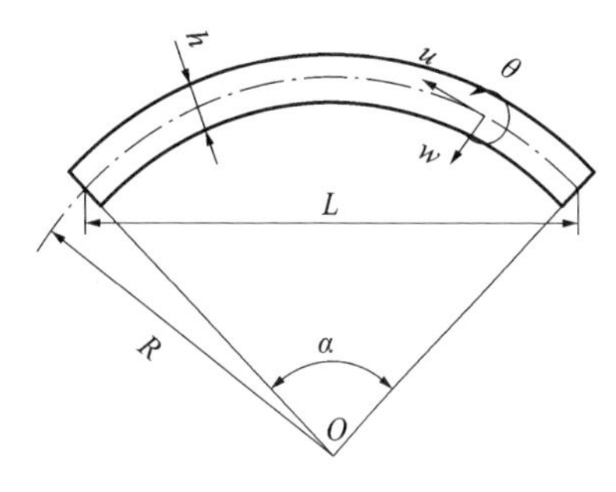

图 4.4 曲梁示意图

(1) 径厚比分类(R/h)

① 厚曲梁($R/h < 40$)；

② 中厚曲梁($R/h = 40$)；

③ 薄壁曲梁($R/h > 40$)；

(2) 跨角分类(α)

① 浅拱($\alpha < 40^\circ$)；

② 中深拱($\alpha = 40^\circ$)；

③ 深拱($40^\circ < \alpha < 180^\circ$)；

④ 超深拱($\alpha \geqslant 180^\circ$)。

在以上定义的自然坐标中，利用广义壳体理论在梁问题上的表述，曲梁的应变向量非零部分可写作 $\boldsymbol{\varepsilon} = \{\varepsilon_0 \quad \kappa \quad \gamma_0\}^{\mathrm{T}}$，其中：

$$\left.\begin{aligned}\varepsilon_0 &= \frac{\partial u}{\partial x} - \frac{w}{R} \\ \kappa &= \frac{\partial \theta}{\partial x} \\ \gamma_0 &= \frac{u}{R} + \frac{\partial w}{\partial x} - \theta\end{aligned}\right\} \tag{4.10}$$

而在自然坐标系下，式(4.10)可重新写作：

$$\left.\begin{aligned}\varepsilon_0 &= \frac{1}{R}\frac{\partial u}{\partial \alpha} - \frac{w}{R} \\ \kappa &= \frac{1}{R}\frac{\partial \theta}{\partial \alpha} \\ \gamma_0 &= \frac{u}{R} + \frac{1}{R}\frac{\partial w}{\partial \alpha} - \theta\end{aligned}\right\} \tag{4.11}$$

借助于矢量形式，位移与应变关系可表述如下：

$$\boldsymbol{\varepsilon} = \boldsymbol{B}_{\varepsilon}\boldsymbol{d} \tag{4.12}$$

式中，$\boldsymbol{B}_{\varepsilon} = \begin{bmatrix} \frac{1}{R}\frac{\partial}{\partial\alpha} & -\frac{1}{R} & 0 \\ 0 & 0 & \frac{1}{R}\frac{\partial}{\partial\alpha} \\ \frac{1}{R} & \frac{1}{R}\frac{\partial}{\partial\alpha} & -1 \end{bmatrix}$，$\boldsymbol{d} = \{u \quad w \quad \theta\}^{\mathrm{T}}$。曲梁应力能表示为：

$$U = \frac{1}{2}\int_V \boldsymbol{\varepsilon}^{\mathrm{T}}\boldsymbol{D}\boldsymbol{\varepsilon}\,\mathrm{d}V \tag{4.13}$$

将式(4.12)代入式(4.13)，可得到应力能矩阵表达式：

$$U = \frac{R}{2}\int_0^{\alpha_{el}} (\boldsymbol{B}_{\varepsilon}\boldsymbol{d})^{\mathrm{T}}\boldsymbol{D}\boldsymbol{B}_{\varepsilon}\boldsymbol{d}\,\mathrm{d}\alpha \tag{4.14}$$

式中，$\boldsymbol{D} = \mathrm{diag}(EA \quad EI \quad kGA)$；$E$ 与 G 分别为弹性模量和剪切模量；α_{el} 表示每个单元的跨角；k 为剪切校正因子。在目前的研究中，对不同的截面及边界条件剪切校正因子的取法略有不同。Schwarz 等[5] 认为梁截面与中性面相交处的剪切应变应当取中面处的实际剪切应变，根据这个假设，他们计算出对矩形截面 $k = 3/2$，对圆形截面 $k = 4/3$。由于这种方法只考虑了剪切应变因素进行修正，因此精度有限，之后他们根据能量等效理论，认为应当按照剪切应变能计算出与实际分布相当的当量剪切应变，据此可以得到对矩形截面 $k = 5/6$，对圆形截面 $k = 10/9$。由于本书主要采用能量方法建立有限元方程及裂纹格式，因此，使用能量等效法得到的曲梁动能结果表示为：

$$\begin{aligned} T &= \frac{1}{2}\int_V \rho\left[\left(\frac{\partial u}{\partial t}\right)^2 + \left(\frac{\partial w}{\partial t}\right)^2 + \left(\frac{\partial \theta}{\partial t}\right)^2\right]\mathrm{d}V \\ &= \frac{R}{2}\int_0^{\alpha_{el}} \frac{\partial \boldsymbol{d}^{\mathrm{T}}}{\partial t}\mathrm{diag}(\rho A \quad \rho A \quad \rho I)\frac{\partial \boldsymbol{d}}{\partial t}\mathrm{d}\alpha \end{aligned} \tag{4.15}$$

式中，符号 t 表示时间；符号 ρ 表示密度。同样，外力做功表示为：

$$\left.\begin{aligned} W &= R\int_0^{\alpha_{el}} \boldsymbol{d}^{\mathrm{T}}\boldsymbol{w}\,\mathrm{d}\alpha \\ \boldsymbol{w} &= \{f \quad q \quad m\}^{\mathrm{T}} \end{aligned}\right\} \tag{4.16}$$

式中，f、q 和 m 分别代表轴向力；径向力和弯矩。利用式(4.14)～式(4.16)，曲梁的总能量泛函可写作：

$$\Pi = U - T - W \tag{4.17}$$

一般情况下，在静力学分析中，由于考虑的变换过程是稳态的，因此动能常常被忽略，对动力学自由振动分析而言，不考虑外载荷，因此外力做功也不计入考虑，其相应的泛函格式变为：

静力学分析：

$$\Pi = U - W \tag{4.18}$$

动力学分析：

$$\Pi = U - T \tag{4.19}$$

由于使用 BSWI 进行插值计算，所构造的刚度与质量矩阵是在小波空间中的表达，因此只能求出相应的小波系数，不利于边界条件的处理和边界上物理场的兼容。引入转换矩阵概念，将曲梁 BSWI 空间转化为图 4.4 所示的物理空间进行计算，在物理空间中进行边界条件处理，这样既不失小波有限元方法的精确性，又简化了边界条件的处理。考虑一维边界值问题：

$$\left.\begin{aligned} L(u(x)) &= f(x) \\ \Omega &= \{x \mid x \in [\alpha,\beta]\} \end{aligned}\right\} \tag{4.20}$$

式中，L 表示微分算子，Ω 表示求解区域，通过线性变换，将求解区域映射为标准求解域 $\Omega = \{\xi \mid \xi \in [0,1]\}$，采用 BSWI$m_j$ 对其进行离散，单元节点分布如图 4.5 所示。

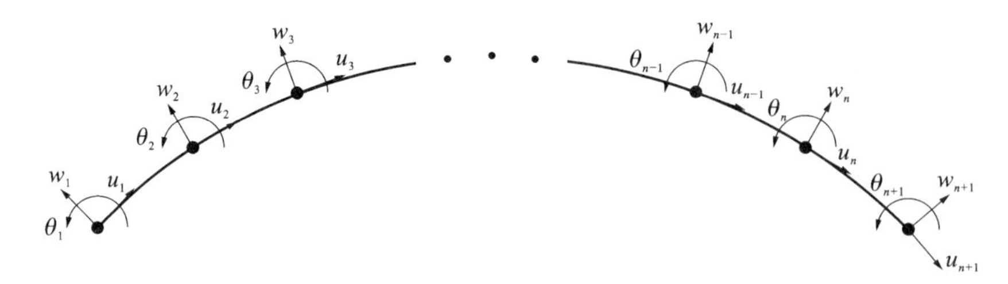

图 4.5 BSWI 曲梁节点自由度分布

求解区域被 $n = 2^j + m - 2$ 个节点划分为 $n + 1$ 个微小区段，进一步，由于采用自然坐标，图 4.5 所示的二维坐标系可被映射至一个一维的坐标系统下，每个单元节点的物理坐标值为：

$$x_h \in [x_1, x_{n+1}], 1 \leqslant h \leqslant n+1 \tag{4.21}$$

利用线性映射将式(4.21) 映射至标准求解域[0,1]：

$$\xi = \frac{x - x_1}{L_{el}\alpha_{el}}, \quad 0 \leqslant \xi \leqslant 1 \tag{4.22}$$

式中，L_{el} 表示单元弧长；α_{el} 表示单元跨角，即可进行有限元求解。

对曲梁能量泛函利用 Hamilton 原理，对从开始时间 t_1 到结束时间 t_2 的能量泛函取变分，并令变分为零得到用于中心差分格式求解波动方程的泛函形式：

$$\delta\Pi = \int_{t_1}^{t_2} (\delta U - \delta T - \delta W)\mathrm{d}t = 0 \tag{4.23}$$

对结构静力学分析格式有：

$$\delta\Pi = \int_{t_1}^{t_2} (\delta U - \delta W)\mathrm{d}t = 0 \tag{4.24}$$

对结构动力学分析格式有：

$$\delta\Pi = \int_{t_1}^{t_2} (\delta U - \delta T)\mathrm{d}t = 0 \tag{4.25}$$

在有限元求解过程中需要将原本连续的位移场离散，对曲梁结构采用 BSWI4_3 尺度函数分别对法向位移 u、轴向位移 w 以及转角位移 θ 进行独立插值，使用转换矩阵，实现小波空间与物理空间的映射：

$$\left.\begin{aligned} u &= \boldsymbol{\Phi T u} \\ w &= \boldsymbol{\Phi T w} \\ \theta &= \boldsymbol{\Phi T \theta} \end{aligned}\right\} \tag{4.26}$$

式中，转换矩阵 $\boldsymbol{T} = \{\boldsymbol{\Phi}^{\mathrm{T}}(\xi_1) \quad \boldsymbol{\Phi}^{\mathrm{T}}(\xi_2) \quad \cdots \quad \boldsymbol{\Phi}^{\mathrm{T}}(\xi_{n+1})\}^{-\mathrm{T}}$。将式(4.26) 代入式(4.24) 进行静力学格式插值得到：

$$\frac{1}{R}\int_0^{\alpha_{el}} \boldsymbol{B}_\varepsilon^{\mathrm{T}}\boldsymbol{D}\boldsymbol{B}_\varepsilon \mathrm{d}\alpha = R\int_0^{\alpha_{el}} (\boldsymbol{\Phi T})^{\mathrm{T}} \mathrm{diag}(f \quad q \quad m)\mathrm{d}\alpha \tag{4.27}$$

简记为：

$$\boldsymbol{Kd} = \boldsymbol{P} \tag{4.28}$$

式中，$\boldsymbol{K}$ 表示刚度矩阵；$\boldsymbol{d}$ 表示位移矢量；$\boldsymbol{P}$ 则表示等式右端的载荷矢量。特别地，对集中载荷有：

$$\boldsymbol{P} = R\sum_{j}\{F_j \quad Q_j \quad M_j\}^{\mathrm{T}}(\boldsymbol{\Phi T})^{\mathrm{T}} \tag{4.29}$$

将几何矩阵及物理参数矩阵代入刚度矩阵计算公式，得到刚度矩阵 $\boldsymbol{K}$ 的分块表达式：

$$\boldsymbol{K} = \frac{1}{R}\begin{bmatrix} EA\boldsymbol{\Gamma}^{11} + kGA\boldsymbol{\Gamma}^{00} & -EA\boldsymbol{\Gamma}^{10} + kGA\boldsymbol{\Gamma}^{01} & -RkGA\boldsymbol{\Gamma}^{00} \\ -EA\boldsymbol{\Gamma}^{01} + kGA\boldsymbol{\Gamma}^{10} & EA\boldsymbol{\Gamma}^{00} + kGA\boldsymbol{\Gamma}^{11} & -RkGA\boldsymbol{\Gamma}^{10} \\ -RkGA\boldsymbol{\Gamma}^{00} & -RkGA\boldsymbol{\Gamma}^{01} & EI\boldsymbol{\Gamma}^{11} + R^2kGA\boldsymbol{\Gamma}^{00} \end{bmatrix} \tag{4.30}$$

式中各分块采用如下积分助记符表示：

$$\boldsymbol{\Gamma}^{00} = \alpha_{el}\int_0^1 \boldsymbol{T}^{\mathrm{T}}\boldsymbol{\Phi}^{\mathrm{T}}\boldsymbol{\Phi T}\mathrm{d}\xi \tag{4.31}$$

$$\boldsymbol{\Gamma}^{01} = \int_0^1 \boldsymbol{T}^{\mathrm{T}}\boldsymbol{\Phi}^{\mathrm{T}}\frac{\mathrm{d}\boldsymbol{\Phi}}{\mathrm{d}\xi}\boldsymbol{T}\mathrm{d}\xi \tag{4.32}$$

$$\boldsymbol{\Gamma}^{10} = \int_0^1 \boldsymbol{T}^{\mathrm{T}}\frac{\mathrm{d}\boldsymbol{\Phi}^{\mathrm{T}}}{\mathrm{d}\xi}\boldsymbol{\Phi T}\mathrm{d}\xi \tag{4.33}$$

$$\boldsymbol{\Gamma}^{11} = \frac{1}{\alpha_{el}}\int_0^1 \boldsymbol{T}^{\mathrm{T}}\frac{\mathrm{d}\boldsymbol{\Phi}^{\mathrm{T}}}{\mathrm{d}\xi}\frac{\mathrm{d}\boldsymbol{\Phi}}{\mathrm{d}\xi}\boldsymbol{T}\mathrm{d}\xi \tag{4.34}$$

$$\boldsymbol{\Gamma}^{12} = \frac{1}{\alpha_{el}^2}\int_0^1 \boldsymbol{T}^{\mathrm{T}}\frac{\mathrm{d}\boldsymbol{\Phi}^{\mathrm{T}}}{\mathrm{d}\xi}\frac{\mathrm{d}^2\boldsymbol{\Phi}}{\mathrm{d}\xi^2}\boldsymbol{T}\mathrm{d}\xi \tag{4.35}$$

$$\boldsymbol{\Gamma}^{21} = \frac{1}{\alpha_{el}^2}\int_0^1 \boldsymbol{T}^{\mathrm{T}}\frac{\mathrm{d}^2\boldsymbol{\Phi}^{\mathrm{T}}}{\mathrm{d}\xi^2}\frac{\mathrm{d}\boldsymbol{\Phi}}{\mathrm{d}\xi}\boldsymbol{T}\mathrm{d}\xi \tag{4.36}$$

$$\boldsymbol{\Gamma}^{22} = \frac{1}{\alpha_{el}^3}\int_0^1 \boldsymbol{T}^{\mathrm{T}}\frac{\mathrm{d}^2\boldsymbol{\Phi}^{\mathrm{T}}}{\mathrm{d}\xi^2}\frac{\mathrm{d}^2\boldsymbol{\Phi}}{\mathrm{d}\xi^2}\boldsymbol{T}\mathrm{d}\xi \tag{4.37}$$

为得到 BSWI 曲梁单元的动力学分析格式，将式(4.26)代入式(4.25)得到如下广义特征值问题：

$$(\boldsymbol{K} - \omega^2\boldsymbol{M})\boldsymbol{X} = 0 \tag{4.38}$$

式中，ω 表示结构的圆频率，$\boldsymbol{X}$ 表示曲梁结构的模态位移振型矩阵，其与 ω 相应的每一列表示对应的振型向量，而质量矩阵 $\boldsymbol{M}$ 可写作：

$$\boldsymbol{M} = R\int_0^{\alpha_{el}}(\boldsymbol{\Phi T})^{\mathrm{T}}\mathrm{diag}(\rho A \quad \rho A \quad \rho I)\boldsymbol{\Phi T}\mathrm{d}\alpha \tag{4.39}$$

为验证所构造单元的可靠性，本节给出利用 BSWI4_3 曲梁单元(单元自由度为 33)所进行的结构静力学及动力学分析，并与大量文献中的优良方法对比。未具体给出材料参数的算例均表示其输出结果不受材料参数取值影响。

算例 4.1　四分之一悬臂拱受压变形问题，图 4.6 所示给出了四分之一悬臂圆拱的几何与受力模型，图示圆拱在尖端处受集中力 P 作用。将有限元分析坐标系的原点固结在固支点处，使用 1 个 BSWI4_3 曲梁单元对结构进行离散。

例子中对所构造单元计算精度在不同径厚比 R/h 情况下的尖端位移与其他方法和精确解进行分析比较。问题的解析解可利用 Castigliano 能量定理给出[6]：

$$u_c = \frac{PR^3}{2EI} - \frac{PR}{2kGA} - \frac{PR}{2EA} \tag{4.40}$$

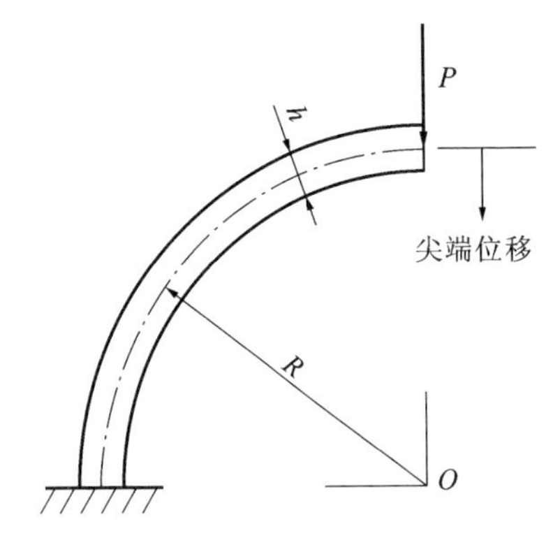

图 4.6 悬臂单拱几何与载荷描述

$$w_c = \frac{\pi PR^3}{4EI} + \frac{\pi PR}{4kGA} + \frac{\pi PR}{4EA} \tag{4.41}$$

$$\theta_c = \frac{PR^2}{EI} \tag{4.42}$$

在表 4.1 中，该问题的 BSWI 解答与由印度学者 Raveendranath[2] 给出的 MFE(Material Finite Element) 解答以及韩国学者 Lee[6] 给出的混合应力有限元解答进行比较。为了同时将解析解引入比较，表 4.1 中的数值被转化为数值解与解析解比值的形式出现，也就是说，比值愈接近 1，说明该数值解与解析解更为贴合。而算例中的物理参数也使用 Lee 等给出的 $E=2G$ 简化方法，通过改变径厚比得到不同数值结果。由表 4.1 可知，由 1 个 $BSWI4_3$ 单元给出的数值解在三项位移参数上均与解析解有着很好的吻合度，通过径厚比也可以看出，从径厚比为 5 的厚曲梁到径厚比为 1000 的薄梁，BSWI 方法均能对结构位移进行良好的估计。相对其他两种方法，MFE 方法在厚梁区间(小径厚比)上误差较大，而 Lee 给出的混合应力方法对法向位移 u 和轴向位移 w 的求解效果并不理想。相比之下，BSWI 方法对不同位移自由度、径厚比方面均有良好的表现，具有很好的参数适应性。

表 4.1 不同径厚比下悬臂拱受压变形问题中 BSWI 解与其他方法及理论解对比

R/h	MFE			混合应力方法			$BSWI4_3$		
	u/u_c	w/w_c	θ/θ_c	u/u_c	w/w_c	θ/θ_c	u/u_c	w/w_c	θ/θ_c
5	1.0124	0.9996	0.9997	0.99916	1.01494	1.00000	1.0129	1.0000	1.0000
10	1.0036	1.0000	0.9999	0.99968	1.00354	1.00000	1.0052	1.0000	1.0000
20	1.0010	1.0000	1.0000	0.99981	1.00072	1.00000	1.0013	1.0000	1.0000
100	1.0001	1.0000	0.9997	0.99986	0.99982	1.00000	1.0000	1.0000	1.0000
200	1.0001	1.0000	0.9999	0.99986	0.99979	1.00000	1.0000	0.9999	1.0000
1000	1.0001	1.0000	0.9999	0.99986	0.99978	1.00000	0.9999	0.9998	0.9995

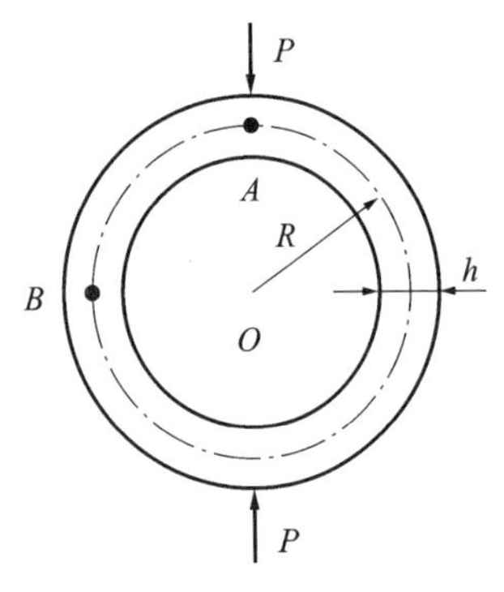

图 4.7 压环变形问题几何及载荷描述

算例 4.2 压环变形问题，Babu 及 Prathap[7] 认为对于评价数值方法在深拱计算上的性能，压环变形问题是最合适的算例。因此，本节考虑使用 Babu 等提出的考题对所构造单元的深拱计算能力进行评价。图 4.7 给出了压环变形问题的几何与载荷描述，图 4.7 所示的自由环体，在上下端部受到一对相等的集中力载荷 P 作用而产生变形，数值解的评价点选取在图中所示的点 A 以及点 B 处，这两处位移的解析解可利用 Castigliano 能量原理得到[6]：

$$w_{Ac} = \frac{PR^3}{EI}\frac{\pi^2-8}{4\pi} + \frac{\pi PR}{4kGA} + \frac{\pi PR}{4EA} \tag{4.43}$$

$$w_{Bc} = -\left(\frac{PR^3}{EI}\frac{4-\pi}{2\pi} + \frac{PR}{2kGA} - \frac{PR}{2EA}\right) \tag{4.44}$$

物理参数取作 $E = 2G$，使用2个 $BSWI4_3$ 曲梁单元对结构进行离散，表4.2中给出了不同径厚比情况下的数值解与解析解比值对比。选作参考的是韩国学者Lee[6]给出的混合应力方法解答。由表4.2可见，对径厚比从2.5～200的变化范围，BSWI方法均能给出优于混合应力方法的解答，而在径厚比为1000的薄拱上，BSWI方法的解答则略差于混合应力方法，这一点可以解释为剪切锁死效应的影响。由于混合应力单元是一种避免剪切锁死的单元，因此对薄拱问题能给出更佳的解答，而本书所构造的BSWI曲梁单元是以一阶剪切变形理论为基础的，虽然经过剪切因子修正，但剪切锁死问题仍然存在，在薄拱分析上这一问题则凸显出来。但是，即使在剪切锁死情况下，BSWI方法的解答仍然具有相当的精度，不仅如此，大多数实际使用的曲梁结构，其径厚比均处于2.5～200的范围内，因此，从实用的角度出发，BSWI曲梁单元仍是一种高精度的曲梁单元。

表4.2　不同径厚比下压环变形问题BSWI解与其他方法及理论解对比

R/h	混合应力方法		$BSWI4_3$	
	w_A/w_{Ac}	w_B/w_{Bc}	w_A/w_{Ac}	w_B/w_{Bc}
2.5	0.98730	0.98533	1.00000	1.08543
5	0.99574	0.99556	1.00000	1.03484
10	0.99834	0.99828	1.00000	1.00869
20	0.99904	0.99897	1.00000	1.00209
100	0.99923	0.99918	0.99998	1.00005
200	0.99927	0.99924	0.99991	0.99988
1000	0.99925	0.99922	0.99777	0.99662

算例4.3　近直悬臂梁受压问题，为了测试所构造单元在极端病态条件下的数值能力和数值稳定性，考虑使用一组近直悬臂梁受弯算例对单元进行测试。算例的几何及载荷描述见图4.8，其中曲梁的半径 $R = 2000\text{m}$，长度 $L = 100\text{m}$，厚度 $h = 10\text{m}$，$P = 1\text{N}$，$E = 1\times10^6\text{Pa}$，泊松比 $\nu = 0.3$，梁宽度 $b = 30\text{m}$，对悬臂的尖端法向位移使用1个 $BSWI4_3$ 单元对结构进行离散求解，对于此类薄拱结构（$R/h > 40$），问题的精确解可由Timoshenko理论给出[2]：

$$w_a = \frac{PL^3}{3EI}\left[1 + \frac{6I(1+\nu)}{kL^2A}\right] \tag{4.45}$$

$$w_b = \frac{qL^4}{8EI}\left[1 + \frac{8I(1+\nu)}{kL^2A}\right] \tag{4.46}$$

$$w_c = \frac{qL^4}{30EI}\left[1 + \frac{10I(1+\nu)}{kL^2A}\right] \tag{4.47}$$

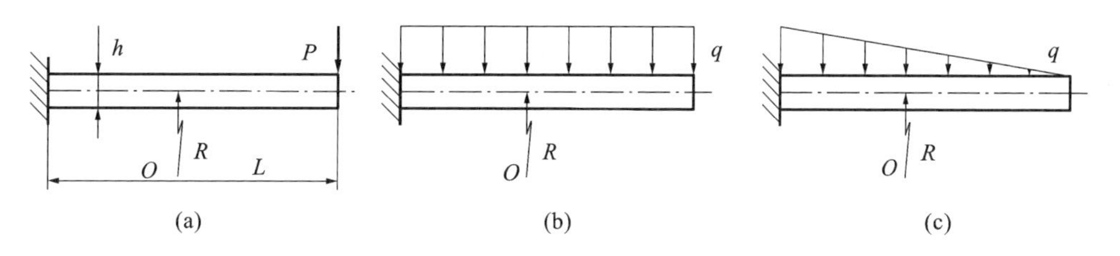

图4.8　近直悬臂梁受压问题几何及载荷描述

(a) 集中载荷；(b) 均匀分布载荷；(c) 线性分布载荷

由表 4.3 给出的相对误差分析可以看出,BSWI 方法在这种极端病态的状况下仍可保持 1% 以内的数值误差。同时也可以看到,随着载荷形式由集中载荷向线性载荷过渡,相对误差也随之增加,这一点可以解释为近直梁与直梁之间载荷分布的微小差异随着载荷形式的复杂而增长。可见本书所构造的曲梁单元是具有鲁棒性和适应性的。

表 4.3　近直悬臂梁端部位移数值解与精确解对比

载荷形式	$BSWI4_3$ ($\times 10^{-5}$)	精确解[2] ($\times 10^{-5}$)	相对误差
集中载荷	1.338	1.344	0.44%
均匀分布载荷	50.255	50.520	0.53%
线性分布载荷	13.419	13.507	0.65%

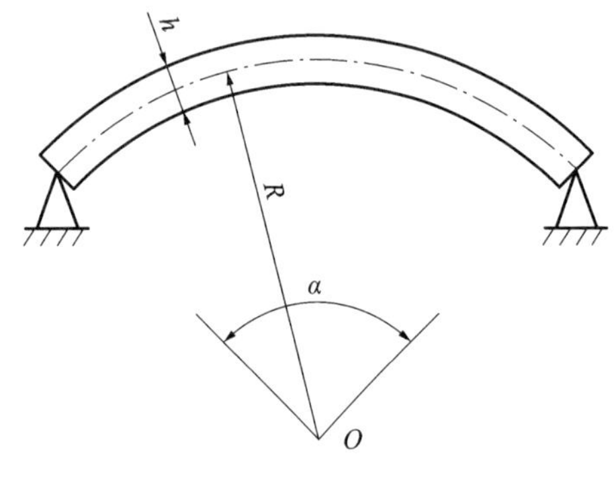

图 4.9　铰支拱体几何描述

算例 4.4　铰支拱体振动问题,为了对所构造单元的动力学格式求解能力进行评估,考察图 4.9 所示的铰支拱体振动问题。为方便进行对比,此例中采取英制单位,拱体的物理及主要几何参数为:半径 $R=12\text{in}$,厚度 $h=0.25\text{in}$,截面面积 $A=0.1563\text{in}^2$,截面惯性矩 $I=8.138\times10^{-4}\text{in}^4$,剪切校正因子 $k=0.8497$,弹性模量 $E=3.04\times10^7\text{PSI}$,泊松比 $\nu=0.3$ 及密度 $\rho=0.02763\text{slugs}\cdot\text{ft/in}^4$。使用 1 个 $BSWI4_3$ 曲梁单元对结构进行离散,并令跨角 α 取 10° ~ 350° 以遍历从浅拱到超深拱的参数范围,表 4.4 给出了本方法与其他几种优秀数值方法对这一问题的求解对比,这些方法分别是应力杂交元 CHM2(Consistent Higher Order Method 2)[8],基于 Fourier 方法的 THICK-2 单元(厚梁单元)[9],两节点抗锁死单元 MFE[10] 以及三次单元 E 1.1b(Element 1.1b)[11]。参考其他文献的对比方式,以被公认为在这一问题上具有较高精度的 THICK-2 单元作为基础解,将其他解与 THICK-2 解相除并进行比较,比较结果绘制于图 4.10 中。

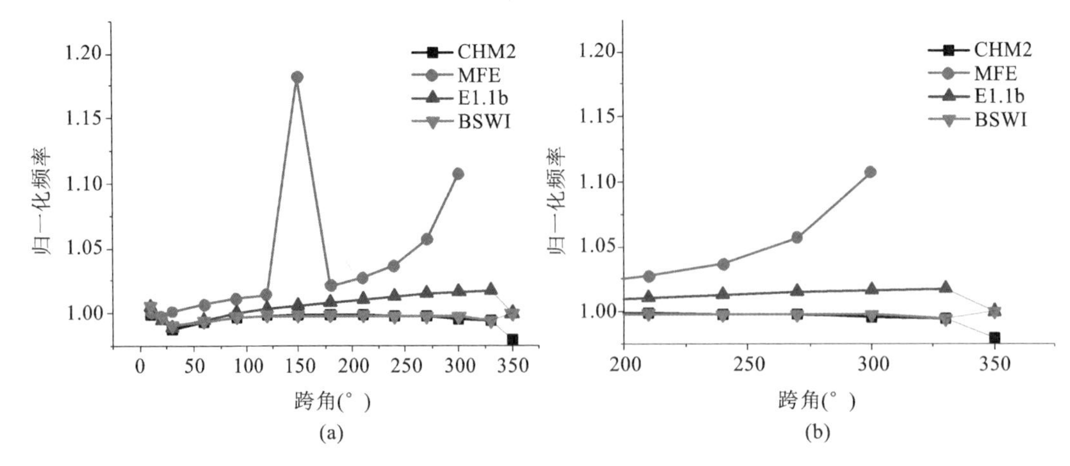

图 4.10　铰支拱体频率求解对比

(a) 求解对比;(b) 局部放大

由表4.4可见,在所考虑的跨角范围内,BSWI方法均保持了较高的精度,参考图4.10给出的结果,相对于MFE方法在深拱算例中的精度缺失,BSWI方法仍可与参考解有很好的吻合,并且与其他几种解相比,BSWI方法所给出的解被包夹在当中且更接近1.0,因此,BSWI方法是可以胜任曲梁结构动力学分析的。

表4.4　不同跨角下铰支拱体第一阶圆频率数值解对比

跨角(°)	THICK-2[9]	CHM2[8]	MFE[10]	E1.1b[11]	$BSWI4_3$
10	5841.74	5845.78	5852.32	5874.30	5881.64
20	2827.63	2836.20	2829.66	2823.10	2829.13
30	2339.82	2370.01	2373.23	2345.20	2348.11
60	560.25	564.05	567.71	561.20	560.62
90	229.66	230.31	232.94	230.40	229.69
120	115.64	115.82	117.50	116.30	115.64
150	64.43	64.52	76.24	64.93	64.42
180	37.86	37.91	38.71	38.24	37.85
210	22.77	22.80	23.42	23.05	22.76
240	13.66	13.69	14.19	13.87	13.66
270	7.92	7.94	8.39	8.06	7.92
300	4.18	4.20	4.65	4.27	4.19
330	1.69	1.70	2.28	1.73	1.69
350	0.49	0.50	1.38	0.50	0.50

算例4.5　薄壁圆环振动问题,对图4.7中给出的圆环,解除其上下侧压紧力,在自由状况下计算结构的模态和频率以验证BSWI方法对刚体模态描述及对各阶次频率的求解精度。该问题的精确解由Timoshenko[12]给出,第i阶振型的圆频率表示为:

$$\omega_i = \sqrt{\frac{EIi^2(1-i^2)^2}{\rho AR^4(1+i^2)}} \tag{4.48}$$

该解仅适用于薄壁圆环,考虑到参考文献[4]所给出的分类,$R/h > 40$表示薄壁结构,因此选取径厚比为$50 \sim 1000$进行分析。其余物理参数设置为:半径$R = 0.3048\text{m}$,弹性模量$E = 1.31 \times 10^{11}\text{Pa}$,泊松比$\nu = 0.3$及密度$\rho = 1741\text{kg/m}^3$。采用2个$BSWI4_3$曲梁单元对结构进行动力学分析,并将分析结果前四阶频率(除去重频率)列于表4.5中。以Reissner-Mindlin原理为基础的$BSWI4_3$曲梁单元与精确解吻合良好,求解结果包含刚体模态,不存在模态缺失问题,典型振型如图4.11所示。

表4.5　不同径厚比下无约束薄壁圆环自由振动圆频率对比

径厚比 (R/h)	方法	模态阶数			
		刚体模态	1	2	3
50	$BSWI4_3$	0.021	70.158	198.397	380.314
	Timoshenko[12]	0	70.169	198.469	380.546

续表 4.5

径厚比 (R/h)	方法	模态阶数			
		刚体模态	1	2	3
100	BSWI4_3	0.021	35.085	99.237	190.301
	Timoshenko[12]	0	35.085	99.234	190.273
200	BSWI4_3	0.021	17.545	49.640	95.240
	Timoshenko[12]	0	17.542	49.617	95.137
500	BSWI4_3	0.020	7.023	19.899	38.229
	Timoshenko[12]	0	7.017	19.847	38.055
800	BSWI4_3	0.020	4.394	12.474	23.968
	Timoshenko[12]	0	4.386	12.404	23.784
1000	BSWI4_3	0.019	3.518	10.002	19.212
	Timoshenko[12]	0	3.508	9.923	19.027

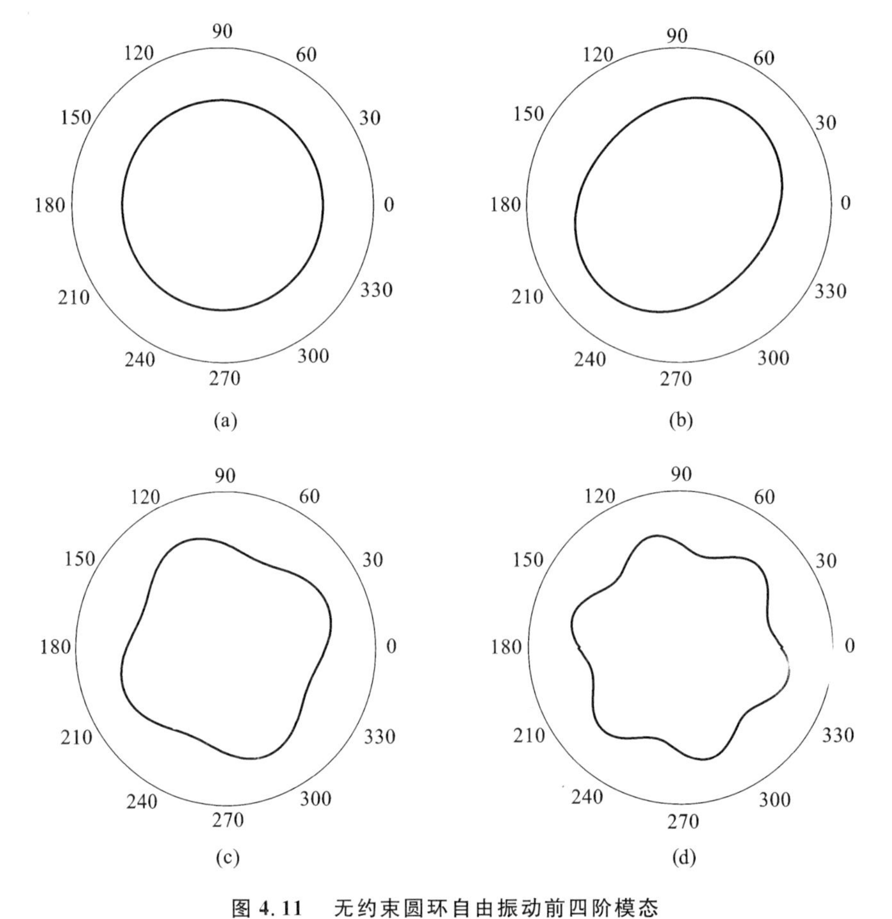

图 4.11 无约束圆环自由振动前四阶模态

(a) 刚体模态;(b) 一阶模态;(c) 二阶模态;(d) 三阶模态

算例 4.6 90°拱体振动分析，本例意在测试BSWI曲梁单元不同边界条件的适应性，分析对象为一个跨角 90°的曲拱结构，取各种不同边界进行计算，并选取无量纲频率参数 $C_i = \omega_i \alpha^2 R^2 \sqrt{\rho A/EI}$ 表征数值结果。物理参数为：$R/r = 100$，其中变量 r 代表回转半径 $\sqrt{I/A}$，这样的设置可以使得弹性模量等物理参数的选取不影响计算结果。使用1个 $BSWI4_3$ 曲梁单元对结构进行离散，表 4.6 给出了本书方法与印度学者 Raveendranath[2] 给出的 MFE 解答、Krishnan[13] 给出的三次单元解答以及 Sabir[14] 给出的考虑剪切效应单元解答的对比。由表可知，在所研究的各种边界条件下，使用 $BSWI4_3$ 曲梁单元得到的数值结果均能与其他几种参考方法求解结果吻合，证明了 BSWI 方法在该类问题求解方面的可靠性。

图 4.12 给出了所计算曲拱的前三阶振型(除去对称重复振型)。通过对比可以看出，在不同边界处，固支与铰支端振型曲率存在微小差异，符合振动特性，进一步证明了 BSWI 方法的可靠性。

表 4.6 90°曲拱不同边界下前两阶无量纲频率参数对比

边界条件	方法	模态阶数	
		1	2
铰支-铰支	Raveendranath[2]	33.83	78.72
	Krishnan[13]	33.93	79.42
	Sabir[14]	33.79	79.02
	$BSWI4_3$	33.87	78.95
固支-固支	Raveendranath[2]	55.34	102.28
	Krishnan[13]	55.82	104.28
	Sabir[14]	55.45	103.59
	$BSWI4_3$	55.54	103.00
铰支-固支	Raveendranath[2]	43.81	90.60
	Krishnan[13]	44.05	91.82
	Sabir[14]	43.81	91.29
	$BSWI4_3$	43.91	91.00

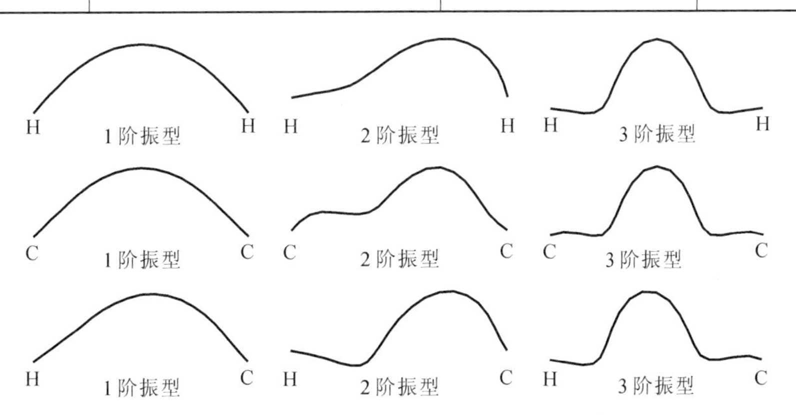

图 4.12 90°曲梁前三阶振型图(H 表示铰支端，C 表示固支端)

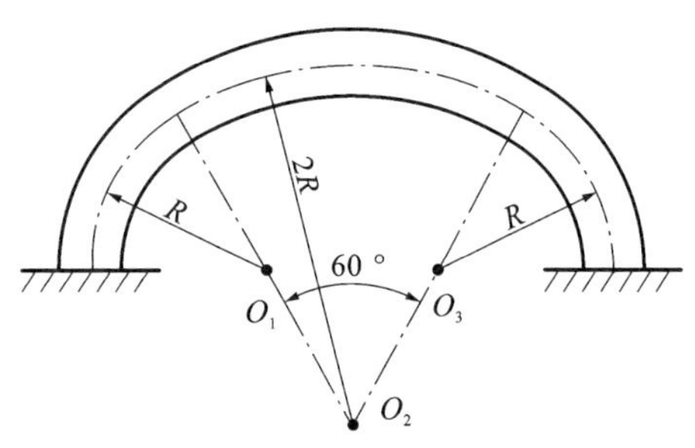

图 4.13　三跨曲梁几何描述

算例 4.7　三跨固支拱体分析。多跨变曲率结构是工程中常见的结构之一，本例对图 4.13 所示的变曲率三跨结构进行分析以验证所构造单元的可靠性和精确性。结构总跨角为 180°，三跨各占 60°，其中第一、三跨半径为 R，跨心位于第二跨跨边，距离第二跨跨心 R 处，第二跨半径 $2R$，两端固支约束。为与其他参考文献结果进行对比，选取物理参数 $R/r = 100$，r 的物理意义同算例 4.6，频率参数选取 $C_i = \omega_i R^2 \sqrt{\rho A/EI}$ 进行表达，略微不同于算例4.6。采用 3 个 BSWI4_3 曲梁单元对结构进行离散计算，作为对比结果的是由文献[13,15]给出的有限元解答以及由文献[16]给出的波动方法解答，由于求解过程中所采取的级数项数多，波动方法解答较为精确。将忽略重复频率的数值解列于表 4.7 中，可以看出，BSWI 方法所给出的解相比于其他两种有限元方法解答，与波动解答有更好的吻合。

表 4.7　三跨曲梁前五阶频率参数求解对比

模态阶数	Krishnan[13]	Maurizi[15]	Kang[16]	BSWI4_3
1	2.701	2.680	2.6833155	2.682
2	4.828	4.824	4.8337572	4.828
3	9.543	9.536	9.5647244	9.549
4	14.535	14.527	14.5850042	14.551
5	21.751	21.749	21.8646005	21.795

结构的前六阶振型(除去对称重复振型）如图 4.14 所示。

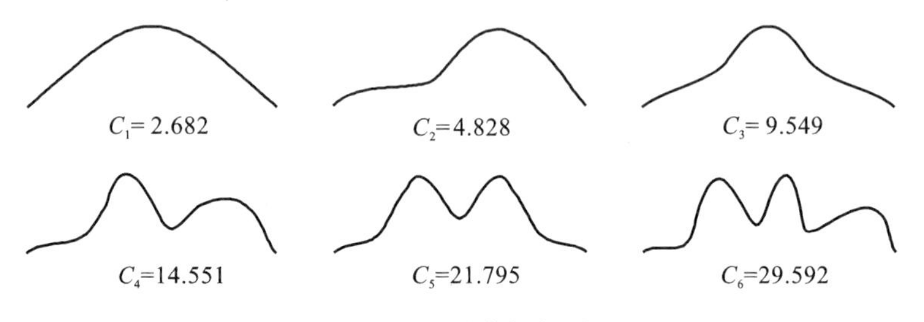

图 4.14　三跨曲梁振型图

4.3　曲壳单元

由于考虑了弯曲刚度与拉伸刚度之间的耦合，曲壳的力学理论比相应的板理论复杂。与板不同的是，对壳体而言，研究与应用中同时存在着多种不同理论及简化，如旋转壳理论、扁壳理论等，它们都是对一般性壳理论做一定简化后得到的，并在一定参数范围内适用。在此将以一般性壳理论为基础，进行单元推导。

曲壳直接经由壳体假设和一般壳理论推导而来，其内含了拉弯耦合，而非通过几何离散实现对形体的近似。因此，使用曲壳单元对曲面结构进行离散计算，可以最大限度地提高计算效率和精度。平板壳只是简单地将弯曲与拉伸组合在一个矩阵中，两者之间并不存在耦合，与分别计算并无差异。不仅如此，这种组合带来了另外一个令人头疼的问题，即旋进自由度(Drilling degree of freedom)，该问题是由 Zienkiewicz 发现的[17]。作为一个不具有任何物理意义的自由度，当使用平板壳单元逼近曲面结构时，旋进自由度必须被考虑其中以避免相邻板壳单元共面带来的转换矩阵奇异。由于不具有物理意义，这一自由度在输出结果时不得不被舍弃，这无疑给内存管理和边界处理都带来了不必要的麻烦。在图 4.15 中给出两种壳单元的对比，问题抽象化为几何模型后，传统有限元方法根据以直代曲的思想，直接使用平板壳单元进行离散，导致了几何离散化误差的引入，而这一部分误差在曲壳单元中仅表现为壳体假设所导致的误差，这种假设误差在几何结构符合壳体假设的情况下可以忽略不计。

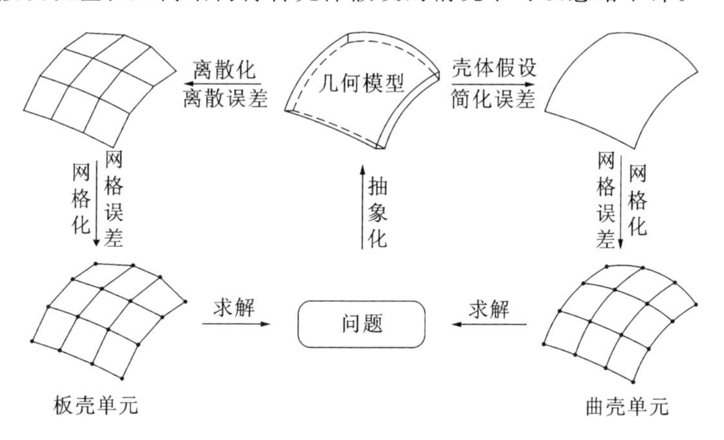

图 4.15 板壳与曲壳对比

图 4.16(a) 所示为主曲率半径 $R_1 \to \infty, R_2 = R$ 的圆柱壳。

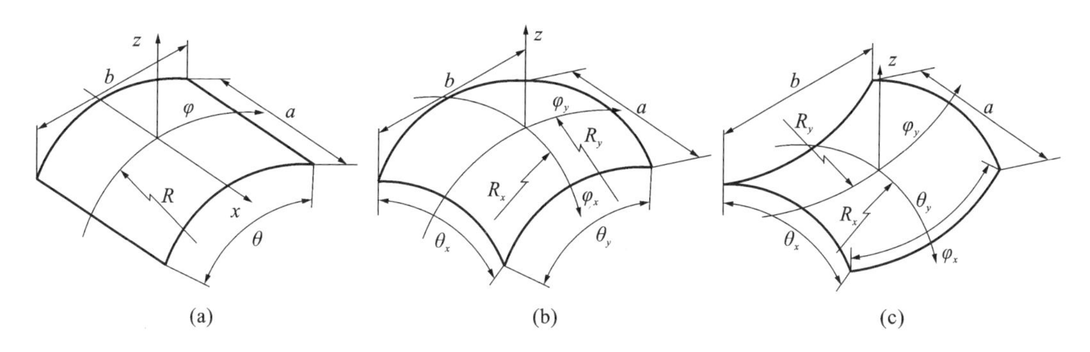

图 4.16 曲壳几何描述

(a) 圆柱壳；(b) 双曲壳；(c) 双曲抛物壳

根据其几何特性，将自然坐标取作圆柱坐标系 $O(x,\varphi,z)$，即在式中 $s_1 = L_x, s_2 = \varphi$，得到圆柱壳特征 Lame 系数 $A_1 = 1$、$A_2 = R$，用 u、v、w 分别表示三个位移自由度，θ_1、θ_2 表示两个主方向上的转角自由度，得到中面应变表达式。拉伸应变-位移关系：

$$\left.\begin{aligned}
\varepsilon_{11} &= \frac{\partial u}{\partial x} \\
\varepsilon_{22} &= \frac{1}{R}\frac{\partial v}{\partial \varphi} + \frac{w}{R_2} \\
\varepsilon_{12} = \varepsilon_{21} &= \frac{1}{R}\frac{\partial u}{\partial \varphi} + \frac{\partial v}{\partial x}
\end{aligned}\right\} \tag{4.49}$$

弯曲应变-位移关系：

$$\left.\begin{aligned}\kappa_{11}&=\frac{\partial\theta_1}{\partial x}\\\kappa_{22}&=\frac{1}{R}\frac{\partial\theta_2}{\partial\varphi}\\\kappa_{12}&=\frac{\partial\theta_2}{\partial x}\\\kappa_{21}&=\frac{1}{R}\frac{\partial\theta_1}{\partial\varphi}\end{aligned}\right\}\tag{4.50}$$

剪切应变-位移关系：

$$\left.\begin{aligned}\gamma_1&=\frac{\partial w}{\partial x}-\theta_1\\\gamma_2&=\frac{\partial w}{\partial\varphi}-\theta_2\end{aligned}\right\}\tag{4.51}$$

以矢量形式表达为：

$$\boldsymbol{\varepsilon}=\begin{bmatrix}\frac{\partial}{\partial x}&0&0&0&0\\0&\frac{1}{R}\frac{\partial}{\partial\varphi}&0&0&0\\\frac{1}{R}\frac{\partial}{\partial\varphi}&\frac{\partial}{\partial x}&0&0&0\end{bmatrix}\boldsymbol{d}=\boldsymbol{B}_\varepsilon\boldsymbol{d}\tag{4.52}$$

$$\boldsymbol{\kappa}=\begin{bmatrix}0&0&0&\frac{\partial}{\partial x}&0\\0&0&0&0&\frac{1}{R}\frac{\partial}{\partial\varphi}\\0&\frac{1}{R}\frac{\partial}{\partial x}&0&\frac{1}{R}\frac{\partial}{\partial\varphi}&\frac{\partial}{\partial x}\end{bmatrix}\boldsymbol{d}=\boldsymbol{B}_\kappa\boldsymbol{d}\tag{4.53}$$

$$\boldsymbol{\gamma}=\begin{bmatrix}0&0&\frac{\partial}{\partial x}&1&0\\0&-\frac{1}{R}&\frac{1}{R}\frac{\partial}{\partial\varphi}&0&1\end{bmatrix}\boldsymbol{d}=\boldsymbol{B}_\gamma\boldsymbol{d}\tag{4.54}$$

式中，拉伸应变为 $\boldsymbol{\varepsilon}=\{\varepsilon_{11}\quad\varepsilon_{22}\quad\varepsilon_{12}\}^{\mathrm{T}}$；弯曲应变矢量为 $\boldsymbol{\kappa}=\{\kappa_{11}\quad\kappa_{22}\quad\kappa_{12}\}^{\mathrm{T}}$；剪切应变矢量为 $\boldsymbol{\gamma}=\{\gamma_1\quad\gamma_2\}^{\mathrm{T}}$；位移矢量为 $\boldsymbol{d}=\{u\quad v\quad w\quad\theta_1\quad\theta_2\}^{\mathrm{T}}$。考虑拉伸应变能、弯曲应变能以及剪切应变能，圆柱壳应变能被划分为三个部分：

$$U=U_\varepsilon+U_\kappa+U_\gamma\tag{4.55}$$

式中：

$$U_\varepsilon=\frac{1}{2}\iint_\Omega\boldsymbol{\varepsilon}^{\mathrm{T}}\boldsymbol{D}^m\boldsymbol{\varepsilon}\,\mathrm{d}\Omega\tag{4.56}$$

$$U_\kappa=\frac{1}{2}\iint_\Omega\boldsymbol{\kappa}^{\mathrm{T}}\boldsymbol{D}^b\boldsymbol{\kappa}\,\mathrm{d}\Omega\tag{4.57}$$

$$U_\gamma=\frac{1}{2}\iint_\Omega\boldsymbol{\gamma}^{\mathrm{T}}\boldsymbol{D}^t\boldsymbol{\gamma}\,\mathrm{d}\Omega\tag{4.58}$$

式中：

$$\boldsymbol{D}^m = \frac{Eh}{(1-\nu)^2}\begin{bmatrix}1 & \nu & 0\\ \nu & 1 & 0\\ 0 & 0 & \frac{1-\nu}{2}\end{bmatrix} \overset{\text{def}}{=} D_0^m \begin{bmatrix}1 & \nu & 0\\ \nu & 1 & 0\\ 0 & 0 & \frac{1-\nu}{2}\end{bmatrix} \tag{4.59}$$

$$\boldsymbol{D}^b = \frac{Eh^3}{12(1-\nu)^2}\begin{bmatrix}1 & \nu & 0\\ \nu & 1 & 0\\ 0 & 0 & \frac{1-\nu}{2}\end{bmatrix} \overset{\text{def}}{=} D_0^b \begin{bmatrix}1 & \nu & 0\\ \nu & 1 & 0\\ 0 & 0 & \frac{1-\nu}{2}\end{bmatrix} \tag{4.60}$$

$$\boldsymbol{D}^t = \frac{kEh}{2(1+\upsilon)}\begin{bmatrix}1 & 0\\ 0 & 1\end{bmatrix} \overset{\text{def}}{=} D_0^t \begin{bmatrix}1 & 0\\ 0 & 1\end{bmatrix} \tag{4.61}$$

考虑到转角自由度的贡献，壳体动能为：

$$T = \frac{1}{2}\rho\iint_\Omega\left[\left(\frac{\partial u}{\partial t}\right)^2+\left(\frac{\partial v}{\partial t}\right)^2+\left(\frac{\partial w}{\partial t}\right)^2\right]h\,\mathrm{d}\Omega + \frac{1}{2}\rho\iint_\Omega\left[\left(\frac{\partial \theta_1}{\partial t}\right)^2+\left(\frac{\partial \theta_2}{\partial t}\right)^2\right]\frac{h^3}{12}\mathrm{d}\Omega \tag{4.62}$$

同样，外力做功表示为：

$$\left.\begin{aligned} W &= R\iint_\Omega \boldsymbol{d}^{\mathrm{T}}\boldsymbol{w}\,\mathrm{d}\Omega \\ \boldsymbol{w} &= \{f \quad g \quad q \quad m_1 \quad m_2\}^{\mathrm{T}} \end{aligned}\right\} \tag{4.63}$$

式中，f、g、q 为三个主方向上的力；m_1、m_2 代表两个转角方向上的弯矩，从而得到各种求解格式的能量泛函。

在单元构造前，同曲梁单元一样，需要解决使用小波进行插值计算所导致的求解结果缺乏直接物理意义的问题，即需要实现从小波空间向物理空间的映射。如此处理，既可以保持数值方法的精度，又便于物理边界条件施加与边界条件处理。考虑简单二维边界值问题：

$$\left.\begin{aligned} &L(u(x,y)) = f(x,y) \\ &\Omega = \{(x,y) \mid x \in [\alpha_x,\beta_x],y \in [\alpha_y,\beta_y]\} \end{aligned}\right\} \tag{4.64}$$

式中，L 表示微分算子；Ω 表示求解区域。通过线性变换，将求解区域映射为标准求解域 $\Omega = \{(\xi,\eta) \mid \xi \in [0,1],\eta \in [0,1]\}$，采用 BSWI$m_j$ 对其进行离散，单元节点分布如图 4.17 所示。求解区域被 $n = (2^j+m-2)^2$ 个节点分为 $(n+1)^2$ 个小分区，由于采用自然坐标，图 4.17 所示的曲面二维坐标系可被映射至一个规则二维坐标系下，首先通过转换矩阵实现从曲面向平面的映射，进而进行等参变换，映射至标准求解域，每个单元节点的物理坐标值为：

$$\left.\begin{aligned} &x_h \in [x_1,x_{n+1}] \\ &y_h \in [y_1,y_{n+1}] \\ &1 \leqslant h \leqslant n+1 \end{aligned}\right\} \tag{4.65}$$

利用线性映射将式(4.21)映射至标准求解域[0,1]：

$$\left.\begin{aligned} \xi &= \frac{x-x_1}{L_{elx}\varphi_{1el}}, \quad 0 \leqslant \xi \leqslant 1 \\ \eta &= \frac{y-y_1}{L_{ely}\varphi_{2el}}, \quad 0 \leqslant \eta \leqslant 1 \end{aligned}\right\} \tag{4.66}$$

式中，L_{ely} 表示 y 方向单元弧长；φ_{el} 表示单元跨角。

对圆柱壳能量泛函利用 Hamilton 原理，对从开始时间 t_1 到结束时间 t_2 的能量泛函取变分，并令变分为零得到各种形式的泛函变分格式，形同式(4.23) ～ 式(4.25) 所给出。采用

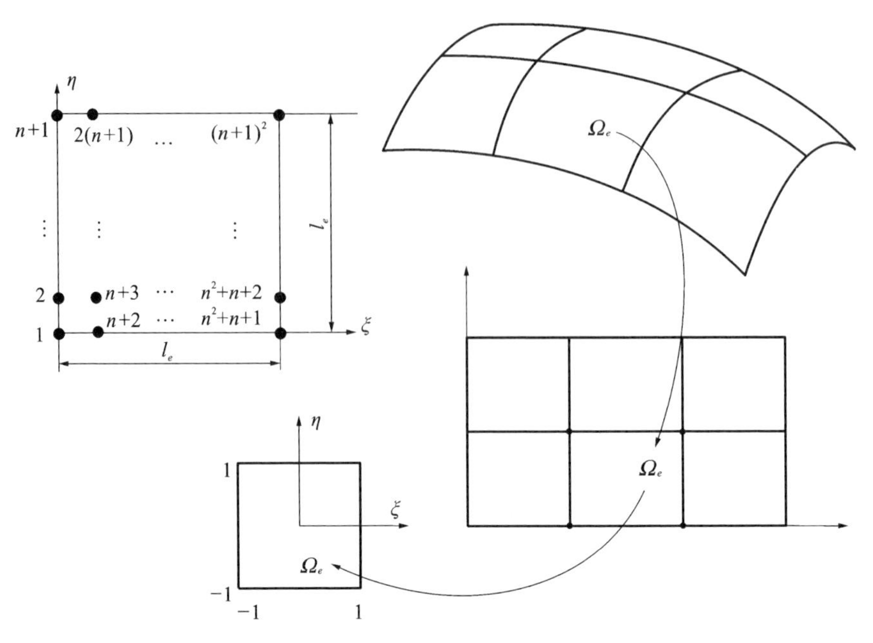

图 4.17　求解域映射示意图

Ω_e—— 单元求解域；l_e—— 单元边长

$\mathrm{BSWI4}_3$ 尺度函数分别对面内位移 u、v，轴向位移 w 以及转角位移 θ_1、θ_2 进行独立插值，使用转换矩阵，实现小波空间与物理空间的一一映射。由两个一维尺度空间 V_j^1、V_j^2 所张成的二维尺度空间 $F_j = V_j^1 \otimes V_j^2$ 基底为 $\boldsymbol{\Phi} = \boldsymbol{\Phi}_1 \otimes \boldsymbol{\Phi}_2$，对壳体物理场进行插值得到：

$$\left.\begin{aligned} u &= \boldsymbol{\Phi T u} \\ v &= \boldsymbol{\Phi T v} \\ w &= \boldsymbol{\Phi T w} \\ \theta_1 &= \boldsymbol{\Phi T \theta}_1 \\ \theta_2 &= \boldsymbol{\Phi T \theta}_2 \end{aligned}\right\} \tag{4.67}$$

式中，转换矩阵 $\boldsymbol{T} = \boldsymbol{T}_1 \otimes \boldsymbol{T}_2$。将式(4.67)代入式(4.24)进行静力学格式插值得到三个子刚度矩阵，分别对应于不同的应变能分量。拉伸子刚度矩阵：

$$\boldsymbol{K}^m = \boldsymbol{R}\iint_\Omega \boldsymbol{B}_\varepsilon^{\mathrm{T}} \boldsymbol{D}^m \boldsymbol{B}_\varepsilon \mathrm{d}\Omega \tag{4.68}$$

弯曲子刚度矩阵：

$$\boldsymbol{K}^b = \boldsymbol{R}\iint_\Omega \boldsymbol{B}_\kappa^{\mathrm{T}} \boldsymbol{D}^b \boldsymbol{B}_\kappa \mathrm{d}\Omega \tag{4.69}$$

剪切子刚度矩阵：

$$\boldsymbol{K}^s = \boldsymbol{R}\iint_\Omega \boldsymbol{B}_\gamma^{\mathrm{T}} \boldsymbol{D}^s \boldsymbol{B}_\gamma \mathrm{d}\Omega \tag{4.70}$$

总体刚度矩阵：

$$\boldsymbol{K} = \boldsymbol{K}^m + \boldsymbol{K}^b + \boldsymbol{K}^s \tag{4.71}$$

各子刚度矩阵可表示为：

$$\boldsymbol{K}^m = \begin{bmatrix} \boldsymbol{K}_{11}^m & \boldsymbol{K}_{12}^m & \boldsymbol{K}_{13}^m & 0 & 0 \\ & \boldsymbol{K}_{22}^m & \boldsymbol{K}_{23}^m & 0 & 0 \\ & & \boldsymbol{K}_{33}^m & 0 & 0 \\ & \text{sym} & & 0 & 0 \\ & & & & 0 \end{bmatrix} \tag{4.72}$$

式中：

$$\boldsymbol{K}_{11}^m = D_0^m\left[R\boldsymbol{\Gamma}_x^{11}\otimes\boldsymbol{\Gamma}_y^{00} + (1-\nu)\frac{\boldsymbol{\Gamma}_x^{00}\otimes\boldsymbol{\Gamma}_y^{11}}{2R}\right]$$

$$\boldsymbol{K}_{12}^m = D_0^m\left[\nu\boldsymbol{\Gamma}_x^{10}\otimes\boldsymbol{\Gamma}_y^{01} + (1-\nu)\frac{\boldsymbol{\Gamma}_x^{00}\otimes\boldsymbol{\Gamma}_y^{11}}{2}\right]$$

$$\boldsymbol{K}_{13}^m = D_0^m\left[\nu\boldsymbol{\Gamma}_x^{10}\otimes\boldsymbol{\Gamma}_y^{00}\right]$$

$$\boldsymbol{K}_{22}^m = D_0^m\left[\frac{\boldsymbol{\Gamma}_x^{00}\otimes\boldsymbol{\Gamma}_y^{11}}{R} + (1-\nu)R\,\frac{\boldsymbol{\Gamma}_x^{11}\otimes\boldsymbol{\Gamma}_y^{00}}{2}\right]$$

$$\boldsymbol{K}_{23}^m = D_0^m\left[\frac{\boldsymbol{\Gamma}_x^{00}\otimes\boldsymbol{\Gamma}_y^{10}}{R}\right]$$

$$\boldsymbol{K}_{33}^m = D_0^m\left[\frac{\boldsymbol{\Gamma}_x^{00}\otimes\boldsymbol{\Gamma}_y^{00}}{R}\right]$$

弯曲部分：

$$\boldsymbol{K}^b = \begin{bmatrix} 0 & 0 & 0 & 0 & 0 \\ & \boldsymbol{K}_{22}^b & 0 & \boldsymbol{K}_{24}^b & \boldsymbol{K}_{25}^b \\ & & 0 & 0 & 0 \\ & \text{sym} & & \boldsymbol{K}_{44}^b & \boldsymbol{K}_{45}^b \\ & & & & \boldsymbol{K}_{55}^b \end{bmatrix} \tag{4.73}$$

式中：

$$\boldsymbol{K}_{22}^b = D_0^b\left[(1-\nu)\frac{\boldsymbol{\Gamma}_x^{11}\otimes\boldsymbol{\Gamma}_y^{00}}{2R}\right]$$

$$\boldsymbol{K}_{24}^b = D_0^b\left[(1-\nu)\frac{\boldsymbol{\Gamma}_x^{10}\otimes\boldsymbol{\Gamma}_y^{01}}{2R}\right]$$

$$\boldsymbol{K}_{25}^b = D_0^b\left[(1-\nu)\frac{\boldsymbol{\Gamma}_x^{11}\otimes\boldsymbol{\Gamma}_y^{00}}{2}\right]$$

$$\boldsymbol{K}_{44}^b = D_0^b\left[R\boldsymbol{\Gamma}_x^{11}\otimes\boldsymbol{\Gamma}_y^{00} + \frac{(1-\nu)\boldsymbol{\Gamma}_x^{00}\otimes\boldsymbol{\Gamma}_y^{11}}{2R}\right]$$

$$\boldsymbol{K}_{45}^b = D_0^b\left[\nu\boldsymbol{\Gamma}_x^{10}\otimes\boldsymbol{\Gamma}_y^{01} + \frac{(1-\nu)\boldsymbol{\Gamma}_x^{01}\otimes\boldsymbol{\Gamma}_y^{10}}{2}\right]$$

$$\boldsymbol{K}_{55}^b = D_0^b\left[\frac{\boldsymbol{\Gamma}_x^{00}\otimes\boldsymbol{\Gamma}_y^{11}}{R} + \frac{(1-\nu)R\boldsymbol{\Gamma}_x^{11}\otimes\boldsymbol{\Gamma}_y^{00}}{2}\right]$$

剪切部分：

$$\boldsymbol{K}^t = \begin{bmatrix} 0 & 0 & 0 & 0 & 0 \\ & \boldsymbol{K}_{22}^t & \boldsymbol{K}_{23}^t & 0 & \boldsymbol{K}_{25}^t \\ & & \boldsymbol{K}_{33}^t & \boldsymbol{K}_{34}^t & \boldsymbol{K}_{35}^t \\ & \text{sym} & & \boldsymbol{K}_{44}^t & 0 \\ & & & & \boldsymbol{K}_{55}^t \end{bmatrix} \tag{4.74}$$

式中：

$$\boldsymbol{K}_{22}^{t}=D_{0}^{t}\left[\frac{\boldsymbol{\Gamma}_{x}^{00}\otimes\boldsymbol{\Gamma}_{y}^{00}}{R}\right]$$

$$\boldsymbol{K}_{23}^{t}=D_{0}^{t}\left[\frac{-\boldsymbol{\Gamma}_{x}^{00}\otimes\boldsymbol{\Gamma}_{y}^{01}}{R}\right]$$

$$\boldsymbol{K}_{25}^{t}=D_{0}^{t}\left[-\boldsymbol{\Gamma}_{x}^{00}\otimes\boldsymbol{\Gamma}_{y}^{00}\right]$$

$$\boldsymbol{K}_{33}^{t}=D_{0}^{t}\left[R\boldsymbol{\Gamma}_{x}^{11}\otimes\boldsymbol{\Gamma}_{y}^{00}+\frac{\boldsymbol{\Gamma}_{x}^{00}\otimes\boldsymbol{\Gamma}_{y}^{11}}{R}\right]$$

$$\boldsymbol{K}_{34}^{t}=D_{0}^{t}\left[R\boldsymbol{\Gamma}_{x}^{10}\otimes\boldsymbol{\Gamma}_{y}^{00}\right]$$

$$\boldsymbol{K}_{35}^{t}=D_{0}^{t}\left[\boldsymbol{\Gamma}_{x}^{00}\otimes\boldsymbol{\Gamma}_{y}^{10}\right]$$

$$\boldsymbol{K}_{44}^{t}=D_{0}^{t}\left[R\boldsymbol{\Gamma}_{x}^{00}\otimes\boldsymbol{\Gamma}_{y}^{00}\right]$$

$$\boldsymbol{K}_{55}^{t}=D_{0}^{t}\left[R\boldsymbol{\Gamma}_{x}^{00}\otimes\boldsymbol{\Gamma}_{y}^{00}\right]$$

略微不同于曲梁部分，圆柱壳与双曲壳部分各式中的积分助记符由 Lame 系数对应的曲线变量 s_{ex}、s_{ey} 重新定义：

$$\left.\begin{aligned}\boldsymbol{\Gamma}_{x}^{00}&=s_{ex}\int_{0}^{1}\boldsymbol{T}^{\mathrm{T}}\boldsymbol{\Phi}^{\mathrm{T}}\boldsymbol{\Phi}\boldsymbol{T}\mathrm{d}\xi\\ \boldsymbol{\Gamma}_{y}^{00}&=s_{ey}\int_{0}^{1}\boldsymbol{T}^{\mathrm{T}}\boldsymbol{\Phi}^{\mathrm{T}}\boldsymbol{\Phi}\boldsymbol{T}\mathrm{d}\eta\end{aligned}\right\}\tag{4.75}$$

$$\left.\begin{aligned}\boldsymbol{\Gamma}_{x}^{01}&=\int_{0}^{1}\boldsymbol{T}^{\mathrm{T}}\boldsymbol{\Phi}^{\mathrm{T}}\frac{\mathrm{d}\boldsymbol{\Phi}}{\mathrm{d}\xi}\boldsymbol{T}\mathrm{d}\xi\\ \boldsymbol{\Gamma}_{y}^{01}&=\int_{0}^{1}\boldsymbol{T}^{\mathrm{T}}\boldsymbol{\Phi}^{\mathrm{T}}\frac{\mathrm{d}\boldsymbol{\Phi}}{\mathrm{d}\eta}\boldsymbol{T}\mathrm{d}\eta\end{aligned}\right\}\tag{4.76}$$

$$\left.\begin{aligned}\boldsymbol{\Gamma}_{x}^{10}&=\int_{0}^{1}\boldsymbol{T}^{\mathrm{T}}\frac{\mathrm{d}\boldsymbol{\Phi}^{\mathrm{T}}}{\mathrm{d}\xi}\boldsymbol{\Phi}\boldsymbol{T}\mathrm{d}\xi\\ \boldsymbol{\Gamma}_{y}^{10}&=\int_{0}^{1}\boldsymbol{T}^{\mathrm{T}}\frac{\mathrm{d}\boldsymbol{\Phi}^{\mathrm{T}}}{\mathrm{d}\eta}\boldsymbol{\Phi}\boldsymbol{T}\mathrm{d}\eta\end{aligned}\right\}\tag{4.77}$$

$$\left.\begin{aligned}\boldsymbol{\Gamma}_{x}^{11}&=\frac{1}{s_{ex}}\int_{0}^{1}\boldsymbol{T}^{\mathrm{T}}\frac{\mathrm{d}\boldsymbol{\Phi}^{\mathrm{T}}}{\mathrm{d}\xi}\frac{\mathrm{d}\boldsymbol{\Phi}}{\mathrm{d}\xi}\boldsymbol{T}\mathrm{d}\xi\\ \boldsymbol{\Gamma}_{y}^{11}&=\frac{1}{s_{ey}}\int_{0}^{1}\boldsymbol{T}^{\mathrm{T}}\frac{\mathrm{d}\boldsymbol{\Phi}^{\mathrm{T}}}{\mathrm{d}\eta}\frac{\mathrm{d}\boldsymbol{\Phi}}{\mathrm{d}\eta}\boldsymbol{T}\mathrm{d}\eta\end{aligned}\right\}\tag{4.78}$$

$$\left.\begin{aligned}\boldsymbol{\Gamma}_{x}^{12}&=\frac{1}{s_{ex}^{2}}\int_{0}^{1}\boldsymbol{T}^{\mathrm{T}}\frac{\mathrm{d}\boldsymbol{\Phi}^{\mathrm{T}}}{\mathrm{d}\xi}\frac{\mathrm{d}^{2}\boldsymbol{\Phi}}{\mathrm{d}\xi^{2}}\boldsymbol{T}\mathrm{d}\xi\\ \boldsymbol{\Gamma}_{y}^{12}&=\frac{1}{s_{ey}^{2}}\int_{0}^{1}\boldsymbol{T}^{\mathrm{T}}\frac{\mathrm{d}\boldsymbol{\Phi}^{\mathrm{T}}}{\mathrm{d}\eta}\frac{\mathrm{d}^{2}\boldsymbol{\Phi}}{\mathrm{d}\eta^{2}}\boldsymbol{T}\mathrm{d}\eta\end{aligned}\right\}\tag{4.79}$$

$$\left.\begin{aligned}\boldsymbol{\Gamma}_{x}^{21}&=\frac{1}{s_{ex}^{2}}\int_{0}^{1}\boldsymbol{T}^{\mathrm{T}}\frac{\mathrm{d}^{2}\boldsymbol{\Phi}^{\mathrm{T}}}{\mathrm{d}\xi^{2}}\frac{\mathrm{d}\boldsymbol{\Phi}}{\mathrm{d}\xi}\boldsymbol{T}\mathrm{d}\xi\\ \boldsymbol{\Gamma}_{y}^{21}&=\frac{1}{s_{ey}^{2}}\int_{0}^{1}\boldsymbol{T}^{\mathrm{T}}\frac{\mathrm{d}^{2}\boldsymbol{\Phi}^{\mathrm{T}}}{\mathrm{d}\eta^{2}}\frac{\mathrm{d}\boldsymbol{\Phi}}{\mathrm{d}\eta}\boldsymbol{T}\mathrm{d}\eta\end{aligned}\right\}\tag{4.80}$$

$$\left.\begin{aligned}\boldsymbol{\Gamma}_{x}^{22}&=\frac{1}{s_{ex}^{3}}\int_{0}^{1}\boldsymbol{T}^{\mathrm{T}}\frac{\mathrm{d}^{2}\boldsymbol{\Phi}^{\mathrm{T}}}{\mathrm{d}\xi^{2}}\frac{\mathrm{d}^{2}\boldsymbol{\Phi}}{\mathrm{d}\xi^{2}}\boldsymbol{T}\mathrm{d}\xi\\ \boldsymbol{\Gamma}_{y}^{22}&=\frac{1}{s_{ey}^{3}}\int_{0}^{1}\boldsymbol{T}^{\mathrm{T}}\frac{\mathrm{d}^{2}\boldsymbol{\Phi}^{\mathrm{T}}}{\mathrm{d}\eta^{2}}\frac{\mathrm{d}^{2}\boldsymbol{\Phi}}{\mathrm{d}\eta^{2}}\boldsymbol{T}\mathrm{d}\eta\end{aligned}\right\}\tag{4.81}$$

可以看出总体刚度矩阵平面拉伸、弯曲及剪切部分非对角元素均不为零矩阵，因此实现了拉、

弯、剪之间的耦合,并且没有出现旋进自由度,为提高精度提供了理论基础。与曲梁单元类似,得到的载荷向量为:

$$\boldsymbol{p} = RL\iint_{\Omega} (\boldsymbol{\Phi T})^{\mathrm{T}} \mathrm{diag}(f \quad g \quad q \quad m_1 \quad m_2)\mathrm{d}\Omega \tag{4.82}$$

特别地,集中载荷向量表示为:

$$\boldsymbol{p} = RL\sum_{i}\sum_{j}\{F_{ij} \quad G_{ij} \quad Q_{ij} \quad -M_{ij1} \quad -M_{ij2}\}^{\mathrm{T}}\boldsymbol{\Gamma}_x^{00}\otimes\boldsymbol{\Gamma}_y^{00} \tag{4.83}$$

质量矩阵 $\boldsymbol{M}$ 则可写作:

$$\boldsymbol{M} = \rho RL\boldsymbol{\Gamma}_x^{00}\otimes\boldsymbol{\Gamma}_y^{00}\mathrm{diag}\left(h \quad h \quad h \quad \frac{h^3}{12} \quad \frac{h^3}{12}\right) \tag{4.84}$$

为验证所构造的BSWI柱壳单元数值分析的正确性与可靠性,这里给出了利用$\mathrm{BSWI4}_3$柱壳单元(单元自由度为55)所进行的结构静力学及动力学分析,并与大量文献中的优良方法作出对比。在所有算例中如无特殊说明,则泊松比 ν 设置为0.3,对四边固支边界壳体剪切校正因子 k 设置为0.8601,其他边界条件剪切校正因子 k 设置为5/6。

算例 4.8 Scordelis - Lo 问题。Scordelis - Lo 问题最初出现于早期曲壳单元测试中,是一个典型的静力学问题,后来又被美国学者 R. H. Macneal[18] 在1985年加以总结,出现在他提出的二十余道有限元考题中,成为评价曲壳单元的范式。Scordelis - Lo 考题模型如图4.18所示,两直边自由,曲边法向支撑,物理参数 $R=25.0, L=50.0, h=0.25, E=4.32\times10^8$,泊松比为零,力边界条件为均压自重载荷,幅值为90力单位/单位面积(原考题无单位)。该问题在自由边界中点处的曲壳面法向位移存在解析解0.3024[19],将数值解与解析解相除,求出的归一化解列于表4.8中,Macneal 利用 Nastran 给出的 QUAD2、QUAD4、QUAD8、HEXA(8)、HEX20及HEX20(R)(均为Nastran内置单元)解答也同时在表4.8中作为参考解给出。随着单元数增长,上述方法均可以收敛到1.0的归一化准确解上,但是$\mathrm{BSWI4}_3$柱壳单元在计算效率和收敛速度上有着显著的优势。

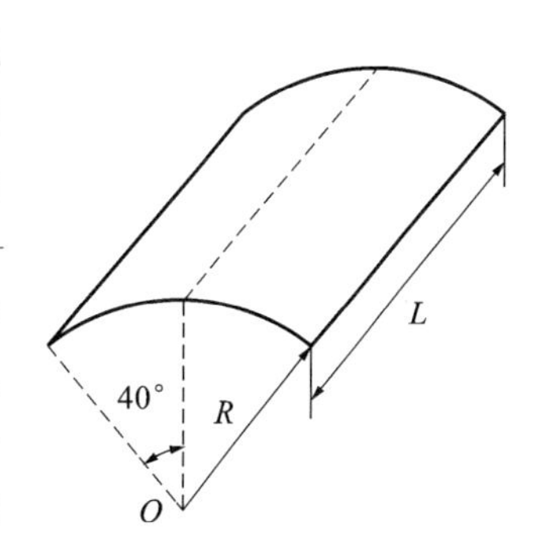

图 4.18 Scordelis - Lo 问题

表 4.8 Scordelis - Lo 问题归一化中点位移数值结果

单元数	归一化中点位移						
	QUAD2	QUAD4	QUAD8	HEXA(8)	HEX20	HEX20(R)	$\mathrm{BSWI4}_3$
2	0.784	1.376	1.032	1.320	0.092	1.046	1.002
4	0.665	1.050	0.984	1.028	0.258	0.967	1.000
6	0.781	1.018	1.002	1.012	0.589	1.003	—
8	0.854	1.008	0.997	1.005	0.812	0.999	—
10	0.897	1.004	0.996	—	—	—	—

图4.19的结果进一步阐明了这种结论,$\mathrm{BSWI4}_3$解使用两个单元即可到达其余单元最终的收敛精度。区间B样条小波单元在分析精度上的优势主要来源于两个方面:一是采用区间B样条小波函数为插值函数,由于区间B样条小波具有显式表达式,而且是现有小波中数值逼近

性能很好的一个，有效保证了分析精度；二是采用了广义曲壳理论，在理论层面上消除了几何逼近带来的误差，而这一部分误差也正是在其他单元不断细分过程中所逐渐减少的部分，因此本方法大大提高了计算效率。

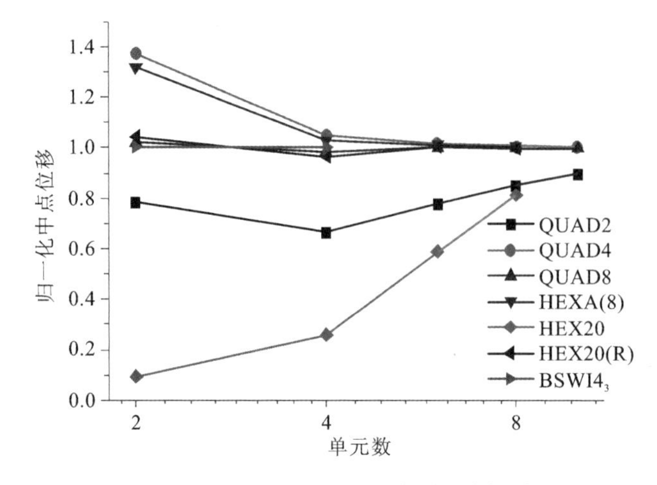

图 4.19 Scordelis - Lo 问题各单元求解对比

算例 4.9 Pinched-Cylinder 问题。Pinched-Cylinder 问题也是一个典型的静力学问题，与 Scordelis - Lo 问题一样出现在美国学者 R. H. Macneal[18] 于 1985 年提出的二十余道有限元考题当中，又被美国有限元大师 R. L. Taylor 重新讨论[20]。问题的描述为假设一圆筒两端铰支，即只有出平面的法向位移受到约束，而其余自由度均不受影响。不计圆筒自重，在圆筒长度方向中心 A、B 两点施加对等集中力 $P=1.0$，壳体长度 $L=600$，半径 $R=300$，弹性模量取 $E=3.0\times10^{7}$，泊松比 $\nu=0.3$，受力点垂向位移解析解为 1.82488×10^{5}[20]（原考题无单位）。考虑到问题的对称性，因此仅选取结构的 1/8 进行分析，除被约束边界外，其余边界施加对称约束，如图 4.20 所示。

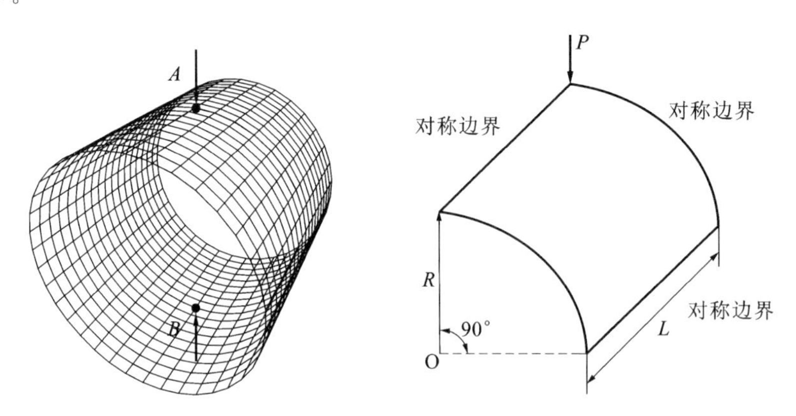

图 4.20 Pinched - Cylinder 问题

对问题使用 1 个 BSWI4$_3$ 柱壳单元进行分析，将数值解与解析解相除并归一化，并将混合插值张量单元(MITC4)[19] 解、混合插值平滑应力单元(MIST4)[19] 解、Mixed 单元(Mixed element)[20] 解、正交物理十六节点单元(QPH)[21] 解及转动插值壳单元(SRI)[22] 解作为参考列于表 4.9 中，由于 BSWI4$_3$ 柱壳单元内节点数为 11(自由度数为 55)，因此对比时网格采用 11

×11 及 22×22 两种形式，列于表中类似网格划分行列。可见 BSWI 方法对本例可快速达到收敛，在计算自由度数少于其他几种方法时，计算结果更接近 1.0，图 4.21 中星号表示 BSWI 方法结果，明显优于其他几种解答的精度与效率。

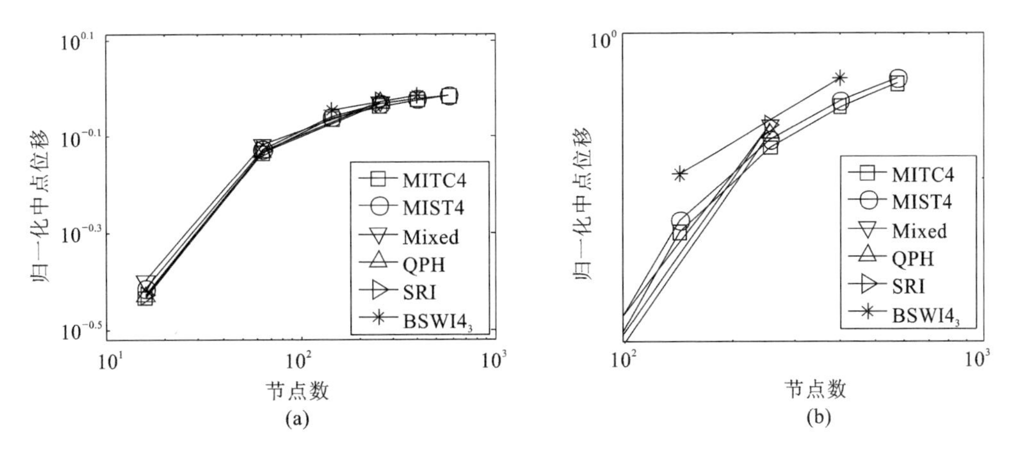

图 4.21　Pinched - Cylinder 问题各单元求解对比

(a) 总体对比；(b) 局部放大

表 4.9　Pinched-Cylinder 问题归一化中点位移数值结果

网格	归一化中点位移					
	MITC4[19]	MIST4[19]	Mixed[20]	QPH[21]	SRI[22]	$BSWI4_3$
4×4	0.3677	0.3838	0.399	0.370	0.373	—
8×8	0.7363	0.7481	0.763	0.740	0.747	—
12×12	0.8656	0.8735	—	—	—	0.9025(11×11)
16×16	0.9203	0.9257	0.935	0.930	0.935	—
20×20	0.9481	0.9520	—	—	—	0.9677(22×22)
24×24	0.9644	0.9673	—	—	—	—

算例 4.10　悬臂柱壳振动问题。前述两例分析验证了所构造 BSWI 柱壳单元的静力学分析能力，而本例及以下一些算例将对柱壳单元的动力学分析能力进行考察。图 4.22 所示悬臂柱壳，半径 $R=1\text{m}$，壳体厚度 $h=0.1\text{m}$，直边长 $L=2\text{m}$，跨角 $\theta=120°$，密度 $\rho=7800\text{kg/m}^3$，弹性模量 $E=2.1\times10^{11}$ Pa，使用 1 个 $BSWI4_3$ 柱壳单元求解其各阶固有频率，并与意大利学者 Tornabene 等[23] 提出的广义微分正交法(GDQ)解答以及其在文中所给出的一些如 Abaqus 等成熟商业软件解答进行对比，对比结果列于表 4.10 中。从表中给出的前十阶固有频率可以看出，相比于 GDQ 方法，BSWI 方法与大多数通用有限元软件解有着更好的吻合，其精度也并没有随着模态阶数的增长而快速衰减，始终保持较高的求解稳定性。图 4.23 给出了 BSWI 方法求解的前六阶模态振型图。

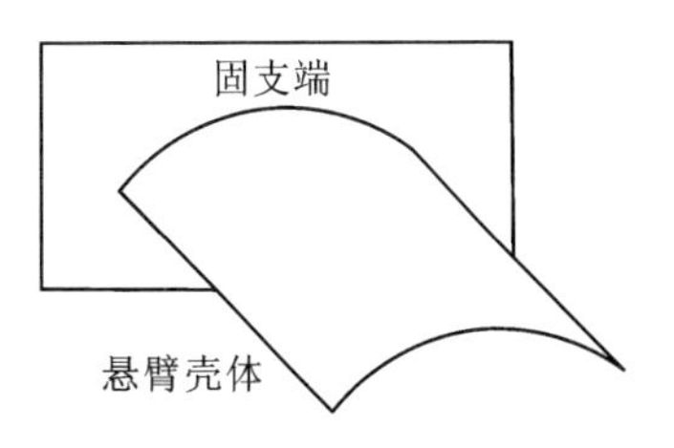

图 4.22　悬臂柱壳振动问题

表 4.10 悬臂柱壳前十阶固有频率(Hz)对比

方法	模态阶数									
	1	2	3	4	5	6	7	8	9	10
GDQ[23]	58.32	90.62	146.35	230.72	263.63	278.56	339.43	430.81	489.26	511.30
Abaqus[23]	58.91	91.82	144.59	232.46	266.07	278.88	338.8	427.44	488.07	512.94
Ansys[23]	58.84	91.94	145.21	233.09	267.33	278.98	342.11	429.12	493.18	517.49
Nastran[23]	59.01	91.84	144.99	233.32	267.19	278.78	340.93	428.59	491.86	517.13
Straus[23]	58.97	91.77	145.08	232.34	266.62	278.47	341.58	427.02	491.01	514.68
Pro/Mechanica[23]	58.92	91.79	144.59	232.46	266.07	278.69	338.81	427.25	488.22	513.06
BSWI4_3	58.97	91.95	144.56	232.76	266.94	278.95	339.21	426.58	489.02	514.27

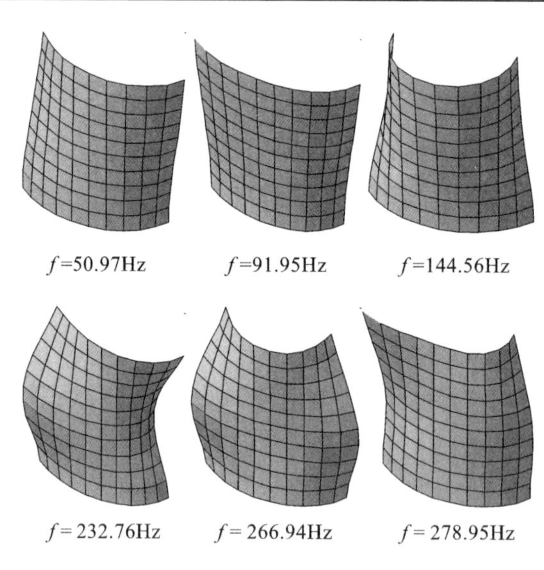

图 4.23 悬臂柱壳前六阶模态振型

保持物理参数与网格划分不变，改变不同边界条件以验证 BSWI 方法的求解稳定性，表 4.11 给出了 BSWI 方法与 GDQ 方法[23] 对 CFCF、FSFS 以及 SSFF 边界支撑下开式柱壳的前十阶固有频率的求解对比，其中 S 表示简支边界，C 表示固支边界，F 表示自由边界，后文均采取此种记法表示。通过对比可以看出，BSWI 方法在各种边界条件下的各阶频率均与 GDQ 方法吻合，验证了本方法对于该问题求解的正确性。

表 4.11 不同边界条件下开式柱壳前十阶固有频率求解对比

频率 (Hz)	CFCF		FSFS		SSFF	
	GDQ[23]	BSWI4_3	GDQ[23]	BSWI4_3	GDQ[23]	BSWI4_3
f_1	204.87	206.20	168.18	168.15	76.18	77.27
f_2	222.97	224.88	364.40	361.99	188.14	187.56
f_3	383.58	381.38	407.33	407.76	232.26	233.83
f_4	441.11	439.00	421.67	418.85	285.37	285.03
f_5	467.98	470.82	634.29	629.86	428.84	423.76

续表 4.11

频率(Hz)	CFCF		FSFS		SSFF	
	GDQ[23]	$BSWI4_3$	GDQ[23]	$BSWI4_3$	GDQ[23]	$BSWI4_3$
f_6	474.78	477.74	651.69	645.32	467.63	468.60
f_7	715.01	711.55	717.89	718.07	537.52	537.91
f_8	719.14	720.63	781.15	788.76	573.73	572.80
f_9	725.44	720.97	792.79	794.05	673.55	670.28
f_{10}	736.76	738.58	806.95	807.02	731.76	724.83

算例 4.11　闭口柱壳振动问题。对算例 4.10 中给出的物理参数，令跨角取 360°得到闭口圆柱壳，其余物理参数不变，对圆柱壳两端施加 CC、SS 以及 CS 三种不同约束，使用 2 个 $BSWI4_3$ 柱壳单元求解结构前五阶固有频率，并与 GDQ 方法对比，对比结果列于表 4.12 中，可见 BSWI 方法与 GDQ 方法在各阶频率处均有着良好的吻合，验证了 BSWI 方法的可靠性，图 4.24 给出了 CC 边界条件下闭式柱壳前五阶频率对应的特征模态。

表 4.12　不同边界条件下闭式柱壳前五阶固有频率(Hz)求解对比

边界条件	方法	模态阶数				
		1	2	3	4	5
CC	GDQ[23]	360.36	375.86	463.29	523.55	646.56
	$BSWI4_3$	360.84	367.93	467.28	522.77	648.73
SS	GDQ[23]	331.15	348.46	440.86	508.07	596.25
	$BSWI4_3$	328.78	347.52	438.66	507.55	600.76
CS	GDQ[23]	344.78	361.52	451.18	515.53	628.74
	$BSWI4_3$	343.53	360.97	450.03	514.89	628.81

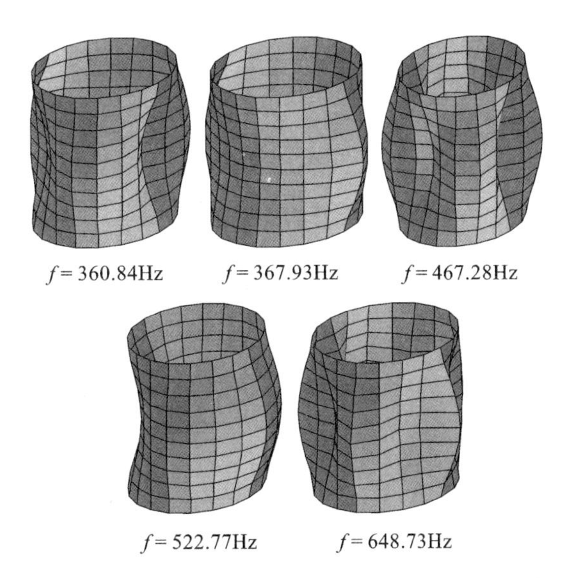

图 4.24　CC 边界条件下闭式柱壳前五阶模态振型

图 4.16(b) 所示的主曲率半径 $R_1 = R_x$、$R_2 = R_y$ 的双曲壳，根据其几何特性，将自然坐标取作 $O(\varphi_x, \varphi_y, z)$，即两个沿着壳体面内展开的角度坐标以及一个沿着壳体法向展开的坐标，即 $s_1 = \varphi_x$、$s_2 = \varphi_y$，得到双曲壳特征 Lame 系数 $A_1 = R_x$、$A_2 = R_y$，用 u、v、w 分别表示三个位移自由度，θ_1、θ_2 表示两个主方向上的转角自由度，得到中面应变表达式。

拉伸应变-位移关系：

$$\left.\begin{aligned} \varepsilon_{11} &= \frac{1}{R_x}\frac{\partial u}{\partial \varphi_x} + \frac{w}{R_x} \\ \varepsilon_{22} &= \frac{1}{R_y}\frac{\partial v}{\partial \varphi_y} + \frac{w}{R_y} \\ \varepsilon_{12} = \varepsilon_{21} &= \frac{1}{R_y}\frac{\partial u}{\partial \varphi_y} + \frac{1}{R_x}\frac{\partial v}{\partial \varphi_x} \end{aligned}\right\} \tag{4.85}$$

弯曲应变-位移关系：

$$\left.\begin{aligned} \kappa_{11} &= \frac{1}{R_x}\frac{\partial \theta_1}{\partial \varphi_x} \\ \kappa_{22} &= \frac{1}{R_y}\frac{\partial \theta_2}{\partial \varphi_y} \\ \kappa_{12} = \kappa_{21} &= \frac{1}{R_y}\frac{\partial \theta_1}{\partial \varphi_y} + \frac{1}{R_x}\frac{\partial \theta_2}{\partial \varphi_x} + \frac{R_x + R_y}{R_x R_y} w \end{aligned}\right\} \tag{4.86}$$

剪切应变-位移关系：

$$\left.\begin{aligned} \gamma_1 &= \frac{1}{R_x}\frac{\partial w}{\partial \varphi_x} - \frac{u}{R_x} \\ \gamma_2 &= \frac{1}{R_y}\frac{\partial w}{\partial \varphi_y} - \frac{v}{R_y} \end{aligned}\right\} \tag{4.87}$$

为便于有限元推导，将上述关系写成矩阵形式，记拉伸应变矢量为 $\boldsymbol{\varepsilon} = \{\varepsilon_{11} \quad \varepsilon_{22} \quad \varepsilon_{12}\}^{\mathrm{T}}$，弯曲应变矢量为 $\boldsymbol{\kappa} = \{\kappa_{11} \quad \kappa_{22} \quad \kappa_{12}\}^{\mathrm{T}}$，剪切应变矢量为 $\boldsymbol{\gamma} = \{\gamma_1 \quad \gamma_2\}^{\mathrm{T}}$，位移矢量为 $\boldsymbol{d} = \{u \quad v \quad w \quad \theta_1 \quad \theta_2\}^{\mathrm{T}}$，得到应变的矩阵表达形式：

$$\boldsymbol{\varepsilon} = \begin{bmatrix} \frac{1}{R_x}\frac{\partial}{\partial \varphi_x} & 0 & \frac{1}{R_x} & 0 & 0 \\ 0 & \frac{1}{R_y}\frac{\partial}{\partial \varphi_y} & 0 & 0 & 0 \\ \frac{1}{R_y}\frac{\partial}{\partial \varphi_y} & \frac{1}{R_x}\frac{\partial}{\partial \varphi_x} & 0 & 0 & 0 \end{bmatrix} \boldsymbol{d} = \boldsymbol{B}_{\varepsilon}\boldsymbol{d} \tag{4.88}$$

$$\boldsymbol{\kappa} = \begin{bmatrix} 0 & 0 & 0 & \frac{1}{R_x}\frac{\partial}{\partial \varphi_x} & 0 \\ 0 & 0 & 0 & 0 & \frac{1}{R_y}\frac{\partial}{\partial \varphi_y} \\ 0 & 0 & \frac{R_x + R_y}{R_x R_y} & \frac{1}{R_y}\frac{\partial}{\partial \varphi_y} & \frac{1}{R_x}\frac{\partial}{\partial \varphi_x} \end{bmatrix} \boldsymbol{d} = \boldsymbol{B}_{\kappa}\boldsymbol{d} \tag{4.89}$$

$$\boldsymbol{\gamma} = \begin{bmatrix} -\frac{1}{R_x} & 0 & \frac{1}{R_x}\frac{\partial}{\partial \varphi_x} & 1 & 0 \\ 0 & -\frac{1}{R_y} & \frac{1}{R_y}\frac{\partial}{\partial \varphi_y} & 0 & 1 \end{bmatrix} \boldsymbol{d} = \boldsymbol{B}_{\gamma}\boldsymbol{d} \tag{4.90}$$

与柱壳单元一样，由于考虑了拉伸应变能、弯曲应变能以及剪切应变能，圆柱壳应变能被划分为三个部分，其能量表达式、转换矩阵及相应记号与柱壳基本相同，因此不再赘述。

对双曲壳能量泛函利用 Hamilton 原理，对从开始时间 t_1 到结束时间 t_2 的能量泛函取变分，并令变分为零得到各种形式的泛函变分格式，形同式(4.23)～式(4.25)所示。采用二维 $\mathrm{BSWI4}_3$ 尺度函数对壳体物理场进行插值，代入能量泛函变分表达式得到三个子刚度矩阵，分别对应于不同的应变能分量。其中拉伸子刚度矩阵：

$$\boldsymbol{K}^m = R_x R_y \iint_{\Omega} \boldsymbol{B}_{\varepsilon}^{\mathrm{T}} \boldsymbol{D}^m \boldsymbol{B}_{\varepsilon} \mathrm{d}\Omega \tag{4.91}$$

弯曲子刚度矩阵：

$$\boldsymbol{K}^b = R_x R_y \iint_{\Omega} \boldsymbol{B}_{\kappa}^{\mathrm{T}} \boldsymbol{D}^b \boldsymbol{B}_{\kappa} \mathrm{d}\Omega \tag{4.92}$$

剪切子刚度矩阵：

$$\boldsymbol{K}^s = R_x R_y \iint_{\Omega} \boldsymbol{B}_{\gamma}^{\mathrm{T}} \boldsymbol{D}^s \boldsymbol{B}_{\gamma} \mathrm{d}\Omega \tag{4.93}$$

总体刚度矩阵：

$$\boldsymbol{K} = \boldsymbol{K}^m + \boldsymbol{K}^b + \boldsymbol{K}^s \tag{4.94}$$

利用积分记号，各子刚度矩阵可表示为：

$$\boldsymbol{K}^m = \begin{bmatrix} \boldsymbol{K}_{11}^m & \boldsymbol{K}_{12}^m & \boldsymbol{K}_{13}^m & 0 & 0 \\ & \boldsymbol{K}_{22}^m & \boldsymbol{K}_{23}^m & 0 & 0 \\ & & \boldsymbol{K}_{33}^m & 0 & 0 \\ & \text{sym} & & 0 & 0 \\ & & & & 0 \end{bmatrix} \tag{4.95}$$

式中：

$$\boldsymbol{K}_{11}^m = D_0^m \left[\frac{R_y \boldsymbol{\Gamma}_x^{11} \otimes \boldsymbol{\Gamma}_y^{00}}{R_x} + (1-\nu) R_x \frac{\boldsymbol{\Gamma}_x^{00} \otimes \boldsymbol{\Gamma}_y^{11}}{2R_y} \right]$$

$$\boldsymbol{K}_{12}^m = D_0^m \left[\nu \boldsymbol{\Gamma}_x^{10} \otimes \boldsymbol{\Gamma}_y^{01} + (1-\nu) \frac{\boldsymbol{\Gamma}_x^{00} \otimes \boldsymbol{\Gamma}_y^{11}}{2} \right]$$

$$\boldsymbol{K}_{13}^m = D_0^m \left[\frac{R_y \boldsymbol{\Gamma}_x^{10} \otimes \boldsymbol{\Gamma}_y^{00}}{R_x} + \nu \boldsymbol{\Gamma}_x^{10} \otimes \boldsymbol{\Gamma}_y^{00} \right]$$

$$\boldsymbol{K}_{22}^m = D_0^m \left[\frac{R_x \boldsymbol{\Gamma}_x^{00} \otimes \boldsymbol{\Gamma}_y^{11}}{R_y} + (1-\nu) R_y \frac{\boldsymbol{\Gamma}_x^{11} \otimes \boldsymbol{\Gamma}_y^{00}}{2R_x} \right]$$

$$\boldsymbol{K}_{23}^m = D_0^m \left[\nu \boldsymbol{\Gamma}_x^{00} \otimes \boldsymbol{\Gamma}_y^{10} + \frac{R_x \boldsymbol{\Gamma}_x^{00} \otimes \boldsymbol{\Gamma}_y^{10}}{R_y} \right]$$

$$\boldsymbol{K}_{33}^m = D_0^m \left[\left(\frac{R_y}{R_x} + \frac{R_x}{R_y} + 2\nu \right) \boldsymbol{\Gamma}_x^{00} \otimes \boldsymbol{\Gamma}_y^{00} \right]$$

弯曲部分：

$$\boldsymbol{K}^b = \begin{bmatrix} 0 & 0 & 0 & 0 & 0 \\ & 0 & 0 & 0 & 0 \\ & & \boldsymbol{K}_{33}^b & \boldsymbol{K}_{34}^b & \boldsymbol{K}_{35}^b \\ & \text{sym} & & \boldsymbol{K}_{44}^b & \boldsymbol{K}_{45}^b \\ & & & & \boldsymbol{K}_{55}^b \end{bmatrix} \tag{4.96}$$

式中：

$$\boldsymbol{K}_{33}^{b}=R_xR_yD_0^b\left[r_{xy}^2(1-\nu)\frac{\boldsymbol{\Gamma}_x^{00}\otimes\boldsymbol{\Gamma}_y^{00}}{2}\right]$$

$$\boldsymbol{K}_{34}^{b}=R_xD_0^b\left[r_{xy}(1-\nu)\frac{\boldsymbol{\Gamma}_x^{00}\otimes\boldsymbol{\Gamma}_y^{01}}{2}\right]$$

$$\boldsymbol{K}_{35}^{b}=R_yD_0^b\left[r_{xy}(1-\nu)\frac{\boldsymbol{\Gamma}_x^{01}\otimes\boldsymbol{\Gamma}_y^{00}}{2}\right]$$

$$\boldsymbol{K}_{44}^{b}=D_0^b\left[\frac{R_y\boldsymbol{\Gamma}_x^{11}\otimes\boldsymbol{\Gamma}_y^{00}}{R_x}+\frac{R_x(1-\nu)\boldsymbol{\Gamma}_x^{00}\otimes\boldsymbol{\Gamma}_y^{11}}{2R_y}\right]$$

$$\boldsymbol{K}_{45}^{b}=D_0^b\left[\nu\boldsymbol{\Gamma}_x^{10}\otimes\boldsymbol{\Gamma}_y^{01}+(1-\nu)\frac{\boldsymbol{\Gamma}_x^{01}\otimes\boldsymbol{\Gamma}_y^{10}}{2}\right]$$

$$\boldsymbol{K}_{55}^{b}=D_0^b\left[\frac{R_x\boldsymbol{\Gamma}_x^{00}\otimes\boldsymbol{\Gamma}_y^{11}}{R_y}+\frac{R_y(1-\nu)\boldsymbol{\Gamma}_x^{11}\otimes\boldsymbol{\Gamma}_y^{00}}{2R_x}\right]$$

$$r_{xy}=\frac{R_x+R_y}{R_xR_y}$$

剪切部分：

$$\boldsymbol{K}^{t}=\begin{bmatrix}\boldsymbol{K}_{11}^{t} & 0 & \boldsymbol{K}_{13}^{t} & \boldsymbol{K}_{14}^{t} & 0\\ & \boldsymbol{K}_{22}^{t} & \boldsymbol{K}_{23}^{t} & 0 & \boldsymbol{K}_{25}^{t}\\ & & \boldsymbol{K}_{33}^{t} & \boldsymbol{K}_{34}^{t} & \boldsymbol{K}_{35}^{t}\\ & \text{sym} & & \boldsymbol{K}_{44}^{t} & 0\\ & & & & \boldsymbol{K}_{55}^{t}\end{bmatrix}\tag{4.97}$$

式中：

$$\boldsymbol{K}_{11}^{t}=D_0^t\left[R_y\boldsymbol{\Gamma}_x^{00}\otimes\boldsymbol{\Gamma}_y^{00}\right]$$

$$\boldsymbol{K}_{13}^{t}=D_0^t\left[\frac{-R_y\boldsymbol{\Gamma}_x^{01}\otimes\boldsymbol{\Gamma}_y^{00}}{R_x}\right]$$

$$\boldsymbol{K}_{14}^{t}=D_0^t\left[-R_y\boldsymbol{\Gamma}_x^{00}\otimes\boldsymbol{\Gamma}_y^{00}\right]$$

$$\boldsymbol{K}_{22}^{t}=D_0^t\left[R_x\boldsymbol{\Gamma}_x^{00}\otimes\boldsymbol{\Gamma}_y^{00}\right]$$

$$\boldsymbol{K}_{23}^{t}=D_0^t\left[\frac{-R_x\boldsymbol{\Gamma}_x^{00}\otimes\boldsymbol{\Gamma}_y^{01}}{R_y}\right]$$

$$\boldsymbol{K}_{25}^{t}=D_0^t\left[-R_x\boldsymbol{\Gamma}_x^{00}\otimes\boldsymbol{\Gamma}_y^{00}\right]$$

$$\boldsymbol{K}_{33}^{t}=D_0^t\left[\frac{R_y\boldsymbol{\Gamma}_x^{11}\otimes\boldsymbol{\Gamma}_y^{00}}{R_x}+\frac{R_x\boldsymbol{\Gamma}_x^{00}\otimes\boldsymbol{\Gamma}_y^{11}}{R_y}\right]$$

$$\boldsymbol{K}_{34}^{t}=D_0^t\left[R_y\boldsymbol{\Gamma}_x^{10}\otimes\boldsymbol{\Gamma}_y^{00}\right]$$

$$\boldsymbol{K}_{35}^{t}=D_0^t\left[R_x\boldsymbol{\Gamma}_x^{00}\otimes\boldsymbol{\Gamma}_y^{10}\right]$$

$$\boldsymbol{K}_{44}^{t}=D_0^t\left[R_xR_y\boldsymbol{\Gamma}_x^{00}\otimes\boldsymbol{\Gamma}_y^{00}\right]$$

$$\boldsymbol{K}_{55}^{t}=D_0^t\left[R_xR_y\boldsymbol{\Gamma}_x^{00}\otimes\boldsymbol{\Gamma}_y^{00}\right]$$

亦可以得到载荷向量：

$$\boldsymbol{p}=R_xR_y\iint_{\Omega}(\boldsymbol{\Phi T})^{\mathrm{T}}\mathrm{diag}(f\quad g\quad q\quad m_1\quad m_2)\,\mathrm{d}\Omega\tag{4.98}$$

特别地，集中载荷向量表示为：

$$\boldsymbol{p} = R_x R_y \sum_i \sum_j \{F_{ij} \quad G_{ij} \quad Q_{ij} \quad -M_{ij1} \quad -M_{ij2}\}^{\mathrm{T}} \boldsymbol{\Gamma}_x^{00} \otimes \boldsymbol{\Gamma}_y^{00} \tag{4.99}$$

质量矩阵 $\boldsymbol{M}$ 为：

$$\boldsymbol{M} = \rho R_x R_y \boldsymbol{\Gamma}_x^{00} \otimes \boldsymbol{\Gamma}_y^{00} \operatorname{diag}\left(h \quad h \quad h \quad \frac{h^3}{12} \quad \frac{h^3}{12}\right) \tag{4.100}$$

对图 4.16(c) 所示的双曲抛物壳，只需在刚度矩阵的推导中令 R_y 取负曲率即可得到相应的刚度矩阵，因此不再特殊说明，仅将其当作双曲壳体的一种特例。

算例 4.12　双曲壳受压变形分析。考虑图 4.16 所示的双曲壳体，四边简支 SSSS，设置弹性模量 $E = 2.9\times10^6\,\mathrm{kN/m^2}$，泊松比 $\nu = 0.3$，壳体厚度 $h = 0.06\mathrm{m}$，$R_x = R_y = 32.4\mathrm{m}$，受到幅值为 $0.5\mathrm{kN/m^2}$ 的均布载荷作用，表 4.13 给出了一个 $\mathrm{BSWI4_3}$ 曲壳单元对结构中点挠度求解结果与样条有限元法[24] 以及解析解[25] 之间的对比，可见本方法在使用很少自由度数的情况下达到了较高的求解精度。

表 4.13　SSSS 边界双曲壳承受均布载荷时的中点挠度对比

方法(自由度数)	样条有限元法[24](8712)	$\mathrm{BSWI4_3}$(605)	解析法[25]
wEh/qR^2	1.035	1.00151	1.00978

算例 4.13　双曲薄壳振动分析。由于所构造单元是以一阶剪切理论为基础的，因此需要对单元的薄壳分析能力加以考察。本例考虑某四边固支薄壳，物理及几何参数为：厚度跨度比 $h/a = 0.01$，曲率半径 $a/R_x = 0.5$，半径比 $R_x/R_y = 1$。使用一个 $\mathrm{BSWI4_3}$ 曲壳单元对结构进行离散，选取 Liew 和 Lim 给出的薄壳理论解[26] 以及 Liew、Peng 和 Ng 给出的 3D Ritz 方法解[27] 作为参考，计算的频率结果以无量纲形式 $\lambda = \omega a\sqrt{\rho/E}$ 进行表述，列于表 4.14 中。与 3D Ritz 法给出的解答相比，BSWI 方法与薄壳理论解有着更好的吻合，随着模态阶数增加，这种吻合性逐渐变差，这是由所采用的求解单元较少导致的。

表 4.14　四边固支双曲薄壳频率参数 $\lambda = \omega a\sqrt{\rho/E}$ 求解对比

方法	模态阶数							
	1	2	3	4	5	6	7	8
薄壳[26]	0.58099	0.58099	0.59594	0.63537	0.65422	0.73299	0.73299	0.77902
3D Ritz[27]	0.57638	0.57638	0.59134	0.63038	0.64764	0.72609	0.72609	0.77493
$\mathrm{BSWI4_3}$	0.58013	0.58028	0.59921	0.63310	0.66446	0.73952	0.73973	0.79636

算例 4.14　双曲中厚壳振动分析。本例进一步研究 BSWI 中厚单元的振动分析能力。对 CFFF 边界约束下的双曲壳体，物理参数为泊松比 $\nu = 0.3$，长厚比 $b/h = 100.0$ 以及边长比 $a/b = 1.0$。使用一个 $\mathrm{BSWI4_3}$ 双曲壳单元对结构进行离散，选取 Leissa 等[28] 以及 Liew 等[29] 给出的解答作为参考，频率求解结果以无量纲频率参数 $\lambda = \omega ab\sqrt{\rho h/D_0^b}$ 的形式列于表 4.15 中。可见对不同参数 b/R_y，R_y/R_x 情况下 BSWI 方法均能与参考解有很好的吻合，特别是当壳体较厚时吻合得更好。因此，该方法对中厚壳振动分析的可靠性得以验证。

表 4.15 CFFF 边界中厚双曲壳频率参数 $\lambda = \omega ab\ \sqrt{\rho h/D_0^*}$ 求解对比

b/R_y	R_y/R_x	方法	模态阶数					
			1	2	3	4	5	6
0.1	0.5	Leissa[28]	5.0840	8.6141	23.229	30.140	31.498	57.249
		Liew[29]	5.0815	8.6109	23.220	30.136	31.487	57.236
		$BSWI4_3$	5.0865	8.6021	23.217	30.138	31.480	57.247
	1.0	Leissa[28]	4.8282	8.6090	22.694	31.385	32.687	61.282
		Liew[29]	4.8259	8.6058	22.684	31.374	32.682	61.263
		$BSWI4_3$	4.8270	8.5921	22.668	31.346	32.677	61.278
0.5	0.5	Leissa[28]	10.295	13.628	27.624	37.048	48.592	71.014
		Liew[29]	10.284	13.606	27.608	37.020	48.499	70.812
		$BSWI4_3$	10.292	13.585	27.428	37.174	48.560	70.197
	1.0	Leissa[28]	9.0027	9.7809	30.476	33.998	49.237	72.253
		Liew[29]	9.0054	9.7612	30.404	33.943	49.024	71.849
		$BSWI4_3$	8.8715	9.5958	29.878	33.264	48.414	70.680

改变边界条件为CCCC进行分析，为了比较方便，将几何参数选为 $a/R=0.5$，频率参数取为 $\omega a\ \sqrt{\rho/E}$，与 Liew 等使用一阶剪切理论得到的解[30]，Reddy 使用 Ritz 法得到的解[31] 以及 Liew、Peng 和 Ng 给出的 3D Ritz 方法解[27] 进行比较，结果列于表 4.16 中。使用助记符 S 及 A 表示频率所对应模态振型的对称与反对称特点[30]，而数字表示该阶振型在由对称和反对称特征划分振型族中的阶数，由于振型 SA 与 AS 频率相同、振型相似，因此只选取 SA 振型加以说明。表中相应的振型如图 4.25 所示。

表 4.16 CCCC 边界中厚双曲壳频率参数 $\omega a\ \sqrt{\rho/E}$ 求解对比($a/R=0.5$)

h/a	方法	模态序号								
		SS1	SS2	SS3	SA1	SA2	SA3	AA1	AA2	AA3
0.1	Liew[30]	1.2106	3.1471	3.1915	1.9447	3.7149	3.8243	2.6888	4.4380	5.1226
	Reddy[31]	1.2005	3.1331	1.1782	1.9314	3.7025	3.8114	2.6749	4.4281	5.1086
	Liew[27]	1.1881	3.1075	3.1560	1.9150	3.6824	3.8029	2.6610	4.3726	5.1028
	$BSWI4_3$	1.1863	3.0920	3.1355	1.9061	3.6666	3.7682	2.6383	4.3914	5.0852
0.2	Liew[30]	1.7638	4.3337	4.4078	2.8281	3.7653	5.1442	3.8062	4.4359	5.4412
	Reddy[31]	1.7454	4.3091	4.3861	2.8046	3.7546	5.1212	3.7827	4.4243	5.4329
	Liew[27]	1.7358	4.3197	4.3994	2.8061	3.7392	5.1465	3.8044	4.3662	5.4149
	$BSWI4_3$	1.7265	4.3438	4.3921	2.7834	3.7333	5.0746	3.7509	4.3959	5.3920

算例 4.15 由薄双曲壳到厚双曲壳参数的过渡振动分析。前述的几个例子独立给出了薄壳和厚壳利用 BSWI 单元的振动分析结果，在本例中将使用一个 $BSWI4_3$ 曲壳单元，以 Liew、Peng 和 Ng 给出的 3D Ritz 方法[27] 作为参考解，对双曲壳厚度参数由小向大变化过程中本方法的求解准确性加以验证，频率参数选作 $\omega a\ \sqrt{\rho/E}$，边界条件为四边固支 CCCC，对不同几何参数 a/R 及 h/a 的双曲壳体振动频率进行求解，对比结果列于表 4.17 中。由表可见，在很大的参数范围内 BSWI 方法与 3D Ritz 法有着良好的吻合，随着厚度参数 h/a 的增大，吻合性逐渐下降，这是在厚度较大的情况下，由壳体假设与三维理论的差异所致的，但值得注意的是，利用

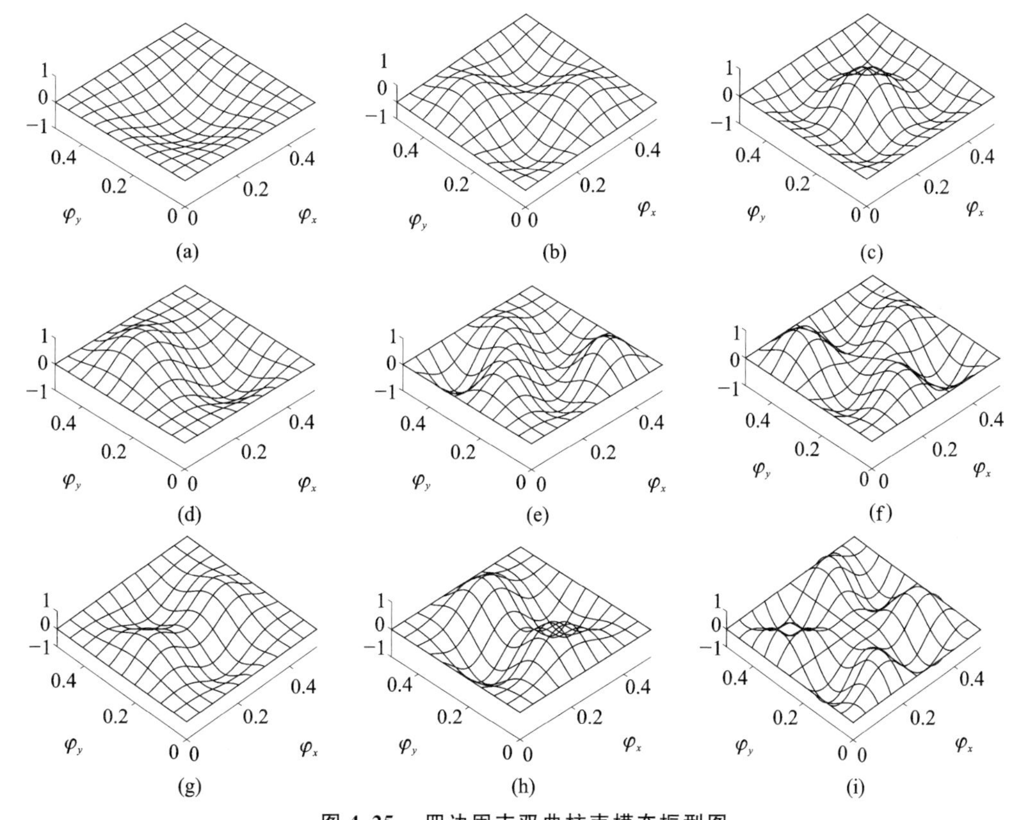

图 4.25　四边固支双曲柱壳模态振型图

(a)SS1;(b)SS2;(c)SS3;(d)SA1;(e)SA2;(f)SA3;(g)AA1;(h)AA2;(i)AA3

φ_x、φ_y 表示结构在 x、y 方向上的跨角

基于广义壳体理论的 BSWI 方法计算时间是大大优于 3D Ritz 方法的。

算例 4.16　双曲壳与双曲抛物壳振动分析。本例主要研究曲率半径参数 R_y/R_x 对分析的影响。对 CCCC 边界 $a/b=1$、泊松比 $\nu=0.3$ 的双曲壳体，通过改变曲率半径参数比 R_y/R_x 为负值，可以得到双曲抛物壳，使用一个 BSWI4$_3$ 曲壳单元进行求解，与 Liew 和 Lim 给出的 Ritz 法解答[30] 作对比，采用频率参数 $\omega a\sqrt{\rho/E}$ 表征求解结果，结果列于表 4.18 中。可以看到，不论是一般双曲壳还是双曲抛物壳，BSWI 方法均与 Ritz 法吻合良好，证明了 BSWI 方法的可靠性。

表 4.17　CCCC 边界中厚双曲壳频率参数 $\omega a\sqrt{\rho/E}$ 求解对比

a/R	h/a	方法	模态序号								
			SS1	SS2	SS3	SA1	SA2	SA3	AA1	AA2	AA3
0.1	0.01	3D Ritz	0.17654	0.41176	0.41691	0.24755	0.51081	0.64424	0.34551	0.73883	0.74202
		BSWI4$_3$	0.17638	0.43450	0.43987	0.24879	0.52829	0.65745	0.34687	0.74989	0.74989
	0.1	3D Ritz	1.0008	3.1349	3.1652	1.8961	3.7368	3.7969	2.6594	4.4385	5.1590
		BSWI4$_3$	0.9956	3.1180	3.1481	1.8859	3.7234	3.7735	2.6438	4.4376	5.1377
	0.2	3D Ritz	1.6329	4.3730	4.4338	2.8491	3.7468	5.1950	3.8329	4.4394	5.4546
		BSWI4$_3$	1.6202	4.3266	4.3876	2.8337	3.7272	5.1354	3.7947	4.4377	5.4346
	0.3	3D Ritz	1.9888	4.8901	4.9619	3.2854	3.7524	5.7619	4.3433	4.4397	5.4504
		BSWI4$_3$	1.9682	4.8136	4.8872	3.2434	3.7291	5.7487	4.2820	4.4377	5.4350

表 4.17

a/R	h/a	方法	模态序号								
			SS1	SS2	SS3	SA1	SA2	SA3	AA1	AA2	AA3
0.3	0.01	3D Ritz	0.40471	0.50366	0.54653	0.39241	0.59206	0.70278	0.46231	0.79097	0.79798
		$BSWI4_3$	0.40765	0.52286	0.56508	0.39393	0.60683	0.70610	0.46350	0.79581	0.79581
	0.1	3D Ritz	1.0675	3.1267	3.1626	1.9018	3.7459	3.8020	2.6606	4.4168	5.1439
		$BSWI4_3$	1.0635	3.1088	3.1439	1.8929	3.7035	3.7740	2.6421	4.4224	5.1495
	0.2	3D Ritz	1.6682	4.3555	4.4223	2.8351	3.7419	5.1853	3.8236	4.4152	5.4414
		$BSWI4_3$	1.6567	4.3461	4.4226	2.8102	3.7296	5.1154	3.7802	4.4019	5.4207
	0.3	3D Ritz	2.0156	4.8694	4.9473	3.2577	3.7531	5.7493	4.3303	4.4099	5.4300
		$BSWI4_3$	1.9957	4.8787	4.9350	3.2139	3.7451	5.7256	4.2618	4.4227	5.4251
0.5	0.01	3D Ritz	0.59165	0.64815	0.77540	0.57648	0.72685	0.80683	0.63061	0.88577	0.89967
		$BSWI4_3$	0.59921	0.66446	0.79636	0.58013	0.73952	0.81228	0.63312	0.86552	0.93432
	0.1	3D Ritz	1.1886	3.1095	3.1579	1.9122	3.6802	3.8052	2.6625	4.3727	5.1059
		$BSWI4_3$	1.1863	3.0902	3.1355	1.9061	3.6681	3.7682	2.6383	4.3914	5.0852
	0.2	3D Ritz	1.7360	4.3197	4.3993	2.8062	3.7322	5.1656	3.8044	4.3662	5.4151
		$BSWI4_3$	1.7265	4.2649	4.3921	2.7834	3.7333	5.0746	3.7509	4.3438	5.3920
	0.3	3D Ritz	2.0678	4.8267	4.9180	3.2027	3.7533	5.7234	4.3036	4.3503	5.3902
		$BSWI4_3$	2.0487	4.8316	4.9255	3.1592	3.7698	5.6981	4.2213	4.3921	5.4041

表 4.18 CCCC 边界双曲壳与抛物壳频率参数 $\omega a\sqrt{\rho/E}$ 求解对比

R_y/R_x	b/R_y	h/b	方法	模态序号								
				SS1	SS2	SS3	SA1	SA2	SA3	AA1	AA2	AA3
−0.5	0.1	0.1	Ritz	0.98918	3.1092	3.1383	1.8800	3.7261	3.7618	2.6346	4.4399	5.0972
			$BSWI4_3$	0.98977	3.1019	3.1316	1.8790	3.7252	3.7508	2.6307	4.4385	5.1032
		0.2	Ritz	1.6114	4.3090	4.3680	2.8047	3.7270	5.1124	3.7691	4.4409	5.4359
			$BSWI4_3$	1.6171	4.2867	4.3459	2.8024	3.7265	5.0857	3.7599	4.4380	5.4345
	0.3	0.1	Ritz	1.0207	3.1158	3.1451	1.8956	3.7208	3.7681	2.6369	4.4434	5.0973
			$BSWI4_3$	1.0167	3.1095	3.1455	1.8966	3.7148	3.7646	2.6343	4.4305	5.1165
		0.2	Ritz	1.6317	4.3140	4.3718	2.8143	3.7280	5.1089	3.7624	4.4518	5.4346
			$BSWI4_3$	1.6296	4.3153	4.3783	2.8140	3.7231	5.1094	3.7723	4.4407	5.4200
0.5	0.1	0.1	Ritz	0.99122	3.1093	3.1388	1.8805	3.7252	3.7634	2.6356	4.4395	5.0979
			$BSWI4_3$	0.99210	3.1184	3.1484	1.8843	3.7250	3.7729	2.6438	4.4384	5.1017
		0.2	Ritz	1.6128	4.3091	4.3685	2.8049	3.7273	5.1133	3.7707	4.4396	5.4362
			$BSWI4_3$	1.6183	4.3275	4.3883	2.8229	3.7274	5.1213	3.7612	4.4386	5.4352
	0.3	0.1	Ritz	1.0384	3.1167	3.1494	1.8997	3.7167	3.7788	2.6456	4.4396	5.1033
			$BSWI4_3$	1.0334	3.1096	3.1484	1.8996	3.7144	3.7751	2.6419	4.4298	5.1216
		0.2	Ritz	1.6437	4.3142	4.3761	2.8159	3.7309	5.1177	3.7765	4.4401	5.4369
			$BSWI4_3$	1.6401	4.3131	4.3808	2.8036	3.7308	5.1167	3.7848	4.4310	5.4264

参考文献

[1] THOMAS D L, WILSON J M, WILSON R R. Timoshenko beam finite elements. Journal of Sound and Vibration, 1973, 31(3): 315 - 330.

[2] RAVEENDRANATH P, SINGH G, RAO G V. A three - noded shear - flexible curved beam element based on coupled displacement field interpolations. International Journal for Numerical Methods in Engineering, 2001, 51(1): 85 - 101.

[3] CHAO W C, REDDY J N. Analysis of laminated composite shells using a degenerated 3 - D element. International Journal for Numerical Methods in Engineering, 1984. 20(11): 1991 - 2007.

[4] GALLAGHER R H. Finite elements for thin shells and curved members. John Wiley & Sons, 1976: 21 - 22.

[5] SCHWARZ H R, WHITEMAN J, WHITEMAN C M. Finite element methods. London: Academic Press, 1988.

[6] LEE P G, SIN H C. Locking - free curved beam element based on curvature. International Journal for Numerical Methods in Engineering, 1994, 37(6): 989 - 1007.

[7] BABU C R, PRATHAP G. A linear thick curved beam element. International Journal for Numerical Methods in Engineering, 1986, 23(7): 1313 - 1328.

[8] KIM J G, PARK Y K. Hybrid - mixed curved beam elements with increased degrees of freedom for static and vibration analyses. International Journal for Numerical Methods in Engineering, 2006, 68(6): 690 - 706.

[9] LEUNG A Y T, ZHU B. Fourier p - elements for curved beam vibrations. Thin - Walled Structures, 2004, 42(1): 39 - 57.

[10] RAVEENDRANATH P, SINGH G, PRADHAN B. A two - noded locking - free shear flexible curved beam element. International Journal for Numerical Methods in Engineering, 1999, 44(2): 265 - 280.

[11] KRISHNAN A, DHARMARAJ S, SURESH Y J. Free vibration studies of arches. Journal of Sound and Vibration, 1995, 186(5): 856 - 863.

[12] TIMOSHENKO S. Vibration problems in engineering. USA: John Wiley & Sons, 1974.

[13] KRISHNAN A, SURESH Y J. A simple cubic linear element for static and free vibration analyses of curved beams. Computers & Structures, 1998, 68(5): 473 - 489.

[14] SABIR A B, DJOUDI M S, SFENDJI A. The effect of shear deformation on the vibration of circular arches by the finite element method. Thin - Walled Structures, 1994, 18(1): 47 - 66.

[15] MAURIZI M J, BELLES P M, ROSSI R E, et al. Free vibration of a three - centered arc clamped at the end. Journal of Sound and Vibration, 1993, 161: 187 - 189.

[16] KANG B, RIEDEL H, TAN C A. Free vibration analysis of planar curved beams by wave propagation. Journal of Sound and Vibration, 2003, 260(1): 19 - 44.

[17] ZIENKIEWICZ O C, TAYLOR R L, ZHU J Z. The finite element method: its basis and

fundamentals. Butterworth - Heinemann,2005,1.

[18] MACNEAL R H,HARDER R L. A proposed standard set of problems to test finite element accuracy. Finite Elements in Analysis and Design,1985,1(1):3 - 20.

[19] NGUYEN - THANH N,RABCZUK T,DEBONGNIE J F,et al. A smoothed finite element method for shell analysis. Computer Methods in Applied Mechanics and Engineering,2008,198(2):165 - 177.

[20] KASPER E P,TAYLOR R L. A mixed - enhanced strain method:Part Ⅰ:Geometrically linear problems. Computers & Structures,2000,75(3):237 - 250.

[21] BELYTSCHKO T,LEVIATHAN I. Physical stabilization of the 4 - node shell element with one point quadrature. Computer Methods in Applied Mechanics and Engineering,1994,113(3 - 4):321 - 350.

[22] HUGHES T J R,LIU W K. Nonlinear finite element analysis of shells - part Ⅱ:two - dimensional shells. Computer Methods in Applied Mechanics and Engineering,1981,27(2):167 - 181.

[23] TORNABENE F,VILOA E,INMAN D J. 2 - D differential quadrature solution for vibration analysis of functionally graded conical,cylindrical shell and annular plate structures. Journal of Sound and Vibration,2009,328(3):259 - 290.

[24] 沈鹏程,纪振义. 样条能量法解双曲扁壳的静力问题. 合肥工业大学学报:自然科学版,1986,1:12 - 22.

[25] ZHANG X W,CHEN X F,HE ZH J,et al. The analysis of shallow shells based on multivariable wavelet finite element method. Acta Mechanica Solida Sinica,2011,24(5):450 - 460.

[26] LIEW K M,LIM C W. Vibratory characteristics of cantilevered rectangular shallow shells of variable thickness. Aiaa Journal,1994,32(2):387 - 396.

[27] LIEW K M,PENG L X,NG T Y. Three - dimensional vibration analysis of spherical shell panels subjected to different boundary conditions. International Journal of Mechanical Sciences,2002,44(10):2103 - 2117.

[28] LEISSA A W,LEE J K,WANG A J. Vibrations of cantilevered doubly - curved shallow shells. International journal of solids and structures,1983,19(5):411 - 424.

[29] LIEW K M,LIM C W. Vibration of doubly - curved shallow shells. Acta Mechanica,1996,114(1 - 4):95 - 119.

[30] LIEW K M,LIM C W. A Ritz vibration analysis of doubly - curved rectangular shallow shells using a refined first - order theory. Computer Methods in Applied Mechanics and Engineering,1995,127(1):145 - 162.

[31] REDDY J N. Exact solutions of moderately thick laminated shells. Journal of Engineering Mechanics,1984,110(5):794 - 809.

5 多变量小波单元

5.1 多变量有限元方法

小波有限元具有多分辨、多尺度、高精度、高效率、适宜奇异性问题求解等优良特性，但其构造的传统小波有限元单元，即为单变量的小波单元，仅仅把广义位移作为独立变量进行求解，而广义力和广义应变都必须通过广义位移的二次运算得到，解的精度限制了分析效率。然而，多变量有限元单元的构造，实现了广义位移、广义应力和广义应变三类场变量的独立插值求解，避免了二次运算，提高了分析精度，扩大了弹性理论的应用范围，因此，将小波有限元与多变量有限元相结合，可充分发挥小波函数的众多优良特性与多变量有限元的计算优势，为工程计算分析创造更多性能优越的可选单元，即得到了优势互补的多变量小波有限元单元。

在多变量小波有限元的研究上，已经有学者做了一些工作。Han 等人基于广义变分原理，利用插值小波构造了二类变量厚板单元，求解了四边简支、四点固支以及弹性地基厚板问题，证明了二类变量小波单元在求解中的优势。此外，文章对插值小波进行了改造，使其在两端点处的值及其导数为零，方便了边界条件的处理[1]。Castro 等人以 Daubechies 小波函数对杂交/混合应力元中的位移场和应力场进行插值离散，构造了小波杂交/混合应力元，数值算例验证了算法的可靠性与优势[2]。2006 年，Castro 等人以区间小波插值构造杂交/混合应力元，并用于弹性薄板的拉伸、弯曲分析中[3]。2010 年，Castro 等人以多项式小波插值，构造杂交/混合应力元，并用于平面弹性问题分析[4]。文献[5]构造 Daubechies 二类变量混合有限元法，用于弹性地基梁的静力变形分析。在以上多变量小波单元的构造中，采用的小波函数有：Daubechies 小波、插值小波、多项式小波等。而 Daubechies 小波和插值小波不具有显示表达式，给小波单元构造中的微积分运算带来很多麻烦，大大增加了运算量，多项式小波是传统小波函数，性能稍逊一筹。

区间 B 样条小波 BSWI 具有显示表达式，是现有小波中数值逼近性能最好的一个[6]，采用 BSWI 构造多变量小波单元，可避免无显示表达式对运算造成的麻烦，提高运算效率，BSWI 优越的数值逼近性能可进一步保证各场变量的运算精度。因此，本书基于多变量广义势能原理和广义变分原理，以 BSWI 小波函数和尺度函数对各变量场进行离散，构造多变量 BSWI 单元，一维梁、二维板[7,8]、壳[9]结构单元等，丰富了小波单元库，为小波有限元在工程中的应用创造了更多性能优越的可选单元，为复杂大尺度结构的高精度、高效率建模提供了理论和技术支持。

5.2 二类变量 Euler 梁 BSWI 单元构造与分析

图 5.1 所示为二类变量 BSWI Euler 梁节点和自由度分布，应用全域离散，构造二类变量 Euler 梁的 BSWI 弯曲与振动单元。

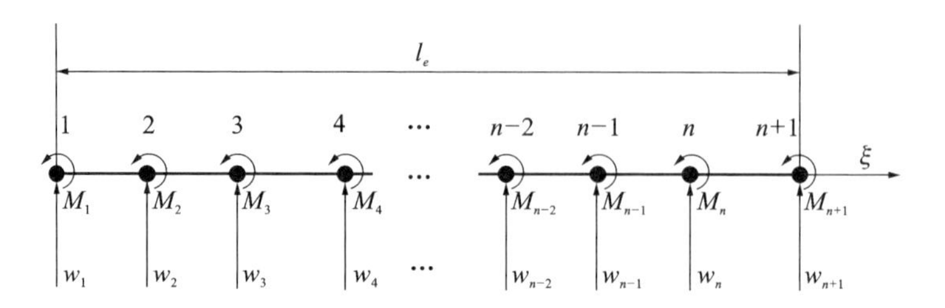

图 5.1 二类变量 BSWI Euler 梁横向位移和弯矩分布

为了构造二类变量 BSWI Euler梁单元，首先必须将求解域 $\Omega=\{x\,|\,x\in[a,b]\}$ 转换到标准求解域 $\Omega_s=\{\xi\,|\,\xi\in[0,1]\}$ 上，假设坐标值存在以下关系：

$$x_h\in[x_1,x_{n+1}](1\leqslant h\leqslant n+1) \tag{5.1}$$

式中，x_h 为任一节点在求解域 Ω 上的坐标值；x_1 和 x_{n+1} 分别为左、右端点坐标值。

定义转换公式：

$$\xi=\frac{x-x_1}{l_e} \tag{5.2}$$

因此，利用式(5.2)可以将求解域 Ω 中任意一点 x 映射到标准求解域 Ω_s 上，因此可以得到 Euler 梁单元上每一点在标准求解域上的映射值：

$$\xi_h=\frac{x_h-x_1}{l_e}(0\leqslant\xi_h\leqslant 1,1\leqslant h\leqslant n+1) \tag{5.3}$$

从广义势能泛函出发，推导二类变量一维 Euler 梁的 BSWI 弯曲与振动单元。齐次边界条件下，Euler 梁弯曲、振动的二类变量广义势能泛函定义为[10]：

$$\Pi_2(\boldsymbol{w},\boldsymbol{M})=-\int_a^b\boldsymbol{M}\frac{\mathrm{d}^2\boldsymbol{w}}{\mathrm{d}x^2}\mathrm{d}x-\int_a^b\frac{\boldsymbol{M}^2}{2EI}\mathrm{d}x-\int_a^b q\boldsymbol{w}\,\mathrm{d}x-\int_a^b\frac{1}{2}\lambda\,\overline{m}\boldsymbol{w}^2\,\mathrm{d}x \tag{5.4}$$

式中，EI 为抗弯刚度；q 为载荷参数；λ 为振动特征值；$\overline{m}$ 为面密度；$\boldsymbol{w}$、$\boldsymbol{M}$ 分别为位移场函数和广义力场函数。

以 BSWI 尺度函数为插值函数，对二类广义场变量进行离散，分别为：

$$w(\xi)=\boldsymbol{\Phi}\boldsymbol{T}^e\boldsymbol{w}^e \tag{5.5}$$

$$M(\xi)=\boldsymbol{\Phi}\boldsymbol{T}^e\boldsymbol{M}^e \tag{5.6}$$

式中，$\boldsymbol{T}^e=[\boldsymbol{\Phi}^{\mathrm{T}}(\xi_1)\quad\boldsymbol{\Phi}^{\mathrm{T}}(\xi_2)\quad\cdots\quad\boldsymbol{\Phi}^{\mathrm{T}}(\xi_n)\quad\boldsymbol{\Phi}^{\mathrm{T}}(\xi_{n+1})]^{-1}$ 为转换矩阵，$\boldsymbol{\Phi}=\{\varphi_{m,-m+1}^j(\xi)\quad\varphi_{m,-m+2}^j(\xi)\quad\cdots\quad\varphi_{m,2^j-1}^j(\xi)\}$ 表示 m 阶 j 尺度的尺度函数行向量，$\boldsymbol{w}^e=\{w_1\quad w_2\quad\cdots\quad w_{n+1}\}^{\mathrm{T}}$，$\boldsymbol{M}^e=\{M_1\quad M_2\quad\cdots\quad M_{n+1}\}^{\mathrm{T}}$。

将式(5.5)、式(5.6)中进行离散插值后的场变量带入式(5.3)的势能泛函中，并将积分区间转换到标准求解域[0,1]上。根据二类变量广义变分原理，令变分为 $\dfrac{\partial\Pi_2}{\partial\boldsymbol{M}^e}=0$，$\dfrac{\partial\Pi_2}{\partial\boldsymbol{w}^e}=0$，可以

得到二类变量 BSWI Euler 梁单元的矩阵方程为：

$$\begin{bmatrix} 0 & -\boldsymbol{\Gamma}^{20} \\ -\boldsymbol{\Gamma}^{02} & -\dfrac{1}{EI}\boldsymbol{\Gamma}^{00} \end{bmatrix}\begin{bmatrix} \boldsymbol{w}^e \\ \boldsymbol{M}^e \end{bmatrix}=\begin{bmatrix} \boldsymbol{P}^e \\ 0 \end{bmatrix}+\begin{bmatrix} \lambda\,\overline{m}\boldsymbol{\Gamma}^{00} & 0 \\ 0 & 0 \end{bmatrix}\begin{bmatrix} \boldsymbol{w}^e \\ \boldsymbol{M}^e \end{bmatrix} \tag{5.7}$$

因此，二类变量 BSWI Euler 梁弯曲单元的矩阵方程为：

$$\begin{bmatrix} 0 & -\boldsymbol{\Gamma}^{20} \\ -\boldsymbol{\Gamma}^{02} & -\dfrac{1}{EI}\boldsymbol{\Gamma}^{00} \end{bmatrix}\begin{bmatrix} \boldsymbol{w}^e \\ \boldsymbol{M}^e \end{bmatrix}=\begin{bmatrix} \boldsymbol{P}^e \\ 0 \end{bmatrix} \tag{5.8}$$

二类变量 BSWI Euler 梁振动单元的矩阵方程为：

$$\begin{bmatrix} 0 & -\boldsymbol{\Gamma}^{20} \\ -\boldsymbol{\Gamma}^{02} & -\dfrac{1}{EI}\Gamma^{00} \end{bmatrix}\begin{bmatrix} \boldsymbol{w}^e \\ \boldsymbol{M}^e \end{bmatrix}=\begin{bmatrix} \lambda\,\overline{m}\Gamma^{00} & 0 \\ 0 & 0 \end{bmatrix}\begin{bmatrix} \boldsymbol{w}^e \\ \boldsymbol{M}^e \end{bmatrix} \tag{5.9}$$

Euler 梁自由振动频率方程为：

$$|\boldsymbol{K}-\lambda\boldsymbol{M}|=0 \tag{5.10}$$

式中：

$$\boldsymbol{K}=\begin{bmatrix} 0 & -\boldsymbol{\Gamma}^{20} \\ -\boldsymbol{\Gamma}^{02} & -\dfrac{1}{EI}\boldsymbol{\Gamma}^{00} \end{bmatrix},\quad \boldsymbol{M}=\begin{bmatrix} \lambda\,\overline{m}\boldsymbol{\Gamma}^{00} & 0 \\ 0 & 0 \end{bmatrix}$$

对分布载荷，载荷列阵：$\boldsymbol{P}^e = l_e\int_0^1 q(\xi)\boldsymbol{\Phi}^{\mathrm{T}}\mathrm{d}\xi$；

对集中载荷，载荷列阵：$\boldsymbol{P}^e = \sum_j P_j\boldsymbol{\Phi}^{\mathrm{T}}(\xi_j)$。

以上各积分项为：

$\boldsymbol{\Gamma}^{00}=(\boldsymbol{T}^e)^{\mathrm{T}}l_e\int_0^1\boldsymbol{\Phi}^{\mathrm{T}}\boldsymbol{\Phi}\mathrm{d}\xi(\boldsymbol{T}^e)$；

$\boldsymbol{\Gamma}^{20}=(\boldsymbol{T}^e)^{\mathrm{T}}\dfrac{1}{l_e}\int_0^1\dfrac{\mathrm{d}^2\boldsymbol{\Phi}^{\mathrm{T}}}{\mathrm{d}\xi^2}\boldsymbol{\Phi}\mathrm{d}\xi(\boldsymbol{T}^e)$；

$\boldsymbol{\Gamma}^{02}=(\boldsymbol{\Gamma}^{20})^{\mathrm{T}}$。

以上构造了二类变量 BSWI Euler 梁弯曲和振动单元，为了验证此单元在静力和动力分析中的有效性，此处给出了若干弯曲和自由振动算例。其中，插值函数均采用阶数 $m=4$，尺度 $j=3$ 的 BSWI 尺度函数，简记为 $\mathrm{TwBSWI4}_3$（Multivariable Wavelet Finite Element with Two Kinds of Variables Based on $\mathrm{BSWI4}_3$）Euler 梁单元。

算例 5.1 简支均载 Euler 梁。图 5.2 所示的简支承受均布载荷 Euler 梁，其相关力学参数和载荷参数为：弹性模量 $E=1.2\times10^6\,\mathrm{N/m^2}$；梁的宽度 $b=0.1\mathrm{m}$；梁的高度 $h=0.05\mathrm{m}$；梁的长度 $L=1\mathrm{m}$；均布载荷 $q=1\mathrm{N/m}$。

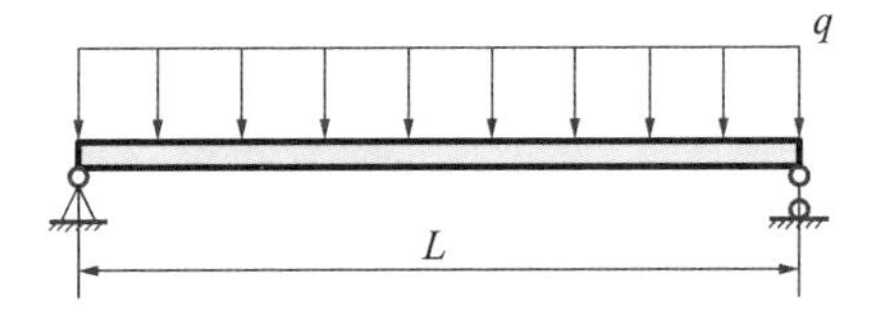

图 5.2 简支均载 Euler 梁

表5.1和表5.2给出了承受均布载荷Euler梁的位移和弯矩求解结果。在表5.1中，将二类变量BSWI的求解结果与BSWI单元、ANSYS Beam3单元以及理论解[11,12]对比可以发现，在横向位移的求解中，所有单元均可以取得很好的效果，但是对于弯矩的求解，$TwBSWI4_3$单元明显优于$BSWI4_3$单元，前者的结果与求解自由度更多的Beam3单元一致。从表5.2中对中点位移和弯矩的对比可以发现，$TwBSWI4_3$单元对弯矩的求解精度高于其他两种单元，与理论解一致。从这两个算例可以发现，$TwBSWI4_3$单元在Euler梁弯矩的分析精度更高，更具优势。

表5.1　两端简支承受均布载荷Euler梁横向位移和弯矩分析结果

x	横向位移 w				弯矩 M		
	$TwBSWI4_3$	$BSWI4_3$	ANSYS Beam3	理论解[11]	$TwBSWI4_3$	$BSWI4_3$	ANSYS Beam3
0	0.00000	0.00000	0.00000	0.00000	0.00000	0.00000	0.00000
$L/10$	−0.00327	−0.00327	−0.00327	−0.00327	−0.04500	−0.04505	−0.04500
$2L/10$	−0.00619	−0.00619	−0.00618	−0.00619	−0.08000	−0.07943	−0.08000
$3L/10$	−0.00847	−0.00847	−0.00847	−0.00847	−0.10500	−0.10443	−0.10500
$4L/10$	−0.00992	−0.00992	−0.00992	−0.00992	−0.12000	−0.12005	−0.12000
$5L/10$	−0.01042	−0.01042	−0.01042	−0.01042	−0.12500	−0.12630	−0.12500
$6L/10$	−0.00992	−0.00992	−0.00992	−0.00992	−0.12000	−0.12005	−0.12000
$7L/10$	−0.00847	−0.00847	−0.00847	−0.00847	−0.10500	−0.10443	−0.10500
$8L/10$	−0.00619	−0.00619	−0.00618	−0.00619	−0.08000	−0.07943	−0.08000
$9L/10$	−0.00327	−0.00327	−0.00327	−0.00327	−0.04500	−0.04505	−0.04500
$10L/10$	0.00000	0.00000	−0.00000	0.00000	0.00000	0.00000	0.00000

表5.2　两端简支均载Euler梁中点位移和弯矩值

方法	DOFs	EIw/qL^4	M/qL^2
$TwBSWI4_3$	22	0.01302	0.12500
多变量样条有限元法[10]	14	0.01302	0.13021
$BSWI4_3$	28	0.01302	0.12630
	42	0.01302	0.12558
	56	0.01302	0.12532
	11	0.01302	0.12630
理论解	—	0.01302	0.12500

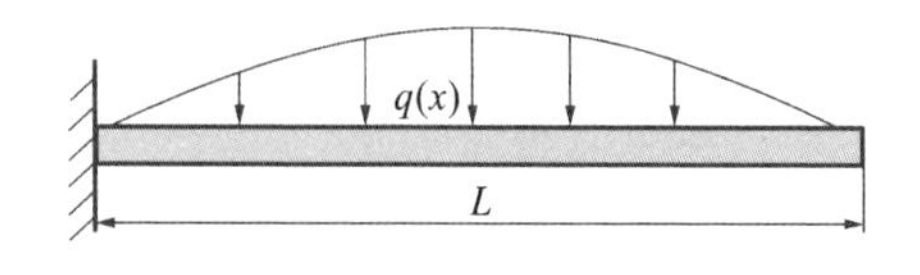

图5.3　正弦均载等截面悬臂梁

算例5.2　正弦均载悬臂Euler梁，如图5.3所示，正弦均载悬臂Euler梁的相关参数为：抗弯刚度 $EI=12$；梁长 $L=1/12$；正弦载荷 $q(x)=q_0\sin(\pi x/L)$，$q_0=1$。

悬臂 Euler 梁承受正弦均布载荷的分析结果如表 5.3 和图 5.4 所示。表 5.3 给出了 $TwBSWI4_3$ 单元和 $BSWI4_3$ 单元对位移、转角和弯矩的求解结果，并与理论值进行了对比。从表中数据可以发现，对于前两个广义位移的求解，两单元都与理论解非常接近；而对于弯矩，$TwBSWI4_3$ 单元的求解精度明显高于 $BSWI4_3$ 单元。图 5.4 所示的对三个变量求解的相对误差比较可以进一步说明，采用 1 个 $TwBSWI4_3$ 单元（22 个自由度），其对三种变量的求解精度甚至高于 64 个 BEAM3 单元（192 个自由度），而后者的计算量为前者的 8.7 倍。这更充分说明了二类变量 BSWI Euler 梁单元是一种高效优质单元，在静力分析中，可在计算量较小的情况下实现很高的求解精度。

表 5.3 正弦均载等截面悬臂梁位移、转角、弯矩值

x	横向位移			转角			弯矩		
	$TwBSWI4_3$	$BSWI4_3$	理论解	$TwBSWI4_3$	$BSWI4_3$	理论解	$TwBSWI4_3$	$BSWI4_3$	理论解
0	0.00000	0.00000	0.00000	−0.00000	0.00000	−0.00000	0.31832	0.31819	0.31931
$L/8$	−0.00228	−0.00228	−0.00228	−0.03484	−0.03484	−0.03485	0.23975	0.23928	0.23975
$2L/8$	−0.00832	−0.00832	−0.00832	−0.06018	−0.06018	−0.06018	0.16708	0.16615	0.16709
$3L/8$	−0.01670	−0.01697	−0.01697	−0.07707	−0.07707	−0.07708	0.10533	0.10413	0.10534
$4L/8$	−0.02730	−0.02730	−0.02730	−0.08712	−0.08712	−0.08712	0.05783	0.05652	0.05783
$5L/8$	−0.03855	−0.03855	−0.03855	−0.09218	−0.09218	−0.09218	0.02576	0.02455	0.02576
$6L/8$	−0.05021	−0.05021	−0.05021	−0.09415	−0.09415	−0.09415	0.00793	0.00700	0.00793
$7L/8$	−0.06202	−0.06202	−0.06202	−0.09462	−0.09463	−0.09462	0.00102	0.00055	0.00102
$8L/8$	−0.07385	−0.07385	−0.07385	−0.09465	−0.09465	−0.09465	0.00001	0.00012	0.00000

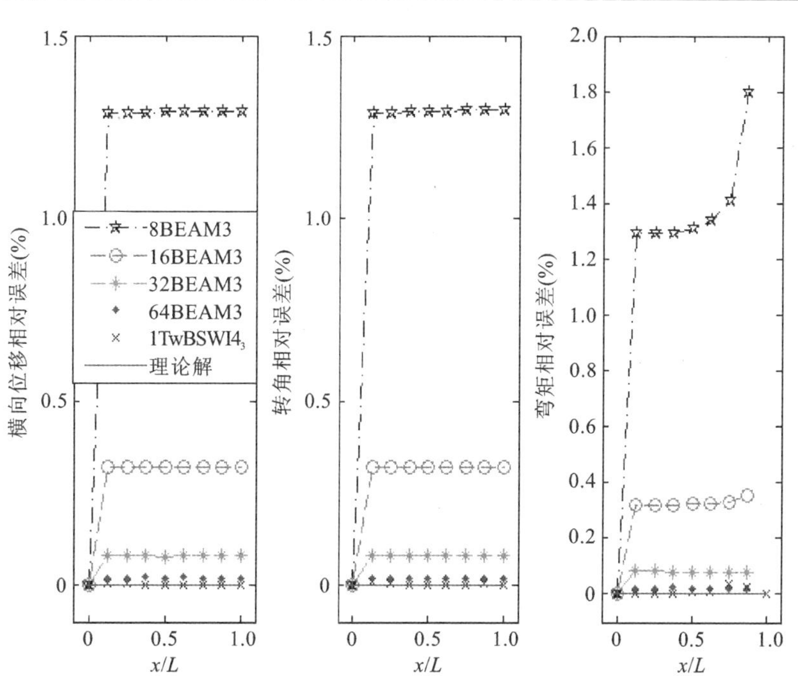

图 5.4 $TwBSWI4_3$ 单元与 BEAM3 单元求解结果的相对误差比较

算例5.3 变截面集中载荷Euler梁。如图5.5所示，截面高度变化的Euler梁承受端点集中载荷P，相关尺寸和载荷参数为：梁长$L=1$；梁高$h(x)$；梁宽$b=1/10$；弹性模量$E=1.2\times 10^6$；集中载荷$P=-1$；截面面积$A(x)=h(x)/10$。

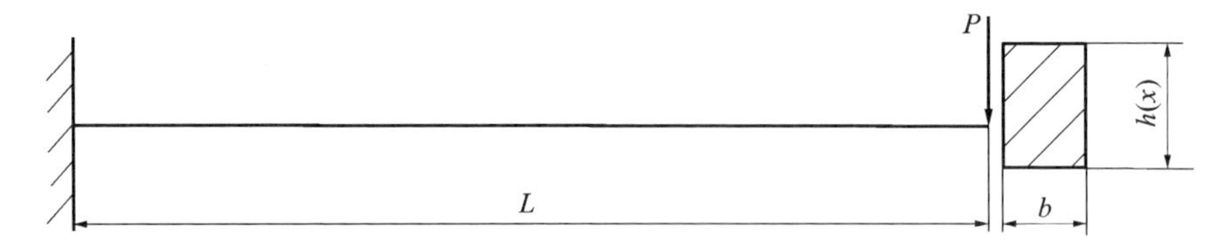

图5.5 变截面高度集中载荷悬臂梁

图5.6和表5.4给出了二类变量BSWI单元对变截面梁的求解结果。图5.6列出了截面高度按一次规律变化悬臂Euler梁的横向位移、转角和弯矩值，并与理论解进行了对比，两者吻合得相当好。表5.4是截面高度按二次规律变化悬臂Euler梁的求解结果，表中数据显示，TwBSWI单元在弯矩的求解中具有独特的优势。与BSWI单元相比，其可以在保证位移和转角求解精度的前提下，有效提高弯矩的求解精度。

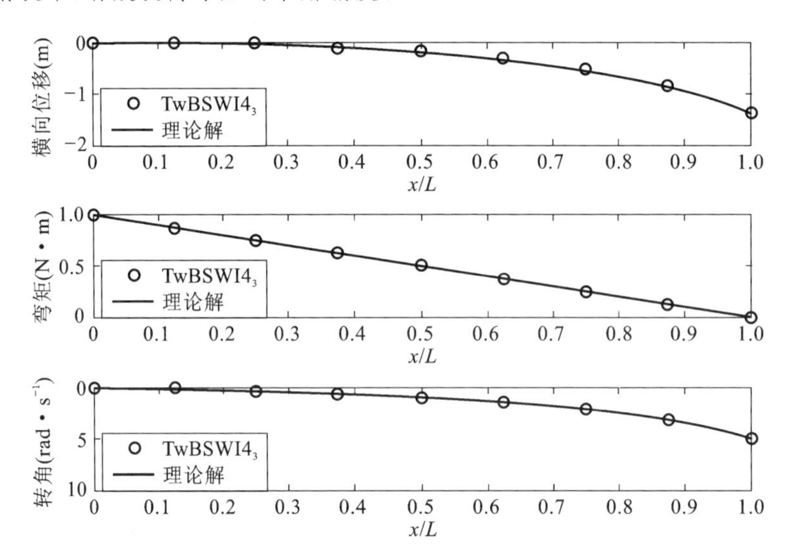

图5.6 梁高按一次规律变化承受集中载荷悬臂梁{梁高$h(x)=[1-0.9(x/L)]/10$}

表5.4 截面高度按二次规律变化悬臂Euler梁弯曲分析结果

{梁高$h(x)=[1+0.9(x/L)-1.8(x/L)^2]/10$}

x	横向位移			转角			弯矩		
	$TwBSWI4_3$	$BSWI4_3$	理论解	$TwBSWI4_3$	$BSWI4_3$	理论解	$TwBSWI4_3$	$BSWI4_3$	理论解
0	0.00000	0.00000	0.00000	0.00000	0.00000	0.00000	0.97324	0.97371	1.00000
$L/8$	−0.00068	−0.00068	−0.00068	−0.01029	−0.01029	−0.01028	0.87226	0.85698	0.87500
$2L/8$	−0.00246	−0.00246	−0.00246	−0.01785	−0.01785	−0.01785	0.75179	0.74121	0.75000
$3L/8$	−0.00510	−0.00510	−0.00510	−0.02426	−0.02425	−0.02425	0.62420	0.61852	0.62500
$4L/8$	−0.00851	−0.00851	−0.00851	−0.03034	−0.03037	−0.03037	0.50035	0.49371	0.50000

续表 5.4

x	横向位移			转角			弯矩		
	TwBSWI4_3	BSWI4_3	理论解	TwBSWI4_3	BSWI4_3	理论解	TwBSWI4_3	BSWI4_3	理论解
$5L/8$	−0.01271	−0.01271	−0.01271	−0.03714	−0.03707	−0.03708	0.37485	0.36773	0.37500
$6L/8$	−0.01787	−0.01786	−0.01786	−0.04565	−0.04579	−0.04585	0.25006	0.23729	0.25000
$7L/8$	−0.02442	−0.02443	−0.02443	−0.06137	−0.06106	−0.06117	0.12497	0.11159	0.12500
$8L/8$	−0.03436	−0.03434	−0.03436	−0.10480	−0.10543	−0.10476	0.00005	0.00547	0.00000

对于 Euler 梁的弯曲分析，以上给出了三种算例，分别针对三种不同工况：均布载荷、正弦均布载荷以及变截面等。从其对广义位移和广义力的求解结果以及与其他单元和理论解的对比中可以发现，此单元在广义力的求解中有独特的优势，在保证计算量较小的情况下，可以明显提高广义力的求解精度。通过以上不同工况的分析，可以得出结论：二类变量 BSWI Euler 梁单元是一种稳定、高效、高精度的单元。

5.3　二类变量 Timoshenko 梁 BSWI 单元的构造与分析

Euler 梁忽略了横向剪切变形的影响，而其前提条件是梁的高度远远小于梁的长度。但是在实际工程中，还会遇到必须考虑横向剪切变形影响的工况，如短粗梁等。此时，由梁内横向剪切力引起的附加挠度是不可忽略的，并使垂直于中面的横截面发生翘曲。此时，就应该采用考虑横向剪切变形的 Timoshenko 梁理论进行分析。图 5.7 所示为二类变量 BSWI Timoshenko 梁单元布局和节点自由度布置，每个节点上有三个自由度 w_i、θ_i、M_i，其中 $i = 1,2,\cdots,n+1$，总共有 $3(n+1)$ 个自由度。

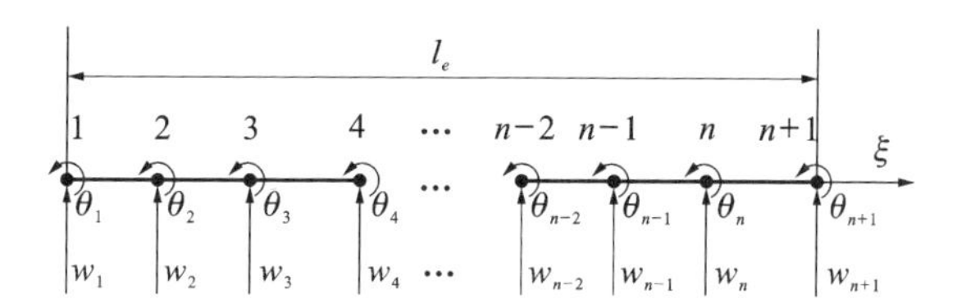

图 5.7　二类变量 BSWI Timoshenko 梁的单元和节点自由度布置

考虑剪切变形的 Timoshenko 梁弯曲的二类变量广义势能泛函定义为[10]：

$$\Pi_2(\boldsymbol{w},\boldsymbol{\theta},\boldsymbol{M}) = -\int_a^b \boldsymbol{M}\left(\frac{\mathrm{d}\boldsymbol{\theta}}{\mathrm{d}x}\right)\mathrm{d}x + \frac{k_\tau GA}{2}\int_a^b \left(\frac{\mathrm{d}\boldsymbol{w}}{\mathrm{d}x} - \boldsymbol{\theta}\right)^2 \mathrm{d}x - \int_a^b \left(\frac{\boldsymbol{M}^2}{2EI}\right)\mathrm{d}x - \int_a^b q\boldsymbol{w}\mathrm{d}x - \int_a^b \frac{1}{2}\lambda \overline{m}\boldsymbol{w}^2\mathrm{d}x \tag{5.11}$$

式中，EI 为抗弯刚度；GA 为抗剪刚度；q 为载荷；k_τ 为截面形状系数，对于圆形截面 $k_\tau = 9/10$，对于矩形截面 $k_\tau = 5/6$[13]。采用 BSWI 尺度函数作为插值函数，对广义位移场函数 $w(\xi)$、$\theta(\xi)$ 和广义力场函数 $M(\xi)$ 进行独立插值，即：

$$\left.\begin{aligned} w(\xi) &= \boldsymbol{\Phi}\boldsymbol{T}^e\boldsymbol{w}^e \\ \theta(\xi) &= \boldsymbol{\Phi}\boldsymbol{T}^e\boldsymbol{\theta}^e \\ M(\xi) &= \boldsymbol{\Phi}\boldsymbol{T}^e\boldsymbol{M}^e \end{aligned}\right\} \tag{5.12}$$

式中，$\boldsymbol{T}^e=[\boldsymbol{\Phi}^{\mathrm{T}}(\xi_1)\quad \boldsymbol{\Phi}^{\mathrm{T}}(\xi_2)\quad \cdots\quad \boldsymbol{\Phi}^{\mathrm{T}}(\xi_n)\quad \boldsymbol{\Phi}^{\mathrm{T}}(\xi_{n+1})]^{-1}$ 为转换矩阵；$\boldsymbol{\Phi}=\{\varphi_{m,-m+1}^{j}(\xi)\quad \varphi_{m,-m+2}^{j}(\xi)\quad \cdots\quad \varphi_{m,2^j-1}^{j}(\xi)\}$ 表示 m 阶 j 尺度的尺度函数行向量，$\boldsymbol{w}^e=\{w_1\quad w_2\quad \cdots\quad w_{n+1}\}^{\mathrm{T}}$，$\boldsymbol{\theta}^e=\{\theta_1\quad \theta_2\quad \cdots\quad \theta_{n+1}\}^{\mathrm{T}}$，$\boldsymbol{M}^e=\{M_1\quad M_2\quad \cdots\quad M_{n+1}\}^{\mathrm{T}}$。

将插值后的场函数式带入广义势能泛函式(5.11)中，根据式(5.3)将求解区域转换到标准域上，由二类变量广义变分原理可知，令各势能函数对各场变量的变分为零，即 $\dfrac{\partial \Pi_2}{\partial \boldsymbol{M}^e}=0$，$\dfrac{\partial \Pi_2}{\partial \boldsymbol{w}^e}=0$，$\dfrac{\partial \Pi_2}{\partial \boldsymbol{\theta}^e}=0$。因此，可以得到二类变量 BSWI Timoshenko 梁单元对应的矩阵方程为：

$$\begin{bmatrix} -\dfrac{1}{EI}\boldsymbol{\Gamma}^{00} & -\boldsymbol{\Gamma}^{01} & 0 \\ -\boldsymbol{\Gamma}^{10} & k_\tau GA\boldsymbol{\Gamma}^{00} & -k_\tau GA\boldsymbol{\Gamma}^{01} \\ 0 & -k_\tau GA\boldsymbol{\Gamma}^{10} & k_\tau GA\boldsymbol{\Gamma}^{11} \end{bmatrix}\begin{bmatrix} \boldsymbol{M}^e \\ \boldsymbol{\theta}^e \\ \boldsymbol{w}^e \end{bmatrix}=\begin{bmatrix} \boldsymbol{P}^e \\ 0 \\ 0 \end{bmatrix}+\begin{bmatrix} 0 & 0 & 0 \\ 0 & 0 & 0 \\ 0 & 0 & \lambda \bar{m}\boldsymbol{\Gamma}^{00} \end{bmatrix}\begin{bmatrix} \boldsymbol{M}^e \\ \boldsymbol{\theta}^e \\ \boldsymbol{w}^e \end{bmatrix} \tag{5.13}$$

二类变量 BSWI Timoshenko 梁单元弯曲矩阵方程为：

$$\begin{bmatrix} -\dfrac{1}{EI}\boldsymbol{\Gamma}^{00} & -\boldsymbol{\Gamma}^{01} & 0 \\ -\boldsymbol{\Gamma}^{10} & k_\tau GA\boldsymbol{\Gamma}^{00} & -k_\tau GA\boldsymbol{\Gamma}^{01} \\ 0 & -k_\tau GA\boldsymbol{\Gamma}^{10} & k_\tau GA\boldsymbol{\Gamma}^{11} \end{bmatrix}\begin{bmatrix} \boldsymbol{M}^e \\ \boldsymbol{\theta}^e \\ \boldsymbol{w}^e \end{bmatrix}=\begin{bmatrix} \boldsymbol{P}^e \\ 0 \\ 0 \end{bmatrix} \tag{5.14}$$

对于分布载荷，载荷列阵为 $\boldsymbol{P}^e=(\boldsymbol{T}^e)^{\mathrm{T}}l_e\int_0^1 q(\xi)\boldsymbol{\Phi}^{\mathrm{T}}\mathrm{d}\xi$；对于集中载荷，载荷列阵为 $\boldsymbol{P}^e=\sum_j P_j(\boldsymbol{T}^e)^{\mathrm{T}}\boldsymbol{\Phi}^{\mathrm{T}}(\xi_j)$。

二类变量 BSWI Timoshenko 梁振动单元矩阵方程为：

$$\begin{bmatrix} -\dfrac{1}{EI}\boldsymbol{\Gamma}^{00} & -\boldsymbol{\Gamma}^{01} & 0 \\ -\boldsymbol{\Gamma}^{10} & k_\tau GA\boldsymbol{\Gamma}^{00} & -k_\tau GA\boldsymbol{\Gamma}^{01} \\ 0 & -k_\tau GA\boldsymbol{\Gamma}^{10} & k_\tau GA\boldsymbol{\Gamma}^{11} \end{bmatrix}\begin{bmatrix} \boldsymbol{M}^e \\ \boldsymbol{\theta}^e \\ \boldsymbol{w}^e \end{bmatrix}=\begin{bmatrix} 0 & 0 & 0 \\ 0 & 0 & 0 \\ 0 & 0 & \lambda \bar{m}\boldsymbol{\Gamma}^{00} \end{bmatrix}\begin{bmatrix} \boldsymbol{M}^e \\ \boldsymbol{\theta}^e \\ \boldsymbol{w}^e \end{bmatrix} \tag{5.15}$$

对应的 Timoshenko 梁自由振动频率方程为：

$$|\boldsymbol{K}-\lambda\boldsymbol{M}|=0$$

其中

$$\boldsymbol{K}=\begin{bmatrix} -\dfrac{1}{EI}\boldsymbol{\Gamma}^{00} & -\boldsymbol{\Gamma}^{01} & 0 \\ -\boldsymbol{\Gamma}^{10} & k_\tau GA\boldsymbol{\Gamma}^{00} & -k_\tau GA\boldsymbol{\Gamma}^{01} \\ 0 & -k_\tau GA\boldsymbol{\Gamma}^{10} & k_\tau GA\boldsymbol{\Gamma}^{11} \end{bmatrix},\boldsymbol{M}=\begin{bmatrix} 0 & 0 & 0 \\ 0 & 0 & 0 \\ 0 & 0 & \lambda \bar{m}\boldsymbol{\Gamma}^{00} \end{bmatrix}$$

以上各积分项为：

$$\boldsymbol{\Gamma}^{11}=(\boldsymbol{T}^e)^{\mathrm{T}}\left\{\frac{1}{l_e}\int_0^1\frac{\mathrm{d}\boldsymbol{\Phi}^{\mathrm{T}}}{\mathrm{d}\xi}\frac{\mathrm{d}\boldsymbol{\Phi}}{\mathrm{d}\xi}\mathrm{d}\xi\right\}(\boldsymbol{T}^e);$$

$$\boldsymbol{\Gamma}^{10}=(\boldsymbol{T}^e)^{\mathrm{T}}\left\{\int_0^1\frac{\mathrm{d}\boldsymbol{\Phi}^{\mathrm{T}}}{\mathrm{d}\xi}\boldsymbol{\Phi}\mathrm{d}\xi\right\}(\boldsymbol{T}^e);$$

$$\boldsymbol{\Gamma}^{00}=(\boldsymbol{T}^e)^{\mathrm{T}}\left\{l_e\int_0^1\boldsymbol{\Phi}^{\mathrm{T}}\boldsymbol{\Phi}\mathrm{d}\xi\right\}(\boldsymbol{T}^e);$$

$$\boldsymbol{\Gamma}^{01}=(\boldsymbol{\Gamma}^{10})^{\mathrm{T}}。$$

算例 5.4 固支均载 Timoshenko 梁。图 5.8 所示为两端固支承受均布载荷 Timoshenko 梁示意图。相关材料参数和力学参数为：梁的弯曲刚度 $EI = \frac{13}{6} \times 10^{10} \mathrm{N \cdot m^2}$；梁的剪切刚度 $GA = 10^{11}\mathrm{N}$；截面形状系数 $k_\tau = 5/6$；梁的长度 $L = 10\mathrm{m}$；均布载荷 $q = -10^5 \mathrm{N/m}$。

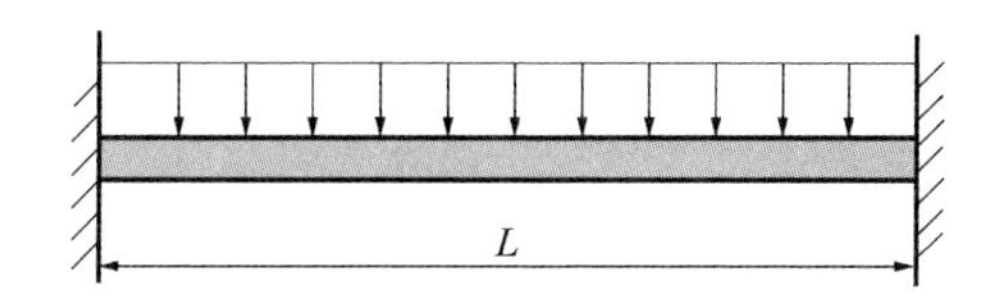

图 5.8 两端固支承受均布载荷 Timoshenko 梁

表 5.5 和图 5.9 给出了均载固支 Timoshenko 梁的求解结果，从表 5.5 中的数据可以精确看出 1 个 $\mathrm{TwBSWI4_3}$(33 个自由度)单元的分析结果与 100 个传统元(202 个自由度)的求解结果非常接近，而前者的求解自由度仅为后者的 1/10 不到，即在自由度较少的情况下，$\mathrm{TwBSWI4_3}$ 单元可以取得很好的分析精度。对于一类广义变量、位移和转角，TwBSWI 单元和 BSWI 单元的精度接近，但是对于二类变量广义力的求解，TwBSWI 单元更具优势，其结果与 100 个传统单元的求解结果更接近。通过图 5.9 中的直观比较可以清楚地发现，当传统元单元数目逐渐增加时，各自由度趋势曲线发生变化，而 TwBSWI 单元的求解结果与 100 个传统单元精度最接近。因此，对于弯曲分析，TwBSWI 单元可以在保证一类变量求解精度的基础上，有效提高二类变量的分析精度。

表 5.5 均载固支 Timoshenko 梁横向位移、转角以及弯矩值

x	横向位移 $\times 10^{-3}$(m)			转角 $\times 10^{-4}$(rad·$\mathrm{s^{-1}}$)			弯矩 $\times 10^{5}$(N·m)		
	$\mathrm{TwBSWI4_3}$ 33DOFs	$\mathrm{BSWI4_3}$ 22DOFs	传统单元 202DOFs	$\mathrm{TwBSWI4_3}$ 33DOFs	$\mathrm{BSWI4_3}$ 22DOFs	传统单元 202DOFs	$\mathrm{TwBSWI4_3}$ 33DOFs	$\mathrm{BSWI4_3}$ 22DOFs	传统单元 202DOFs
0	0.00000	0.00000	0.00000	0.00000	0.00000	0.00000	8.33446	7.89874	8.04786
$L/10$	−0.01933	−0.02098	−0.01924	−0.27688	−0.27689	−0.27565	3.83303	3.56712	3.61830
$2L/10$	−0.05587	−0.05881	−0.05564	−0.36923	−0.36923	−0.36753	0.33475	0.13272	0.18415
$3L/10$	−0.09355	−0.09740	−0.09313	−0.32310	−0.32310	−0.32159	−2.16719	−2.37094	−2.25459
$4L/10$	−0.12077	−0.12517	−0.12021	−0.18460	−0.18460	−0.18377	−3.66737	−3.93133	−3.69793
$5L/10$	−0.13062	−0.13521	−0.13001	−0.00000	−0.00000	−0.00000	−4.16547	−4.55700	−4.14587
$6L/10$	−0.12077	−0.12517	−0.12021	0.18460	0.18460	0.18377	−3.66737	−3.93133	−3.59839
$7L/10$	−0.09355	−0.09740	−0.09313	0.32310	0.32310	0.32159	−2.16719	−2.37094	−2.05551
$8L/10$	−0.05588	−0.05881	−0.05564	0.36923	0.36923	0.36753	0.33475	0.13272	0.48277
$9L/10$	−0.01933	−0.02098	−0.01924	0.27688	0.27689	0.27565	3.83303	3.56712	4.01646
L	0.00000	0.00000	0.00000	0.00000	0.00000	0.00000	8.33446	7.89874	—

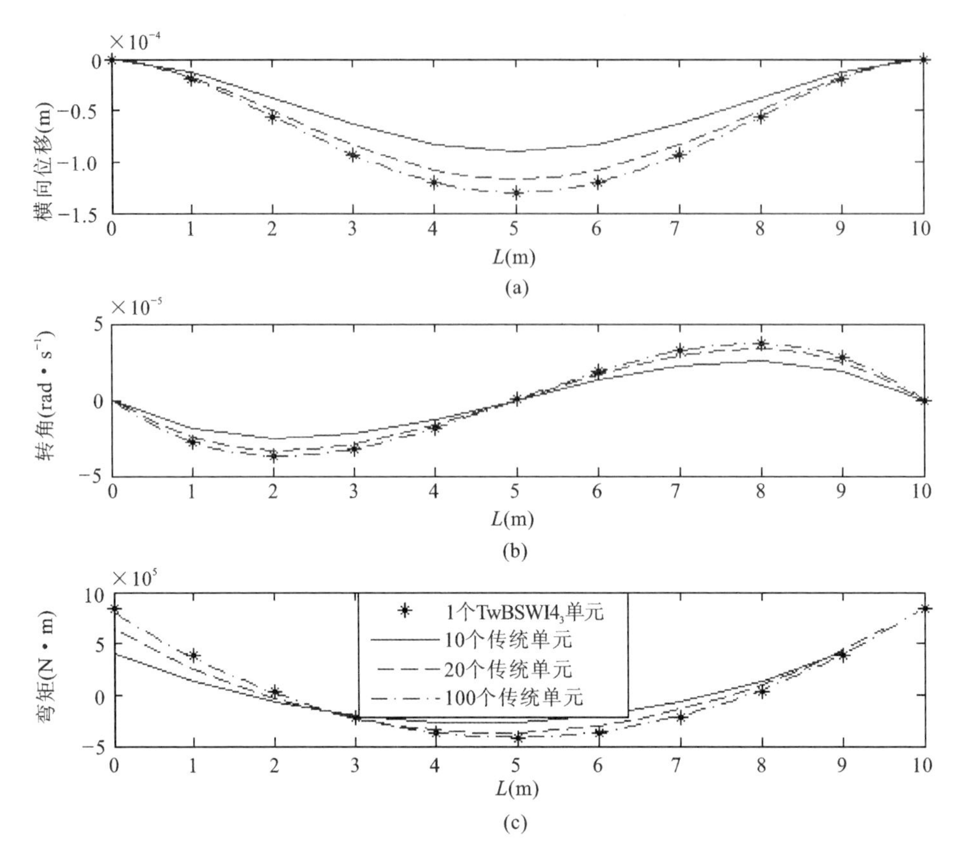

图 5.9 Timoshenko 梁横向位移、转角和弯矩求解结果比较

算例 5.5 线性均载简支 Timoshenko 梁。图 5.10 所示的线性均载简支 Timoshenko 梁的相关力学参数和几何参数为：抗弯刚度 $EI = 1\mathrm{N \cdot m^2}$；梁长 $L = 1\mathrm{m}$；抗剪刚度 $GA = 1\mathrm{N}$；截面形状系数 $k_\tau = 6/5$；线性均载最大值 $q = 1\mathrm{N/m}$。

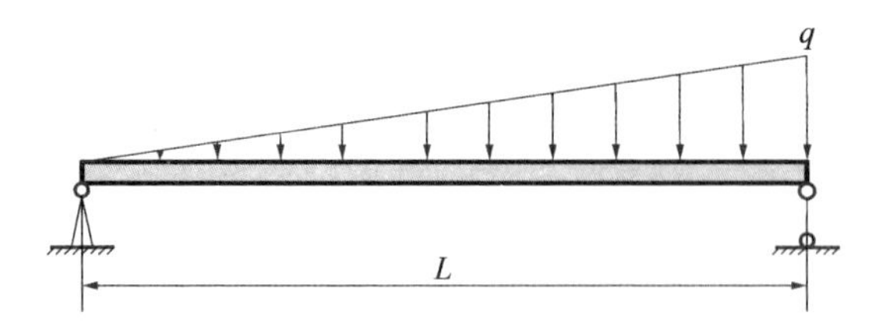

图 5.10 两端简支线性均载 Timoshenko 梁

对于两端简支承受线性均载 Timoshenko 梁的弯曲分析结果见表 5.6。通过将 $\mathrm{TwBSWI4_3}$ 的求解结果与 100 个传统单元以及理论解的对比可以清楚发现，1 个 $\mathrm{TwBSWI4_3}$（33 个自由度）可以达到 100 个传统单元（202 个自由度）的求解精度。特别的，对于弯矩的求解，将两种单元的求解结果与理论解再加以对比可以发现，1 个 $\mathrm{TwBSWI4_3}$ 单元对弯矩的求解精度甚至高于 100 个传统单元的求解精度，前者与理论解完全一致。这充分证明了 TwBSWI 单元可以在保证广义位移求解精度的前提下，实现对二类变量 —— 广义力的高精度求解。

表 5.6 线性均载两端简支 Timoshenko 梁分析结果

x	横向位移 w		转角 θ		弯矩 M		
	TwBSWI4$_3$ 33DOFs	传统单元 202DOFs	TwBSWI4$_3$ 33DOFs	传统单元 202DOFs	TwBSWI4$_3$ 33DOFs	传统单元 202DOFs	理论解
0	0.00000	0.00000	−0.03889	−0.03889	0.00000	−0.00167	0.00000
$L/10$	−0.03133	−0.03133	−0.03723	−0.03723	−0.03300	−0.03461	−0.03300
$2L/10$	−0.06067	−0.06067	−0.03236	−0.03235	−0.06400	−0.06546	−0.06400
$3L/10$	−0.08604	−0.08604	−0.02456	−0.02456	−0.09100	−0.09220	−0.09100
$4L/10$	−0.10550	−0.10550	−0.01436	−0.01435	−0.11200	−0.11285	−0.11200
$5L/10$	−0.11719	−0.11719	−0.00243	−0.00243	−0.12500	−0.12539	−0.12500
$6L/10$	−0.11930	−0.11929	0.01031	0.010311	−0.12800	−0.12784	−0.12800
$7L/10$	−0.11013	−0.11013	0.02277	0.022768	−0.11900	−0.11818	−0.11900
$8L/10$	−0.08813	−0.08813	0.03365	0.033642	−0.09600	−0.09443	−0.09600
$9L/10$	−0.05184	−0.05184	0.04144	0.04143	−0.05700	−0.05457	−0.05700
$10L/10$	0.00000	0.00000	0.04444	0.04444	0.00000	—	0.000000

算例 5.6 变载荷 Timoshenko 阶梯梁，图 5.11 所示为组合载荷作用下的 Timoshenko 阶梯梁，梁长 $5L = 5\text{m}$，其他材料参数和载荷参数见图标注。

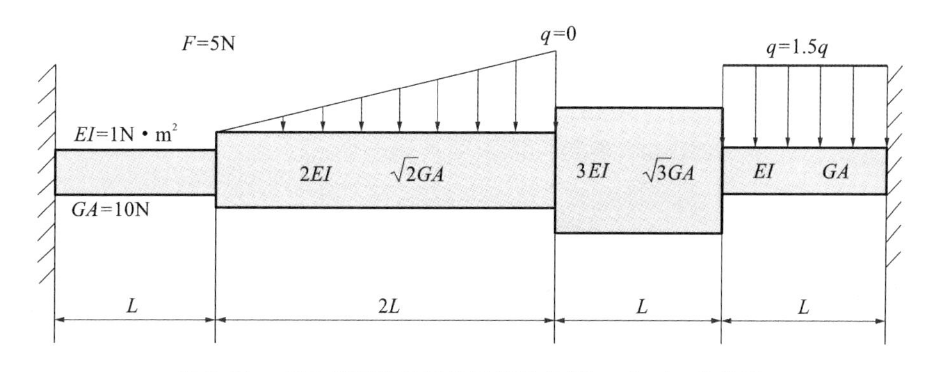

图 5.11 组合载荷作用下的两端固支 Timoshenko 阶梯梁

图 5.12 绘出了 Timoshenko 阶梯梁的求解结果，并将 5 个 TwBSWI4$_3$(153 个自由度）的求解结果与 500 个传统单元(1002 个自由度）进行对比，从图中对比结果可以发现，两者吻合得相当好，充分验证了二类变量 BSWI 单元对于变载荷、变截面 Timoshenko 梁静力分析的有效性以及对二类变量 —— 广义力的分析优势。

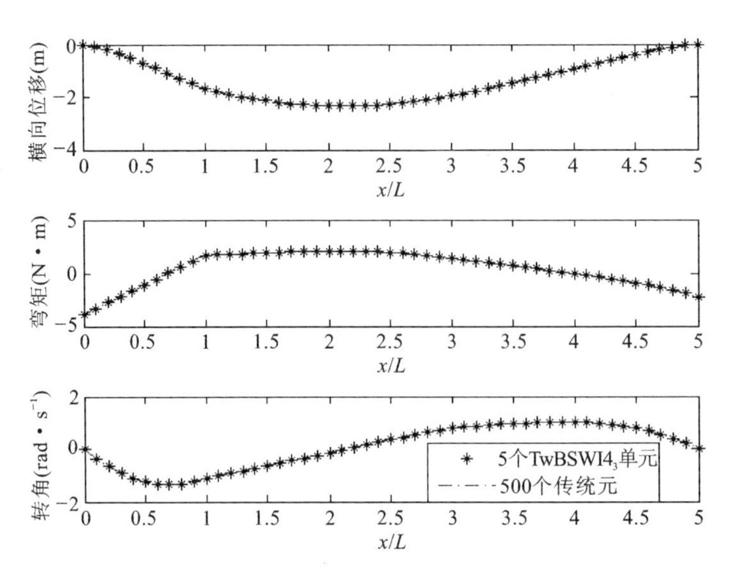

图 5.12　Timoshenko 阶梯梁位移、转角以及弯矩对比图

5.4　多类变量薄板 BSWI 单元构造与分析

薄板作为结构部件，在工程实际中有着广泛的应用，如桥梁的面板、船舶的甲板、飞行器隔板、建筑结构的楼板和机械工程中的平板结构等。本节基于 BSWI 尺度函数和多变量广义势能泛函构造薄板结构的多变量 BSWI 单元，并通过算例比较说明多变量 BSWI 单元的优越性。

设薄板求解域 Ω，α 为薄板倾斜角，板长分别为 l_x 和 l_y。由于方形薄板是斜薄板夹角 $\alpha=90°$ 的一种特例，因此，在以下的单元推导中，只针对斜形薄板进行。应用二类变量 BSWI 有限元法构造斜形薄板单元时，需要建立斜坐标系，斜坐标系 xoy 和直角坐标系 $\bar{x}o\bar{y}$ 的关系为：

$$\begin{bmatrix}\bar{x}\\ \bar{y}\end{bmatrix}=\begin{bmatrix}1 & \cos\alpha\\ 0 & \sin\alpha\end{bmatrix}\begin{bmatrix}x\\ y\end{bmatrix}=\begin{bmatrix}x-y\cos\alpha\\ y\sin\alpha\end{bmatrix} \tag{5.16}$$

$$\begin{bmatrix}x\\ y\end{bmatrix}=\begin{bmatrix}1 & -1/\tan\alpha\\ 0 & 1/\sin\alpha\end{bmatrix}\begin{bmatrix}\bar{x}\\ \bar{y}\end{bmatrix} \tag{5.17}$$

齐次边界条件下，直角坐标系中，二类变量斜形薄板的广义势能泛函为[10]：

$$\begin{aligned}\Pi_2(\boldsymbol{w},\boldsymbol{M})=&\iint_\Omega \boldsymbol{M}^{\mathrm{T}}\boldsymbol{\chi}\,\mathrm{d}\bar{x}\,\mathrm{d}\bar{y}-\iint_\Omega \frac{1}{2}\boldsymbol{M}^{\mathrm{T}}\boldsymbol{D}_b^{-1}\boldsymbol{M}\,\mathrm{d}\bar{x}\,\mathrm{d}\bar{y}\\ &-\iint_\Omega q\boldsymbol{w}\,\mathrm{d}\bar{x}\,\mathrm{d}\bar{y}-\iint_\Omega \frac{1}{2}\lambda\bar{m}\boldsymbol{w}^2\,\mathrm{d}\bar{x}\,\mathrm{d}\bar{y}\end{aligned} \tag{5.18}$$

式中，q 为载荷参数；$\boldsymbol{\chi}$ 为广义应变矩阵；$\boldsymbol{D}_b$ 为板弹性矩阵。其中有：

$$\boldsymbol{\chi}=\left[-\frac{\partial^2 w}{\partial\bar{x}^2}\quad -\frac{\partial^2 w}{\partial\bar{y}^2}\quad -2\frac{\partial^2 w}{\partial\bar{x}\partial\bar{y}}\right]^{\mathrm{T}} \tag{5.19}$$

$$\left.\begin{aligned}\boldsymbol{D}_b &= D_0\begin{bmatrix}1 & \nu & 0\\ \nu & 1 & 0\\ 0 & 0 & \dfrac{1-\nu}{2}\end{bmatrix}\\ D_0 &= \frac{Et^3}{12(1-\nu^2)}\end{aligned}\right\} \tag{5.20}$$

式中，E 为弹性模量；ν 为泊松比；t 为板厚；D_0 为弯曲刚度。采用 BSWI 的二维张量积尺度函数作为插值函数、离散位移场函数和弯矩场函数，即：

$$w = \boldsymbol{\Phi T}^e \boldsymbol{w}^e \tag{5.21}$$

$$\boldsymbol{M} = \begin{bmatrix}M_x\\ M_y\\ M_{xy}\end{bmatrix} = \begin{bmatrix}\boldsymbol{\Phi T}^e & 0 & 0\\ 0 & \boldsymbol{\Phi T}^e & 0\\ 0 & 0 & \boldsymbol{\Phi T}^e\end{bmatrix}\begin{bmatrix}\boldsymbol{M}_\xi^e\\ \boldsymbol{M}_\eta^e\\ \boldsymbol{M}_{\xi\eta}^e\end{bmatrix} \tag{5.22}$$

将以上各式带入泛函式(5.18)中，并转换到标准求解域 $\Omega_s=[0,1]\times[0,1]$。由二类变量广义变分原理可知，令广义势能函数对各场变量的变分为零，即 $\dfrac{\partial \Pi_2}{\partial \boldsymbol{M}_\xi^e}=0$，$\dfrac{\partial \Pi_2}{\partial \boldsymbol{M}_\eta^e}=0$，$\dfrac{\partial \Pi_2}{\partial \boldsymbol{M}_{\xi\eta}^e}=0$，$\dfrac{\partial \Pi_2}{\partial \boldsymbol{w}^e}=0$。由此可以得到薄板的二类变量 BSWI 单元的矩阵方程为：

$$\begin{bmatrix}\boldsymbol{F} & \boldsymbol{H}\\ \boldsymbol{H}^{\mathrm{T}} & 0\end{bmatrix}\begin{bmatrix}\boldsymbol{M}^e\\ \boldsymbol{w}^e\end{bmatrix} = \begin{bmatrix}0\\ l_x l_y \sin\alpha(\boldsymbol{T}^e)^{\mathrm{T}}\int_0^1\int_0^1 q\boldsymbol{\Phi}_1^{\mathrm{T}}\otimes\boldsymbol{\Phi}_2^{\mathrm{T}}\mathrm{d}\xi\mathrm{d}\eta\end{bmatrix} + \begin{bmatrix}0\\ \sin\alpha\cdot\lambda\overline{m}\boldsymbol{\Gamma}_1^{00}\otimes\boldsymbol{\Gamma}_2^{00}\end{bmatrix}\begin{bmatrix}\boldsymbol{M}^e\\ \boldsymbol{w}^e\end{bmatrix} \tag{5.23}$$

因此，薄板对应的二类变量 BSWI 弯曲方程为：

$$\begin{bmatrix}\boldsymbol{F} & \boldsymbol{H}\\ \boldsymbol{H}^{\mathrm{T}} & 0\end{bmatrix}\begin{bmatrix}\boldsymbol{M}^e\\ \boldsymbol{w}^e\end{bmatrix} = \begin{bmatrix}0\\ l_x l_y \sin\alpha(\boldsymbol{T}^e)^{\mathrm{T}}\int_0^1\int_0^1 q\boldsymbol{\Phi}_1^{\mathrm{T}}\otimes\boldsymbol{\Phi}_2^{\mathrm{T}}\mathrm{d}\xi\mathrm{d}\eta\end{bmatrix} \tag{5.24}$$

薄板对应的二类变量 BSWI 自由振动矩阵方程为：

$$\begin{bmatrix}\boldsymbol{F} & \boldsymbol{H}\\ \boldsymbol{H}^{\mathrm{T}} & 0\end{bmatrix}\begin{bmatrix}\boldsymbol{M}^e\\ \boldsymbol{w}^e\end{bmatrix} = \begin{bmatrix}\boldsymbol{0}\\ \sin\alpha\cdot\lambda\overline{m}\boldsymbol{\Gamma}_1^{00}\otimes\boldsymbol{\Gamma}_2^{00}\end{bmatrix}\begin{bmatrix}\boldsymbol{M}^e\\ \boldsymbol{w}^e\end{bmatrix} \tag{5.25}$$

式(5.25)的自由振动频率方程为：

$$|\boldsymbol{K}-\lambda\boldsymbol{M}|=0$$

式中，$\boldsymbol{T}^e$ 为转换矩阵，可实现小波空间系数到物理空间的转换，便于边界条件的处理，详见文献[14]。

以上各式中的矩阵为：

$$\boldsymbol{F} = \begin{bmatrix}-\dfrac{12}{Et^3}\sin\alpha\boldsymbol{\Gamma}_1^{00}\otimes\boldsymbol{\Gamma}_2^{00} & \dfrac{12\mu}{Et^3}\sin\alpha\boldsymbol{\Gamma}_1^{00}\otimes\boldsymbol{\Gamma}_2^{00} & 0\\ \dfrac{12\nu}{Et^3}\sin\alpha\boldsymbol{\Gamma}_1^{00}\otimes\boldsymbol{\Gamma}_2^{00} & -\dfrac{12}{Et^3}\sin\alpha\boldsymbol{\Gamma}_1^{00}\otimes\boldsymbol{\Gamma}_2^{00} & 0\\ 0 & 0 & -\dfrac{24(1+\nu)}{Et^3}\sin\alpha\boldsymbol{\Gamma}_1^{00}\otimes\boldsymbol{\Gamma}_2^{00}\end{bmatrix}$$

$$\boldsymbol{H}=\begin{bmatrix}-\sin\alpha\boldsymbol{\Gamma}_1^{02}\otimes\boldsymbol{\Gamma}_2^{00}\\ -\frac{\cos^2\alpha}{\sin\alpha}\boldsymbol{\Gamma}_1^{02}\otimes\boldsymbol{\Gamma}_2^{00}-\frac{1}{\sin\alpha}\boldsymbol{\Gamma}_1^{00}\otimes\boldsymbol{\Gamma}_2^{02}+2\frac{\cos\alpha}{\sin\alpha}\boldsymbol{\Gamma}_1^{01}\otimes\boldsymbol{\Gamma}_2^{01}\\ 2\cos\alpha\boldsymbol{\Gamma}_1^{02}\otimes\boldsymbol{\Gamma}_2^{00}-2\boldsymbol{\Gamma}_1^{01}\otimes\boldsymbol{\Gamma}_2^{01}\end{bmatrix}$$

$$\boldsymbol{K}=\begin{bmatrix}\boldsymbol{F} & \boldsymbol{H}\\ \boldsymbol{H}^{\mathrm{T}} & 0\end{bmatrix}\begin{bmatrix}\boldsymbol{M}^e\\ \boldsymbol{w}^e\end{bmatrix}$$

$$\boldsymbol{M}=\begin{bmatrix}0\\ \sin\alpha\cdot\lambda\bar{m}\boldsymbol{\Gamma}_1^{00}\otimes\boldsymbol{\Gamma}_2^{00}\end{bmatrix}$$

$$\boldsymbol{M}^e=\begin{bmatrix}\boldsymbol{M}_\xi^e & \boldsymbol{M}_\eta^e & \boldsymbol{M}_{\xi\eta}^e\end{bmatrix}^{\mathrm{T}}$$

以上各式中的积分为：

$$\boldsymbol{\Gamma}^{00}=(\boldsymbol{T}^e)^{\mathrm{T}}\{l_x\int_0^1\boldsymbol{\Phi}_1^{\mathrm{T}}\boldsymbol{\Phi}_1\mathrm{d}\xi\}(\boldsymbol{T}^e);$$

$$\boldsymbol{\Gamma}_1^{10}=(\boldsymbol{T}^e)^{\mathrm{T}}\{\int_0^1\frac{\mathrm{d}\boldsymbol{\Phi}_1^{\mathrm{T}}}{\mathrm{d}\xi}\boldsymbol{\Phi}_1\mathrm{d}\xi\}(\boldsymbol{T}^e);$$

$$\boldsymbol{\Gamma}^{20}=(\boldsymbol{T}^e)^{\mathrm{T}}\{\frac{1}{l_x}\int_0^1\frac{\mathrm{d}^2\boldsymbol{\Phi}_1^{\mathrm{T}}}{\mathrm{d}\xi^2}\boldsymbol{\Phi}_1\mathrm{d}\xi\}(\boldsymbol{T}^e);$$

$$\boldsymbol{\Gamma}_1^{01}=(\boldsymbol{\Gamma}_1^{10})^{\mathrm{T}};$$

$$\boldsymbol{\Gamma}_1^{02}=(\boldsymbol{\Gamma}_1^{20})^{\mathrm{T}}。$$

将 $\boldsymbol{\Gamma}_1^{ij}(i,j=0,1,2)$ 中的 l_x 和 $\mathrm{d}\xi$ 用 l_y 和 $\mathrm{d}\eta$ 替换，可以得到 $\boldsymbol{\Gamma}_2^{ij}(i,j=0,1,2)$。

对于斜薄板，此处建立其三类变量 BSWI 单元。齐次边界条件下，斜形薄板的三类变量广义势能泛函为[10]：

$$\Pi_3(\boldsymbol{w},\boldsymbol{M},\boldsymbol{K})=\iint_\Omega\boldsymbol{M}^{\mathrm{T}}\chi\mathrm{d}\bar{x}\mathrm{d}\bar{y}+\iint_\Omega\boldsymbol{M}^{\mathrm{T}}\boldsymbol{K}\mathrm{d}\bar{x}\mathrm{d}\bar{y}+\iint_\Omega(U-q\boldsymbol{w})\mathrm{d}\bar{x}\mathrm{d}\bar{y}-\iint_\Omega\frac{1}{2}\lambda\bar{m}\boldsymbol{w}^2\mathrm{d}\bar{x}\mathrm{d}\bar{y} \tag{5.26}$$

式中，q 为载荷参数；$\boldsymbol{w}$、$\boldsymbol{M}$、$\boldsymbol{K}$ 分别为位移、弯矩、弯曲应变场函数；U 为弯曲应变能。

$$\left.\begin{aligned}&U=\frac{1}{2}\boldsymbol{K}^{\mathrm{T}}\boldsymbol{D}_b\boldsymbol{K}\\&\boldsymbol{\chi}=\begin{bmatrix}-\frac{\partial^2 w}{\partial x^2} & -\frac{\partial^2 w}{\partial y^2} & -2\frac{\partial^2 w}{\partial x\partial y}\end{bmatrix}^{\mathrm{T}}\\&\boldsymbol{D}_b=D_0\begin{bmatrix}1 & \nu & 0\\ \nu & 1 & 0\\ 0 & 0 & \frac{1-\nu}{2}\end{bmatrix}\\&D_0=\frac{Et^3}{12(1-\nu^2)}\end{aligned}\right\} \tag{5.27}$$

式中，E 为弹性模量；ν 为泊松比；t 为板厚；D_0 为弯曲刚度。采用二维 BSWI 张量积的尺度函数为插值函数，离散场变量，构造场函数。则位移场函数、内力矩场函数和弯曲应变场函数分别为：

$$
\left.\begin{aligned}
w &= \boldsymbol{\Phi T}^{e}\boldsymbol{w}^{e} \\
\boldsymbol{M} &= \begin{bmatrix} M_x \\ M_y \\ M_{xy} \end{bmatrix} = \begin{bmatrix} \boldsymbol{\Phi T}^{e} & 0 & 0 \\ 0 & \boldsymbol{\Phi T}^{e} & 0 \\ 0 & 0 & \boldsymbol{\Phi T}^{e} \end{bmatrix} \begin{bmatrix} \boldsymbol{M}_{\xi}^{e} \\ \boldsymbol{M}_{\eta}^{e} \\ \boldsymbol{M}_{\xi\eta}^{e} \end{bmatrix} \\
\boldsymbol{K} &= \begin{bmatrix} -K_x \\ -K_y \\ -2K_{xy} \end{bmatrix} = \begin{bmatrix} \boldsymbol{\Phi T}^{e} & 0 & 0 \\ 0 & \boldsymbol{\Phi T}^{e} & 0 \\ 0 & 0 & \boldsymbol{\Phi T}^{e} \end{bmatrix} \begin{bmatrix} \boldsymbol{K}_{\xi}^{e} \\ \boldsymbol{K}_{\eta}^{e} \\ \boldsymbol{K}_{\xi\eta}^{e} \end{bmatrix}
\end{aligned}\right\} \tag{5.28}
$$

将以上各式带入斜形薄板的三类变量势能泛函式(5.26)中,并转换到标准求解域。根据三类变量广义变分原理,令三类变量广义势能泛函对各场变量的变分为零,即$\dfrac{\partial \Pi_3}{\partial \boldsymbol{M}_{\xi}^{e}}=0$,$\dfrac{\partial \Pi_3}{\partial \boldsymbol{M}_{\eta}^{e}}=0$,$\dfrac{\partial \Pi_3}{\partial \boldsymbol{M}_{\xi\eta}^{e}}=0$,$\dfrac{\partial \Pi_3}{\partial \boldsymbol{K}_{\xi}^{e}}=0$,$\dfrac{\partial \Pi_3}{\partial \boldsymbol{K}_{\eta}^{e}}=0$,$\dfrac{\partial \Pi_3}{\partial \boldsymbol{K}_{\xi\eta}^{e}}=0$,$\dfrac{\partial \Pi_3}{\partial \boldsymbol{w}^{e}}=0$。因此,对应的斜形薄板的三类变量单元的矩阵方程为:

$$
\begin{bmatrix} \boldsymbol{0} & \boldsymbol{E} & \boldsymbol{F} \\ \boldsymbol{E}^{\mathrm{T}} & \boldsymbol{H} & \boldsymbol{0} \\ \boldsymbol{F}^{\mathrm{T}} & \boldsymbol{0} & \boldsymbol{0} \end{bmatrix} \begin{bmatrix} \boldsymbol{M}^{e} \\ \boldsymbol{K}^{e} \\ \boldsymbol{w}^{e} \end{bmatrix} = \begin{bmatrix} \boldsymbol{0} \\ \boldsymbol{0} \\ l_x l_y \sin\alpha (\boldsymbol{T}^{e})^{\mathrm{T}} \int_0^1 \int_0^1 q \boldsymbol{\Phi}_1^{\mathrm{T}} \otimes \boldsymbol{\Phi}_2^{\mathrm{T}} \mathrm{d}\xi \mathrm{d}\eta \end{bmatrix} + \begin{bmatrix} \boldsymbol{0} & \boldsymbol{0} & \boldsymbol{0} \\ \boldsymbol{0} & \boldsymbol{0} & \boldsymbol{0} \\ \boldsymbol{0} & \boldsymbol{0} & \lambda \bar{m} \boldsymbol{\Gamma}_1^{00} \otimes \boldsymbol{\Gamma}_2^{00} \end{bmatrix} \begin{bmatrix} \boldsymbol{M}^{e} \\ \boldsymbol{K}^{e} \\ \boldsymbol{w}^{e} \end{bmatrix} \tag{5.29}
$$

三类变量 BSWI 斜形薄板弯曲分析的矩阵方程为:

$$
\begin{bmatrix} \boldsymbol{0} & \boldsymbol{E} & \boldsymbol{F} \\ \boldsymbol{E}^{\mathrm{T}} & \boldsymbol{H} & \boldsymbol{0} \\ \boldsymbol{F}^{\mathrm{T}} & \boldsymbol{0} & \boldsymbol{0} \end{bmatrix} \begin{bmatrix} \boldsymbol{M}^{e} \\ \boldsymbol{K}^{e} \\ \boldsymbol{w}^{e} \end{bmatrix} = \begin{bmatrix} \boldsymbol{0} \\ \boldsymbol{0} \\ l_x l_y \sin\alpha (\boldsymbol{T}^{e})^{\mathrm{T}} \int_0^1 \int_0^1 q \boldsymbol{\Phi}_1^{\mathrm{T}} \otimes \boldsymbol{\Phi}_2^{\mathrm{T}} \mathrm{d}\xi \mathrm{d}\eta \end{bmatrix} \tag{5.30}
$$

自由振动分析的矩阵方程为:

$$
\begin{bmatrix} \boldsymbol{0} & \boldsymbol{E} & \boldsymbol{F} \\ \boldsymbol{E}^{\mathrm{T}} & \boldsymbol{H} & \boldsymbol{0} \\ \boldsymbol{F}^{\mathrm{T}} & \boldsymbol{0} & \boldsymbol{0} \end{bmatrix} \begin{bmatrix} \boldsymbol{M}^{e} \\ \boldsymbol{K}^{e} \\ \boldsymbol{w}^{e} \end{bmatrix} = \begin{bmatrix} \boldsymbol{0} & \boldsymbol{0} & \boldsymbol{0} \\ \boldsymbol{0} & \boldsymbol{0} & \boldsymbol{0} \\ \boldsymbol{0} & \boldsymbol{0} & \lambda \bar{m} \boldsymbol{\Gamma}_1^{00} \otimes \boldsymbol{\Gamma}_2^{00} \end{bmatrix} \begin{bmatrix} \boldsymbol{M}^{e} \\ \boldsymbol{K}^{e} \\ \boldsymbol{w}^{e} \end{bmatrix} \tag{5.31}
$$

与式(5.31)对应的自由振动频率方程为:

$$
|\boldsymbol{K} - \lambda \boldsymbol{M}| = 0
$$

式中:

$$
\boldsymbol{E} = \begin{bmatrix} \boldsymbol{\Gamma}_1^{00} \otimes \boldsymbol{\Gamma}_2^{00} & 0 & 0 \\ 0 & \boldsymbol{\Gamma}_1^{00} \otimes \boldsymbol{\Gamma}_2^{00} & 0 \\ 0 & 0 & \boldsymbol{\Gamma}_1^{00} \otimes \boldsymbol{\Gamma}_2^{00} \end{bmatrix}
$$

$$
\boldsymbol{F} = \begin{bmatrix} -\boldsymbol{\Gamma}_1^{02} \otimes \boldsymbol{\Gamma}_2^{00} \\ -\boldsymbol{\Gamma}_1^{00} \otimes \boldsymbol{\Gamma}_2^{02} \\ -2\boldsymbol{\Gamma}_1^{01} \otimes \boldsymbol{\Gamma}_2^{01} \end{bmatrix}
$$

$$H=\begin{bmatrix}\dfrac{Et^3}{12(1-\nu^2)}\boldsymbol{\Gamma}_1^{00}\otimes\boldsymbol{\Gamma}_2^{00} & \dfrac{Et^3\nu}{12(1-\nu^2)}\boldsymbol{\Gamma}_1^{00}\otimes\boldsymbol{\Gamma}_2^{00} & 0\\ \dfrac{Et^3\nu}{12(1-\nu^2)}\boldsymbol{\Gamma}_1^{00}\otimes\boldsymbol{\Gamma}_2^{00} & \dfrac{Et^3}{12(1-\nu^2)}\boldsymbol{\Gamma}_1^{00}\otimes\boldsymbol{\Gamma}_2^{00} & 0\\ 0 & 0 & \dfrac{Et^3}{24(1+\nu)}\boldsymbol{\Gamma}_1^{00}\otimes\boldsymbol{\Gamma}_2^{00}\end{bmatrix}$$

$$\boldsymbol{M}^e=[\boldsymbol{M}_\xi^e\quad \boldsymbol{M}_\eta^e\quad \boldsymbol{M}_{\xi\eta}^e]^{\mathrm{T}}$$

$$\boldsymbol{K}^e=[\boldsymbol{K}_\xi^e\quad \boldsymbol{K}_\eta^e\quad \boldsymbol{K}_{\xi\eta}^e]^{\mathrm{T}}$$

以上各式中的积分项与二类变量单元定义中相应项相同。

以上构造了二类变量和三类变量薄板弯曲和自由振动的 BSWI 单元，为了验证这几种单元在实际应用分析中的有效性，此处给出若干方板和斜板弯曲及振动算例。其中方板的求解只需令以上列式中的夹角 $\alpha=90^\circ$ 即可，采用 $BSWI4_3$ 对各场变量进行离散，其中，二类变量 BSWI单元简记为TwBSWI单元，三类变量BSWI单元简记为ThBSWI(Multivariable Wavelet Finite Element with Three Kinds of Variables Based on $BSWI4_3$，$ThBSWI4_3$）单元。

算例 5.7 方形薄板弯曲。方形薄板相关材料参数和载荷参数为：弹性模量 $E=2.6\times10^8\,\mathrm{N/m^2}$；泊松比 $\nu=0.3$；板长、板宽 $L=L_x=L_y=1\mathrm{m}$；板的厚度 $t=0.1\mathrm{m}$；均布载荷参数 $q=-1\mathrm{N/m^2}$；集中载荷参数 $P=-1\mathrm{N}$。

以上给出了五种不同边界条件和载荷组合情况下方形薄板的变形分析结果，表 5.7 ～ 表 5.11 列出了各方形薄板中点的挠度、弯矩和曲率值，并将分析结果与 BSWI 单元[16]、多变量 BSWI 单元以及理论解[15,17,18]进行了对比，图 5.13 ～ 图 5.17 所示绘制了方板的变形图。从表中数据可以看出，对于挠度的分析，BSWI 单元(121 个自由度)，二类变量 BSWI 单元(484 个自由度)，三类变量 BSWI 单元(1089 个自由度）均可以达到很好的求解精度，与理论解非常接近。但是在弯矩的分析中，二类变量 BSWI 单元和三类变量 BSWI 单元更胜一筹，其求解精度更高，与理论解更接近。其次，对于曲率的分析，三类变量 BSWI 单元效果最好，精度最高。产生这种结果的原因在于 BSWI 单元中只有一类场变量 —— 广义位移采用独立插值，而弯矩和曲率都要通过对位移的微分得到，影响求解精度；在二类变量 BSWI 单元中，广义位移和广义力作为独立变量进行处理，避免了在广义力求解中的微分运算，因此，弯矩的求解精度得到提高；而在三类变量 BSWI 中，三种广义场变量均采用独立插值，因此，弯矩和曲率的求解精度都得到了提高。此外，我们还可以发现，二类变量和三类变量 BSWI 单元可提高广义力和广义应变的求解精度，但是同时也大大增加了计算量，所以，在具体问题的分析中，要合理选择单元，在保证所需精度的前提下，尽量减小计算量。

表 5.7 四边简支方板承受均布载荷时中点挠度、弯矩和曲率值

四边简支均载方板	方法	$w100D_0/qL^4$	M_x10/qL^2	K_xD_010/qL^2
	$BSWI4_3$	0.40625	0.48136	0.37028
	$TwBSWI4_3$	0.40625	0.47860	0.37036
	$ThBSWI4_3$	0.40625	0.47875	0.36802
	理论解[15]	0.40624	0.4789	—

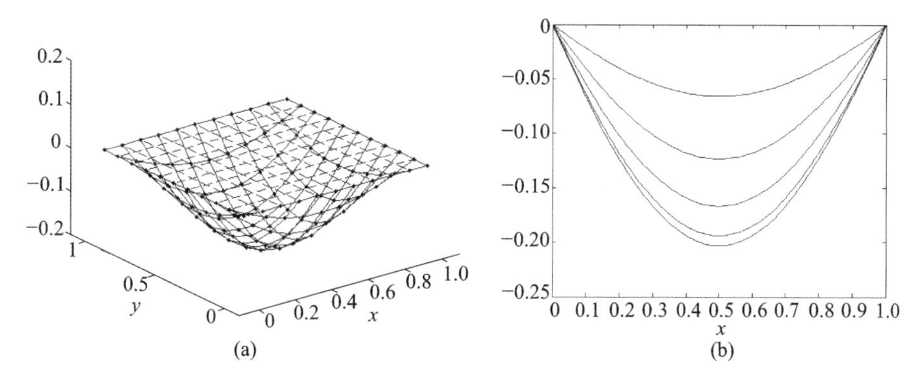

图 5.13　四边简支方板承受均布载荷变形图

(a) 方板变形图(变形放大 50 倍)；(b) 沿 x 轴方向变形

表 5.8　四边简支方板承受集中载荷时中点挠度、弯矩和曲率值

四边简支集中载荷方板	方法	$w100D_0/qL^4$	M_x10/qL^2	K_xD_010/qL^2
	$BSWI4_3$[16]	0.11559	0.33013	0.25394
	$TwBSWI4_3$	0.11583	0.30254	0.26251
	$ThBSWI4_3$	0.11583	0.30248	0.23275
	理论解[17]	0.11601	—	—

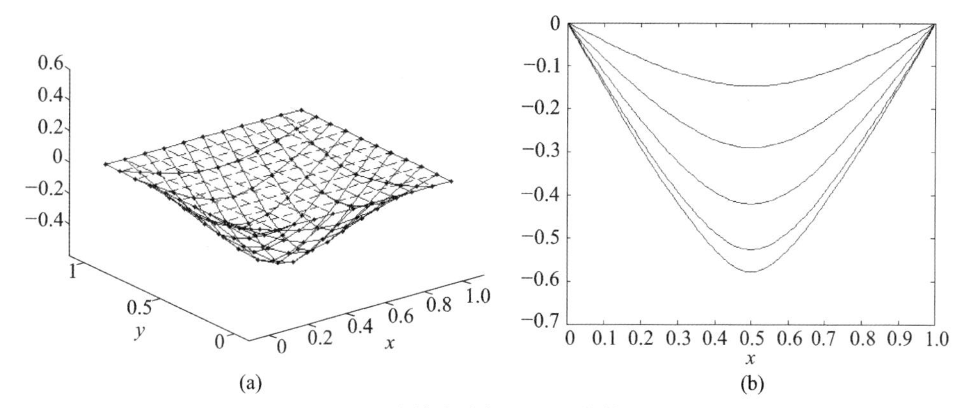

图 5.14　四边简支方板承受集中载荷变形图

(纵坐标为无量纲的挠度值)

(a) 方板变形图(变形放大 50 倍)；(b) 沿 x 轴方向变形

表 5.9　四边固支方板承受均布载荷时中点挠度、弯矩和曲率值

四边固支均载方板	方法	$w100D_0/qL^4$	M_x10/qL^2	K_xD_010/qL^2
	$BSWI4_3$[16]	0.12651	0.23288	0.17914
	$TwBSWI4_3$	0.12654	0.22821	0.17978
	$ThBSWI4_3$	0.12654	0.22821	0.17556
	理论解[17]	0.12653	0.22905	—

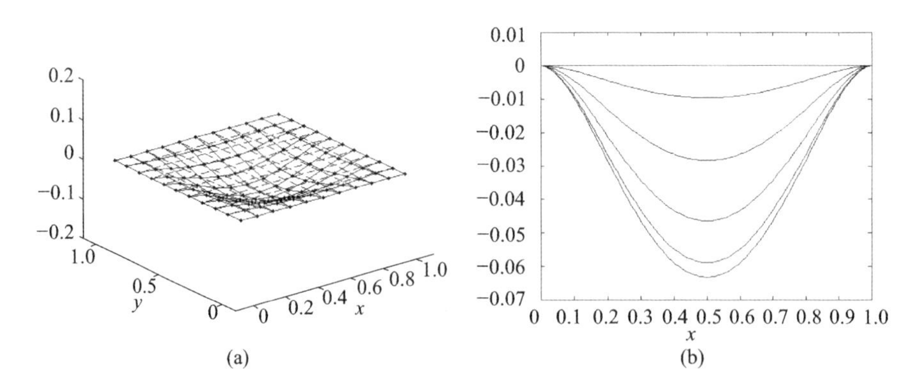

图 5.15　四边固支方板承受均布载荷变形图

(a) 方板变形图(变形放大 50 倍);(b) 沿 x 轴方向变形

表 5.10　四边固支方板承受集中载荷时中点挠度、弯矩和曲率值

四边固支集中载荷方板	方法	$w100D_0/qL^4$	M_x10/qL^2	$K_xD_0 10/qL^2$
	BSWI4_3[16]	0.55699	0.27653	0.21272
	TwBSWI4_3	0.55938	0.24858	0.22135
	ThBSWI4_3	0.55938	0.24858	0.19122
	理论解[17]	0.56120	—	—

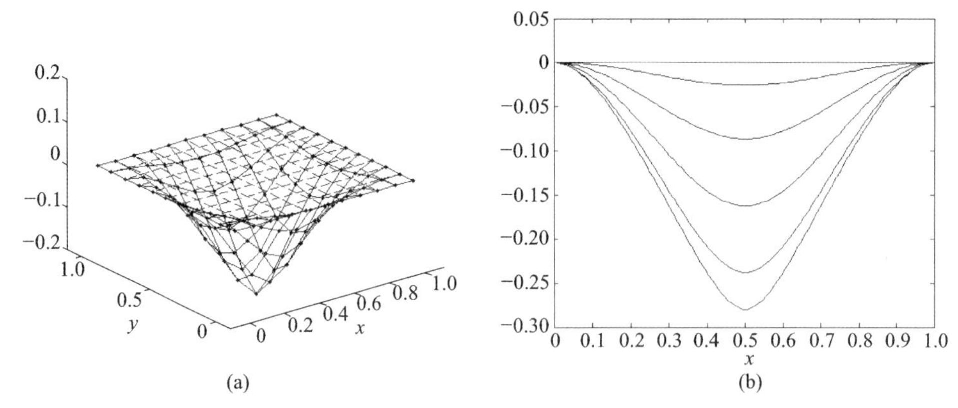

图 5.16　四边固支方板承受集中载荷变形图

(a) 方板变形图(变形放大 50 倍);(b) 沿 x 轴方向变形

表 5.11　四边简支方板承受正弦均布载荷时中点挠度、弯矩

方法	中点挠度和弯矩			角点弯矩
	$w100D_0/qL^2$	M_x10/qL^2	M_y10/qL^2	$M_{xy}10/qL^2$
BSWI4_3[16]	0.25666	0.33357	0.33357	0.17732
TwBSWI4_3	0.25667	0.32932	0.32932	0.17739
ThBSWI4_3	0.25667	0.32932	0.32932	0.17739
理论解[18]	0.25665	0.32930	0.32930	0.18041

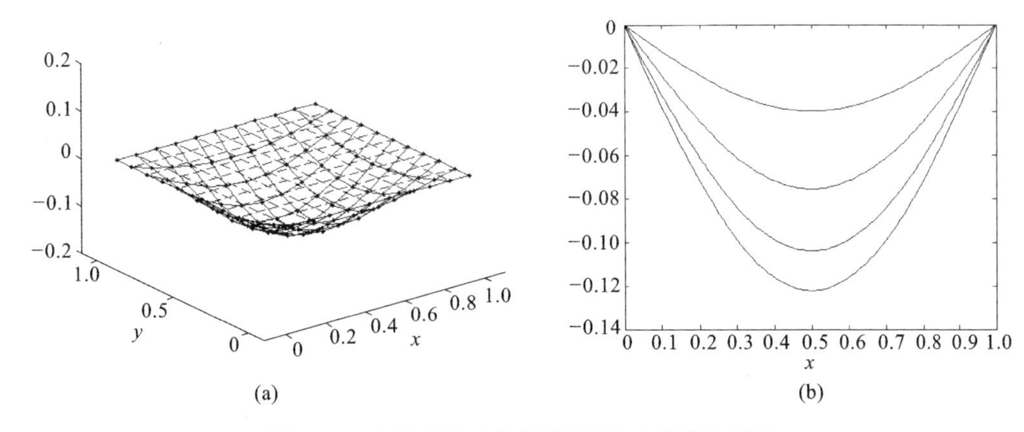

图 5.17　四边简支方板承受正弦均布载荷变形图

(a) 方板变形图(变形放大 50 倍);(b) 沿 x 轴方向变形

算例 5.8　斜形薄板弯曲。在以下分析中,相关材料参数和载荷参数具体为:弹性模量 $E=2.6\times10^8\mathrm{N/m^2}$;泊松比$\nu=0.3$;板长、板宽 $L=L_x=L_y=1\mathrm{m}$;均布载荷参数 $q=-1\mathrm{N/m}$。

表 5.12 和表 5.13 列出了四边简支和四边固支斜薄板受均载弯曲时的挠度和弯矩值,薄板的夹角从 30° 到 90°。将二类变量 BSWI(484 个自由度) 的分析结果与 BSWI(121 个自由度)[19]、参考值[20,21]、理论解[22] 以及 SHELL63 单元(38400 个自由度)进行比较,BSWI 和二类变量 BSWI 单元均可以很少的自由度,达到 SHELL63 单元在较多自由度下的求解精度。但是,在弯矩的分析上,二类变量 BSWI 要明显优于 BSWI,证明了二类变量 BSWI 单元在广义力分析上的优势。此外,当斜形薄板的夹角较小时,结构的奇异性增强,二类变量 BSWI 单元的计算结果仍保持相当好的精度,所以,BSWI 单元和二类变量 BSWI 是一种非常稳定的数值方法,适用于奇异性问题的分析。对于弹性地基问题及湿模态问题[23,24],可以得到类似结论,在此不再对此赘述。

表 5.12　均布载荷下四边简支斜形薄板中点挠度与弯矩值

斜角 α	四边简支 $w1000D_0/qL^4$					四边简支 $M10/qL^2$		
	$BSWI4_3$[19]	$TwBSWI4_3$	SHELL63	参考值[20]	参考值[21]	$BSWI4_3$[19]	$TwBSWI4_3$	SHELL63
90°	4.0625	4.0625	4.0617	4.06	4.06	0.4814	0.4789	0.4786
85°	4.0134	4.0142	4.0150	4.01	4.01	0.4770	0.4750	0.4752
80°	3.8683	3.8719	3.8683	3.87	3.87	0.4640	0.4637	0.4637
75°	3.6343	3.6424	3.6362	3.64	—	0.4427	0.4455	0.4455
70°	3.3228	3.3372	3.3290	—	—	0.4140	0.4210	0.4210
60°	2.5419	2.5653	2.5581	2.56	2.56	0.3374	0.3566	0.3557
55°	2.0929	2.1388	2.1349	2.14		0.2917	0.3186	0.3170
50°	1.6955	1.7140	1.7144	1.72	1.72	0.2429	0.2781	0.2761
45°	1.2830	1.3117	1.3165	1.32	—	0.1931	0.2363	0.2340

续表 5.12

斜角 α	四边简支 $w1000D_0/qL^4$					四边简支 $M10/qL^2$		
	$BSWI4_3$[19]	$TwBSWI4_3$	SHELL63	参考值[20]	参考值[21]	$BSWI4_3$[19]	$TwBSWI4_3$	SHELL63
40°	0.9364	0.9499	0.9584	0.958	0.958	0.1445	0.1943	0.1923
30°	0.3983	0.3983	0.4084	0.406	0.408	0.0623	0.1147	0.1145
理论解 30°[22]	0.408					1.080		

表 5.13 均布载荷下四边固支斜形薄板中点挠度与弯矩值

斜角 α	四边固支 $w1000D_0/qL^4$					四边固支 $M10/qL^2$		
	$BSWI4_3$[19]	$TwBSWI4_3$	SHELL63	参考值[20]	参考值[21]	$BSWI4_3$[19]	$TwBSWI4_3$	SHELL63
90°	1.2652	1.2654	1.2656	1.27	1.26	0.2329	0.2282	0.2287
85°	1.2487	1.2489	1.2499	—	—	0.2306	0.2263	0.2271
80°	1.2002	1.2004	1.2007	1.20	1.20	0.2238	0.2207	0.2211
75°	1.1226	1.1228	1.1232	—	—	0.2129	0.2115	0.2115
70°	1.0206	1.0208	1.0213	1.02	1.02	0.1983	0.1991	0.1988
60°	0.7680	0.7682	0.7692	0.771	0.769	0.1609	0.1662	0.1652
55°	0.6317	0.6319	0.6334	—	—	0.1395	0.1470	0.1456
50°	0.4982	0.4987	0.5005	0.503	0.500	0.1173	0.1267	0.1251
45°	0.3741	0.3750	0.3771	—	—	0.0948	0.1061	0.1043
40°	0.2648	0.2662	0.2684	0.269	0.270	0.0728	0.0858	0.0841
30°	0.1039	0.1061	0.1083	0.108	—	0.0334	0.0485	0.0477

算例 5.9 方形薄板振动。薄方板自由振动分析的相关材料参数和载荷参数为：弹性模量 $E = 2.6 \times 10^8 \mathrm{N/m^2}$；泊松比 $\nu = 0.3$；板长、板宽 $L = L_x = L_y = 1\mathrm{m}$；板的厚度 $t = 0.1\mathrm{m}$；质量密度 $\overline{m} = 7917\mathrm{kg/m^3}$。

表 5.14 列出了四种不同边界条件下对方形薄板前五阶固有频率的分析结果，将二类变量 BSWI(484 个自由度) 和三类变量 BSWI(1089 个自由度) 与 BSWI(121 个自由度)[19]、样条有限元(225 个自由度)[25] 以及理论解[26] 进行对比，可以发现几种单元都有很好的分析精度，相比而言，二类变量 BSWI 单元和三类变量 BSWI 单元略有优势，精度稍高，多变量 BSWI 单元在结构振动分析中的有效性和优势得到了验证。因此，从以上分析可以发现，多变量 BSWI 单元不仅适用于结构的静力分析，可以提高广义力和广义应变的求解精度，亦适用于结构的自由振动分析和奇异性问题求解，可高精度地实现结构固有参数分析，并有很好的数值稳定性。图 5.18 的固支薄板前六阶振型进一步验证了其分析结果与实际情况相符。

表 5.14 四种不同边界条件下方板自由振动的前五阶固有频率系数

$\Omega_i = \omega_i L^2 (\rho t/D_0)^{1/2}$ (rad · s^{-1})

边界条件	方法(自由度)	Ω_1	Ω_2	Ω_3	Ω_4	Ω_5
四边固支	$BSWI4_3$(121)[19]	35.9915	73.4457	73.4457	108.3172	131.9954
	$TwBSWI4_3$(484)	35.9882	73.4052	73.4052	108.2578	131.6478
	$ThBSWI4_3$(847)	35.9882	73.4052	73.4052	108.2578	131.6478
	样条有限元(225)[25]	35.9913	73.4455	73.4458	108.3170	131.9954
	理论解[26]	35.99	73.41	—	108.3	131.6
四边简支	$BSWI4_3$(121)[19]	19.7394	49.3575	49.3575	78.9689	98.8359
	$TwBSWI4_3$(484)	19.7392	49.3484	49.3484	78.9573	98.7083
	$ThBSWI4_3$(847)	19.7392	49.3584	49.3484	78.9573	98.7093
	样条有限元(225)[25]	19.7337	49.3551	49.3562	78.9680	98.8352
	理论解[26]	19.74	49.35	—	78.95	98.64
一边简支 三边固支	$BSWI4_3$(121)[19]	28.9532	54.7601	69.3689	94.6373	102.3746
	$TwBSWI4_3$(484)	28.9513	54.7490	69.3290	94.5996	102.2468
	$ThBSWI4_3$(847)	28.9513	54.7490	69.3290	94.5996	102.2468
	样条有限元(225)[25]	28.9524	54.7593	69.3687	94.6371	102.3741
	理论解[26]	28.95	54.74	69.32	94.59	102.2
一边固支 三边简支	$BSWI4_3$(121)[19]	23.6471	51.6865	58.6675	86.1621	100.4169
	$TwBSWI4_3$(484)	23.6465	51.6767	58.6473	86.1412	100.2894
	$ThBSWI4_3$(847)	23.6465	51.6767	58.6473	86.1412	100.2894
	样条有限元(225)[25]	23.6451	51.6765	58.6460	86.1406	100.2854
	理论解[26]	23.64	51.67	58.65	86.12	100.30

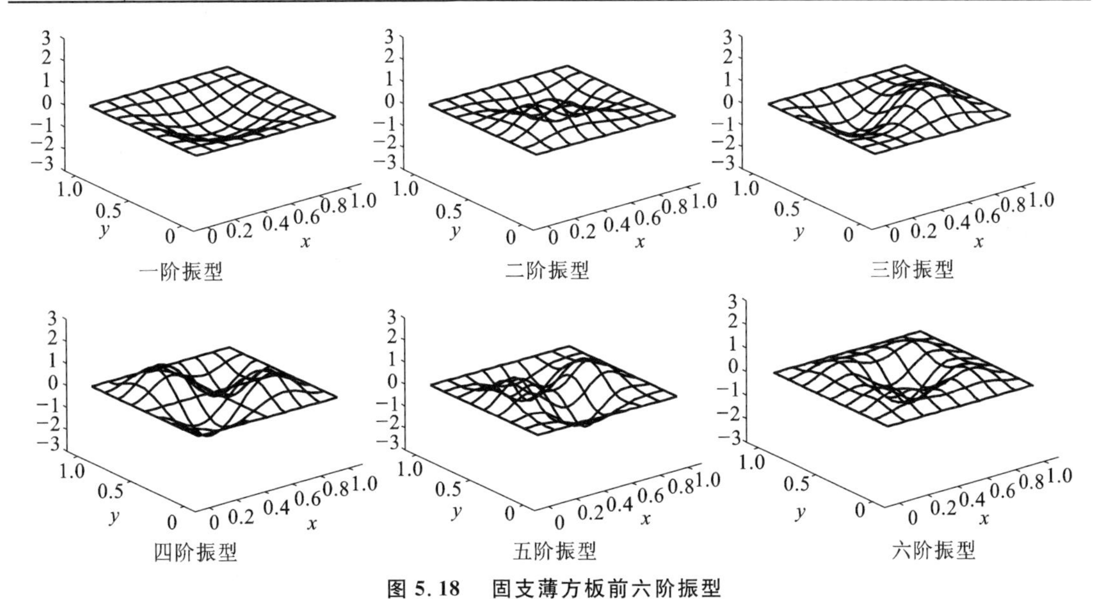

图 5.18 固支薄方板前六阶振型

算例 5.10 斜薄板振动。四种不同边界条件和角度下斜薄板前五阶固有频率系数求解结果示于表 5.15。将二类变量 BSWI 单元的求解结果与参考值[27] 进行对比，验证了二类变量 BSWI 单元在斜薄板自由振动分析中的有效性。此外，三个角度的选择 90°、60°、30°，代表不同的奇异性，角度越小，奇异性越明显。而二类变量 BSWI 单元对不同角度下的分析结果均有很好的精度，说明二类变量 BSWI 单元是一种稳定的高精度单元，并适合于奇异性分析。

表 5.15 不同边界条件下二类变量小波有限元法求解斜形薄板前五阶频率参数值

$\lambda_i = (\omega_i L^2/\pi^2)(\rho t/D_0)^{1/2}$

边界条件	斜角 α	90°		60°		30°	
	方法	文献[27]	$TwBSWI4_3$	文献[27]	$TwBSWI4_3$	文献[27]	$TwBSWI4_3$
四边固支	λ_1	3.6460	3.6464	4.6699	4.6730	12.3399	12.4773
	λ_2	7.4362	7.4375	8.2677	8.2723	18.0057	18.2024
	λ_3	7.4362	7.4375	10.6554	10.6780	23.4956	24.1497
	λ_4	10.9644	10.9688	12.0825	12.1047	29.5649	31.4069
	λ_5	13.3317	13.3387	16.7159	16.7750	30.9447	31.6919
四边简支	λ_1	2.0000	2.0000	2.5294	2.5201	6.7179	6.3982
	λ_2	5.0000	5.0000	5.3333	5.3247	10.6354	10.6314
	λ_3	5.0000	5.0000	7.2821	7.2619	15.0708	14.9900
	λ_4	7.9999	8.0000	8.4966	8.4752	19.9000	19.9993
	λ_5	9.9999	10.0012	12.4442	12.4141	21.6610	21.0276
一对边简支 一对边固支	λ_1	2.9333	2.9334	3.7451	3.7461	9.8557	10.0668
	λ_2	5.5466	5.5472	6.5119	6.5060	13.9345	14.0533
	λ_3	7.0242	7.0245	9.4233	9.4366	19.0896	19.3588
	λ_4	9.5833	9.5849	10.2112	10.1994	24.1917	24.9115
	λ_5	10.3565	10.3597	13.9530	13.9607	27.4018	28.0823
一对边固支 一对边自由	λ_1	2.2462	2.2475	2.7763	2.7793	5.8584	6.0767
	λ_2	2.6759	2.6782	3.0952	3.1046	5.9004	6.0956
	λ_3	4.4175	4.4200	5.0154	5.0290	9.8140	9.9103
	λ_4	6.1989	6.2018	7.4898	7.5086	11.8156	12.1830
	λ_5	6.8077	6.8122	8.2003	8.2457	14.9093	15.3819
一对边简支 一对边自由	λ_1	0.9759	0.9759	1.2310	1.2309	2.5810	2.6235
	λ_2	1.6348	1.6348	1.7948	1.7867	2.7249	2.7695
	λ_3	3.7210	3.7214	3.6504	3.6379	5.4567	5.4579
	λ_4	3.9459	3.9460	5.0063	5.0045	7.3786	7.4384
	λ_5	4.7355	4.7358	6.2150	6.2023	10.1551	10.1807

5.5　二类变量中厚板 BSWI 单元构造与分析

齐次边界条件下，在直角坐标系中，斜形中厚板弯曲、振动的广义势能泛函为[10]：

$$\Pi_2=\iint_\Omega \boldsymbol{M}^{\mathrm{T}}\boldsymbol{\chi}\mathrm{d}\bar{x}\mathrm{d}\bar{y}-\iint_\Omega \boldsymbol{Q}^{\mathrm{T}}\boldsymbol{\gamma}\mathrm{d}\bar{x}\mathrm{d}\bar{y}-\frac{1}{2}\iint_\Omega \boldsymbol{M}^{\mathrm{T}}\boldsymbol{D}_b^{-1}M\mathrm{d}\bar{x}\mathrm{d}\bar{y}-\frac{1}{2}\iint_\Omega \boldsymbol{Q}^{\mathrm{T}}\boldsymbol{D}_b^{-1}\boldsymbol{Q}\mathrm{d}\bar{x}\mathrm{d}\bar{y}-$$
$$\iint_\Omega \boldsymbol{\Delta}^{\mathrm{T}}p\mathrm{d}\bar{x}\mathrm{d}\bar{y}-\iint_\Omega \frac{1}{2}\lambda\bar{m}\boldsymbol{w}^2\mathrm{d}\bar{x}\mathrm{d}\bar{y}\tag{5.32}$$

式中，$\bar{m}$ 为质量密度；λ 为振动特征值；p 表示压力；$\boldsymbol{\Delta}$、$\boldsymbol{M}$、$\boldsymbol{Q}$ 分别为广义位移场函数、内力矩场函数和剪力场函数。

根据式(5.16)和式(5.17)，可以得到：

$$\begin{aligned}\boldsymbol{\chi}&=\left[-\frac{\partial\theta_{\bar{x}}}{\partial\bar{x}}\quad-\frac{\partial\theta_{\bar{y}}}{\partial\bar{y}}\quad-\left(\frac{\partial\theta_{\bar{x}}}{\partial\bar{y}}+\frac{\partial\theta_{\bar{y}}}{\partial\bar{x}}\right)\right]^{\mathrm{T}}\\&=\left[-\frac{\partial\theta_x}{\partial x}\quad\left(\frac{\cos\alpha}{\sin\alpha}\frac{\partial\theta_y}{\partial x}-\frac{1}{\sin\alpha}\frac{\partial\theta_y}{\partial y}\right)\quad-\left(-\frac{\cos\alpha}{\sin\alpha}\frac{\partial\theta_x}{\partial x}+\frac{1}{\sin\alpha}\frac{\partial\theta_x}{\partial y}+\frac{\partial\theta_y}{\partial x}\right)\right]^{\mathrm{T}}\end{aligned}\tag{5.33}$$

$$\begin{aligned}\boldsymbol{\gamma}&=-\left[\frac{\partial\omega}{\partial\bar{x}}-\theta_{\bar{x}}\quad\frac{\partial\omega}{\partial\bar{y}}-\theta_{\bar{y}}\right]^{\mathrm{T}}\\&=-\left[\frac{\partial\omega}{\partial x}-\theta_x-\frac{\cos\alpha}{\sin\alpha}\quad\frac{\partial\omega}{\partial x}-\frac{1}{\sin\alpha}\frac{\partial\omega}{\partial y}-\theta_y\right]\end{aligned}\tag{5.34}$$

其中

$$\boldsymbol{D}_b=D_0\begin{bmatrix}1&\nu&0\\\nu&1&0\\0&0&\dfrac{1-\nu}{2}\end{bmatrix},\quad D_0=\frac{Et^3}{12(1-\nu^2)}$$

式中，D_0 为弯曲刚；E 为弹性模量；ν 为泊松比；t 为板的厚度。

以 BSWI 小波的二维张量积尺度函数作为插值函数构造场函数，则位移、剪力和内力矩场函数分别为：

$$\boldsymbol{\Delta}=\begin{bmatrix}w\\\theta_x\\\theta_y\end{bmatrix}=\begin{bmatrix}\boldsymbol{\Phi}\boldsymbol{T}^e&0&0\\0&\boldsymbol{\Phi}\boldsymbol{T}^e&0\\0&0&\boldsymbol{\Phi}\boldsymbol{T}^e\end{bmatrix}\begin{bmatrix}\boldsymbol{w}^e\\\boldsymbol{\theta}_\xi^e\\\boldsymbol{\theta}_\eta^e\end{bmatrix}\tag{5.35}$$

$$\boldsymbol{Q}=\begin{bmatrix}Q_x\\Q_y\end{bmatrix}=\begin{bmatrix}\boldsymbol{\Phi}\boldsymbol{T}^e&0\\0&\boldsymbol{\Phi}\boldsymbol{T}^e\end{bmatrix}\begin{bmatrix}\boldsymbol{Q}_\xi^e\\\boldsymbol{Q}_\eta^e\end{bmatrix}\tag{5.36}$$

$$\boldsymbol{M}=\begin{bmatrix}M_x\\M_y\\M_{xy}\end{bmatrix}=\begin{bmatrix}\boldsymbol{\Phi}\boldsymbol{T}^e&0&0\\0&\boldsymbol{\Phi}\boldsymbol{T}^e&0\\0&0&\boldsymbol{\Phi}\boldsymbol{T}^e\end{bmatrix}\begin{bmatrix}\boldsymbol{M}_\xi^e\\\boldsymbol{M}_\eta^e\\\boldsymbol{M}_{\xi\eta}^e\end{bmatrix}\tag{5.37}$$

将以上各式带入式(5.32)中，并将求解区间转换到标准求解域。由二类变量广义变分原理可知，令中厚板广义势能泛函对各场变量的变分为零，即$\dfrac{\partial\Pi_2}{\partial\boldsymbol{M}_\xi^e}=0$，$\dfrac{\partial\Pi_2}{\partial\boldsymbol{M}_\eta^e}=0$，$\dfrac{\partial\Pi_2}{\partial\boldsymbol{M}_{\xi\eta}^e}=0$，$\dfrac{\partial\Pi_2}{\partial\boldsymbol{Q}_\xi^e}=0$，$\dfrac{\partial\Pi_2}{\partial\boldsymbol{Q}_\eta^e}=0$，$\dfrac{\partial\Pi_2}{\partial\boldsymbol{Q}_{\xi\eta}^e}=0$，$\dfrac{\partial\Pi_2}{\partial\boldsymbol{w}^e}=0$，$\dfrac{\partial\Pi_2}{\partial\boldsymbol{\theta}_\xi^e}=0$，$\dfrac{\partial\Pi_2}{\partial\boldsymbol{\theta}_\eta^e}=0$。由此可以得到二类变量中厚板 BSWI 单元的矩

阵列式为：

$$\begin{bmatrix} \boldsymbol{F} & \boldsymbol{H} \\ \boldsymbol{H}^{\mathrm{T}} & \boldsymbol{0} \end{bmatrix}\begin{bmatrix} \boldsymbol{a} \\ \boldsymbol{b} \end{bmatrix}=\begin{bmatrix} 0 \\ \boldsymbol{p} \end{bmatrix}+\begin{bmatrix} 0 & \\ & \boldsymbol{M}_{\lambda} \end{bmatrix}\begin{bmatrix} \boldsymbol{a} \\ \boldsymbol{b} \end{bmatrix} \tag{5.38}$$

因此，用于中厚板弯曲分析的二类变量 BSWI 矩阵列式为：

$$\begin{bmatrix} \boldsymbol{F} & \boldsymbol{H} \\ \boldsymbol{H}^{\mathrm{T}} & \boldsymbol{0} \end{bmatrix}\begin{bmatrix} \boldsymbol{a} \\ \boldsymbol{b} \end{bmatrix}=\begin{bmatrix} 0 \\ \boldsymbol{p} \end{bmatrix} \tag{5.39}$$

与式(5.39)对应的自由振动频率方程为：

$$|\boldsymbol{K}-\lambda\boldsymbol{M}|=0$$

其中

$$\boldsymbol{F}=\begin{bmatrix} \frac{-12}{Et^3}\sin\alpha\boldsymbol{\Gamma}_1^{00}\otimes\boldsymbol{\Gamma}_2^{00} & \frac{12\nu}{Et^3}\sin\alpha\boldsymbol{\Gamma}_1^{00}\otimes\boldsymbol{\Gamma}_2^{00} & 0 & 0 & 0 \\ \frac{12\nu}{Et^3}\sin\alpha\boldsymbol{\Gamma}_1^{00}\otimes\boldsymbol{\Gamma}_2^{00} & \frac{-12}{Et^3}\sin\alpha\boldsymbol{\Gamma}_1^{00}\otimes\boldsymbol{\Gamma}_2^{00} & 0 & 0 & 0 \\ 0 & 0 & \frac{-24(1+\nu)}{Et^3}\sin\alpha\boldsymbol{\Gamma}_1^{00}\otimes\boldsymbol{\Gamma}_2^{00} & 0 & 0 \\ 0 & 0 & 0 & \frac{-12(1+\nu)}{5Et}\sin\alpha\boldsymbol{\Gamma}_1^{00}\otimes\boldsymbol{\Gamma}_2^{00} & 0 \\ 0 & 0 & 0 & 0 & \frac{-12(1+\nu)}{5Et}\sin\alpha\boldsymbol{\Gamma}_1^{00}\otimes\boldsymbol{\Gamma}_2^{00} \end{bmatrix}$$

$$\boldsymbol{H}=\begin{bmatrix} 0 & -\sin\alpha\boldsymbol{\Gamma}_1^{01}\otimes\boldsymbol{\Gamma}_2^{00} & 0 \\ 0 & 0 & \cos\alpha\boldsymbol{\Gamma}_1^{01}\otimes\boldsymbol{\Gamma}_2^{00}-\boldsymbol{\Gamma}_1^{00}\otimes\boldsymbol{\Gamma}_2^{01} \\ 0 & \cos\alpha\boldsymbol{\Gamma}_1^{01}\otimes\boldsymbol{\Gamma}_2^{00}-\boldsymbol{\Gamma}_1^{00}\otimes\boldsymbol{\Gamma}_2^{01} & -\sin\alpha\boldsymbol{\Gamma}_1^{01}\otimes\boldsymbol{\Gamma}_2^{00} \\ -\sin\alpha\boldsymbol{\Gamma}_1^{01}\otimes\boldsymbol{\Gamma}_2^{00} & \sin\alpha\boldsymbol{\Gamma}_1^{00}\otimes\boldsymbol{\Gamma}_2^{00} & 0 \\ \cos\alpha\boldsymbol{\Gamma}_1^{01}\otimes\boldsymbol{\Gamma}_2^{00}-\boldsymbol{\Gamma}_1^{00}\otimes\boldsymbol{\Gamma}_2^{01} & 0 & \sin\alpha\boldsymbol{\Gamma}_1^{00}\otimes\boldsymbol{\Gamma}_2^{00} \end{bmatrix}$$

$$\boldsymbol{p}=\begin{bmatrix} L_xL_y(\boldsymbol{T}^e)^{\mathrm{T}}\int_{\Omega}q\boldsymbol{\Phi}_1\otimes\boldsymbol{\Phi}_2\sin\alpha\mathrm{d}x\mathrm{d}y & 0 & 0 \end{bmatrix}$$

$$\boldsymbol{K}=\begin{bmatrix} \boldsymbol{F} & \boldsymbol{H} \\ \boldsymbol{H}^{\mathrm{T}} & 0 \end{bmatrix}$$

$$\boldsymbol{M}=\begin{bmatrix} 0 & \\ & \boldsymbol{M}_{\lambda} \end{bmatrix}$$

$$\boldsymbol{a}=\begin{bmatrix} \boldsymbol{M}_{\xi}^e & \boldsymbol{M}_{\eta}^e & \boldsymbol{M}_{\xi\eta}^e & \boldsymbol{Q}_{\xi}^e & \boldsymbol{Q}_{\eta}^e \end{bmatrix}$$

$$\boldsymbol{b}=\begin{bmatrix} \boldsymbol{w}^e & \boldsymbol{\theta}_{\xi}^e & \boldsymbol{\theta}_{\eta}^e \end{bmatrix}$$

以上推导了二类变量 BSWI 中厚板弯曲和振动的矩阵列式，此处通过若干数值算例比较，说明其在数值计算中的有效性。采用四阶三尺度 BSWI($\mathrm{BSWI4}_3$)尺度函数对各场变量进行离散，其中，二类变量 BSWI 单元简记为 TwBSWI 单元。

算例 5.11 中厚度方板弯曲。二类变量 BSWI 中厚板单元的求解域和节点布置如图 5.19 所示。相关材料参数和载荷参数为：弹性模量 $E=3\times10^4\,\mathrm{N/m^2}$；质量密度 $\overline{m}=7917\mathrm{kg/m^3}$；泊松比 $\nu=0.3$；板长、板宽 $L=L_x=L_y=1\mathrm{m}$；均布载荷参数 $q=-1\mathrm{N/m^2}$；集中载荷参数 $p=-1\mathrm{N}$。求解结果见表 5.16 和图 5.20。

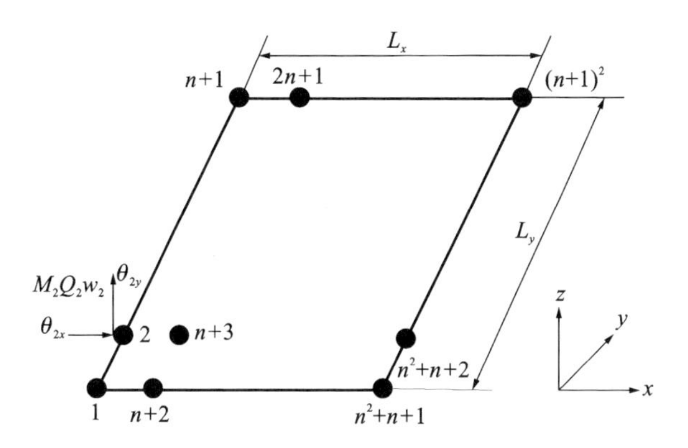

图 5.19　中厚板的单元求解域和节点布置

表 5.16　两种不同边界条件下中厚度方板中点挠度值

t/L	$100wD_0/qL^4$(简支)				$100wD_0/qL^4$(固支)			
	TwBSWI4_3	参考值[28]	参考值[1]	理论解	TwBSWI4_3	参考值[28]	参考值[1]	理论解
0.01	0.4064	0.4045	—	0.4062	0.1268	0.1293	—	0.1265
0.1	0.4273	0.4242	0.4269	0.4273	0.1505	0.1521	0.1493	0.1499
0.2	0.4904	0.4869	0.4887	0.4906	0.2172	0.2181	0.2166	0.2167
0.3	0.5957	0.5902	0.5952	0.5956	0.3246	0.3229	0.3224	0.3227
0.35	0.6641	0.6564	0.6631	0.6641	0.3937	0.3896	0.3948	0.3951

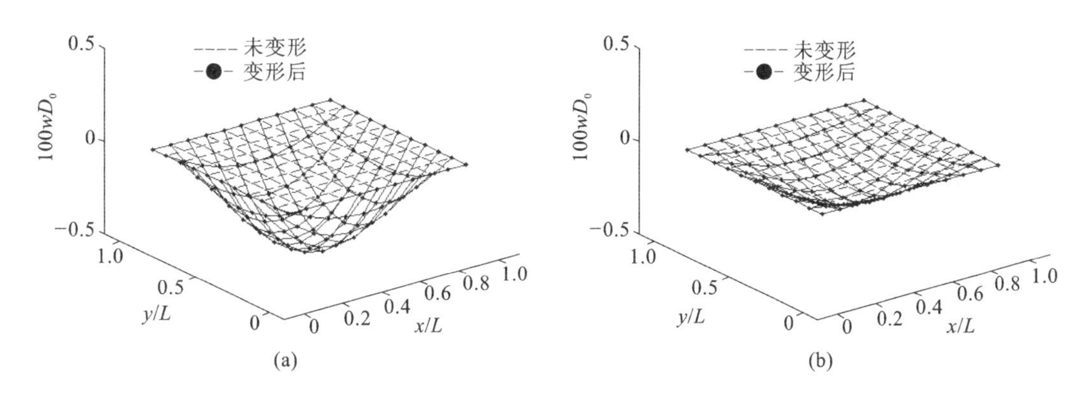

图 5.20　中厚度方板变形图($t/L=0.2$)

(a) 四边简支；(b) 四边固支

以上两个算例给出了两种不同边界条件下不同板厚的中厚度方板的挠度和弯矩值，并将二类变量 BSWI 的求解结果与文献[1,28]以及理论解进行了对比。表 5.17 中数据表明，在挠度的分析上，二类变量 BSWI 单元具有很好的精度，其分析结果与理论解非常接近。进一步比较表 5.17 中对弯矩的分析结果可以发现，二类变量 BSWI 单元对弯矩的分析具有独特的优势，二类变量 BSWI 对弯矩的求解结果较文献[1,28]更精确，与理论解更接近。因此，可证明二类变量 BSWI 单元是一种高效单元，可提高弯矩的分析精度。

表 5.17　两种不同边界条件下中厚度方板中点挠度和弯矩值

t/L	方法	$100wD_0/qL^4$（横向位移）		M/qL^2（弯矩）	
		四边简支	四边固支	四边简支（中点）	四边固支（边界中点）
0.001	$TwBSWI4_3$	0.4062	0.1265	0.0479	−0.0514
	参考值[28]	0.4043	0.1293	0.0480	−0.0506
	理论解	0.4062	0.1265	0.0479	−0.0513
0.3	$TwBSWI4_3$	0.5957	0.3246	0.0479	−0.0444
	参考值[28]	0.5902	0.3229	0.0489	−0.0458
	参考值[1]	0.5953	0.3226	0.0481	−0.0418
	理论解	0.5956	0.3227	0.0479	−0.0426

算例 5.12　中厚度斜板弯曲如图 5.19 所示，相关材料参数和力学参数为：弹性模量 $E = 3\times10^4\,N/m^2$；泊松比 $\nu = 0.3$；板长、板宽 $L = L_x = L_y = 1m$；质量密度 $\overline{m} = 7917kg/m^3$；集中载荷参数为 $p = -1N$；均布载荷参数为 $q = -1N/m^2$。

表 5.18 和表 5.19 分析了四边简支和四边固支中厚度斜板的斜夹角从 30°～90° 时中点挠度和弯矩的分析结果，并与 BSWI 单元[19]、参考值[20,21]、SHELL63 单元以及薄板理论解[22] 进行了对比。通过比较可以看出，对挠度的分析，几种单元都可以达到很好的精度，但是在弯矩的分析上，二类变量 BSWI 单元具有较为明显的优势，以较少的计算量（968 个自由度），可以达到 38400 个自由度下 SHELL63 单元的分析精度，较 BSWI 单元在弯矩的分析上具有明显优势。因此，二类变量 BSWI 是一种稳定的高精度数值算法，适合于斜厚板等奇异性问题的分析。

表 5.18　四边简支中厚度斜板中点挠度和弯矩值

斜角 α	$w1000D_0/qL^4$					$M10/qL^2$		
	TwBSWI (968 DOFs)	BSWI[19]	SHELL63 (38400 DOFs)	Rao [20]	Morley [21]	TwBSWI (968 DOFs)	BSWI	SHELL63 (38400 DOFs)
90°	4.0625	4.0625	4.0617	4.06	4.06	0.4788	0.4814	0.4786
85°	4.0140	4.0134	4.0150	4.01	4.01	0.4725	0.4770	0.4752
80°	3.8715	3.8683	3.8683	3.87	3.87	0.4556	0.4640	0.4637
75°	3.6429	3.6343	3.6362	3.64	—	0.4324	0.4427	0.4455
70°	3.3394	3.3228	3.3290	—	—	0.4058	0.4140	0.4210
60°	2.5712	2.5419	2.5581	2.56	2.56	0.3452	0.3374	0.3557
55°	2.1463	2.0929	2.1349	2.14	—	0.3109	0.2917	0.3170
50°	1.7230	1.6955	1.7144	1.72	1.72	0.2741	0.2429	0.2761
45°	1.3219	1.2830	1.3165	1.32	—	0.2355	0.1931	0.2340
40°	0.0961	0.9264	0.9584	0.958	0.958	1.9595	0.1445	0.1923
30°	0.4081	0.3883	0.4084	0.406	0.408	1.1924	0.0623	0.1145
理论解 30°[22]（薄板）			0.408			1.080		

表 5.19 四边固支中厚度斜板中点挠度和弯矩值

斜角 α	$w1000D_0/qL^4$					$M10/qL^2$		
	TwBSWI (968 DOFs)	BSWI[19]	SHELL63 (38400 DOFs)	Rao [20]	Morley [21]	TwBSWI (968 DOFs)	BSWI	SHELL63 (38400 DOFs)
90°	1.2653	1.2652	1.2656	1.27	1.26	0.2290	0.2329	0.2287
85°	1.2488	1.2487	1.2499	—	—	0.2270	0.2306	0.2271
80°	1.2005	1.2002	1.2007	1.20	1.20	0.2213	0.2238	0.2211
75°	1.1232	1.1226	1.1232	—	—	0.2119	0.2129	0.2115
70°	1.0215	1.0206	1.0213	1.02	1.02	0.1992	0.1983	0.1988
60°	0.7694	0.7680	0.7692	0.771	0.769	0.1658	0.1609	0.1652
55°	0.6333	0.6317	0.6334	—	—	0.1464	0.1395	0.1456
50°	0.5002	0.4982	0.5005	0.503	0.500	0.1261	0.1173	0.1251
45°	0.3766	0.3741	0.3771	—	—	0.1056	0.0948	0.1043
40°	0.2678	0.2648	0.2684	0.269	0.270	0.0855	0.0728	0.0841
30°	0.1077	0.1039	0.1083	0.108	—	0.0490	0.0334	0.0477

算例 5.13 中厚度方板。相关材料参数和载荷参数为：弹性模量 $E = 3\times10^4\mathrm{N/m^2}$；泊松比 $\nu = 0.3$；板长、板宽 $L = L_x = L_y = 1\mathrm{m}$；质量密度 $\overline{m} = 7917\mathrm{kg/m^3}$。

表 5.20 和表 5.21 列出了四边简支与四边固支中厚度方板的固有频率系数值，将二类变量 BSWI 单元的分析结果与样条有限元法[25]和薄板理论解[29,30]进行对比，两者的值十分吻合，证明了二类变量 BSWI 单元在中厚板自由振动分析中的有效性。此外，由表中数据还可发现，在不同的厚长比下，即使当 $t/L = 0.001$ 时，二类变量 BSWI 单元仍表现出很好的精度，因此，该单元可以避免传统单元分析中的剪切锁死现象，不仅可以用于中厚板的分析，亦适用于薄板的分析。

表 5.20 四边简支中厚度方板前五阶固有频率系数

$\Omega_i = \omega_i L^2 (\rho t/D_0)^{1/2}(\mathrm{rad\cdot s^{-1}})$

t/L	方法	Ω_1	Ω_2	Ω_3	Ω_4	Ω_5
0.001	$\mathrm{TwBSWI4_3}$	19.73915	49.34760	49.34760	78.95580	98.68783
0.01	$\mathrm{TwBSWI4_3}$	19.73364	49.31320	49.31320	78.86778	98.55038
	样条有限元[25]	19.54310	49.34299	49.36815	78.91379	101.15355
0.02	$\mathrm{TwBSWI4_3}$	19.71698	49.20938	49.20938	78.60285	98.13734
	样条有限元[25]	19.60819	49.06273	49.07697	78.23098	98.59930
0.05	$\mathrm{TwBSWI4_3}$	19.60151	48.50057	48.50057	76.82017	98.38453
	样条有限元[25]	19.21942	47.73099	47.76030	74.98730	94.11515
0.1	$\mathrm{TwBSWI4_3}$	19.20507	46.19845	46.19845	71.32081	87.16275
	样条有限元[25]	18.31740	44.34606	44.51496	67.42929	84.06901

续表 5.20

t/L	方法	Ω_1	Ω_2	Ω_3	Ω_4	Ω_5
0.2	$TwBSWI4_3$	17.83023	39.45972	39.45972	57.24563	67.65447
	样条有限元[25]	16.04482	36.15783	37.00329	52.13606	63.767
理论解(薄板)[29]		19.74	49.35	49.35	78.95	98.64

表 5.21　四边固支中厚度方板前五阶固有频率系数

$\Omega_i = \omega_i L^2 (\rho t/D_0)^{1/2} (\mathrm{rad \cdot s^{-1}})$

t/L	方法	Ω_1	Ω_2	Ω_3	Ω_4	Ω_5
0.001	$TwBSWI4_3$	35.98506	73.39294	73.39294	108.21912	131.54766
0.01	$TwBSWI4_3$	35.94667	73.25806	73.25806	107.94153	131.16350
	样条有限元[25]	35.95932	73.92233	73.93530	108.76511	139.23087
0.02	$TwBSWI4_3$	35.83142	72.85473	72.85473	107.11670	130.20960
	样条有限元[25]	35.81282	72.95158	72.95242	107.15167	132.09457
0.05	$TwBSWI4_3$	35.06501	70.23374	70.23374	101.92805	122.82260
	样条有限元[25]	34.96382	69.84711	69.84833	101.00397	122.01418
0.1	$TwBSWI4_3$	32.75858	62.92107	62.92107	88.63382	104.64989
	样条有限元[25]	32.42808	61.83785	61.83844	86.37923	102.14913
0.2	$TwBSWI4_3$	26.89462	47.41137	47.41137	63.93589	73.12864
	样条有限元[25]	26.31114	45.92644	45.92652	61.28589	70.22099
理论解(薄板)[30]		35.98800	73.73657	—	108.16	132.25

算例 5.14　中厚度斜板。相关材料参数和力学参数为：弹性模量 $E = 3 \times 10^4 \mathrm{N/m^2}$；泊松比 $\nu = 0.3$；板长、板宽 $L = L_x = L_y = 1\mathrm{m}$；质量密度 $\overline{m} = 7917\mathrm{kg/m^3}$。

表 5.22 中列出了六种不同边界条件下中厚度斜板的前五阶固有频率系数的分析结果。将二类变量 BSWI 单元的分析结果与文献[27]进行对比，从结果来看，两者吻合得较好，说明以上构造的二类变量 BSWI 中厚板振动单元的有效性。通过各种不同边界条件的计算验证，此单元具有较好的数值稳定性。

表 5.22　中厚度斜板的前五阶固有频率系数

$\Omega_i = \omega_i L^2 (\rho t/D_0)^{1/2} (\mathrm{rad \cdot s^{-1}}) (t/L = 0.2)$

边界条件	斜夹角	90°		75°		60°	
	方法	$TwBSWI4_3$	参考值[27]	$TwBSWI4_3$	参考值[27]	$TwBSWI4_3$	参考值[27]
四边固支	Ω_1	2.7250	2.6807	2.8036	2.8058	3.0588	3.2313
	Ω_2	4.8038	4.6753	4.6729	4.6298	4.7551	4.9757
	Ω_3	4.8038	4.6761	5.1520	5.0963	5.7676	6.0140
	Ω_4	6.4781	6.2761	6.3944	6.3070	6.3520	6.6217
	Ω_5	7.4095	7.1496	7.5445	7.4052	7.9779	8.2634

续表 5.22

边界条件	斜夹角	90°		75°		60°	
	方法	TwBSWI4$_3$	参考值[27]	TwBSWI4$_3$	参考值[27]	TwBSWI4$_3$	参考值[27]
四边简支	Ω_1	1.6969	1.7661	1.7537	1.8560	1.9469	2.1719
	Ω_2	3.8800	3.8580	3.7397	3.7856	3.8026	4.0637
	Ω_3	3.8800	3.8580	4.2366	4.2763	4.8837	5.1849
	Ω_4	5.5879	5.5737	5.5124	5.5784	5.4701	5.8321
	Ω_5	6.7616	6.5820	6.9044	6.8385	7.2910	7.7066
一对边固支 一对边简支	Ω_1	2.3013	2.2606	2.3884	2.3682	2.6725	2.7383
	Ω_2	4.1358	4.0286	4.1706	4.1091	4.3546	4.4680
	Ω_3	4.6343	4.5063	4.8452	4.7862	5.4511	5.6513
	Ω_4	6.0934	5.9139	6.0070	5.9221	5.9945	6.2009
	Ω_5	6.8315	6.6445	7.1072	7.0138	7.6910	7.9691
一边固支 三边自由	Ω_1	0.3408	0.3382	0.3446	0.3479	0.3537	0.3769
	Ω_2	0.7613	0.7437	0.7639	0.7588	0.7802	0.8161
	Ω_3	1.8518	1.7779	1.8800	1.8299	1.9441	1.9772
	Ω_4	2.4129	2.2741	2.2596	2.1886	2.1119	2.1627
	Ω_5	2.5283	2.4163	2.7401	2.6309	3.0911	3.0974
一对边固支 一对边自由	Ω_1	1.7928	1.7732	1.8329	1.8438	1.9591	2.0781
	Ω_2	2.0651	2.0104	2.0818	2.0606	2.1428	2.2343
	Ω_3	3.3564	3.1590	3.3808	3.2396	3.4721	3.5201
	Ω_4	4.1352	4.0281	4.2134	4.1701	4.4231	4.5966
	Ω_5	4.4929	4.3336	4.5604	4.4612	4.7855	4.8934
一对边简支 一对边自由	Ω_1	0.9218	0.9096	0.9981	0.9519	1.2218	1.0907
	Ω_2	1.4684	1.4267	1.4997	1.4467	1.6167	1.5163
	Ω_3	3.1325	2.9482	3.0982	2.9277	3.1104	2.9640
	Ω_4	3.2562	3.1630	3.3812	3.3090	3.7323	3.7388
	Ω_5	3.7861	3.6369	3.9390	3.8272	4.3408	4.3575

5.6 多变量双曲扁壳 BSWI 单元构造与分析

齐次边界条件下，二类变量双曲扁壳弯曲、振动的广义势能泛函为[10]：

$$\Pi_2(\boldsymbol{u},\boldsymbol{N},\boldsymbol{w},\boldsymbol{M})=\iint_\Omega \boldsymbol{N}^{\mathrm{T}}(\boldsymbol{\nabla}_2\boldsymbol{\Delta})\mathrm{d}x\mathrm{d}y+\iint_\Omega \boldsymbol{M}^{\mathrm{T}}\boldsymbol{B}\boldsymbol{w}\mathrm{d}x\mathrm{d}y-\frac{1}{2}\iint_\Omega \boldsymbol{N}^{\mathrm{T}}\boldsymbol{d}^{-1}\boldsymbol{N}\mathrm{d}x\mathrm{d}y$$

$$-\frac{1}{2}\iint_\Omega \boldsymbol{M}^{\mathrm{T}}\boldsymbol{D}_b^{-1}\boldsymbol{M}\mathrm{d}x\mathrm{d}y-\frac{1}{2}\iint_\Omega \lambda\overline{m}\boldsymbol{w}^2\mathrm{d}x\mathrm{d}y-\iint_\Omega \boldsymbol{u}^{\mathrm{T}}\boldsymbol{p}\mathrm{d}x\mathrm{d}y-\iint_\Omega \boldsymbol{w}p_z\mathrm{d}x\mathrm{d}y \tag{5.40}$$

式中，$\bar{m}$ 为质量密度；λ 为振动特征值；$\boldsymbol{\Delta}$、$\boldsymbol{N}$、$\boldsymbol{M}$ 分别为广义位移场函数、膜内力场函数和内力矩场函数。

以上各式中的矩阵为：

$$\boldsymbol{\Delta}=[u \quad v \quad w]^{\mathrm{T}}$$

$$\boldsymbol{N}=[N_{\xi} \quad N_{\eta} \quad N_{\xi\eta}]^{\mathrm{T}}$$

$$\boldsymbol{M}=[M_{\xi} \quad M_{\eta} \quad M_{\xi\eta}]^{\mathrm{T}}$$

$$\boldsymbol{u}=[u \quad v]^{\mathrm{T}}$$

$$\boldsymbol{p}=[p_x \quad p_y]^{\mathrm{T}}$$

$$\boldsymbol{\nabla}_2=\begin{bmatrix}\dfrac{\partial}{\partial x} & 0 & -k_x \\ 0 & \dfrac{\partial}{\partial y} & -k_y \\ \dfrac{\partial}{\partial y} & \dfrac{\partial}{\partial x} & -2k_{xy}\end{bmatrix}$$

$$\boldsymbol{B}=\left[-\frac{\partial^2}{\partial x^2} \quad -\frac{\partial^2}{\partial y^2} \quad -\frac{\partial^2}{\partial x \partial y}\right]^{\mathrm{T}}$$

$$\boldsymbol{d}=d_0\begin{bmatrix}1 & \nu & 0 \\ \nu & 1 & 0 \\ 0 & 0 & \dfrac{1-\nu}{2}\end{bmatrix}, d_0=\frac{Et}{1-\nu^2}$$

$$\boldsymbol{D}_b=\frac{t^2}{12}\boldsymbol{d}$$

式中，$\boldsymbol{d}$ 为平面应力问题的弹性矩阵；$\boldsymbol{D}_b$ 为薄板弯曲问题的弹性矩阵；$k_x=-\dfrac{\partial^2 z}{\partial x^2}=\dfrac{1}{R_x}$，$k_y=-\dfrac{\partial^2 z}{\partial y^2}=\dfrac{1}{R_y}$，$k_z=-\dfrac{\partial^2 z}{\partial x \partial y}=\dfrac{1}{R_{xy}}$；$R_x$、$R_y$、$R_{xy}$ 为壳体曲率半径；E 为弹性模量；ν 为泊松比；t 为板的厚度。

以 BSWI 小波的二维张量积尺度函数为插值函数，构造场变量，则广义位移场函数、内力矩场函数和剪力场函数为：

$$\boldsymbol{\Delta}=\begin{bmatrix}u \\ v \\ w\end{bmatrix}=\begin{bmatrix}\boldsymbol{\Phi T}^e & 0 & 0 \\ 0 & \boldsymbol{\Phi T}^e & 0 \\ 0 & 0 & \boldsymbol{\Phi T}^e\end{bmatrix}\begin{bmatrix}\boldsymbol{u}^e \\ \boldsymbol{v}^e \\ \boldsymbol{w}^e\end{bmatrix}$$

$$\boldsymbol{M}=\begin{bmatrix}M_{\xi} \\ M_{\eta} \\ M_{\xi\eta}\end{bmatrix}=\begin{bmatrix}\boldsymbol{\Phi T}^e & 0 & 0 \\ 0 & \boldsymbol{\Phi T}^e & 0 \\ 0 & 0 & \boldsymbol{\Phi T}^e\end{bmatrix}\begin{bmatrix}\boldsymbol{M}_{\xi}^e \\ \boldsymbol{M}_{\eta}^e \\ \boldsymbol{M}_{\xi\eta}^e\end{bmatrix}$$

$$\boldsymbol{N}=\begin{bmatrix}N_{\xi} \\ N_{\eta} \\ N_{\xi\eta}\end{bmatrix}=\begin{bmatrix}\boldsymbol{\Phi T}^e & 0 & 0 \\ 0 & \boldsymbol{\Phi T}^e & 0 \\ 0 & 0 & \boldsymbol{\Phi T}^e\end{bmatrix}\begin{bmatrix}\boldsymbol{N}_{\xi}^e \\ \boldsymbol{N}_{\eta}^e \\ \boldsymbol{N}_{\xi\eta}^e\end{bmatrix}$$

由二类变量广义变分原理可知，令双曲扁壳的二类变量广义势能泛函对各场变量的变分为零，即$\dfrac{\partial \Pi_2}{\partial \boldsymbol{M}_{\xi}^e}=0$，$\dfrac{\partial \Pi_2}{\partial \boldsymbol{M}_{\eta}^e}=0$，$\dfrac{\partial \Pi_2}{\partial \boldsymbol{M}_{\xi\eta}^e}=0$，$\dfrac{\partial \Pi_2}{\partial \boldsymbol{N}_{\xi}^e}=0$，$\dfrac{\partial \Pi_2}{\partial \boldsymbol{N}_{\eta}^e}=0$，$\dfrac{\partial \Pi_2}{\partial \boldsymbol{N}_{\xi\eta}^e}=0$，$\dfrac{\partial \Pi_2}{\partial \boldsymbol{u}^e}=0$，$\dfrac{\partial \Pi_2}{\partial \boldsymbol{v}^e}=0$，$\dfrac{\partial \Pi_2}{\partial \boldsymbol{w}^e}=$

0。因此二类变量双曲扁壳 BSWI 单元的矩阵列式为：

$$\begin{bmatrix} \boldsymbol{E} & 0 & \boldsymbol{H} \\ 0 & \boldsymbol{F} & \boldsymbol{S} \\ \boldsymbol{H}^{\mathrm{T}} & \boldsymbol{S}^{\mathrm{T}} & 0 \end{bmatrix} \begin{bmatrix} \boldsymbol{M}^e \\ \boldsymbol{N}^e \\ \boldsymbol{\Delta}^e \end{bmatrix} = \begin{bmatrix} 0 \\ 0 \\ \boldsymbol{P} \end{bmatrix} + \begin{bmatrix} 0 & 0 & 0 \\ 0 & 0 & 0 \\ 0 & 0 & \lambda \boldsymbol{M}_\lambda \end{bmatrix} \begin{bmatrix} \boldsymbol{M}^e \\ \boldsymbol{N}^e \\ \boldsymbol{\Delta}^e \end{bmatrix}$$

二类变量双曲扁壳的 BSWI 弯曲单元的矩阵列式为：

$$\begin{bmatrix} \boldsymbol{E} & 0 & \boldsymbol{H} \\ 0 & \boldsymbol{F} & \boldsymbol{S} \\ \boldsymbol{H}^{\mathrm{T}} & \boldsymbol{S}^{\mathrm{T}} & 0 \end{bmatrix} \begin{bmatrix} \boldsymbol{M}^e \\ \boldsymbol{N}^e \\ \boldsymbol{\Delta}^e \end{bmatrix} = \begin{bmatrix} 0 \\ 0 \\ \boldsymbol{P} \end{bmatrix}$$

二类变量双曲扁壳 BSWI 自由振动单元的矩阵列式为：

$$\begin{bmatrix} \boldsymbol{E} & 0 & \boldsymbol{H} \\ 0 & \boldsymbol{F} & \boldsymbol{S} \\ \boldsymbol{H}^{\mathrm{T}} & \boldsymbol{S}^{\mathrm{T}} & 0 \end{bmatrix} \begin{bmatrix} \boldsymbol{M}^e \\ \boldsymbol{N}^e \\ \boldsymbol{\Delta}^e \end{bmatrix} = \begin{bmatrix} 0 & 0 & 0 \\ 0 & 0 & 0 \\ 0 & 0 & \lambda \boldsymbol{M}_\lambda \end{bmatrix} \begin{bmatrix} \boldsymbol{M}^e \\ \boldsymbol{N}^e \\ \boldsymbol{\Delta}^e \end{bmatrix}$$

其中：

$$\boldsymbol{E} = \begin{bmatrix} -\dfrac{12}{Et^3}\boldsymbol{\Gamma}_1^{00} \otimes \boldsymbol{\Gamma}_2^{00} & \dfrac{12\nu}{Et^3}\boldsymbol{\Gamma}_1^{00} \otimes \boldsymbol{\Gamma}_2^{00} & 0 \\ \dfrac{12\nu}{Et^3}\boldsymbol{\Gamma}_1^{00} \otimes \boldsymbol{\Gamma}_2^{00} & -\dfrac{12}{Et^3}\boldsymbol{\Gamma}_1^{00} \otimes \boldsymbol{\Gamma}_2^{00} & 0 \\ 0 & 0 & -\dfrac{24(1+\nu)}{Et^3}\boldsymbol{\Gamma}_1^{00} \otimes \boldsymbol{\Gamma}_2^{00} \end{bmatrix}$$

$$\boldsymbol{H} = \begin{bmatrix} 0 & 0 & -\boldsymbol{\Gamma}_1^{02} \otimes \boldsymbol{\Gamma}_2^{00} \\ 0 & 0 & -\boldsymbol{\Gamma}_1^{00} \otimes \boldsymbol{\Gamma}_2^{02} \\ 0 & 0 & -\boldsymbol{\Gamma}_1^{01} \otimes \boldsymbol{\Gamma}_2^{01} \end{bmatrix}$$

$$\boldsymbol{F} = \begin{bmatrix} -\dfrac{1}{Et}\boldsymbol{\Gamma}_1^{00} \otimes \boldsymbol{\Gamma}_2^{00} & \dfrac{\nu}{Et}\boldsymbol{\Gamma}_1^{00} \otimes \boldsymbol{\Gamma}_2^{00} & 0 \\ \dfrac{\nu}{Et}\boldsymbol{\Gamma}_1^{00} \otimes \boldsymbol{\Gamma}_2^{00} & -\dfrac{1}{Et}\boldsymbol{\Gamma}_1^{00} \otimes \boldsymbol{\Gamma}_2^{00} & 0 \\ 0 & 0 & -\dfrac{2(1+\nu)}{Et}\boldsymbol{\Gamma}_1^{00} \otimes \boldsymbol{\Gamma}_2^{00} \end{bmatrix}$$

$$\boldsymbol{P} = \begin{bmatrix} l_x l_y (\boldsymbol{T}^e)^{\mathrm{T}} \int_0^1 \int_0^1 p_x \boldsymbol{\Phi}_1^{\mathrm{T}} \otimes \boldsymbol{\Phi}_2^{\mathrm{T}} \mathrm{d}\xi \mathrm{d}\eta \\ l_x l_y (\boldsymbol{T}^e)^{\mathrm{T}} \int_0^1 \int_0^1 p_y \boldsymbol{\Phi}_1^{\mathrm{T}} \otimes \boldsymbol{\Phi}_2^{\mathrm{T}} \mathrm{d}\xi \mathrm{d}\eta \\ l_x l_y (\boldsymbol{T}^e)^{\mathrm{T}} \int_0^1 \int_0^1 p_z \boldsymbol{\Phi}_1^{\mathrm{T}} \otimes \boldsymbol{\Phi}_2^{\mathrm{T}} \mathrm{d}\xi \mathrm{d}\eta \end{bmatrix}$$

$$\boldsymbol{S} = \begin{bmatrix} \boldsymbol{\Gamma}_1^{01} \otimes \boldsymbol{\Gamma}_2^{00} & 0 & k_x \boldsymbol{\Gamma}_1^{00} \otimes \boldsymbol{\Gamma}_2^{00} \\ 0 & \boldsymbol{\Gamma}_1^{00} \otimes \boldsymbol{\Gamma}_2^{01} & k_y \boldsymbol{\Gamma}_1^{00} \otimes \boldsymbol{\Gamma}_2^{00} \\ \boldsymbol{\Gamma}_1^{00} \otimes \boldsymbol{\Gamma}_2^{01} & \boldsymbol{\Gamma}_1^{01} \otimes \boldsymbol{\Gamma}_2^{00} & 2k_{xy} \boldsymbol{\Gamma}_1^{00} \otimes \boldsymbol{\Gamma}_2^{00} \end{bmatrix}$$

$$\boldsymbol{M}^e = [\boldsymbol{M}_\xi^e \quad \boldsymbol{M}_\eta^e \quad \boldsymbol{M}_{\xi\eta}^e]^{\mathrm{T}}$$

$$\boldsymbol{N}^e = [\boldsymbol{N}_\xi^e \quad \boldsymbol{N}_\eta^e \quad \boldsymbol{N}_{\xi\eta}^e]^{\mathrm{T}}$$

$$\boldsymbol{\Delta}^e = [\boldsymbol{u}^e \quad \boldsymbol{v}^e \quad \boldsymbol{w}^e]^{\mathrm{T}}$$

齐次边界条件下，三类变量双曲扁壳弯曲、振动的广义势能泛函为[10]：

$$\Pi_3 = \iint_\Omega \boldsymbol{M}^{\mathrm{T}} \boldsymbol{\chi} \mathrm{d}x\mathrm{d}y + \iint_\Omega \boldsymbol{M}^{\mathrm{T}} \boldsymbol{S} \mathrm{d}x\mathrm{d}y + \iint_\Omega \boldsymbol{N}^{\mathrm{T}} \boldsymbol{\varepsilon} \mathrm{d}x\mathrm{d}y + \iint_\Omega \boldsymbol{N}^{\mathrm{T}} \boldsymbol{J} \mathrm{d}x\mathrm{d}y + \iint_\Omega (\boldsymbol{U}_p + \boldsymbol{U}_b - \boldsymbol{\Delta}^{\mathrm{T}} \boldsymbol{p}) \mathrm{d}x\mathrm{d}y - \frac{1}{2}\iint_\Omega \lambda \bar{m} \boldsymbol{w}^2 \mathrm{d}x\mathrm{d}y \tag{5.41}$$

式中，$\bar{m}$ 为质量密度；λ 为振动特征值；$\boldsymbol{\Delta}$ 为广义位移场函数，$\boldsymbol{M}$、$\boldsymbol{N}$ 为广义力场函数，$\boldsymbol{S}$、$\boldsymbol{J}$ 为广义应变场函数。

以上各式中的矩阵为：

$$\boldsymbol{M} = [M_\xi \quad M_\eta \quad M_{\xi\eta}]^{\mathrm{T}}$$

$$\boldsymbol{S} = [-S_\xi \quad -S_\eta \quad -2S_{\xi\eta}]^{\mathrm{T}}$$

$$\boldsymbol{N} = [N_\xi \quad N_\eta \quad N_{\xi\eta}]^{\mathrm{T}}$$

$$\boldsymbol{J} = [-J_\xi \quad -J_\eta \quad -2J_{\xi\eta}]^{\mathrm{T}}$$

$$\boldsymbol{\Delta} = [u, v, w]^{\mathrm{T}}$$

$$\boldsymbol{\nabla}_1 = \begin{bmatrix} 0 & 0 & -\dfrac{\partial^2}{\partial x^2} \\ 0 & 0 & -\dfrac{\partial^2}{\partial y^2} \\ 0 & 0 & -2\dfrac{\partial^2}{\partial x \partial y} \end{bmatrix}$$

$$\boldsymbol{\nabla}_2 = \begin{bmatrix} \dfrac{\partial}{\partial x} & 0 & -k_x \\ 0 & \dfrac{\partial}{\partial y} & -k_y \\ \dfrac{\partial}{\partial y} & \dfrac{\partial}{\partial x} & -2k_{xy} \end{bmatrix}$$

$$\boldsymbol{\varepsilon} = \boldsymbol{\nabla}_2 \boldsymbol{\Delta}$$

$$\boldsymbol{U}_p = \frac{1}{2}\boldsymbol{J}^{\mathrm{T}} \boldsymbol{d} \boldsymbol{J}$$

$$\boldsymbol{U}_b = \frac{1}{2}\boldsymbol{S}^{\mathrm{T}} \boldsymbol{D}_b \boldsymbol{S}$$

$$\boldsymbol{p} = [p_x, p_y, p_z]^{\mathrm{T}}$$

$$\boldsymbol{d} = d_0 \begin{bmatrix} 1 & \nu & 0 \\ \nu & 1 & 0 \\ 0 & 0 & \dfrac{1-\nu}{2} \end{bmatrix}, d_0 = \frac{Et}{1-\nu^2}$$

$$\boldsymbol{D}_b = \frac{t^2}{12}\boldsymbol{d}$$

式中，$\boldsymbol{d}$ 为平面应力问题的弹性矩阵；$\boldsymbol{D}_b$ 为薄板弯曲问题的弹性矩阵；$k_x = -\dfrac{\partial^2 z}{\partial x^2} = \dfrac{1}{R_x}$，$k_y = -\dfrac{\partial^2 z}{\partial y^2} = \dfrac{1}{R_y}$，$k_z = -\dfrac{\partial^2 z}{\partial x \partial y} = \dfrac{1}{R_{xy}}$；$R_x$、$R_y$、$R_{xy}$ 为壳体曲率半径；E 为弹性模量；ν 为泊松比；t 为板的厚度。

以 BSWI 小波的二维张量积尺度函数为插值函数来构造场变量，则广义位移场函数、广义力场函数和广义应变场函数分别为：

$$\boldsymbol{\Delta}=\begin{bmatrix}u\\v\\w\end{bmatrix}=\begin{bmatrix}\boldsymbol{\Phi T}^e & 0 & 0\\0 & \boldsymbol{\Phi T}^e & 0\\0 & 0 & \boldsymbol{\Phi T}^e\end{bmatrix}\begin{bmatrix}\boldsymbol{u}^e\\\boldsymbol{v}^e\\\boldsymbol{w}^e\end{bmatrix}$$

$$\boldsymbol{M}=\begin{bmatrix}M_\xi\\M_\eta\\M_{\xi\eta}\end{bmatrix}=\begin{bmatrix}\boldsymbol{\Phi T}^e & 0 & 0\\0 & \boldsymbol{\Phi T}^e & 0\\0 & 0 & \boldsymbol{\Phi T}^e\end{bmatrix}\begin{bmatrix}\boldsymbol{M}_\xi^e\\\boldsymbol{M}_\eta^e\\\boldsymbol{M}_{\xi\eta}^e\end{bmatrix}$$

$$\boldsymbol{N}=\begin{bmatrix}N_\xi\\N_\eta\\N_{\xi\eta}\end{bmatrix}=\begin{bmatrix}\boldsymbol{\Phi T}^e & 0 & 0\\0 & \boldsymbol{\Phi T}^e & 0\\0 & 0 & \boldsymbol{\Phi T}^e\end{bmatrix}\begin{bmatrix}\boldsymbol{N}_\xi^e\\\boldsymbol{N}_\eta^e\\\boldsymbol{N}_{\xi\eta}^e\end{bmatrix}$$

$$\boldsymbol{J}=\begin{bmatrix}-J_\xi\\-J_\eta\\-2J_{\xi\eta}\end{bmatrix}=\begin{bmatrix}\boldsymbol{\Phi T}^e & 0 & 0\\0 & \boldsymbol{\Phi T}^e & 0\\0 & 0 & \boldsymbol{\Phi T}^e\end{bmatrix}\begin{bmatrix}-\boldsymbol{J}_\xi^e\\-\boldsymbol{J}_\eta^e\\-2\boldsymbol{J}_{\xi\eta}^e\end{bmatrix}$$

$$\boldsymbol{S}=\begin{bmatrix}-S_\xi\\-S_\eta\\-2S_{\xi\eta}\end{bmatrix}=\begin{bmatrix}\boldsymbol{\Phi T}^e & 0 & 0\\0 & \boldsymbol{\Phi T}^e & 0\\0 & 0 & \boldsymbol{\Phi T}^e\end{bmatrix}\begin{bmatrix}-\boldsymbol{S}_\xi^e\\-\boldsymbol{S}_\eta^e\\-2\boldsymbol{S}_{\xi\eta}^e\end{bmatrix}$$

由三类变量广义变分原理可知，令双曲扁壳的三类变量广义势能泛函对各场变量的变分为零，即$\frac{\partial\Pi_3}{\partial\boldsymbol{M}_\xi^e}=0,\frac{\partial\Pi_3}{\partial\boldsymbol{M}_\eta^e}=0,\frac{\partial\Pi_3}{\partial\boldsymbol{M}_{\xi\eta}^e}=0,\frac{\partial\Pi_3}{\partial\boldsymbol{N}_\xi^e}=0,\frac{\partial\Pi_3}{\partial\boldsymbol{N}_\eta^e}=0,\frac{\partial\Pi_3}{\partial\boldsymbol{N}_{\xi\eta}^e}=0,\frac{\partial\Pi_3}{\partial\boldsymbol{S}_\xi^e}=0,\frac{\partial\Pi_3}{\partial\boldsymbol{S}_\eta^e}=0,\frac{\partial\Pi_3}{\partial\boldsymbol{S}_{\xi\eta}^e}=0$，$\frac{\partial\Pi_3}{\partial\boldsymbol{J}_\xi^e}=0,\frac{\partial\Pi_3}{\partial\boldsymbol{J}_\eta^e}=0,\frac{\partial\Pi_3}{\partial\boldsymbol{J}_{\xi\eta}^e}=0,\frac{\partial\Pi_3}{\partial\boldsymbol{u}^e}=0,\frac{\partial\Pi_3}{\partial\boldsymbol{v}^e}=0,\frac{\partial\Pi_3}{\partial\boldsymbol{w}^e}=0$。因此，三类变量双曲扁壳 BSWI 单元的矩阵列式为：

$$\begin{bmatrix}\boldsymbol{0}&\boldsymbol{0}&\boldsymbol{F}&\boldsymbol{0}&\boldsymbol{E}\\\boldsymbol{0}&\boldsymbol{0}&\boldsymbol{0}&\boldsymbol{F}&\boldsymbol{G}\\\boldsymbol{F}^{\mathrm{T}}&\boldsymbol{0}&\boldsymbol{L}&\boldsymbol{0}&\boldsymbol{0}\\\boldsymbol{0}&\boldsymbol{F}^{\mathrm{T}}&\boldsymbol{0}&\boldsymbol{H}&\boldsymbol{0}\\\boldsymbol{E}^{\mathrm{T}}&\boldsymbol{G}^{\mathrm{T}}&\boldsymbol{0}&\boldsymbol{0}&\boldsymbol{0}\end{bmatrix}\begin{bmatrix}\boldsymbol{M}^e\\\boldsymbol{N}^e\\\boldsymbol{S}^e\\\boldsymbol{J}^e\\\boldsymbol{\Delta}\end{bmatrix}=\begin{bmatrix}\boldsymbol{0}\\\boldsymbol{0}\\\boldsymbol{0}\\\boldsymbol{0}\\\boldsymbol{Q}\end{bmatrix}+\begin{bmatrix}\boldsymbol{0}&\boldsymbol{0}&\boldsymbol{0}&\boldsymbol{0}&\boldsymbol{0}\\\boldsymbol{0}&\boldsymbol{0}&\boldsymbol{0}&\boldsymbol{0}&\boldsymbol{0}\\\boldsymbol{0}&\boldsymbol{0}&\boldsymbol{0}&\boldsymbol{0}&\boldsymbol{0}\\\boldsymbol{0}&\boldsymbol{0}&\boldsymbol{0}&\boldsymbol{0}&\boldsymbol{0}\\\boldsymbol{0}&\boldsymbol{0}&\boldsymbol{0}&\boldsymbol{0}&\lambda\boldsymbol{M}_\lambda\end{bmatrix}\begin{bmatrix}\boldsymbol{M}^e\\\boldsymbol{N}^e\\\boldsymbol{S}^e\\\boldsymbol{J}^e\\\boldsymbol{\Delta}\end{bmatrix}$$

则二类变量双曲扁壳 BSWI 弯曲单元的矩阵列式为：

$$\begin{bmatrix}\boldsymbol{0}&\boldsymbol{0}&\boldsymbol{F}&\boldsymbol{0}&\boldsymbol{E}\\\boldsymbol{0}&\boldsymbol{0}&\boldsymbol{0}&\boldsymbol{F}&\boldsymbol{G}\\\boldsymbol{F}^{\mathrm{T}}&\boldsymbol{0}&\boldsymbol{L}&\boldsymbol{0}&\boldsymbol{0}\\\boldsymbol{0}&\boldsymbol{F}^{\mathrm{T}}&\boldsymbol{0}&\boldsymbol{H}&\boldsymbol{0}\\\boldsymbol{E}^{\mathrm{T}}&\boldsymbol{G}^{\mathrm{T}}&\boldsymbol{0}&\boldsymbol{0}&\boldsymbol{0}\end{bmatrix}\begin{bmatrix}\boldsymbol{M}^e\\\boldsymbol{N}^e\\\boldsymbol{S}^e\\\boldsymbol{J}^e\\\boldsymbol{\Delta}\end{bmatrix}=\begin{bmatrix}\boldsymbol{0}\\\boldsymbol{0}\\\boldsymbol{0}\\\boldsymbol{0}\\\boldsymbol{Q}\end{bmatrix}$$

二类变量双曲扁壳 BSWI 自由振动单元的矩阵列式为：

$$\begin{bmatrix}\boldsymbol{0}&\boldsymbol{0}&\boldsymbol{F}&\boldsymbol{0}&\boldsymbol{E}\\\boldsymbol{0}&\boldsymbol{0}&\boldsymbol{0}&\boldsymbol{F}&\boldsymbol{G}\\\boldsymbol{F}^{\mathrm{T}}&\boldsymbol{0}&\boldsymbol{L}&\boldsymbol{0}&\boldsymbol{0}\\\boldsymbol{0}&\boldsymbol{F}^{\mathrm{T}}&\boldsymbol{0}&\boldsymbol{H}&\boldsymbol{0}\\\boldsymbol{E}^{\mathrm{T}}&\boldsymbol{G}^{\mathrm{T}}&\boldsymbol{0}&\boldsymbol{0}&\boldsymbol{0}\end{bmatrix}\begin{bmatrix}\boldsymbol{M}^e\\\boldsymbol{N}^e\\\boldsymbol{S}^e\\\boldsymbol{J}^e\\\boldsymbol{\Delta}\end{bmatrix}=\begin{bmatrix}\boldsymbol{0}&\boldsymbol{0}&\boldsymbol{0}&\boldsymbol{0}&\boldsymbol{0}\\\boldsymbol{0}&\boldsymbol{0}&\boldsymbol{0}&\boldsymbol{0}&\boldsymbol{0}\\\boldsymbol{0}&\boldsymbol{0}&\boldsymbol{0}&\boldsymbol{0}&\boldsymbol{0}\\\boldsymbol{0}&\boldsymbol{0}&\boldsymbol{0}&\boldsymbol{0}&\boldsymbol{0}\\\boldsymbol{0}&\boldsymbol{0}&\boldsymbol{0}&\boldsymbol{0}&\lambda\boldsymbol{M}_\lambda\end{bmatrix}\begin{bmatrix}\boldsymbol{M}^e\\\boldsymbol{N}^e\\\boldsymbol{S}^e\\\boldsymbol{J}^e\\\boldsymbol{\Delta}\end{bmatrix}$$

式中：

$$\boldsymbol{F}=\begin{bmatrix}-\boldsymbol{\Gamma}_1^{00}\otimes\boldsymbol{\Gamma}_2^{00} & 0 & 0\\ 0 & -\boldsymbol{\Gamma}_1^{00}\otimes\boldsymbol{\Gamma}_2^{00} & 0\\ 0 & 0 & -\boldsymbol{\Gamma}_1^{00}\otimes\boldsymbol{\Gamma}_2^{00}\end{bmatrix}$$

$$\boldsymbol{E}=\begin{bmatrix}0 & 0 & -\boldsymbol{\Gamma}_1^{02}\otimes\boldsymbol{\Gamma}_2^{00}\\ 0 & 0 & -\boldsymbol{\Gamma}_1^{00}\otimes\boldsymbol{\Gamma}_2^{02}\\ 0 & 0 & -2\boldsymbol{\Gamma}_1^{01}\otimes\boldsymbol{\Gamma}_2^{01}\end{bmatrix}$$

$$\boldsymbol{G}=\begin{bmatrix}\boldsymbol{\Gamma}_1^{01}\otimes\boldsymbol{\Gamma}_2^{00} & 0 & k_x\boldsymbol{\Gamma}_1^{00}\otimes\boldsymbol{\Gamma}_2^{00}\\ 0 & \boldsymbol{\Gamma}_1^{00}\otimes\boldsymbol{\Gamma}_2^{01} & k_y\boldsymbol{\Gamma}_1^{00}\otimes\boldsymbol{\Gamma}_2^{00}\\ \boldsymbol{\Gamma}_1^{00}\otimes\boldsymbol{\Gamma}_2^{01} & \boldsymbol{\Gamma}_1^{01}\otimes\boldsymbol{\Gamma}_2^{00} & 2k_{xy}\boldsymbol{\Gamma}_1^{00}\otimes\boldsymbol{\Gamma}_2^{00}\end{bmatrix}$$

$$\boldsymbol{L}=\begin{bmatrix}\dfrac{Et^3}{12(1-\nu^2)}\boldsymbol{\Gamma}_1^{00}\otimes\boldsymbol{\Gamma}_2^{00} & \dfrac{\nu Et^3}{12(1-\nu^2)}\boldsymbol{\Gamma}_1^{00}\otimes\boldsymbol{\Gamma}_2^{00} & 0\\ \dfrac{\nu Et^3}{12(1-\nu^2)}\boldsymbol{\Gamma}_1^{00}\otimes\boldsymbol{\Gamma}_2^{00} & \dfrac{Et^3}{12(1-\nu^2)}\boldsymbol{\Gamma}_1^{00}\otimes\boldsymbol{\Gamma}_2^{00} & 0\\ 0 & 0 & \dfrac{Et^3}{6(1+\nu)}\boldsymbol{\Gamma}_1^{00}\otimes\boldsymbol{\Gamma}_2^{00}\end{bmatrix}$$

$$\boldsymbol{M}_\lambda=\begin{bmatrix}0 & 0 & 0\\ 0 & 0 & 0\\ 0 & 0 & \bar{m}\boldsymbol{\Gamma}_1^{00}\otimes\boldsymbol{\Gamma}_2^{00}\end{bmatrix}$$

$$\boldsymbol{H}=\begin{bmatrix}\dfrac{Et}{(1-\nu^2)}\boldsymbol{\Gamma}_1^{00}\otimes\boldsymbol{\Gamma}_2^{00} & \dfrac{\nu Et}{(1-\nu^2)}\boldsymbol{\Gamma}_1^{00}\otimes\boldsymbol{\Gamma}_2^{00} & 0\\ \dfrac{\nu Et}{(1-\nu^2)}\boldsymbol{\Gamma}_1^{00}\otimes\boldsymbol{\Gamma}_2^{00} & \dfrac{Et}{(1-\nu^2)}\boldsymbol{\Gamma}_1^{00}\otimes\boldsymbol{\Gamma}_2^{00} & 0\\ 0 & 0 & \dfrac{2Et}{(1+\nu)}\boldsymbol{\Gamma}_1^{00}\otimes\boldsymbol{\Gamma}_2^{00}\end{bmatrix}$$

$$\boldsymbol{Q}=\begin{bmatrix}(\boldsymbol{T}^e)^{\mathrm{T}}l_xl_y\iint_{\Omega_s}\boldsymbol{\Phi}_1\otimes\boldsymbol{\Phi}_1p_x\,\mathrm{d}\xi\mathrm{d}\eta\\ (\boldsymbol{T}^e)^{\mathrm{T}}l_xl_y\iint_{\Omega_s}\boldsymbol{\Phi}_1\otimes\boldsymbol{\Phi}_1p_y\,\mathrm{d}\xi\mathrm{d}\eta\\ (\boldsymbol{T}^e)^{\mathrm{T}}l_xl_y\iint_{\Omega_s}\boldsymbol{\Phi}_1\otimes\boldsymbol{\Phi}_1p_{xy}\,\mathrm{d}\xi\mathrm{d}\eta\end{bmatrix}$$

$$\boldsymbol{M}^e=[\boldsymbol{M}_\xi^e\quad\boldsymbol{M}_\eta^e\quad\boldsymbol{M}_{\xi\eta}^e]^{\mathrm{T}}$$

$$\boldsymbol{N}^e=[\boldsymbol{N}_\xi^e\quad\boldsymbol{N}_\eta^e\quad\boldsymbol{N}_{\xi\eta}^e]^{\mathrm{T}}$$

$$\boldsymbol{S}^e=[\boldsymbol{S}_\xi^e\quad\boldsymbol{S}_\eta^e\quad\boldsymbol{S}_{\xi\eta}^e]^{\mathrm{T}}$$

$$\boldsymbol{J}^e=[\boldsymbol{J}_\xi^e\quad\boldsymbol{J}_\eta^e\quad\boldsymbol{J}_{\xi\eta}^e]^{\mathrm{T}}$$

$$\boldsymbol{\Delta}^e=[\boldsymbol{u}^e\quad\boldsymbol{v}^e\quad\boldsymbol{w}^e]^{\mathrm{T}}$$

为了验证以上二类变量和三类变量 BSWI 双曲扁壳弯曲和振动单元的效率，此处列出若干算例，并将多变量 BSWI 单元的分析结果与其他单元对比。采用四阶三尺度 BSWI($\mathrm{BSWI4_3}$)尺度函数对各场变量进行离散，其中，二类变量 BSWI 单元简记为 $\mathrm{TwBSWI4_3}$ 单元，三类变量 BSWI 单元简记为 $\mathrm{ThBSWI4_3}$ 单元。

算例 5.15　四边简支均载双曲扁壳，如图 5.21 所示，此双曲扁壳的相关材料参数和载荷参数为：弹性模量 $E = 2.9 \times 10^6 \text{kN/m}^2$；泊松比 $\nu = 0.3$；双曲扁壳长、宽 $L = L_x = L_y = 24\text{m}$；壳体厚度 $t = 0.06\text{m}$；壳体曲率半径 $R_x = R_y = 32.4\text{m}$；均布载荷参数 $q_z = 0.5\text{kN/m}^2$。

四边简支双曲扁壳承受均布载荷时中点挠度和内力值见表 5.23。

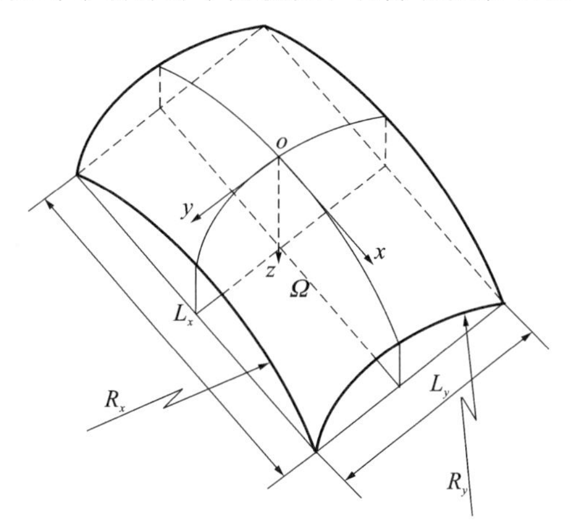

图 5.21　双曲扁壳求解域及相关参数

表 5.23　四边简支双曲扁壳承受均布载荷时中点挠度和内力值(一)

方法(DOFs)	wEt/qR^2	$2N_x/qR$	$2N_y/qR$
$BSWI4_3$(363DOFs)	0.999690	0.970358	0.970358
$TwBSWI4_3$(1089DOFs)	0.996866	0.996866	0.996866
$ThBSWI4_3$(1815DOFs)	0.996866	0.996866	0.996866
样条有限元法[31](8712DOFs)	1.035	1.105	1.113
解析法[32]	1.00978	1.0098	—

算例 5.16　四边简支均载双曲扁壳，如图 5.21 所示。此双曲扁壳的相关材料参数和载荷参数为：弹性模量 $E = 3 \times 10^6 \text{N/m}^2$；泊松比 $\nu = 0.3$；双曲扁壳长、宽 $L = L_x = L_y = 30\text{m}$；壳体厚度 $t = 0.08\text{m}$；壳体曲率半径 $R_x = R_y = 75\text{m}$；均布载荷参数 $q_z = 0.3\text{N/m}^2$。

四边简支双曲扁壳承受均布载荷时中点挠度和内力值见表 5.24。

表 5.24　四边简支双曲扁壳承受均布载荷时中点挠度和内力值(二)

方法	$100w$	N_x	N_y	N_{xyA}
$BSWI4_3$	0.710013	11.05687	11.05687	34.09698
$TwBSWI4_3$	0.700791	11.21266	11.21266	34.44197
$ThBSWI4_3$	0.70079	11.21266	11.21266	34.44197
级数有限元法[33](8×8)	0.69930	11.25268	11.12363	34.68779

算例 5.17　四边简支集中载荷双曲扁壳，如图 5.21 所示。此双曲扁壳的相关材料参数和载荷参数为：弹性模量 $E = 10^7 \text{N/cm}^2$；泊松比 $\nu = 0.3$；双曲扁壳长、宽 $L = L_x = L_y = 30\text{cm}$；壳体厚度 $t = 0.1\text{cm}$；壳体曲率半径 $R_x = R_y = 96\text{cm}$；均布载荷参数 $q_z = 0.3\text{N/m}^2$。

四边简支双曲扁壳承受集中载荷时的中点挠度、弯矩和内力值见表5.25。

表5.25　四边简支双曲扁壳承受集中载荷时的中点挠度、弯矩和内力值

方法	w	M_y	N_y
$TwBSWI4_3$(1089DOFs)	0.03489	7.12242	181.72977
级数有限元法[33]	0.0365	10.764	207.957
多变量样条有限元法[10](8712DOFs)	0.03489	7.122	181.730

以上给出三个算例用来验证二类变量和三类变量BSWI小波单元在双曲扁壳弯曲分析中的有效性，并将多变量BSWI单元的分析结果与多变量样条单元[10]、样条元[31]、级数有限元[33]、理论解[32]进行了对比。纵观表5.23～表5.25数据对比可以发现，在挠度的分析上，多变量BSWI单元与多变量样条有限元有近似的求解精度，高于样条有限元法的结果。但对于内力的分析，多变量BSWI单元优于后两种单元，这是因为一方面在多变量BSWI单元中，二类变量广义力采用独立插值可提高求解精度；另一方面，采用区间B样条小波尺度函数作为插值函数，可进一步保障求解精度。

算例5.18　双曲扁壳振动分析算例。用于双曲扁壳自由振动分析的相关壳体材料参数和载荷参数为：弹性模量 $E=1\mathrm{N/m^2}$；泊松比 $\nu=0.3$；双曲扁壳长、宽 $L=L_x=L_y=1\mathrm{m}$；壳体厚度 $t=0.0191\mathrm{m}$；壳体曲率半径 $R_x=R_y=1.91\mathrm{m}$；质量密度 $\bar{m}=1\mathrm{kg/m^3}$。

表5.26分析了四边简支双曲扁壳的前六阶固有频率值，并将多变量BSWI单元的分析结果与级数有限元[34]以及文献[35]进行对比，数据显示：不论是高阶固有频率还是低阶，几种单元的分析结果均吻合得相当好，因此，多变量BSWI单元在振动分析中的有效性得到验证。BSWI单元不仅适合于弯曲等静力分析，对振动分析亦可实现很好的分析精度。

表5.26　四边简支双曲扁壳自由振动前六阶固有频率值

方法	w_1	w_2	w_3	w_4	w_5	w_6
$BSWI4_3$	0.52959	0.59345	0.59345	0.69255	0.77313	0.77313
$TwBSWI4_3$	0.53585	0.59621	0.59621	0.69454	0.77435	0.77435
$ThBSWI4_3$	0.53585	0.59621	0.59621	0.69454	0.77435	0.77435
级数有限元法[34]	0.52835	0.59151	0.59253	0.69040	0.77070	0.77307
文献[35]	0.53585	—	—	—	—	—

5.7　二类变量开口圆柱壳BSWI单元构造与分析

齐次边界条件下，二类变量开口圆柱壳振动的广义势能泛函为[10]：

$$\Pi_2(\boldsymbol{\Delta},\boldsymbol{N},\boldsymbol{M})=\iint_\Omega \boldsymbol{N}^{\mathrm{T}}(\boldsymbol{\nabla}_2\boldsymbol{\Delta})R\mathrm{d}\Omega+\iint_\Omega \boldsymbol{M}^{\mathrm{T}}\boldsymbol{B}\boldsymbol{w}\mathrm{d}\Omega-\frac{1}{2}\iint_\Omega \boldsymbol{N}^{\mathrm{T}}\boldsymbol{d}^{-1}\boldsymbol{N}\mathrm{d}\Omega$$
$$-\frac{1}{2}\iint_\Omega \boldsymbol{M}^{\mathrm{T}}\boldsymbol{D}_b^{-1}\boldsymbol{M}\mathrm{d}\Omega-\frac{1}{2}\iint_\Omega \lambda\bar{m}\boldsymbol{w}^2\mathrm{d}\Omega \tag{5.42}$$

式中，$\overline{m}$ 为质量密度；λ 为振动特征值；$\boldsymbol{\Delta}$、$\boldsymbol{N}$、$\boldsymbol{M}$ 分别为广义位移场函数、膜内力场函数和内力矩场函数。

上式中的各矩阵为：

$$\boldsymbol{\Delta} = [u \quad v \quad w]^{\mathrm{T}}$$

$$\boldsymbol{N} = [N_{\xi} \quad N_{\eta} \quad N_{\xi\eta}]^{\mathrm{T}}$$

$$\boldsymbol{M} = [M_{\xi} \quad M_{\eta} \quad M_{\xi\eta}]^{\mathrm{T}}$$

$$\boldsymbol{B} = \left[-\frac{\partial^2}{\partial x^2} \quad -\frac{\partial^2}{\partial y^2} \quad -\frac{\partial^2}{\partial x \partial y}\right]^{\mathrm{T}}$$

$$\boldsymbol{d} = d_0 \begin{bmatrix} 1 & \nu & 0 \\ \nu & 1 & 0 \\ 0 & 0 & \dfrac{1-\nu}{2} \end{bmatrix}, d_0 = \frac{Et}{1-\nu^2}$$

$$\boldsymbol{D}_b = \frac{t^2}{12}\boldsymbol{d}$$

式中，$\boldsymbol{d}$ 为平面应力问题的弹性矩阵；$\boldsymbol{D}_b$ 为薄板弯曲问题的弹性矩阵。

以 BSWI 小波的二维张量积尺度函数为插值函数来构造场变量，则广义位移场函数、内力矩场函数和剪力场函数为：

$$\boldsymbol{\Delta} = \begin{bmatrix} u \\ v \\ w \end{bmatrix} = \begin{bmatrix} \boldsymbol{\Phi T}^e & 0 & 0 \\ 0 & \boldsymbol{\Phi T}^e & 0 \\ 0 & 0 & \boldsymbol{\Phi T}^e \end{bmatrix} \begin{bmatrix} \boldsymbol{u}^e \\ \boldsymbol{v}^e \\ \boldsymbol{w}^e \end{bmatrix}$$

$$\boldsymbol{M} = \begin{bmatrix} M_{\xi} \\ M_{\eta} \\ M_{\xi\eta} \end{bmatrix} = \begin{bmatrix} \boldsymbol{\Phi T}^e & 0 & 0 \\ 0 & \boldsymbol{\Phi T}^e & 0 \\ 0 & 0 & \boldsymbol{\Phi T}^e \end{bmatrix} \begin{bmatrix} \boldsymbol{M}_{\xi}^e \\ \boldsymbol{M}_{\eta}^e \\ \boldsymbol{M}_{\xi\eta}^e \end{bmatrix}$$

$$\boldsymbol{N} = \begin{bmatrix} N_{\xi} \\ N_{\eta} \\ N_{\xi\eta} \end{bmatrix} = \begin{bmatrix} \boldsymbol{\Phi T}^e & 0 & 0 \\ 0 & \boldsymbol{\Phi T}^e & 0 \\ 0 & 0 & \boldsymbol{\Phi T}^e \end{bmatrix} \begin{bmatrix} \boldsymbol{N}_{\xi}^e \\ \boldsymbol{N}_{\eta}^e \\ \boldsymbol{N}_{\xi\eta}^e \end{bmatrix}$$

由二类变量广义变分原理可知，令开口圆柱壳的二类变量广义势能泛函对各场变量的变分为零，即 $\dfrac{\partial \Pi_2}{\partial \boldsymbol{M}_{\xi}^e} = 0, \dfrac{\partial \Pi_2}{\partial \boldsymbol{M}_{\eta}^e} = 0, \dfrac{\partial \Pi_2}{\partial \boldsymbol{M}_{\xi\eta}^e} = 0, \dfrac{\partial \Pi_2}{\partial \boldsymbol{N}_{\xi}^e} = 0, \dfrac{\partial \Pi_2}{\partial \boldsymbol{N}_{\eta}^e} = 0, \dfrac{\partial \Pi_2}{\partial \boldsymbol{N}_{\xi\eta}^e} = 0, \dfrac{\partial \Pi_2}{\partial \boldsymbol{u}^e} = 0, \dfrac{\partial \Pi_2}{\partial \boldsymbol{v}^e} = 0, \dfrac{\partial \Pi_2}{\partial \boldsymbol{w}^e} = 0$。并考虑到扁壳中面位移 u、v 比 w 小一个数量级，因此，u^2、v^2 比 w^2 小两个数量级，在计算最大动能时，略去二阶小量，因此，二类变量开口圆柱壳振动的 BSWI 单元的矩阵列式为：

$$\begin{bmatrix} \boldsymbol{L} & \boldsymbol{0} & \boldsymbol{0} & \boldsymbol{E} \\ \boldsymbol{0} & \boldsymbol{H} & \boldsymbol{G} & \boldsymbol{F} \\ \boldsymbol{0} & \boldsymbol{G}^{\mathrm{T}} & \boldsymbol{0} & \boldsymbol{0} \\ \boldsymbol{E}^{\mathrm{T}} & \boldsymbol{F}^{\mathrm{T}} & \boldsymbol{0} & \boldsymbol{0} \end{bmatrix} \begin{bmatrix} \boldsymbol{M}^e \\ \boldsymbol{N}^e \\ \boldsymbol{u} \\ \boldsymbol{w}^e \end{bmatrix} = \begin{bmatrix} \boldsymbol{0} & \boldsymbol{0} & \boldsymbol{0} & \boldsymbol{0} \\ \boldsymbol{0} & \boldsymbol{0} & \boldsymbol{0} & \boldsymbol{0} \\ \boldsymbol{0} & \boldsymbol{0} & \boldsymbol{0} & \boldsymbol{0} \\ \boldsymbol{0} & \boldsymbol{0} & \boldsymbol{0} & \lambda \boldsymbol{M}_{\lambda} \end{bmatrix} \begin{bmatrix} \boldsymbol{M}^e \\ \boldsymbol{N}^e \\ \boldsymbol{u} \\ \boldsymbol{w}^e \end{bmatrix}$$

与上式对应的开口圆柱壳自由振动频率方程为：

$$\left| -\boldsymbol{K}_{12}^{\mathrm{T}} \boldsymbol{K}_{11}^{-1} \boldsymbol{K}_{12} - \omega^2 \boldsymbol{M}_{\lambda} \right| = 0$$

其中

$$\boldsymbol{L}=\begin{bmatrix}-\dfrac{12}{Et^3}\boldsymbol{\Gamma}_1^{00}\otimes\boldsymbol{\Gamma}_2^{00} & \dfrac{12\nu}{Et^3}\boldsymbol{\Gamma}_1^{00}\otimes\boldsymbol{\Gamma}_2^{00} & 0\\ \dfrac{12\nu}{Et^3}\boldsymbol{\Gamma}_1^{00}\otimes\boldsymbol{\Gamma}_2^{00} & -\dfrac{12}{Et^3}\boldsymbol{\Gamma}_1^{00}\otimes\boldsymbol{\Gamma}_2^{00} & 0\\ 0 & 0 & -\dfrac{24(1+\nu)}{Et^3}\boldsymbol{\Gamma}_1^{00}\otimes\boldsymbol{\Gamma}_2^{00}\end{bmatrix};$$

$$\boldsymbol{E}=\begin{bmatrix}-\boldsymbol{\Gamma}_1^{02}\otimes\boldsymbol{\Gamma}_2^{00}\\ -k^2\boldsymbol{\Gamma}_1^{00}\otimes\boldsymbol{\Gamma}_2^{02}\\ -2k\boldsymbol{\Gamma}_1^{01}\otimes\boldsymbol{\Gamma}_2^{01}\end{bmatrix};$$

$$\boldsymbol{F}=\begin{bmatrix}0\\ -k\boldsymbol{\Gamma}_1^{00}\otimes\boldsymbol{\Gamma}_2^{00}\\ 0\end{bmatrix};$$

$$\boldsymbol{H}=\begin{bmatrix}\dfrac{1}{Et}\boldsymbol{\Gamma}_1^{00}\otimes\boldsymbol{\Gamma}_2^{00} & \dfrac{\nu}{Et}\boldsymbol{\Gamma}_1^{00}\otimes\boldsymbol{\Gamma}_2^{00} & 0\\ \dfrac{\nu}{Et}\boldsymbol{\Gamma}_1^{00}\otimes\boldsymbol{\Gamma}_2^{00} & -\dfrac{1}{Et}\boldsymbol{\Gamma}_1^{00}\otimes\boldsymbol{\Gamma}_2^{00} & 0\\ 0 & 0 & -\dfrac{2(1+\nu)}{Et}\boldsymbol{\Gamma}_1^{00}\otimes\boldsymbol{\Gamma}_2^{00}\end{bmatrix};$$

$$\boldsymbol{G}=\begin{bmatrix}\boldsymbol{\Gamma}_1^{01}\otimes\boldsymbol{\Gamma}_2^{00} & 0\\ 0 & k\boldsymbol{\Gamma}_1^{00}\otimes\boldsymbol{\Gamma}_2^{01}\\ k\boldsymbol{\Gamma}_1^{00}\otimes\boldsymbol{\Gamma}_2^{01} & \boldsymbol{\Gamma}_1^{01}\otimes\boldsymbol{\Gamma}_2^{00}\end{bmatrix};$$

$$\boldsymbol{K}_{11}=\begin{bmatrix}\boldsymbol{L} & \boldsymbol{0} & \boldsymbol{0}\\ \boldsymbol{0} & \boldsymbol{H} & \boldsymbol{G}\\ \boldsymbol{0} & \boldsymbol{G}^{\mathrm{T}} & \boldsymbol{0}\end{bmatrix},\boldsymbol{K}_{12}=\begin{bmatrix}\boldsymbol{E}\\ \boldsymbol{F}\\ \boldsymbol{0}\end{bmatrix};$$

$\boldsymbol{M}^e=[\boldsymbol{M}_\xi^e\quad \boldsymbol{M}_\eta^e\quad \boldsymbol{M}_{\xi\eta}^e]^{\mathrm{T}},\boldsymbol{N}^e=[\boldsymbol{N}_\xi^e\quad \boldsymbol{N}_\eta^e\quad \boldsymbol{N}_{\xi\eta}^e]^{\mathrm{T}},\boldsymbol{u}=[\boldsymbol{u}^e\quad \boldsymbol{v}^e]$。

以上各式中的积分项为：

$$\boldsymbol{\Gamma}^{00}=(\boldsymbol{T}^e)^{\mathrm{T}}\{l_x\int_0^1\boldsymbol{\Phi}_1^{\mathrm{T}}\boldsymbol{\Phi}_1\mathrm{d}\xi\}(\boldsymbol{T}^e);$$

$$\boldsymbol{\Gamma}_1^{10}=(\boldsymbol{T}^e)^{\mathrm{T}}\{\int_0^1\frac{\mathrm{d}\boldsymbol{\Phi}_1^{\mathrm{T}}}{\mathrm{d}\xi}\boldsymbol{\Phi}_1\mathrm{d}\xi\}(\boldsymbol{T}^e);$$

$$\boldsymbol{\Gamma}^{20}=(\boldsymbol{T}^e)^{\mathrm{T}}\{\frac{1}{l_x}\int_0^1\frac{\mathrm{d}^2\boldsymbol{\Phi}_1^{\mathrm{T}}}{\mathrm{d}\xi^2}\boldsymbol{\Phi}_1\mathrm{d}\xi\}(\boldsymbol{T}^e);$$

$$\boldsymbol{\Gamma}_1^{01}=(\boldsymbol{\Gamma}_1^{10})^{\mathrm{T}};$$

$$\boldsymbol{\Gamma}_1^{02}=(\boldsymbol{\Gamma}_1^{20})^{\mathrm{T}}。$$

将 $\boldsymbol{\Gamma}_1^{ij}(i,j=0,1,2)$ 中的 l_x 和 $\mathrm{d}\xi$ 用 l_y 和 $\mathrm{d}\eta$ 替换，可以得到 $\boldsymbol{\Gamma}_2^{ij}(i,j=0,1,2)$。

开口圆柱壳振动的二类变量 BSWI 有限元列式已经得到，为了验证其有效性，此处给出几个算例，通过与其他有限元算法以及 ANSYS 单元的对比，说明此单元在开口圆柱壳动力分析中的有效性。采用四阶三尺度 BSWI($\mathrm{BSWI4_3}$) 尺度函数对各场变量进行离散，其中，二类变量 BSWI 单元简记为 $\mathrm{TwBSWI4_3}$ 单元。

算例 5.19 开口圆柱壳的相关参数如下：直边长度 $L = 1$；曲边半径为 R；弹性模量 $E = 1$；壳体厚度 $t = 0.0191$；泊松比 $\nu = 0.3$；曲边圆心角为 β；质量密度 $\rho = 1$。

表 5.27 ～ 表 5.29 给出了四边简支、四边固支以及两临边简支两临边固支三种边界条件下二类变量 BSWI 单元对开口圆柱壳固有频率的求解结果，并与有限条法[36]、级数样条有限元法[37] 和样条子域法以及 ANSYS SHELL63 单元进行了对比。从对比结果可以发现，二类变量 BSWI 单元在自由振动分析中可以较少的计算量实现高精度的求解。在以上四种单元的对比中，二类变量 BSWI 单元与 80×80 SHELL63 单元的求解结果最接近，而二类变量 BSWI 单元只有1089个自由度，80×80 SHELL63 单元的自由度达38400，后者为前者的35倍。其次，对于高阶固有频率的求解中，二类变量 BSWI 单元表现出了很好的稳定性和很高的精度，因此，二类变量 BSWI 单元是一种高精度、稳定的有限单元。

表 5.27 四边简支开口圆柱壳前五阶固有频率求解结果($R = 1.91$，$\beta = 1/1.91$)

方法	ω_1(rad/s)	ω_2(rad/s)	ω_3(rad/s)	ω_4(rad/s)	ω_5(rad/s)
有限条法(Curved Strip)[36]	0.2840	0.3010	0.5090	0.5270	0.5700
有限条法(Flat Strip)[36]	0.2850	0.3050	0.5120	0.5300	0.5730
级数样条有限元法[37]	0.2808	0.2999	0.5047	0.5227	0.5710
样条子域法[38]	0.2850	0.3000	0.5070	0.5230	0.5620
$TwBSWI4_3$	0.2856	0.3038	0.5067	0.5260	0.5728
SHELL63(80×80)	0.2834	0.3043	0.5060	0.5263	0.5734

表 5.28 四边固支开口圆柱壳前五阶固有频率求解结果($R = 10$，$\beta = 0.05$)

方法	ω_1(rad/s)	ω_2(rad/s)	ω_3(rad/s)	ω_4(rad/s)	ω_5(rad/s)
有限条法(Curved Strip)[36]	0.1010	0.1270	0.1390	0.1660	0.1960
有限条法(Flat Strip)[36]	0.1000	0.1190	0.1420	0.1770	0.2060
$TwBSWI4_3$	0.0639	0.1123	0.1274	0.1691	0.1999
SHELL63(80×80)	0.0637	0.1119	0.1223	0.1604	0.1994

表 5.29 两临边简支两临边固支开口圆柱壳前五阶固有频率求解结果($R = 1.91$，$\beta = 1/1.91$)

方法	ω_1(rad/s)	ω_2(rad/s)	ω_3(rad/s)	ω_4(rad/s)	ω_5(rad/s)
有限条法(Curved Strip)[36]	0.3340	0.4860	0.5550	0.6370	0.6970
有限条法(Flat Strip)[36]	0.3360	0.4350	0.5600	0.6330	0.6810
$TwBSWI4_3$	0.2164	0.3597	0.4583	0.5734	0.6643
SHELL63(80×80)	0.2064	0.3525	0.4310	0.5437	0.6597

参考文献

[1] HAN J G,REN W X,HUANG Y. A multivariable wavelet-based finite element method and its application to thick plates. Finite Elements in Analysis & Design,2005,41(9-10):821-833.

[2] CASTRO L M S,FREITAS J A T,et al. Wavelets in hybrid-mixed stress elements. Computer Methods in Applied Mechanics & Engineering,2001,190(31):3977-3998.

[3] CASTRO L M S,BARBOSA A R. Implementation of an hybrid-mixed stress model based on the use of wavelets. Computers & Structures,2006,84(10-11):718-731.

[4] CASTRO L M S. Polynomial wavelets in hybrid-mixed stress finite element models. International Journal for Numerical Methods in Biomedical Engineering,2010,26(10):1293-1312.

[5] 陈雅琴,张宏光,党发宁. Daubechies 条件小波混合有限元法在梁计算中的应用. 工程力学,2011(8):208-214.

[6] COHEN A. Numerical analysis of wavelet methods. Numerical Analysis Ⅱ. 2003.

[7] ZHANG X W,CHEN X F,WANG X ZH,et al. Multivariable finite elements based on B-spline wavelet on the interval for thin plate static and vibration analysis. Finite Elements in Analysis & Design,2010,46(5):416-427.

[8] ZHANG X W,CHEN F,HE ZH J. The construction of multivariable Reissner-Mindlin plate elements based on B-spline wavelet on the interval. Structural Engineering & Mechanics,2011,38(6):733-751.

[9] ZHANG X W,CHEN X F,HE ZH J,et al. The analysis of shallow shells based on multivariable wavelet finite element method. Acta Mechanica Solida Sinica,2011,24(5):450-460.

[10] 沈鹏程. 多变量样条有限元法. 北京:科学出版社,1997.

[11] TIMOSHENKO S P G J. Mechanics of materials. California:Thomson Brooks Cole,1984.

[12] GERE,J M. Mechanics of materials. 2nd ed. Wadsworth,1986.

[13] HUTCHINSON J R. Shear coefficients for timoshenko beam theory. Journal of Applied Mechanics,2001,68(1):87-92.

[14] XIANG J W,CHEN X F,HE Y M,et al. The construction of plane elastomechanics and mindlin plate elements of B-spline wavelet on the interval. Finite Elements in Analysis & Design,2006,42(14-15):1269-1280.

[15] 杨桂通. 弹塑性力学引论. 2 版. 北京:清华大学出版社,2013.

[16] 向家伟. 区间 B 样条小波有限元理论及结构裂纹诊断. 西安:西安交通大学,2006.

[17] WATKINS D S. On the construction of conforming rectangular plate elements. International Journal for Numerical Methods in Engineering,1976,10(4):925-933.

[18] 黄克智,板壳理论. 北京:清华大学出版社,1987.

[19] XIANG J W,HE ZH J,HE Y M,et al. Static and vibration analysis of thin plates by using finite element method of B-spline wavelet on the interval. Structural Engineering &

Mechanics,2007,25(5):613-629.

[20] RAO H V S G,CHAUDHARY V K. Analysis of skew and triangular plates in bending. Computers & Structures,1988,28(2):223-235.

[21] MORLEY L S D. Skew Plates and Structures. New York:Pergamon Press,1963.

[22] ZIENKIEWICZ O C,LEFEBVRE D. A robust triangular plate bending element of the Reissner-Mindlin type. International Journal for Numerical Methods in Engineering,1988, 26(5):1169-1184.

[23] CHENG Y C,ANDERSEN O B. Multimission empirical ocean tide modeling for shallow waters and polar seas. Journal of Geophysical Research Oceans,2011,116(C11):1130-1146.

[24] PILZ M,PAROLAI S,STUPAZZINI M,et al. Modelling basin effects on earthquake ground motion in the Santiago de Chile basin by a spectral element code. Geophysical Journal International,2011,187(2):929-945.

[25] 沈鹏程,结构分析中的样条有限元法. 北京:水利电力出版社,1992.

[26] 曹志远,板壳振动理论. 北京:中国铁道出版社,1989.

[27] LIEW K M,XIANG Y,WANG C M,et al. Vibration of thick skew plates based on mindlin shear deformation plate theory. Journal of Sound & Vibration,1993. 168(1):39-69.

[28] LONG Y Q,FEI X. A universal method for including shear deformation in thin plate elements. International Journal for Numerical Methods in Engineering,2010,34(1):171-177.

[29] WARBURTON G B. The vibration of rectangular plates. Process of institution of mechanical engineering,1954.

[30] 胡海昌,弹性力学的变分原理及其应用. 北京:科学出版社,1981.

[31] 沈鹏程,纪振义. 样条能量法解双曲扁壳的静力问题. 合肥工业大学学报:自然科学版,1986(1):12-22.

[32] 杨式德. 壳体结构概论. 北京:人民教育出版社,1963.

[33] SHEN P C,WAN J G. A semianalytical method for static analysis of shallow shells. Computers & Structures,1989,31(5):825-831.

[34] SHEN P C,WAN J G. Vibration analysis of flat shells by using B spline functions. Computers & Structures,1987,25(1):1-10.

[35] BUCCO D,MAZUMDAR J. Estimation of the fundamental frequencies of shallow shells by a finite element-isodeflection contour method. Computers & Structures,1983,17(3):441-447.

[36] CHEUNG Y K,CHEUNG M S. Vibration analysis of cylindrical panels. Journal of Sound & Vibration,1972,22(1):59-73.

[37] SHEN P C,WANG J G. Solution of governing differential equations of vibrating cylindrical shells using B-spline functions. Numerical Methods for Partial Differential Equations,2005, 2(3):173-185.

[38] 王建国. 折板结构振动分析的样条子域法. 合肥工业大学学报:自然科学版,1988(2):89-99.

6 复合材料小波单元

6.1 功能梯度复合材料小波单元

功能梯度材料(FGM)是由日本科学家针对航空航天技术出现高落差温度的现象,在设计材料时提出的新材料的新设想和新概念[1]。功能梯度材料属于新型复合材料,结构的弹性模量和密度沿着厚度方向或者长度方向连续变化。因此功能梯度材料属性连续变化,不存在明显的界面,避免了传统纤维增强层合板结构容易产生层间开裂的缺点。功能梯度材料的优点使其广泛应用于电子、核能、生物医学、土木工程和机械工程等技术领域[2]。

梁、板、壳结构是功能梯度材料结构的主要结构形式,针对功能梯度梁结构的理论分析方法主要有 Euler-Bernoulli 梁理论、Timoshenko 梁理论及高阶梁理论等。Sankar 等[3] 假设材料的弹性模量沿厚度方向呈指数函数变化,泊松比为常数,采用 Euler-Bernoulli 梁理论研究了功能梯度梁结构的静力学特性,求解得到了功能梯度梁的位移和应力简化形式。Atamane 等[4] 基于 Euler-Bernoulli 梁理论分析了不同横截面的功能梯度简支和悬臂梁的自由振动。由于 Euler-Bernoulli 梁理论忽略了横向剪切变形的影响,对于厚梁求解误差较大。Chakraborty 等[5] 基于 Timoshenko 梁理论研究了功能梯度梁结构的静力学和动力学特性。Ke 等[6] 用 Timoshenko 梁理论研究了材料性能沿厚度方向呈指数分布且含有开口裂纹的功能梯度梁的自由振动和屈曲问题,并分析了裂纹深度、位置、材料性能及支撑形式的影响。Giunta 等[7] 分别用 Euler-Bernoulli 梁理论、Timoshenko 梁理论及高阶梁理论研究了材料性能沿两个方向呈梯度形式变化的梁受不同载荷作用时在不同跨高比下的应力和变形,并与精确解和有限元解进行了比较。在本书中,提出利用区间 B 样条小波对功能梯度梁单元进行构造,形成一类新的复合材料结构小波单元。

考虑长度 L、宽度 b、厚度 h 的矩形截面功能梯度梁结构如图 6.1 所示。笛卡尔坐标系的坐标原点在功能梯度梁结构的左端,且 X 轴沿着长度方向,Y 轴沿着宽度方向,Z 轴沿着厚度方向。

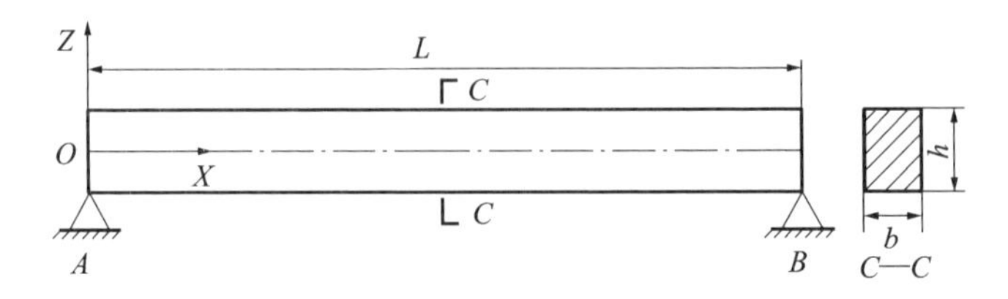

图 6.1 功能梯度梁结构示意图

功能梯度梁结构的材料参数——弹性模量和密度，沿着结构厚度方向按照幂指数规律均匀变化，材料参数可以表示为：

$$P(z)=(P_t-P_b)\left(\frac{2z+h}{2h}\right)^n+P_b \tag{6.1}$$

式中，P_t 和 P_b 分别表示功能梯度梁结构顶部与底部所对应的材料参数；n 表示材料的体积分数，体积分数表示材料参数沿着功能梯度梁结构厚度变化规律。

图 6.2 所示为在不同体积分数下金属-陶瓷功能梯度梁结构的材料参数沿着厚度变化规律。从图中可以看出：底部材料为金属材料，顶部材料为陶瓷材料，材料参数沿着梁厚度方向按照幂指数规律均匀变化。

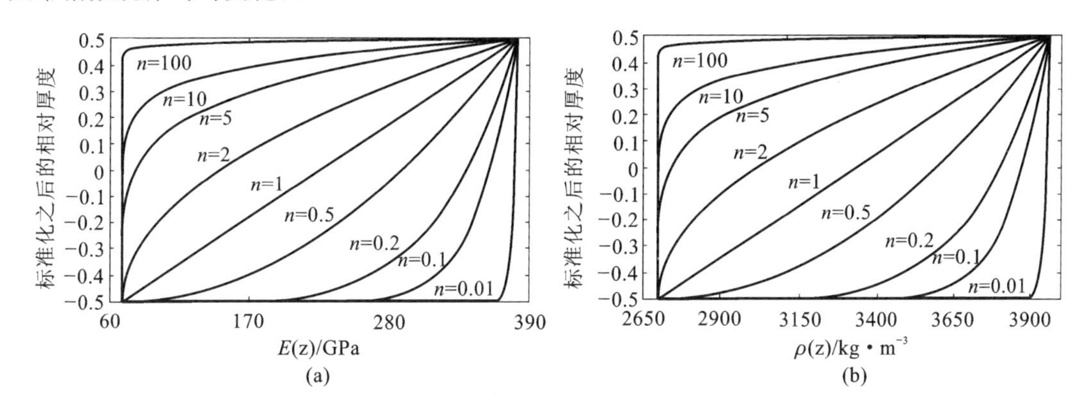

图 6.2　金属-陶瓷功能梯度梁结构材料参数变化曲线

(a) 弹性模量；(b) 密度

基于 Timoshenko 梁理论，功能梯度梁结构任意一点的轴向和横向位移可以表示为：

$$u(x,z,t)=u_0(x,t)-z\theta_0(x,t) \tag{6.2}$$

$$w(x,z,t)=w_0(x,t) \tag{6.3}$$

式中，u_0 和 w_0 分别表示梁结构中平线位置的轴向和横向位移；θ_0 表示中线横截面的转角；t 表示时间。

基于小变形假设，法向应变 ε_{xx} 和横向剪切应变 γ_{xz} 可以表示为：

$$\varepsilon_{xx}=\frac{\partial u}{\partial x}=\frac{\partial u_0(x,t)}{\partial x}-z\frac{\partial\theta_0(x,t)}{\partial x} \tag{6.4}$$

$$\gamma_{xz}=\frac{\partial u}{\partial z}+\frac{\partial w}{\partial x}=\frac{\partial w_0(x,t)}{\partial x}-\theta_0 \tag{6.5}$$

考虑横向剪切应变的影响，功能梯度梁结构的总应变能为：

$$U=U_\varepsilon+U_\gamma \tag{6.6}$$

式中

$$U_\varepsilon=\frac{1}{2}\int_V\sigma_{xx}\varepsilon_{xx}\,\mathrm{d}V \tag{6.7}$$

$$U_\gamma=\frac{1}{2}\int_V\tau_{xz}\gamma_{xz}\,\mathrm{d}V \tag{6.8}$$

式中，法向应力 σ_{xx} 和横向剪切应力 τ_{xz} 可以通过胡克定律得到：

$$\sigma_{xx}=E(z)\varepsilon_{xx} \tag{6.9}$$

$$\tau_{xz} = kG(z)\gamma_{xz} \tag{6.10}$$

式中,$E(z)$ 表示功能梯度梁结构的弹性模量;$G(z)$ 为剪切模量;k 是剪切修正因子,剪切修正因子一般与结构参数有关,对于矩形截面梁结构,一般取 $k = 5/6$。

功能梯度梁结构的动能可以表示为:

$$T = \frac{1}{2}\int_V \rho(z)\left(\frac{\partial u}{\partial t}\right)^2 \mathrm{d}V + \frac{1}{2}\int_V \rho(z)\left(\frac{\partial w}{\partial t}\right)^2 \mathrm{d}V \tag{6.11}$$

式中,$\rho(z)$ 表示功能梯度梁结构的密度。

作用于功能梯度梁结构上外载荷所做的功可以表示为:

$$W = \int_0^L [q(x)w + f(x)u]\mathrm{d}x + \sum_j F_j w(x_j) + \sum_k M_k \theta(x_k) \tag{6.12}$$

式中,$q(x)$ 为均布横向载荷;$f(x)$ 表示均布轴向载荷;F_j 表示集中载荷;M_k 表示集中弯矩;x_j 和 x_k 分别表示作用于梁结构集中力和弯矩的位置。

根据 Timoshenko 梁理论,轴向位移、横向位移和转角可以通过区间 B 样条小波尺度函数分别插值得到,则功能梯度梁结构的应变场可以表示为:

$$\boldsymbol{\varepsilon}_{xx} = \begin{bmatrix} \dfrac{\partial}{\partial x} & 0 & -z\dfrac{\partial}{\partial x} \end{bmatrix}\boldsymbol{d} \tag{6.13}$$

$$\boldsymbol{\gamma}_{xz} = \begin{bmatrix} 0 & \dfrac{\partial}{\partial x} & -1 \end{bmatrix}\boldsymbol{d} \tag{6.14}$$

式中,$\boldsymbol{d} = [u \quad w \quad \theta]^{\mathrm{T}}$。根据 Hamilton 理论,功能梯度梁结构的静力学方程可以表示为:

$$\boldsymbol{K}\boldsymbol{d} = \boldsymbol{p} \tag{6.15}$$

刚度矩阵 $\boldsymbol{K}$ 可以表示为两项之和:

$$\boldsymbol{K} = \boldsymbol{K}_\varepsilon + \boldsymbol{K}_\gamma \tag{6.16}$$

$$\boldsymbol{K}_\varepsilon = \begin{bmatrix} \boldsymbol{K}_\varepsilon^{11} & 0 & \boldsymbol{K}_\varepsilon^{13} \\ \boldsymbol{0} & \boldsymbol{0} & \boldsymbol{0} \\ \boldsymbol{K}_\varepsilon^{31} & \boldsymbol{0} & \boldsymbol{K}_\varepsilon^{33} \end{bmatrix} \tag{6.17}$$

其中

$$\left.\begin{aligned} \boldsymbol{K}_\varepsilon^{11} &= A_1 \times \boldsymbol{\Gamma}_1^{11} \\ \boldsymbol{K}_\varepsilon^{13} &= A_2 \times \boldsymbol{\Gamma}_1^{11} \\ \boldsymbol{K}_\varepsilon^{31} &= \boldsymbol{K}_\varepsilon^{13} \\ \boldsymbol{K}_\varepsilon^{33} &= A_3 \times \boldsymbol{\Gamma}_1^{11} \end{aligned}\right\} \tag{6.18}$$

$$\{A_1, A_2, A_3\} = \int_{-h/2}^{h/2} bE(z)\{1, -z, z^2\}\mathrm{d}z \tag{6.19}$$

$$\boldsymbol{K}_\gamma = \begin{bmatrix} \boldsymbol{0} & \boldsymbol{0} & \boldsymbol{0} \\ \boldsymbol{0} & \boldsymbol{K}_\gamma^{22} & \boldsymbol{K}_\gamma^{23} \\ \boldsymbol{0} & \boldsymbol{K}_\gamma^{32} & \boldsymbol{K}_\gamma^{33} \end{bmatrix} \tag{6.20}$$

其中

$$\left.\begin{aligned} \boldsymbol{K}_\gamma^{22} &= B_1 \times \boldsymbol{\Gamma}_1^{11} \\ \boldsymbol{K}_\gamma^{23} &= B_2 \times \boldsymbol{\Gamma}_1^{10} \\ \boldsymbol{K}_\gamma^{32} &= B_2 \times \boldsymbol{\Gamma}_1^{01} \\ \boldsymbol{K}_\gamma^{33} &= B_1 \times \boldsymbol{\Gamma}_1^{00} \end{aligned}\right\} \tag{6.21}$$

$$\{B_1, B_2\} = \int_{-h/2}^{h/2} kbG(z)\{1, -1\}\mathrm{d}z \tag{6.22}$$

$$\boldsymbol{\Gamma}_1^{11} = (\boldsymbol{T}^e)^{\mathrm{T}}\left\{\frac{1}{l_e}\int_0^1 \frac{\mathrm{d}\boldsymbol{\Phi}^{\mathrm{T}}}{\mathrm{d}\xi}\frac{\mathrm{d}\boldsymbol{\Phi}}{\mathrm{d}\xi}\mathrm{d}\xi\right\}(\boldsymbol{T}^e)$$

$$\boldsymbol{\Gamma}_1^{10} = [\boldsymbol{\Gamma}_1^{01}]^{\mathrm{T}} = (\boldsymbol{T}^e)^{\mathrm{T}}\left\{\frac{1}{l_e}\int_0^1 \frac{\mathrm{d}\boldsymbol{\Phi}^{\mathrm{T}}}{\mathrm{d}\xi}\boldsymbol{\Phi}\mathrm{d}\xi\right\}(\boldsymbol{T}^e)$$

$$\boldsymbol{\Gamma}_1^{00} = (\boldsymbol{T}^e)^{\mathrm{T}}\left\{\frac{1}{l_e}\int_0^1 \boldsymbol{\Phi}^{\mathrm{T}}\boldsymbol{\Phi}\mathrm{d}\xi\right\}(\boldsymbol{T}^e)$$

载荷向量可以表示为：

$$\boldsymbol{p} = \boldsymbol{p}_w^e + \boldsymbol{p}_{w_j}^e + \boldsymbol{p}_{\theta_k}^e \tag{6.23}$$

其中

$$\boldsymbol{p}_w^e = \boldsymbol{T}^{\mathrm{T}} l_e \int_0^1 [q(\xi)\boldsymbol{\Phi}^{\mathrm{T}} + f(\xi)\boldsymbol{\Phi}^{\mathrm{T}}]\mathrm{d}\xi \tag{6.24}$$

$$\boldsymbol{p}_{w_j}^e = \sum F_j \boldsymbol{T}^{\mathrm{T}}\boldsymbol{\Phi}^{\mathrm{T}}(\xi_j) \tag{6.25}$$

$$\boldsymbol{p}_{\theta_k}^e = \sum M_k \boldsymbol{T}^{\mathrm{T}}\boldsymbol{\Phi}^{\mathrm{T}}(\xi_k) \tag{6.26}$$

质量矩阵 $\boldsymbol{M}$ 可以表示为：

$$\boldsymbol{M} = \begin{bmatrix} \boldsymbol{M}^{11} & \boldsymbol{0} & \boldsymbol{M}^{13} \\ \boldsymbol{0} & \boldsymbol{M}^{22} & \boldsymbol{0} \\ \boldsymbol{M}^{31} & \boldsymbol{0} & \boldsymbol{M}^{33} \end{bmatrix} \tag{6.27}$$

其中

$$\left.\begin{aligned} \boldsymbol{M}^{11} &= C_1 \times \boldsymbol{\Gamma}_1^{00} \\ \boldsymbol{M}^{13} &= C_2 \times \boldsymbol{\Gamma}_1^{00} \\ \boldsymbol{M}^{22} &= \boldsymbol{M}^{11} \\ \boldsymbol{M}^{31} &= \boldsymbol{M}^{13} \\ \boldsymbol{M}^{33} &= C_3 \times \boldsymbol{\Gamma}_1^{00} \end{aligned}\right\} \tag{6.28}$$

$$\{C_1, C_2, C_3\} = \int_{-h/2}^{h/2} b\rho(z)\{1, -z, z^2\}\mathrm{d}z \tag{6.29}$$

表 6.1 所示为不同体积分数简支功能梯度梁结构的最大横向变形。功能梯度梁结构由两种材料组成，功能梯度梁顶端为铝合金材料($E_m = 70\mathrm{GPa}$)，功能梯度梁底端为氧化锆材料($E_c = 200\mathrm{GPa}$)。功能梯度梁结构的横截面为 $b \times h = 0.1\mathrm{m} \times 0.1\mathrm{m}$，长度分别为 $L = 0.4\mathrm{m}$ 和 1.6m。功能梯度梁结构的无量纲变形为：

$$w_{\mathrm{static}} = 5qL^4/384E_m I \tag{6.30}$$

Şimşek[8] 利用 Timoshenko 梁理论(FSDBT) 和高阶梁理论(HSDBT) 也求解了相同的算例。从表 6.1 中可以看出，小波有限元解与参考文献吻合得非常好。由于高阶梁理论考虑了高阶项的影响，高阶梁理论的求解精度比 Timoshenko 梁理论的求解精度更高。随着梁的厚度增加，Timoshenko 梁的解与高阶梁理论的解的误差越来越大，而小波有限元解与高阶梁理论吻合得也非常好。

表 6.1　不同体积分数功能梯度梁最大横向变形

L/h	方法	最大正则化位移						
		全金属	$n=0.2$	$n=0.5$	$n=1$	$n=2$	$n=5$	全陶瓷
4	FSDBT[8]	1.13002	0.84906	0.71482	0.62936	0.56165	0.49176	0.39550
	HSDBT[8]	1.15578	0.87145	0.73264	0.64271	0.57142	0.49978	0.40452
	本方法	1.15600	0.86846	0.73080	0.64283	0.57326	0.50196	0.40460
16	FSDBT[8]	1.00812	0.75595	0.63953	0.56615	0.50718	0.44391	0.35284
	HSDBT[8]	1.00975	0.75737	0.64065	0.56699	0.50780	0.44442	0.35341
	本方法	1.00975	0.75678	0.64047	0.56700	0.50791	0.44455	0.35341

表 6.2 所示为固定边界条件功能梯度梁结构的前五阶固有频率比较。功能梯度梁结构由钢和铝合金组成，体积分数 $n=1$。功能梯度梁结构的材料参数为：$E_{steel}=210\text{GPa}$，$\rho_{steel}=7850\text{kg/m}^3$，$E_{Al}=70\text{GPa}$，$\rho_{Al}=2707\text{kg/m}^3$，$\nu_{steel}=\nu_{Al}=0.3$；几何参数为：$L\times h=0.5\text{m}\times 0.125\text{m}$。表中用作对比参考的分别是 Li[9] 和Şimşek[10] 基于不同的梁理论给出的参考解。从表中可以看出，小波单元解与 Li[9] 和Şimşek[10] 的低阶固有频率吻合得非常好。随着固有阶次的增加，小波单元解与参考解误差逐渐增大，然而最大误差仍然不超过 1%。

表 6.2　固定边界条件功能梯度梁结构的前五阶固有频率（$n=1$）

模态阶数	圆频率(rad/s)							
	FSDBT^{R*}	FSDBT^{S*}	PSDBT^{R*}	PSDBT^{S*}	ASDBT^{R*}	ASDBT^{S*}	Li[9]	本方法
1	6443.08	6443.08	6443.78	6443.78	6446.42	6446.42	6457.93	6457.92
2	21470.95	21470.95	21493.99	21493.99	21525.48	21525.48	21603.18	21603.53
3	39775.55	39775.55	39909.87	39909.87	40031.20	40031.20	40145.42	40153.20
4	59092.37	59092.37	59509.80	59509.80	59813.79	59813.79	59779.01	59854.79
5	78638.36	78638.36	79589.32	79589.32	80196.95	80196.95	79686.16	80156.67

* 见文献[10]。

6.2　纤维增强复合材料高阶小波单元

纤维增强层合板复合材料是新材料领域的重要组成部分。纤维增强层合板复合材料具有可设计性强、比强度和比模量高、抗疲劳断裂性能好等一系列优点，因此其被广泛应用于航空航天、能源电力、国防工业及交通运输等重要领域。不同于传统的金属材料，纤维增强层合板复合材料的机械性能主要取决于基体材料和增强材料。纤维增强层合板复合材料结构复杂，非常容易出现基体开裂、分层、纤维断裂和界面脱粘等损伤[11]，这些损伤会严重降低系统的可靠性，造成严重的事故。因此，预知纤维增强层合板复合材料结构的变形、应力和固有频率对工程应用的复合材料结构优化设计具有非常重要的实际意义。

目前，经典板理论(Kirchhoff 板理论)已经被应用于求解复合材料层合板结构的静力学和动力学问题[12,13] 中。经典板理论忽略了剪切变形和转动惯量的影响，该理论只能精确求解较薄的复合材料层合板。为了克服经典板理论的局限性，Mindlin[14] 提出了适用于中厚板的第一阶板理论。与经典板理论不同，第一阶板理论考虑了剪切变形和转动惯量的影响，极大地提高了中厚板(厚宽比大于 0.05 或 0.1) 的求解精度。然而，第一阶板理论需要剪切修正因子修正沿厚度变化的剪切应力和剪切应变。对于复合材料层合板结构，剪切修正因子与铺层方式、几何参数和边界条件有关，非常不容易确定[15]。高阶板理论考虑厚度方向非线性分布的剪切应变，该理论非常适合求解厚板问题[16]，而且可以避免使用剪切修正因子。目前采用最广泛的是 Reddy 高阶板理论，剪切应变沿厚度方向按照抛物线分布，满足板结构顶面和底面的零横向剪切应力的条件。Khare 等[17] 应用 Reddy 高阶板理论求解了复合材料层合板和夹芯板结构的自由振动问题。Ferreira 等[18,19] 基于径向基函数法和 Reddy 高阶板理论研究了复合材料层合板结构的静力学和动力学问题。除了 Reddy 高阶板理论，目前还有其他高阶板理论广泛应用于复合材料层合板结构的静力学和动力学特性研究，如全局高阶板理论[20,21]、三角剪切变形理论[22]、反双曲剪切变形理论[23] 等。由于考虑了高阶项的影响，这些高阶板理论对于复合材料层合厚板和薄板的求解精度都很高。

考虑长度 a、宽度 b、厚度 h 的 n 层复合材料层合板如图 6.3 所示，笛卡尔坐标系(x,y,z) 在中平面的中间位置。坐标系统(1,2) 表示每层材料坐标系统，且每层材料均具有相同的厚度和正交材料参数。

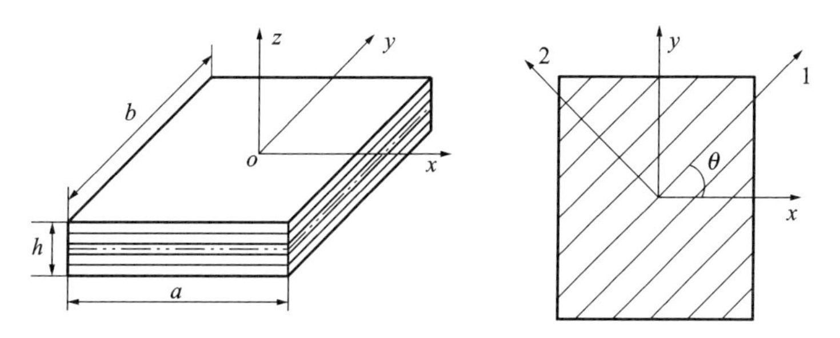

图 6.3　n 层复合材料层合板

考虑到不同板理论(如经典板理论、第一阶板理论和高阶板理论) 横向剪切变形和转动惯量的影响，复合材料层合板的广义位移场可以定义为：

$$\left.\begin{aligned} u(x,y,z,t) &= u_0(x,y,t) - z\frac{\partial w_0(x,y,t)}{\partial x} + \varphi(z)\psi_x(x,y,t) \\ v(x,y,z,t) &= v_0(x,y,t) - z\frac{\partial w_0(x,y,t)}{\partial y} + \varphi(z)\psi_y(x,y,t) \\ w(x,y,z,t) &= w_0(x,y,t) \end{aligned}\right\} \tag{6.31}$$

其中，u_0 和 v_0 表示层合板中平面任意一点的 x 和 y 方向位移；w_0 表示中平面任意一点的横向位移；ψ_x 和 ψ_y 表示中平面任意一点的横向剪切应力：

$$\left.\begin{aligned} \psi_x(x,y,t) &= \frac{\partial w_0(x,y,t)}{\partial x} + \theta_x(x,y,t) \\ \psi_y(x,y,t) &= \frac{\partial w_0(x,y,t)}{\partial y} + \theta_y(x,y,t) \end{aligned}\right\} \tag{6.32}$$

其中，θ_x 和 θ_y 表示中平面的 y 和 x 方向的转角；$\varphi(z)$ 表示定义层合板厚度方向的横向剪切应变的形函数，该函数对于不同的板理论如经典板理论、第一阶板理论和高阶板理论具有不同的形式：

$$\left.\begin{aligned}&\text{CPT}:\varphi(z)=0\\&\text{FSDT}:\varphi(z)=z\\&\text{HSDT}:\varphi(z)=z\left(1-\frac{4z^2}{3h^2}\right)\end{aligned}\right\}\tag{6.33}$$

为简单起见，接下来的公式推导将基于高阶板理论。根据小变形假设理论，与位移相关的线性应变可以表示为：

$$\left.\begin{aligned}\varepsilon_{xx}&=\frac{\partial u_0}{\partial x}+z\frac{\partial\theta_x}{\partial x}-c_1z^3\left(\frac{\partial\theta_x}{\partial x}+\frac{\partial^2w_0}{\partial x^2}\right)\\\varepsilon_{yy}&=\frac{\partial v_0}{\partial y}+z\frac{\partial\theta_y}{\partial y}-c_1z^3\left(\frac{\partial\theta_y}{\partial y}+\frac{\partial^2w_0}{\partial y^2}\right)\\\gamma_{xy}&=\frac{\partial u_0}{\partial y}+\frac{\partial v_0}{\partial x}+z\left(\frac{\partial\theta_x}{\partial y}+\frac{\partial\theta_y}{\partial x}\right)-c_1z^3\left(\frac{\partial\theta_x}{\partial y}+\frac{\partial\theta_y}{\partial x}+2\frac{\partial^2w_0}{\partial x\partial y}\right)\end{aligned}\right\}\tag{6.34}$$

$$\left.\begin{aligned}\gamma_{xz}&=\frac{\partial w_0}{\partial x}+\theta_x-c_2z^2\left(\frac{\partial w_0}{\partial x}+\theta_x\right)\\\gamma_{yz}&=\frac{\partial w_0}{\partial y}+\theta_y-c_2z^2\left(\frac{\partial w_0}{\partial y}+\theta_y\right)\end{aligned}\right\}\tag{6.35}$$

其中，$c_1=\dfrac{4}{3h^2}$ 和 $c_2=3c_1$。

第 k 层板应力-应变本构关系可以表示为：

$$\boldsymbol{\sigma}=\begin{bmatrix}C_{11}^k & C_{12}^k & C_{16}^k\\C_{12}^k & C_{22}^k & C_{26}^k\\C_{16}^k & C_{26}^k & C_{33}^k\end{bmatrix}\begin{bmatrix}\varepsilon_{xx}\\\varepsilon_{yy}\\\gamma_{xy}\end{bmatrix}=\boldsymbol{D}_b^k\boldsymbol{\varepsilon}\tag{6.36}$$

$$\boldsymbol{\tau}=\begin{bmatrix}C_{44}^k & 0\\0 & C_{55}^k\end{bmatrix}\begin{bmatrix}\gamma_{xz}\\\gamma_{yz}\end{bmatrix}=\boldsymbol{D}_s^k\boldsymbol{\gamma}\tag{6.37}$$

其中，$\boldsymbol{D}_b^k$ 和 $\boldsymbol{D}_s^k$ 表示第 k 层板纤维方向为 θ 对应的弹性矩阵。

$$\boldsymbol{D}^k=\begin{bmatrix}\boldsymbol{D}_b^k & 0\\0 & \boldsymbol{D}_s^k\end{bmatrix}=\boldsymbol{T}_m\begin{bmatrix}\boldsymbol{D}_b^0 & 0\\0 & \boldsymbol{D}_s^0\end{bmatrix}\boldsymbol{T}_m{}^{\mathrm{T}}\tag{6.38}$$

其中，$\boldsymbol{D}_b^0$ 和 $\boldsymbol{D}_s^0$ 为组成层合板结构的弹性矩阵，矩阵 $\boldsymbol{T}_m$ 表示材料转换矩阵。层合板结构的弹性矩阵和材料转换矩阵可以分别表示为：

$$\boldsymbol{D}_b^0=\begin{bmatrix}\dfrac{E_1}{1-\nu_{12}\nu_{21}} & \dfrac{\nu_{21}E_1}{1-\nu_{12}\nu_{21}} & 0\\\dfrac{\nu_{12}E_2}{1-\nu_{12}\nu_{21}} & \dfrac{E_2}{1-\nu_{12}\nu_{21}} & 0\\0 & 0 & G_{12}\end{bmatrix}\tag{6.39}$$

$$\boldsymbol{D}_s^0=\begin{bmatrix}G_{23} & 0\\0 & G_{13}\end{bmatrix}\tag{6.40}$$

$$\boldsymbol{T}_m=\begin{bmatrix}\cos^2\theta & \sin^2\theta & -\sin2\theta & 0 & 0\\\sin^2\theta & \cos^2\theta & \sin2\theta & 0 & 0\\\sin\theta\cos\theta & -\sin\theta\cos\theta & \cos^2\theta-\sin^2\theta & 0 & 0\\0 & 0 & 0 & \cos\theta & \sin\theta\\0 & 0 & 0 & \sin\theta & \cos\theta\end{bmatrix}\tag{6.41}$$

其中，E_1 和 E_2 表示 1 和 2 材料方向上的弹性模量；G_{12}、G_{23}、G_{13} 表示 1—2、2—3 和 1—3 面的剪切模量；ν_{12} 和 ν_{21} 表示横向应变的泊松比。弹性模量和泊松比之间有互为倒数的关系：

$$\nu_{12}E_2 = \nu_{21}E_1 \tag{6.42}$$

复合材料层合板的虚势能 δU 可以定义为：

$$\begin{aligned}
\delta U &= \int_V (\sigma_{xx}\delta\varepsilon_{xx} + \sigma_{yy}\delta\varepsilon_{yy} + \tau_{xy}\delta\gamma_{xy} + \tau_{xz}\delta\gamma_{xz} + \tau_{yz}\delta\gamma_{yz})\mathrm{d}V \\
&= \int_A \Bigg[\left(N_{xx}\delta\frac{\partial u_0}{\partial x} + N_{xy}\delta\frac{\partial u_0}{\partial y}\right) + \left(N_{xy}\delta\frac{\partial v_0}{\partial x} + N_{yy}\delta\frac{\partial v_0}{\partial y}\right) \\
&\quad + (Q_x - c_2R_x)\delta\frac{\partial w_0}{\partial x} + (Q_y - c_2R_y)\delta\frac{\partial w_0}{\partial y} \\
&\quad - c_1\left(P_{xx}\delta\frac{\partial^2 w_0}{\partial x^2} + P_{yy}\delta\frac{\partial^2 w_0}{\partial y^2} + 2P_{xy}\delta\frac{\partial^2 w_0}{\partial x\partial y}\right) \\
&\quad + (Q_x - c_2R_x)\delta\theta_x + (M_{xx} - c_1P_{xx})\delta\frac{\partial\theta_x}{\partial x} \\
&\quad + (M_{xy} - c_1P_{xy})\delta\frac{\partial\theta_x}{\partial y} + (Q_y - c_2R_y)\delta\theta_y \\
&\quad + (M_{xy} - c_1P_{xy})\delta\frac{\partial\theta_y}{\partial x} + (M_{yy} - c_1P_{yy})\delta\frac{\partial\theta_y}{\partial y}\Bigg]\mathrm{d}A
\end{aligned} \tag{6.43}$$

其中，V 和 A 分别表示复合材料层合板的体积和中平面面积；N_i、M_i、$P_i(i = xx, yy, xy)$ 分别表示合力、弯矩和高阶弯矩；Q_i、$R_i(i = x, y)$ 分别表示剪切力和高阶剪切力，这些参数可以表示为：

$$\{N_i, M_i, P_i\} = \int_{-h/2}^{h/2}\sigma_i(1, z, z^3)\mathrm{d}z(i = xx, yy, xy) \tag{6.44}$$

$$\{Q_i, R_i\} = \int_{-h/2}^{h/2}\tau_i(1, z^2)\mathrm{d}z(i = x, y) \tag{6.45}$$

复合材料层合板的虚动能可以表示为：

$$\begin{aligned}
\delta T &= \int_V \rho(\dot{u}\delta\dot{u} + \dot{v}\delta\dot{v} + \dot{w}\delta\dot{w})\mathrm{d}V \\
&= \int_A \Bigg\{\left[I_0\dot{u}_0 + I_1\dot{\theta}_x - c_1I_3\left(\dot{\theta}_x + \frac{\partial\dot{w}_0}{\partial x}\right)\right]\delta\dot{u}_0 + \left[I_1\dot{u}_0 + I_2\dot{\theta}_x - c_1I_4\left(\dot{\theta}_x + \frac{\partial\dot{w}_0}{\partial x}\right)\right]\delta\dot{\theta}_x \\
&\quad - c_1\left[I_3\dot{u}_0 + I_4\dot{\theta}_x - c_1I_6\left(\dot{\theta}_x + \frac{\partial\dot{w}_0}{\partial x}\right)\right]\delta\left(\dot{\theta}_x + \frac{\partial\dot{w}_0}{\partial x}\right) + \left[I_0\dot{v}_0 + I_1\dot{\theta}_y - c_1I_3\left(\dot{\theta}_y + \frac{\partial\dot{w}_0}{\partial y}\right)\right]\delta\dot{v}_0 \\
&\quad + \left[I_1\dot{v}_0 + I_2\dot{\theta}_y - c_1I_4\left(\dot{\theta}_y + \frac{\partial\dot{w}_0}{\partial y}\right)\right]\delta\dot{\theta}_y - c_1\left[I_3\dot{v}_0 + I_4\dot{\theta}_y - c_1I_6\left(\dot{\theta}_y + \frac{\partial\dot{w}_0}{\partial y}\right)\right]\delta\left(\dot{\theta}_y + \frac{\partial\dot{w}_0}{\partial y}\right) \\
&\quad + \dot{w}_0\delta\dot{w}_0\Bigg\}\mathrm{d}A
\end{aligned} \tag{6.46}$$

其中，ρ 表示复合材料层合板的密度，横截面转动惯量系数 I_i 可以表示为：

$$I_i = \int_{-h/2}^{h/2}\rho(z)^i\mathrm{d}z(i = 0, 1, 2, \cdots, 6) \tag{6.47}$$

复合材料层合板外力做的功可以表示为：

$$\delta W = -\int_A [q(x, y)\delta w]\mathrm{d}A - \sum_j F_j w_j \tag{6.48}$$

其中，$q(x, y)$ 表示表面均布载荷；F_j 表示集中力。由于位移和转角互相不耦合，位移场可以用二维区间 B 样条小波尺度函数进行插值，$\boldsymbol{u}$、$\boldsymbol{v}$、$\boldsymbol{w}$、$\boldsymbol{\theta}_x$、$\boldsymbol{\theta}_y$ 表示小波空间位移场矢量，$\boldsymbol{T}$ 矩阵表示

将位移场矢量从小波空间转换至物理空间的区间 B 样条小波单元转换矩阵。区间 B 样条小波单元转换矩阵通过张量积运算 $\boldsymbol{T}=\boldsymbol{T}_1\otimes\boldsymbol{T}_2$ 得到，$\boldsymbol{T}_1$ 和 $\boldsymbol{T}_2$ 可以表示为：

$$\boldsymbol{T}_1=[\boldsymbol{\Phi}^{\mathrm{T}}(\xi_1)\ \boldsymbol{\Phi}^{\mathrm{T}}(\xi_2)\cdots\boldsymbol{\Phi}^{\mathrm{T}}(\xi_{n+1})]^{-\mathrm{T}} \tag{6.49}$$

$$\boldsymbol{T}_2=[\boldsymbol{\Phi}^{\mathrm{T}}(\eta_1)\boldsymbol{\Phi}^{\mathrm{T}}(\eta_2)\cdots\boldsymbol{\Phi}^{\mathrm{T}}(\eta_{n+1})]^{-\mathrm{T}} \tag{6.50}$$

复合材料层合板的刚度矩阵 $\boldsymbol{K}^e$ 可以表述如下：

$$\boldsymbol{K}^e=\begin{bmatrix}\boldsymbol{K}_{11}^e & \boldsymbol{K}_{12}^e & \boldsymbol{K}_{13}^e & \boldsymbol{K}_{14}^e & \boldsymbol{K}_{15}^e\\ & \boldsymbol{K}_{22}^e & \boldsymbol{K}_{23}^e & \boldsymbol{K}_{24}^e & \boldsymbol{K}_{25}^e\\ & & \boldsymbol{K}_{33}^e & \boldsymbol{K}_{34}^e & \boldsymbol{K}_{35}^e\\ & \text{syms} & & \boldsymbol{K}_{44}^e & \boldsymbol{K}_{45}^e\\ & & & & \boldsymbol{K}_{55}^e\end{bmatrix} \tag{6.51}$$

其中

$\boldsymbol{K}_{11}^e=A_{11}\boldsymbol{\Gamma}_x^{11}\otimes\boldsymbol{\Gamma}_y^{00}+A_{16}(\boldsymbol{\Gamma}_x^{10}\otimes\boldsymbol{\Gamma}_y^{01}+\boldsymbol{\Gamma}_x^{01}\otimes\boldsymbol{\Gamma}_y^{10})+A_{66}\boldsymbol{\Gamma}_x^{00}\otimes\boldsymbol{\Gamma}_y^{11}$；

$\boldsymbol{K}_{12}^e=A_{12}\boldsymbol{\Gamma}_x^{10}\otimes\boldsymbol{\Gamma}_y^{01}+A_{16}\boldsymbol{\Gamma}_x^{11}\otimes\boldsymbol{\Gamma}_y^{00}+A_{26}\boldsymbol{\Gamma}_x^{00}\otimes\boldsymbol{\Gamma}_y^{11}+A_{66}\boldsymbol{\Gamma}_x^{01}\otimes\boldsymbol{\Gamma}_y^{10}$；

$\boldsymbol{K}_{13}^e=-c_1[E_{11}\boldsymbol{\Gamma}_x^{12}\otimes\boldsymbol{\Gamma}_y^{00}+E_{12}\boldsymbol{\Gamma}_x^{10}\otimes\boldsymbol{\Gamma}_y^{02}+E_{16}(2\boldsymbol{\Gamma}_x^{11}\otimes\boldsymbol{\Gamma}_y^{01}+\boldsymbol{\Gamma}_x^{02}\otimes\boldsymbol{\Gamma}_y^{10})+E_{26}\boldsymbol{\Gamma}_x^{00}\otimes\boldsymbol{\Gamma}_y^{12}$
$+2E_{66}\boldsymbol{\Gamma}_x^{01}\otimes\boldsymbol{\Gamma}_y^{11}]$；

$\boldsymbol{K}_{14}^e=\bar{B}_{11}\boldsymbol{\Gamma}_x^{11}\otimes\boldsymbol{\Gamma}_y^{00}+\bar{B}_{16}(\boldsymbol{\Gamma}_x^{10}\otimes\boldsymbol{\Gamma}_y^{01}+\boldsymbol{\Gamma}_x^{01}\otimes\boldsymbol{\Gamma}_y^{10})+\bar{B}_{66}\boldsymbol{\Gamma}_x^{00}\otimes\boldsymbol{\Gamma}_y^{11}$；

$\boldsymbol{K}_{15}^e=\bar{B}_{12}\boldsymbol{\Gamma}_x^{10}\otimes\boldsymbol{\Gamma}_y^{01}+\bar{B}_{16}\boldsymbol{\Gamma}_x^{11}\otimes\boldsymbol{\Gamma}_y^{00}+\bar{B}_{26}\boldsymbol{\Gamma}_x^{00}\otimes\boldsymbol{\Gamma}_y^{11}+\bar{B}_{66}\boldsymbol{\Gamma}_x^{01}\otimes\boldsymbol{\Gamma}_y^{10}$；

$\boldsymbol{K}_{22}^e=A_{22}\boldsymbol{\Gamma}_x^{00}\otimes\boldsymbol{\Gamma}_y^{11}+A_{26}(\boldsymbol{\Gamma}_x^{10}\otimes\boldsymbol{\Gamma}_y^{01}+\boldsymbol{\Gamma}_x^{01}\otimes\boldsymbol{\Gamma}_y^{10})+A_{66}\boldsymbol{\Gamma}_x^{11}\otimes\boldsymbol{\Gamma}_y^{00}$；

$\boldsymbol{K}_{23}^e=-c_1[E_{16}\boldsymbol{\Gamma}_x^{12}\otimes\boldsymbol{\Gamma}_y^{00}+E_{26}(\boldsymbol{\Gamma}_x^{10}\otimes\boldsymbol{\Gamma}_y^{02}+2\boldsymbol{\Gamma}_x^{01}\otimes\boldsymbol{\Gamma}_y^{11})+2E_{66}\boldsymbol{\Gamma}_x^{11}\otimes\boldsymbol{\Gamma}_y^{01}+E_{12}\boldsymbol{\Gamma}_x^{02}\otimes\boldsymbol{\Gamma}_y^{10}$
$+E_{22}\boldsymbol{\Gamma}_x^{00}\otimes\boldsymbol{\Gamma}_y^{12}]$；

$\boldsymbol{K}_{24}^e=\bar{B}_{16}\boldsymbol{\Gamma}_x^{11}\otimes\boldsymbol{\Gamma}_y^{00}+\bar{B}_{66}\boldsymbol{\Gamma}_x^{10}\otimes\boldsymbol{\Gamma}_y^{01}+\bar{B}_{12}\boldsymbol{\Gamma}_x^{01}\otimes\boldsymbol{\Gamma}_y^{10}+\bar{B}_{26}\boldsymbol{\Gamma}_x^{00}\otimes\boldsymbol{\Gamma}_y^{11}$；

$\boldsymbol{K}_{25}^e=\bar{B}_{26}\boldsymbol{\Gamma}_x^{10}\otimes\boldsymbol{\Gamma}_y^{01}+\bar{B}_{66}\boldsymbol{\Gamma}_x^{11}\otimes\boldsymbol{\Gamma}_y^{00}+\bar{B}_{22}\boldsymbol{\Gamma}_x^{00}\otimes\boldsymbol{\Gamma}_y^{11}+\bar{B}_{26}\boldsymbol{\Gamma}_x^{01}\otimes\boldsymbol{\Gamma}_y^{10}$；

$\boldsymbol{K}_{33}^e=\bar{A}_{45}(\boldsymbol{\Gamma}_x^{10}\otimes\boldsymbol{\Gamma}_y^{01}+\boldsymbol{\Gamma}_x^{01}\otimes\boldsymbol{\Gamma}_y^{10})+\bar{A}_{55}\boldsymbol{\Gamma}_x^{11}\otimes\boldsymbol{\Gamma}_y^{00}+\bar{A}_{44}\boldsymbol{\Gamma}_x^{00}\otimes\boldsymbol{\Gamma}_y^{11}+c_1^2[H_{11}\boldsymbol{\Gamma}_x^{22}\otimes\boldsymbol{\Gamma}_y^{00}$
$+H_{12}(\boldsymbol{\Gamma}_x^{20}\otimes\boldsymbol{\Gamma}_y^{02}+\boldsymbol{\Gamma}_x^{02}\otimes\boldsymbol{\Gamma}_y^{20})+2H_{16}(\boldsymbol{\Gamma}_x^{21}\otimes\boldsymbol{\Gamma}_y^{01}+\boldsymbol{\Gamma}_x^{12}\otimes\boldsymbol{\Gamma}_y^{10})+H_{22}\boldsymbol{\Gamma}_x^{00}\otimes\boldsymbol{\Gamma}_y^{22}$
$+2H_{26}(\boldsymbol{\Gamma}_x^{01}\otimes\boldsymbol{\Gamma}_y^{21}+\boldsymbol{\Gamma}_x^{10}\otimes\boldsymbol{\Gamma}_y^{12})+4H_{66}\boldsymbol{\Gamma}_x^{11}\otimes\boldsymbol{\Gamma}_y^{11}]$；

$\boldsymbol{K}_{34}^e=\bar{A}_{55}\boldsymbol{\Gamma}_x^{10}\otimes\boldsymbol{\Gamma}_y^{00}+\bar{A}_{45}\boldsymbol{\Gamma}_x^{00}\otimes\boldsymbol{\Gamma}_y^{10}-c_1[\bar{F}_{11}\boldsymbol{\Gamma}_x^{21}\otimes\boldsymbol{\Gamma}_y^{00}+\bar{F}_{16}(\boldsymbol{\Gamma}_x^{20}\otimes\boldsymbol{\Gamma}_y^{01}+2\boldsymbol{\Gamma}_x^{11}\otimes\boldsymbol{\Gamma}_y^{10})$
$+\bar{F}_{12}\boldsymbol{\Gamma}_x^{01}\otimes\boldsymbol{\Gamma}_y^{20}+\bar{F}_{26}\boldsymbol{\Gamma}_x^{00}\otimes\boldsymbol{\Gamma}_y^{21}+2\bar{F}_{66}\boldsymbol{\Gamma}_x^{10}\otimes\boldsymbol{\Gamma}_y^{11}]$；

$\boldsymbol{K}_{35}^e=\bar{A}_{45}\boldsymbol{\Gamma}_x^{10}\otimes\boldsymbol{\Gamma}_y^{00}+\bar{A}_{44}\boldsymbol{\Gamma}_x^{00}\otimes\boldsymbol{\Gamma}_y^{10}-c_1[\bar{F}_{12}\boldsymbol{\Gamma}_x^{20}\otimes\boldsymbol{\Gamma}_y^{01}+\bar{F}_{16}\boldsymbol{\Gamma}_x^{21}\otimes\boldsymbol{\Gamma}_y^{00}+\bar{F}_{22}\boldsymbol{\Gamma}_x^{00}\otimes\boldsymbol{\Gamma}_y^{21}$
$+\bar{F}_{26}(\boldsymbol{\Gamma}_x^{01}\otimes\boldsymbol{\Gamma}_y^{20}+2\boldsymbol{\Gamma}_x^{10}\otimes\boldsymbol{\Gamma}_y^{11})+2\bar{F}_{66}\boldsymbol{\Gamma}_x^{11}\otimes\boldsymbol{\Gamma}_y^{10}]$；

$\boldsymbol{K}_{44}^e=\bar{D}_{11}\boldsymbol{\Gamma}_x^{11}\otimes\boldsymbol{\Gamma}_y^{00}+\bar{D}_{16}(\boldsymbol{\Gamma}_x^{10}\otimes\boldsymbol{\Gamma}_y^{01}+\boldsymbol{\Gamma}_x^{01}\otimes\boldsymbol{\Gamma}_y^{10})+\bar{D}_{66}\boldsymbol{\Gamma}_x^{00}\otimes\boldsymbol{\Gamma}_y^{11}+\bar{A}_{55}\boldsymbol{\Gamma}_x^{00}\otimes\boldsymbol{\Gamma}_y^{00}$；

$\boldsymbol{K}_{45}^e=\bar{D}_{12}\boldsymbol{\Gamma}_x^{10}\otimes\boldsymbol{\Gamma}_y^{01}+\bar{D}_{16}\boldsymbol{\Gamma}_x^{11}\otimes\boldsymbol{\Gamma}_y^{00}+\bar{D}_{26}\boldsymbol{\Gamma}_x^{00}\otimes\boldsymbol{\Gamma}_y^{11}+\bar{D}_{66}\boldsymbol{\Gamma}_x^{01}\otimes\boldsymbol{\Gamma}_y^{10}+\bar{A}_{45}\boldsymbol{\Gamma}_x^{00}\otimes\boldsymbol{\Gamma}_y^{00}$；

$\boldsymbol{K}_{55}^e=\bar{D}_{26}(\boldsymbol{\Gamma}_x^{10}\otimes\boldsymbol{\Gamma}_y^{01}+\boldsymbol{\Gamma}_x^{01}\otimes\boldsymbol{\Gamma}_y^{10})+\bar{D}_{66}\boldsymbol{\Gamma}_x^{11}\otimes\boldsymbol{\Gamma}_y^{00}+\bar{D}_{22}\boldsymbol{\Gamma}_x^{00}\otimes\boldsymbol{\Gamma}_y^{11}+\bar{A}_{44}\boldsymbol{\Gamma}_x^{00}\otimes\boldsymbol{\Gamma}_y^{00}$。

其中

$$\boldsymbol{\Gamma}_1^{11}=(\boldsymbol{T}^e)\left\{\frac{1}{l_e}\int_0^1\frac{\mathrm{d}\boldsymbol{\Phi}^{\mathrm{T}}}{\mathrm{d}\xi}\frac{\mathrm{d}\boldsymbol{\Phi}}{\mathrm{d}\xi}\mathrm{d}\xi\right\}(\boldsymbol{T}^e)$$

$$\boldsymbol{\Gamma}_1^{10}=[\boldsymbol{\Gamma}_1^{0,1}]^{\mathrm{T}}=(\boldsymbol{T}^e)^{\mathrm{T}}\left\{\int_0^1\frac{\mathrm{d}\boldsymbol{\Phi}^{\mathrm{T}}}{\mathrm{d}\xi}\boldsymbol{\Phi}\mathrm{d}\xi\right\}(\boldsymbol{T}^e)$$

$$\boldsymbol{\Gamma}_1^{01}=(\boldsymbol{T}^e)\left\{l_e\int_0^1\boldsymbol{\Phi}^{\mathrm{T}}\boldsymbol{\Phi}\mathrm{d}\xi\right\}(\boldsymbol{T}^e)$$

下角标 x 和 y 表示符号对 x 和 y 计算，如三式中对 ξ 进行的计算。

$\{A_{ij},B_{ij},D_{ij},E_{ij},F_{ij},H_{ij}\}$ 表示复合材料层合板的刚度系数，可以定义为：

$$\{A_{ij},B_{ij},D_{ij},E_{ij},F_{ij},H_{ij}\}=\int_{-h/2}^{h/2}C_{ij}\{1,z,z^2,z^3,z^4,z^6\}\mathrm{d}z\quad(i,j=1,2,6)\tag{6.52}$$

复合材料层合板的刚度助记符可以写成：

$$\bar{A}_{ij}=A_{ij}-2c_2D_{ij}+c_2^2F_{ij}\tag{6.53}$$

$$\bar{B}_{ij}=B_{ij}-c_1E_{ij}\tag{6.54}$$

$$\bar{D}_{ij}=D_{ij}-2c_1F_{ij}+c_1^2H_{ij}\tag{6.55}$$

$$\bar{F}_{ij}=F_{ij}-c_1H_{ij}\tag{6.56}$$

相似地，复合材料层合板的刚度矩阵 $\boldsymbol{M}^e$ 可以表述如下：

$$\boldsymbol{M}^e=\begin{bmatrix}\boldsymbol{M}_{11}^e & 0 & 0 & 0 & 0\\ & \boldsymbol{M}_{22}^e & 0 & 0 & 0\\ & & \boldsymbol{M}_{33}^e & \boldsymbol{M}_{34}^e & \boldsymbol{M}_{35}^e\\ & \text{syms} & & \boldsymbol{M}_{44}^e & 0\\ & & & & \boldsymbol{M}_{55}^e\end{bmatrix}\tag{6.57}$$

其中，$\boldsymbol{M}_{11}^e=\rho h\boldsymbol{\Gamma}_x^{00}\otimes\boldsymbol{\Gamma}_y^{00}$；$\boldsymbol{M}_{22}^e=\rho h\boldsymbol{\Gamma}_x^{00}\otimes\boldsymbol{\Gamma}_y^{00}$；$\boldsymbol{M}_{33}^e=\rho h\boldsymbol{\Gamma}_x^{00}\otimes\boldsymbol{\Gamma}_y^{00}+\dfrac{\rho h^3}{252}(\boldsymbol{\Gamma}_x^{11}\otimes\boldsymbol{\Gamma}_y^{00}+\boldsymbol{\Gamma}_x^{00}\otimes\boldsymbol{\Gamma}_y^{11})$；$\boldsymbol{M}_{34}^e=-\dfrac{4\rho h^3}{315}\boldsymbol{\Gamma}_x^{10}\otimes\boldsymbol{\Gamma}_y^{00}$；$\boldsymbol{M}_{35}^e=-\dfrac{4\rho h^3}{315}\boldsymbol{\Gamma}_x^{00}\otimes\boldsymbol{\Gamma}_y^{10}$；$\boldsymbol{M}_{44}^e=\dfrac{17\rho h^3}{315}\boldsymbol{\Gamma}_x^{00}\otimes\boldsymbol{\Gamma}_y^{00}$；$\boldsymbol{M}_{55}^e=\dfrac{17\rho h^3}{315}\boldsymbol{\Gamma}_x^{00}\otimes\boldsymbol{\Gamma}_y^{00}$。

下面通过与精确解和文献中的参考解对比的几个算例来验证本书构造小波单元的有效性和精确性。无量纲的正交材料参数如下：

材料 Ⅰ：$E_1/E_2=25.0\quad G_{12}=G_{13}=0.5E_2\quad G_{23}=0.2E_2\quad \nu_{12}=0.25$

材料 Ⅱ：$E_1/E_2=1\quad G_{12}=G_{13}=0.6E_2\quad G_{23}=0.5E_2\quad \nu_{12}=0.25$

正交铺层和斜交铺层的复合材料层合板简支边界条件定义如下：

(a) 正交铺层复合材料层合板简支边界条件

$u_0=w_0=\theta_x=0,\quad y=\pm b/2$

$v_0=w_0=\theta_y=0,\quad x=\pm a/2$

(b) 斜交铺层复合材料层合板简支边界条件

$v_0=w_0=\theta_x=0,\quad y=\pm b/2$

$u_0=w_0=\theta_y=0,\quad x=\pm a/2$

算例 6.1 静力学算例的有效性和精确性验证。第一个算例用来验证本书构造的复合材料层合板小波单元的有效性和精确性。由于复合材料层合板静力学的精确解在文献中未能找到，因此利用各向同性板来验证构造单元的有效性和精确性。各向同性板可以通过令复合材料层合板材料参数 $E_1=E_2$ 和 $G_{ij}=E_1/2(1+\nu_{12})$ 得到。本算例为方形各向同性板表面分布均布载荷，边界条件为四边简支且长厚比从 10 变化至 100。弹性模量和泊松比分别为 $E=10920$ 和 $\nu=0.25$。

表 6.3 中给出了本书提出的小波有限元方法的无量纲变形 $\bar{w}=100wEh^3/(qa^4)$ 及精确解，表中也相应地给出传统有限元方法(FEM)求解不同网格尺寸的参考解。从表 6.3 中可以看出，本书构造的小波单元不论对于薄板($a/h=100$)还是厚板($a/h=10$)，都与精确解吻合

得非常好。尽管传统有限元方法的解随着节点数的增加收敛很快，本书构造的小波单元 10×10(605 DOFs) 的计算精度比传统有限元 30×30(4805 DOFs) 高，计算效率也非常快。

表 6.3　各向同性方形板表面分布均布载荷最大位移

a/h	网格(DOFs)				精确解[24]	本方法
	6×6(245)	10×10(605)	20×20(2205)	30×30(4805)		10×10(605)
10	4.7582	4.7794	4.7882	4.7898	4.791	4.7912
20	4.5841	4.6109	4.6218	4.6238	4.625	4.6255
50	4.5354	4.5637	4.5752	4.5773	4.579	4.5792
100	4.5284	4.5569	4.5685	4.5707	4.572	4.5737

算例 6.2　对称正交层合板表面分布正弦载荷静力学问题

第二个算例是四边简支正交复合材料层合板(0°/90°/90°/0°) 表面分布正弦载荷 $q = q_0\sin(\pi x/a)\cos(\pi y/b)$，复合材料层合板的材料参数为 I。不同的长厚比参数 $a/h = 4$、10、20、100 分别用来表示厚板、中厚板和薄板。下面给出了本书构造小波单元求解得到无量纲的最大变形和应力参数：

$$\bar{w} = \frac{100w(0,0,0)h^3E_2}{q_0a^4} \quad \bar{\sigma}_{xx} = \frac{\sigma_{xx}(0,0,h/2)h^2}{q_0a^2} \quad \bar{\sigma}_{yy} = \frac{\sigma_{yy}(0,0,h/4)h^2}{q_0a^2}$$

$$\bar{\tau}_{xy} = \frac{\tau_{xy}(0,-a/2,0)h^2}{q_0a^2} \quad \bar{\tau}_{xz} = \frac{\tau_{xz}(-a/2,0,0)h}{q_0a} \quad \bar{\tau}_{yz} = \frac{\tau_{yz}(0,-a/2,0)h}{q_0a}$$

本书提出的小波单元解与 3D 弹性解、无网格解、样条有限元解以及高阶板理论解进行比较。表 6.4 中也给出了第一阶板理论(剪切参数 $k = 5/6$) 的小波单元解。从表 6.4 中可以清楚地看出，与 3D 弹性解相比，基于高阶板理论的小波有限元不论是位移还是应力的求解精度，均比参考解的高。尽管第一阶板理论的小波单元解对于薄板($a/h = 100$) 求解精度也较高，但是对于中厚板($a/h = 10$ 和 20) 和厚板($a/h = 4$)，第一阶板理论的小波单元解与 3D 弹性解的误差越来越大。第一阶板理论需要剪切参数来修正沿厚度方向的剪切应力与剪切应变之间的变化，高阶板理论考虑了横截面的翘曲特性，满足零横向剪切应力条件。因此，高阶板理论不需要剪切修正参数。本书提出的基于高阶板理论的小波单元对于薄板和厚板的变形和应力的求解精度要求高。

表 6.4　四边简支正交复合材料层合板(0°/90°/90°/0°) 无量纲变形和应力

a/h	方法	$\bar{w}$	$\bar{\sigma}_{xx}$	$\bar{\sigma}_{yy}$	$\bar{\tau}_{xy}$	$\bar{\tau}_{xz}$	$\bar{\tau}_{yz}$
4	Ferreira[19]	1.8864	0.6659	0.6313	0.0433	0.1352	—
	Akhras[25]	1.8941	0.6800	0.6338	0.0444	0.2064	0.2389
	Aydogdu[26]	1.8930	0.6628	0.6312	0.0440	0.2055	0.2381
	弹性模量[27]	1.954	0.720	0.663	0.0467	0.291	0.292
	FSDT	1.7097	0.4059	0.5764	0.0308	0.1398	0.1963
	HSDT	1.8939	0.6752	0.6334	0.0441	0.2064	0.2390

续表 6.4

a/h	方法	$\bar{w}$	$\bar{\sigma}_{xx}$	$\bar{\sigma}_{yy}$	$\bar{\tau}_{xy}$	$\bar{\tau}_{xz}$	$\bar{\tau}_{yz}$
10	Ferreira[19]	0.7153	0.5466	0.4383	0.0267	0.3347	—
	Akhras[25]	0.7149	0.5576	0.3896	0.0270	0.2642	0.1530
	Aydogdu[26]	0.7150	0.5450	0.3882	0.0267	0.2626	0.1525
	弹性模量[27]	0.743	0.559	0.401	0.0275	0.301	0.196
	FSDT	0.6628	0.4989	0.3614	0.0241	0.1667	0.129
	HSDT	0.7148	0.5493	0.3893	0.0268	0.2641	0.1531
20	Ferreira[19]	0.5070	0.5405	0.3648	0.0228	0.3818	—
	Akhras[25]	0.5061	0.5513	0.3053	0.0230	0.2829	0.1226
	Aydogdu[26]	0.5067	0.5390	0.3040	0.0228	0.2809	0.1231
	弹性模量[27]	0.517	0.543	0.308	0.0230	0.328	0.156
	FSDT	0.4912	0.5273	0.2957	0.0221	0.1748	0.1088
	HSDT	0.5061	0.5419	0.3046	0.0228	0.2826	0.1236
100	Ferreira[19]	0.4365	0.5413	0.3359	0.0215	0.4106	—
	Akhras[25]	0.4345	0.5508	0.2765	0.0215	0.2947	0.1076
	Aydogdu[26]	0.4351	0.5385	0.2707	0.0213	0.2881	0.1114
	弹性模量[27]	0.4385	0.539	0.276	0.0216	0.337	0.141
	FSDT	0.4337	0.5382	0.2705	0.0213	0.1791	0.1080
	HSDT	0.4344	0.5410	0.2712	0.0214	0.2907	0.1185

算例 6.3 反对称角铺层合板表面分布正弦载荷静力学问题。表 6.5 给出了反对称角铺层合板$[\theta/(-\theta)]_n$表面分布正弦载荷的最大无量纲位移。正交材料参数为材料Ⅱ，弹性模量比$E_1/E_2=40$。从表 6.5 可以看出，本书构造的复合材料小波单元的薄板与厚板解与 Reddy 解基本一致，且计算精度比 Ray 的解高。纤维角度对弯曲和拉伸耦合影响较大，耦合效应随着纤维角度的增加而增大。因此，反对称角铺方形层合板$[\theta/(-\theta)]_n$的位移随着纤维角度的增加而减小。

表 6.5 反对称角铺方形复合材料层合板分布正弦载荷最大无量纲位移

a/h	方法	$\theta=5^\circ$		$\theta=30^\circ$		$\theta=45^\circ$	
		$n=1$	$n=3$	$n=1$	$n=3$	$n=1$	$n=3$
4	Reddy[28]	1.2625	1.2282	1.0838	0.8851	1.0203	0.8375
	Ray[29]	1.2580	1.2260	1.0780	0.8840	1.0180	0.8370
	本方法	1.2627	1.2283	1.0839	0.8852	1.0204	0.8376
10	Reddy[28]	0.4848	0.4485	0.5916	0.3007	0.5581	0.2745
	Ray[29]	0.4810	0.4450	0.5910	0.3000	0.5570	0.2740
	本方法	0.4849	0.4486	0.5917	0.3007	0.5582	0.2746

续表 6.5

a/h	方法	$\theta=5°$		$\theta=30°$		$\theta=45°$	
		$n=1$	$n=3$	$n=1$	$n=3$	$n=1$	$n=3$
20	Reddy[28]	0.3579	0.3209	0.5180	0.2127	0.4897	0.1905
	Ray[29]	0.3560	0.3200	0.5160	0.2120	0.4890	0.1900
	本方法	0.3580	0.3209	0.5180	0.2127	0.4897	0.1905
100	Reddy[28]	0.3162	0.2789	0.4942	0.1842	0.4676	0.1634
	Ray[29]	0.3160	0.2790	0.4940	0.1840	0.4670	0.1630
	本方法	0.3162	0.2789	0.4943	0.1843	0.4677	0.1634

算例6.4 动力学算例的有效性和精确性验证。方形复合材料层合板(0°/90°/90°/0°)的动力学算例用来验证本书构造的小波单元的有效性和精确性。方向复合材料层合板四边简支,长厚比$a/h=5$,材料参数为材料Ⅱ。对于弹性模量比E_1/E_2从3到40变化的无量纲固有频率为:

$$\bar{\omega}=\omega a^2/h\sqrt{\rho/E_2} \tag{6.58}$$

表6.6列出了本书提出的小波有限元与传统有限元的无量纲固有频率解和计算时间。传统有限元的解随着网格数目的增加收敛很快。本书提出的小波有限元方法与传统有限元25×25(3380 DOFs)的解与文献中的3D弹性解吻合得非常好。然而,传统有限元25×25(3380 DOFs)的计算时间是小波有限元方法计算时间的350倍左右。也就是说,小波有限元方法求解复合材料层合板的动力学问题的计算精度和效率非常高。与其他参考解相比,小波有限元方法对于不同的弹性模量比值计算更加精确和稳定。

表6.6 四边简支方形复合材料层合板(0°/90°/90°/0°)的无量纲固有频率

方法	E_1/E_2					时间(s)
	3	10	20	30	40	
10×10(605)	6.6131	8.3274	9.5744	10.3170	10.8331	1.82
15×15(1280)	6.5810	8.2934	9.5425	10.2871	10.8049	25.63
20×20(2205)	6.5698	8.2815	9.5312	10.2767	10.7951	157.64
25×25(3380)	6.5617	8.2731	9.5294	10.2723	10.7904	641.85
精确解[30]	6.6180	8.2100	9.5600	10.2720	10.7520	—
Liew[31]	—	8.2924	9.5613	10.3200	10.8490	—
Ferreira[32]	—	8.2793	9.5375	10.2889	10.8117	—
Rodrigues[33]	—	8.4142	9.6629	10.4013	10.9054	—
本方法(605)	6.5597	8.2718	9.5263	10.2719	10.7873	1.84

算例6.5 复合材料层合板的高阶固有频率。不同长厚比前六阶方形复合材料层合板(0°/90°/0°)用来验证本书构造单元对复合材料层合板的高阶固有频率$\bar{\omega}$计算的有效性。材料参数为材料Ⅰ。表6.7列出了基于第一阶板理论与高阶板理论的小波有限元解,表中也相应地给出文献中的参考解。由于Reddy解与第一阶理论小波有限元解的理论假设相同,两者求解的

解基本一致。由于考虑了高阶项，高阶板理论的小波有限元解比Reddy解略小。然而，本书构造的小波单元解比Zhao的解精度更高。这个算例验证了本书构造的小波单元对复合材料层合板的高阶固有频率求解精度也很高。

表6.7 前六阶方形复合材料层合板(0°/90°/0°) 无量纲固有频率

a/h	方法	模态阶数					
		1	2	3	4	5	6
10	Zhao[34]	11.455	18.333	31.141	—	—	—
	Reddy[35]	12.163	18.729	30.932	30.991	34.434	42.585
	FSDT	12.163	18.729	30.932	30.991	34.434	42.582
	HSDT	12.068	18.541	30.393	30.730	34.132	42.048
100	Zhao[34]	15.127	22.658	39.644	55.452	59.289	—
	Reddy[35]	15.183	22.817	40.153	56.210	60.211	66.364
	FSDT	15.183	22.818	40.157	56.210	60.211	66.400
	HSDT	15.181	22.814	40.144	56.176	60.176	66.352

算例6.6 长厚比对固有频率的影响。接下来这个算例是关于长厚比对复合材料层合板(0°/90°/90°/0°) 固有频率的影响。四边简支方形复合材料层合板的材料参数为材料 Ⅱ，弹性模量比 $E_1/E_2=40$，且长厚比值的变化范围为 2 ～ 100。

基于经典板理论和不同高阶板理论的无量纲固有频率列于表6.8中。该算例表明，本书构造的小波有限元解与不同长厚比的Reddy高阶板理论解吻合得非常好。其他高阶板理论的解对于薄板($a/h=50$ 和 100) 无量纲固有频率基本一致，无量纲固有频率的误差对于厚板误差越来越大。由于忽略了剪切变形的影响，经典板理论对于厚板的无量纲固有频率估计过大。因此，本书所构造的小波单元不论是对厚板还是对薄板的复合材料层合板的固有频率求解精度得到了验证。

表6.8 四边简支方形复合材料层合板(0°/90°/90°/0°) 无量纲固有频率

方法	a/h						
	2	5	10	20	25	50	100
CPT	15.830	18.215	18.652	18.767	18.780	18.799	18.804
Cho[36]	5.923	10.673	15.066	17.535	18.054	18.670	18.835
Wu[37]	5.317	10.682	15.069	17.636	18.055	18.670	18.835
Matsunaga[20]	5.321	10.687	15.072	17.636	18.055	18.670	18.835
Reddy[38]	5.576	10.989	15.270	17.668	18.050	18.606	18.755
本方法	5.506	10.787	15.107	17.646	18.062	18.671	18.835

算例6.7 纤维角度对固有频率的影响。最后一个算例用来研究复合材料层合板$[\theta/(-\theta)/\theta]$ 的纤维角度对固有频率的影响。材料参数为材料 Ⅱ，弹性模量比 $E_1/E_2=40$，且

纤维角度变化范围为 15° ～ 70°。表 6.9 给出了不同长厚比的四边简支方形($a/b=1$)和矩形($a/b=2$)复合材料层合板[$\theta/(-\theta)/\theta$]的无量纲固有频率 $\bar{\omega}=100\omega h\sqrt{\rho/E_2}$。Liew 基于 p-Ritz 法也给出了相同算例的参考解。很显然，本书提出的小波有限元解与 Liew 的解吻合得非常好。对于方形复合材料层合板($a/b=1$)，纤维角度小于 45° 时，固有频率随着纤维角度增加而增大；纤维角度大于 45° 时，固有频率随着纤维角度增加而减小。不同于方形复合材料层合板，矩形($a/b=2$)复合材料层合板的固有频率随着纤维角度增加而增大。

表 6.9 四边简支复合材料层合板的无量纲固有频率

a/b	a/h	方法	θ				
			15°	30°	45°	60°	75°
1	5	Liew[39]	41.6871	44.0053	45.1748	44.0053	41.6871
		本方法	41.7037	44.0382	45.2106	44.0382	41.7037
	10	Liew[39]	14.8732	15.4325	15.7841	15.4325	14.8732
		本方法	14.8827	15.4537	15.8065	15.4537	14.8827
	20	Liew[39]	4.3921	4.5186	4.6234	4.5186	4.3921
		本方法	4.3956	4.5282	4.6339	4.5282	4.3956
	50	Liew[39]	0.7472	0.7674	0.7867	0.7674	0.7472
		本方法	0.7478	0.7695	0.7897	0.7695	0.7478
2	5	Liew[39]	61.5597	72.1304	81.8287	87.0976	89.6031
		本方法	61.5808	72.1627	81.8542	87.1186	89.6272
	10	Liew[39]	21.5853	26.8135	31.6364	35.3459	37.6402
		本方法	21.5981	26.8363	31.6597	35.3605	37.6489
	20	Liew[39]	6.4265	8.3294	10.2682	12.1558	13.5798
		本方法	6.4320	8.3419	10.2854	12.1656	13.5834
	50	Liew[39]	1.1035	1.4649	1.8584	2.2826	2.6337
		本方法	1.1048	1.4684	1.8634	2.2852	2.6344

6.3 损伤模型

6.3.1 裂纹模型

采用数值模型进行应力波在损伤结构中传播求解的关键问题之一是建立高精度结构裂纹模型。本书主要以 Castigliano 能量原理为基础[40]，对所研究三类结构中的裂纹模型进行推导，得到适合小波有限元加载的裂纹单元。在断裂力学中，以裂纹的力学特征为依据将其划分为以下三类[41,42]，如图 6.4 所示。

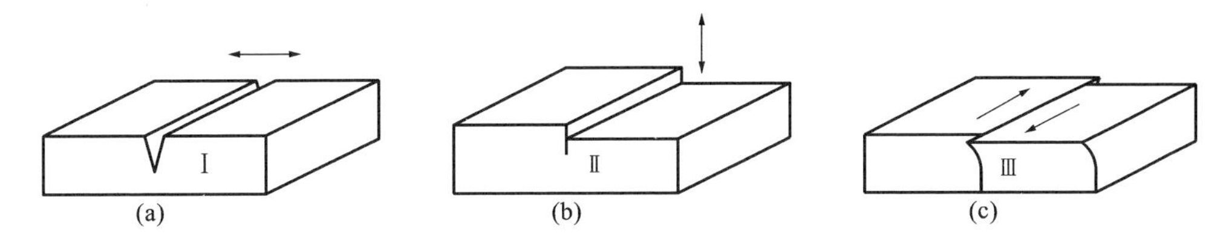

图 6.4 无损 Timoshenko 曲梁高频应力波形时间切片

(a) 模式 Ⅰ 张开型；(b) 模式 Ⅱ 滑开型；(c) 模式 Ⅲ 撕开型

模式 Ⅰ 张开型：结构在与裂纹面垂直的循环拉应力作用下产生张开式位移而形成的一类裂纹模式。模式 Ⅱ 滑开型：结构在与裂纹面平行的循环剪切应力作用下形成的一类裂纹模式。模式 Ⅲ 撕开型：该模式常存在于三维模型中，由平行于裂纹平面且与模式 Ⅱ 作用力方向正交的一组循环剪应力导致的一类裂纹模式。

1. 轴力杆裂纹模型

杆结构中的作用力主要为平行于轴线的拉压应力，因此，裂纹模式 Ⅰ 为主要模式。利用 Castigliano 能量原理得到与轴类裂纹相关的局部柔度为：

$$c_{ij}=\frac{\partial^2 U}{\partial S_i \partial S_j}\quad (i=1,j=1) \tag{6.59}$$

式中，U 表示由于裂纹产生的弹性应变能；$\boldsymbol{S}$ 表示作用于微段节点的广义力矢量，令其角标 i、j 取 1 表示轴向力。根据断裂力学理论，裂纹的弹性应变能可进一步表示为：

$$U=\frac{1}{E}\int_A K_{\mathrm{I}}^2\,\mathrm{d}A \tag{6.60}$$

式中，A 表示杆截面面积；K_{I} 为模式 Ⅰ 杆结构裂纹的应力强度因子，具体形式为[43]：

$$K_{\mathrm{I}}=\frac{S_1}{A}\sqrt{\pi\alpha}\,f_{\mathrm{I}}(\alpha) \tag{6.61}$$

$$f_{\mathrm{I}}(\alpha)=\sqrt{\frac{\tan(\pi\alpha/2h)}{\pi\alpha/2h}}\times\frac{0.752+2.02(\alpha/h)+0.37\{1-\sin[(\pi\alpha/2h)]\}^3}{\cos(\pi\alpha/2h)} \tag{6.62}$$

式中，α 表示裂纹深度；h 表示杆横截面厚度。将式(6.60)～式(6.62)代入式(6.59)化简得到：

$$c=\frac{2\pi}{Eb}\int_0^a \frac{\alpha}{h^2}f_{\mathrm{I}}^2(\alpha)\,\mathrm{d}\alpha \tag{6.63}$$

其中，a 为裂纹深度最大值，b 为杆横截面宽度。得到的局部柔度以其倒数形式形成局部刚度，从而方便地代入到有限元方程求解中。

2. Timoshenko 梁裂纹模型

Timoshenko 梁模型中弯曲力与剪切力同时存在，其中弯曲力导致梁的一个表面因受拉产生模式 Ⅰ 裂纹，剪切力则导致模式 Ⅱ 裂纹，因此主要裂纹模式为模式 Ⅰ 与模式 Ⅱ 的组合[43]。对于该种结构，Castigliano 能量原理得到局部柔度表达式为：

$$c_{ij}=\frac{\partial^2 U}{\partial S_i \partial S_j}\quad (i=1,2,\cdots,6,j=1,2,\cdots,6) \tag{6.64}$$

序号 1～6 表示存在 3 个作用力以及 3 个作用力矩。与裂纹相关的弹性应变能表示为：

$$U=\frac{1}{E}\int_A (K_{\mathrm{I}}^2+K_{\mathrm{II}}^2)\,\mathrm{d}A \tag{6.65}$$

K_{I} 为模式 Ⅰ 梁结构裂纹的应力强度因子，K_{II} 为模式 Ⅱ 梁结构裂纹的应力强度因子，具体形式分别为[43]：

$$K_{\mathrm{I}} = \frac{6M}{bh^2}\sqrt{\pi\alpha}f_{\mathrm{I}}(\alpha) \tag{6.66}$$

$$K_{\mathrm{II}} = \frac{kT}{bh}\sqrt{\pi\alpha}f_{\mathrm{II}}(\alpha) \tag{6.67}$$

$$f_{\mathrm{II}}(\alpha)=\frac{1.30-0.65\left(\frac{\alpha}{h}\right)+0.37\left(\frac{\alpha}{h}\right)^2+0.28\left(\frac{\alpha}{h}\right)^3}{\sqrt{1-\left(\frac{\alpha}{h}\right)}} \tag{6.68}$$

式中，M 表示梁结构的弯矩；T 表示剪切力。将式(6.65) ～ 式(6.67) 代入式(6.64) 得到 Timoshenko 梁结构局部柔度为：

$$c_b = \frac{72\pi}{Ebh^2}\int_0^a \frac{\alpha}{h^2}f_{\mathrm{I}}^2(\alpha)\mathrm{d}\alpha \tag{6.69}$$

$$c_s = \frac{2k^2\pi}{Eb}\int_0^a \frac{\alpha}{h^2}f_{\mathrm{II}}^2(\alpha)\mathrm{d}\alpha \tag{6.70}$$

式中，c_b 表示弯曲柔度，c_s 表示剪切柔度，两者互不耦合，因此局部刚度矩阵为：

$$\boldsymbol{K}_c = \mathrm{diag}(c_b \quad c_s)^{-1} \tag{6.71}$$

得到的刚度矩阵可以直接代入小波有限元求解列式中进行计算。

3. 曲梁裂纹模型

考虑到曲梁结构的面内振动特性，模式 Ⅲ 的裂纹并不会对结构产生重大影响。Karaagac 等在研究曲拱结构动态稳定性过程中指出[44]，横贯曲梁截面裂纹所造成的影响亦可以使用由裂纹尖端附近应变能所导出的局部柔度进行表征[45,46]。本书以此为基础，在曲梁局部柔度中考虑拉弯耦合，在应力波问题中求解修正了 Karaagac 等提出的局部柔度计算式。受到拉弯耦合的影响，曲梁裂纹局部柔度为相对深度与相对位置的二维函数，且影响参数较多，因此在进行推导前有必要将参数进行直观表示，图 6.5 所示为曲梁模型参数示意图。

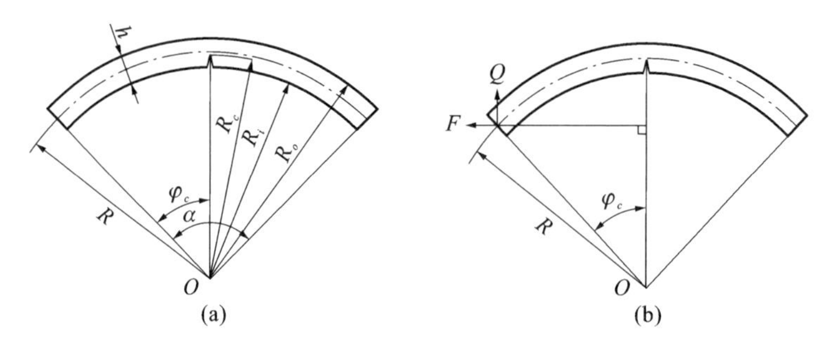

图 6.5 裂纹曲梁模型参数

(a) 几何参数；(b) 载荷参数

忽略裂纹模式 Ⅲ 对局部柔度造成的影响，曲梁弹性应变能表达式与式(6.65) 相同，得到其局部柔度表达式为：

$$c_{ij} = \frac{\partial^2}{\partial S_i \partial S_j}\int_0^b\int_0^a \frac{1}{E}\left[\left(\sum_{i=1}^{6}K_{\mathrm{I}i}\right)^2+\left(\sum_{i=1}^{6}K_{\mathrm{II}i}\right)^2\right]\mathrm{d}\alpha\mathrm{d}x \tag{6.72}$$

式中具体符号定义与前文一致，积分上限 a、b 分别表示裂纹的物理深度和宽度。式(6.72) 将曲梁应力强度因子分为两类，考虑到曲梁的受力状况，模式Ⅰ类强度因子被进一步细分为两个部分[47]：

$$K_{\mathrm{I}}=K_{\mathrm{I}Q}+K_{\mathrm{I}F} \tag{6.73}$$

角标 Q 与 F 分别代表图 6.5(b) 中所示的弯曲作用力与拉力。

应力强度因子 K_{I}：由于曲梁的弯曲特性，拉力 F 在裂纹处会产生转矩 M，拉力强度因子部分再次被细分为：

$$K_{\mathrm{I}F}=K_{MF}+K_{F} \tag{6.74}$$

式中，K_{MF} 表示拉力转矩部分因子；K_{F} 表示纯拉力作用因子。为简化表述，定义两个无量纲半径：

$$\left.\begin{aligned} m&=\frac{R_c}{R_0}\\ n&=\frac{R_i}{R_0}\end{aligned}\right\} \tag{6.75}$$

式中参数的物理意义见图 6.5(a)，由此得到弯曲作用力相关的强度因子[47]：

$$K_{\mathrm{I}Q}=\frac{4M_Q}{bR_0^{3/2}}f_1 \tag{6.76}$$

其中弯矩、修正函数及修正系数分别为：

$$M_Q=QR\sin\varphi_c \tag{6.77}$$

$$f_1=\sqrt{\frac{\beta_M}{2m}\left[\frac{1-m^2}{(1-m^2)^2-(2m\mathrm{In}m)^2}-\frac{1-n^2}{(1-n^2)^2-(2n\mathrm{In}n)^2}\right]} \tag{6.78}$$

$$\beta_M=1.3183\left[1+2\left(\frac{1-m}{1-n}\right)^{6.65}\right] \tag{6.79}$$

由拉力弯矩导致的应力强度因子为：

$$K_{MF}=\frac{4M_F}{bR_0^{3/2}}f_1 \tag{6.80}$$

式中弯矩为：

$$M_F=\frac{FR_0}{2}[1+m-(1+n)\cos^2\varphi_c]\overset{\mathrm{def}}{=}\frac{FR_0}{2}\Theta \tag{6.81}$$

由拉力拉伸作用导致的强度因子为[47]：

$$K_F=\frac{F}{h\sqrt{R_0}}f_2 \tag{6.82}$$

式中修正函数及修正因子分别为：

$$f_2=\sqrt{\frac{\beta_F(m-n)}{(1-m)(1-n)}} \tag{6.83}$$

$$\beta_F=3.955\left(\frac{1-m}{1-n}\right)^3+26.797\left(\frac{m-n}{1-n}\right)^2 \tag{6.84}$$

应力强度因子 K_{II}：参考 Nobile[48] 对剪切强度因子的研究，在力 Q 作用下的模式Ⅱ裂纹应力强度因子表示为：

$$K_{\mathrm{II}}=\frac{Q\sqrt{2\pi a}}{bh}f_3 \tag{6.85}$$

修正函数由下式定义：

$$f_3 = \frac{0.725}{\sqrt{\alpha(1-\alpha)}} \tag{6.86}$$

定义作用力矢量 $\boldsymbol{f} = (F \quad Q \quad M)^{\mathrm{T}}$，其中 $M = M_F + M_Q$，将得到的两类强度因子代入式(6.72)即可得到相应的局部柔度矩阵为：

$$\boldsymbol{C} = \begin{bmatrix} c_{11} & c_{12} & c_{13} \\ & c_{22} & c_{23} \\ \text{sym} & & c_{33} \end{bmatrix} \tag{6.87}$$

其中

$$c_{11} = \int_0^b \int_0^a \frac{1}{E}\left(\frac{8R_0^2\Theta^2}{b^2R^3}f_1^2 + \frac{2}{h^2R_0}f_2^2 + \frac{4\sqrt{R_0}}{bhR^{3/2}}\Theta f_1 f_2\right)\mathrm{d}\alpha\mathrm{d}x \tag{6.88}$$

$$c_{12} = \int_0^b \int_0^a \frac{1}{E}\left(\frac{16R_0\Theta}{b^2R^2}f_1^2 + \frac{4\sin\varphi_c}{bh\sqrt{RR_0}}f_1 f_2\right)\mathrm{d}\alpha\mathrm{d}x \tag{6.89}$$

$$c_{13} = \int_0^b \int_0^a \frac{1}{E}\left(\frac{16R_0\Theta}{b^2R^3}f_1^2 + \frac{4}{bhR\sqrt{RR_0}}f_1 f_2\right)\mathrm{d}\alpha\mathrm{d}x \tag{6.90}$$

$$c_{22} = \int_0^b \int_0^a \frac{1}{E}\left(\frac{32\sin^2\varphi_c}{b^2R}f_1^2 + \frac{4\pi a}{b^2h^2}f_3^2\right)\mathrm{d}\alpha\mathrm{d}x \tag{6.91}$$

$$c_{23} = \int_0^b \int_0^a \frac{1}{E}\,\frac{32\sin\varphi_c}{b^2R^2}f_1^2\,\mathrm{d}\alpha\mathrm{d}x \tag{6.92}$$

$$c_{33} = \int_0^b \int_0^a \frac{1}{E}\,\frac{32}{b^2R^3}f_1^2\,\mathrm{d}\alpha\mathrm{d}x \tag{6.93}$$

通过对局部柔度矩阵求逆，即可实现裂纹所造成的局部刚度矩阵求解，使用参考文献[49]所提出的曲梁结构合同变换实现对裂纹的添加。合同变换可表示为：

$$\boldsymbol{K}_c = \widetilde{\boldsymbol{T}}\boldsymbol{C}^{-1}\widetilde{\boldsymbol{T}}^{\mathrm{T}} \tag{6.94}$$

$$\widetilde{\boldsymbol{T}} = \begin{bmatrix} -1 & 0 & 0 & 1 & 0 & 0 \\ 0 & -1 & 0 & 0 & 1 & 0 \\ 0 & -2R\sin\dfrac{\alpha_c}{2} & -1 & 0 & 0 & 1 \end{bmatrix}^{\mathrm{T}} \tag{6.95}$$

式中，$\widetilde{\boldsymbol{T}}$ 表示变换矩阵，当半径 R 趋近于无穷时，化去合同变换中对应行列，即可得到杆梁结构中的裂纹局部刚度矩阵。

4. 弹簧模型的加载

在此以多裂纹模型为例，阐述弹簧模型在小波有限元模型中的加载。将某多裂纹梁结构依据裂纹位置划分为若干个独立单元，单元间通过裂纹产生联系，而裂纹则通过弹簧模型实现建模，具体而言，对于梁结构，每个裂纹弹簧单元具有两个节点、四个自由度，假设无损伤部分(左侧和右侧)的刚度矩阵表示如下：

$$\boldsymbol{K}_m^L = \begin{bmatrix} K_{11}^{bb} & K_{12}^{br} & K_{13}^{br} & K_{14}^{bb} \\ & K_{22}^{rr} & K_{23}^{rr} & K_{24}^{rb} \\ & & K_{33}^{rr} & K_{34}^{rb} \\ \text{sym} & & & K_{44}^{bb} \end{bmatrix} \tag{6.96}$$

$$\boldsymbol{K}_{in}^{R}=\begin{bmatrix} K_{11}^{rr} & K_{12}^{rb} & K_{13}^{rb} & K_{14}^{rr} \\ & K_{22}^{bb} & K_{23}^{bb} & K_{24}^{br} \\ & & K_{33}^{bb} & K_{34}^{br} \\ \text{sym} & & & K_{44}^{rr} \end{bmatrix} \tag{6.97}$$

裂纹单元刚度矩阵表示如下：

$$\boldsymbol{K}_{\text{crack}}=\begin{bmatrix} K_{c} & -K_{c} \\ -K_{c} & K_{c} \end{bmatrix} \tag{6.98}$$

则叠加后的刚度矩阵为：

$$\boldsymbol{K}=\begin{bmatrix} K_{11}^{bb} & K_{12}^{br} & K_{13}^{br} & K_{14}^{bb} & 0 & 0 & 0 \\ & K_{22}^{rr} & K_{23}^{rr} & K_{24}^{rb} & 0 & 0 & 0 \\ & & K_{33}^{rr}+K_{c} & K_{34}^{rb} & -K_{c} & 0 & 0 \\ & & & K_{44}^{bb}+K_{11}^{bb} & K_{12}^{br} & K_{13}^{bb} & K_{14}^{br} \\ & & & & K_{22}^{rr}+K_{c} & K_{23}^{rb} & K_{24}^{rr} \\ & & & & & K_{33}^{bb} & K_{34}^{br} \\ \text{sym} & & & & & & K_{44}^{rr} \end{bmatrix} \tag{6.99}$$

更复杂的状况可仿照上例实施。

6.3.2　分层模型

分层是重要的复合材料失效和损伤形式，其分布面积大、隐含性强，使用一般损伤检测手段和建模手段难以进行精确揭示与描述，因此需要重点考虑，本节详细阐述了本书所使用的小波有限元分层建模方法，其对应的损伤检测方法将在后文中进行详细描述。当层合板出现分层损伤时，其分层区域分为上子板和下子板两部分，而其他部分仍为无分层部分，相应的层合板各部分的名称如图 6.6 所示。

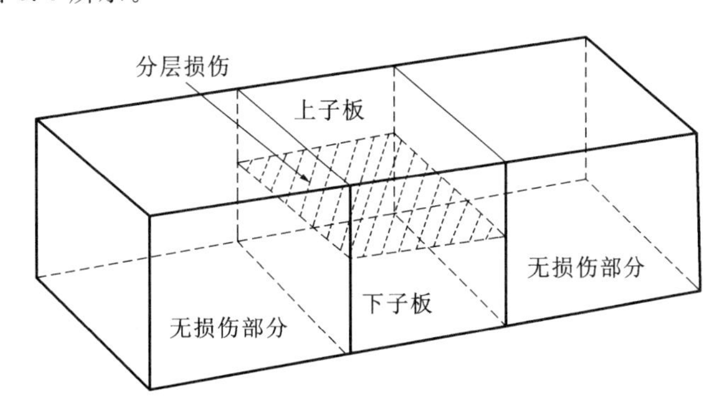

图 6.6　层合板不同结构部分示意图

从图 6.6 可以看出，层合板上子板和下子板结合部分内的节点具有相同的坐标，但是它们分别属于层合板的不同部分，即上子板和下子板。在使用节点合并法模拟分层损伤的过程中，将上子板和下子板的结合部分当作分层区域，合并上子板和下子板结合部分边缘上具有相同坐标的不同节点，如将 A_1 处具有相同坐标但分属上、下子板的不同节点合并为 A_1 节点，而分层损伤内部区域的节点则不合并，如节点 B_1 和 B_2 则不合并，从而模拟分层损伤，如图 6.7 所示。

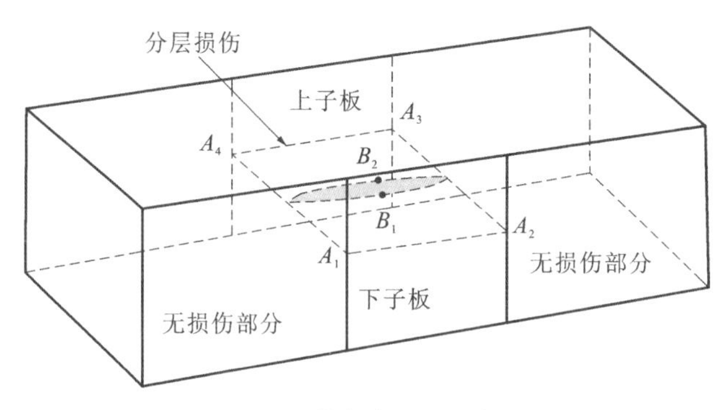

图 6.7 节点合并法示意图

采用节点合并法模拟包含分层损伤的层合板在受到外部激励而运动的过程中，分层区域内具有相同坐标却分属于上子板和下子板的不同节点，在运动过程中会出现下子板上的节点嵌入到上子板节点上部的现象，该现象被称为嵌入现象，而其在现实过程中是不可能出现的。为消除该现象，在具有相同位置和不同坐标的节点对之间加入弹簧单元，同时为避免该弹簧单元对层合板整体的动力参数产生过度的附加影响，将弹簧单元刚度的值选取为 0.1，相对于小波有限元生成的其他刚度值，0.1 是一个非常小的数值，因此并不影响分析结果的硬度，仅能够避免上、下子板的相互嵌入。依据上述节点合并法和节点对之间添加弹簧单元的方法，可以有效合理地模拟层合板中的分层损伤，从而为后续的分层损伤识别提供基础。

6.3.3 其他模型

除了以上介绍的裂纹模型和分层模型外，本书常用的损伤模型还包括了裂纹模型和刚度缩减模型，这两种损伤模型较为简单，因此合并进行阐释。

结构的损伤模型经常利用Castigliano能量原理得到结构裂纹损伤相关的局部柔度模拟为无量纲和无质量的弹簧。该损伤模型已经成功应用于一维结构波传播问题，然而，实际量结构的损伤为非对称形式，弹簧模型中无量纲和无质量弹簧的损伤模型为对称形式，而且梁结构局部柔度计算公式一般比较复杂。在此将高维复杂结构的损伤建模为张开型裂纹，由于裂纹的存在，在裂纹处出现复制节点，这些节点附属于相邻单元，因此结构总的节点数目由于损伤的存在而增加，单元内部节点编号需要重新排列，本书所建的健康梁结构与损伤梁结构如图 6.8 所示，节点之间的接触通过相邻节点间施加微小刚度弹簧联系进行表示。

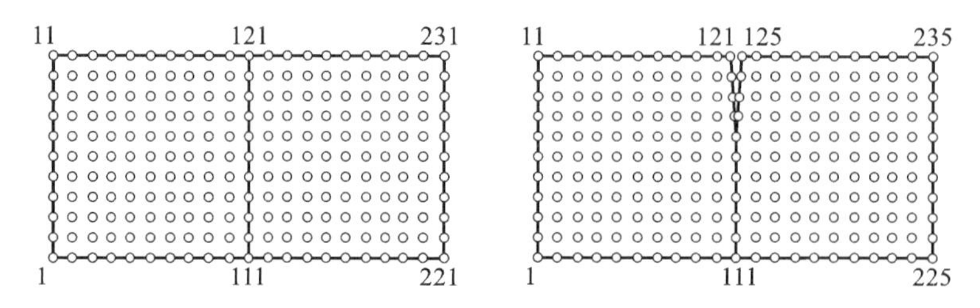

图 6.8 小波有限元复杂问题的裂纹模型(图示中数字为节点编号)

刚度缩减模型也是一种在土木工程和机械工程实际建模中常用的损伤模拟方法，该方法基于损伤发生时结构局部刚度有所下降而结构质量基本保持不变的假设，在实施过程中将预设损伤位置的局部刚度矩阵乘以刚度缩减系数，即可完成损伤建模，具有很大的灵活性和实用性。

参 考 文 献

[1] KOIZUMI M. The Concept of FGM. Ceramic Transactions,1993,3-10.

[2] DELFOSSE D. Fundamentals of functionally graded materials. Materials Today,1998,1(4)18.

[3] SANKAR B V. An elasticity solution for functionally graded beams. Composites Science and Technology,2001,61(5):689-696.

[4] ATMANE H A,TOUNSI A,ZIANE N,et al. Mathematical solution for free vibration of sigmoid functionally graded beams with varying cross-section. Steel and Composite Structures,2011,11(6):489-504.

[5] CHAKRABORTY A,GOPALAKRISHNAN S,REDDY J N. A new beam finite element for the analysis of functionally graded materials. International Journal of Mechanical Sciences,2003,45(3):519-539.

[6] KE L L,YANG J,XIANG Y,et al. Flexural vibration and elastic buckling of a cracked Timoshenko beam made of functionally graded materials. Mechanics of Advanced Materials and Structures,2009,16(6):488-502.

[7] GIUNTA G,BELOUETTAR S,CARRERA E. Analysis of FGM beams by means of classical and advanced theories. Mechanics of Advanced Materials and Structures,2010,17(8):622-635.

[8] ŞIMŞEK M. Static analysis of a functionally graded beam under a uniformly distributed load by Ritz method. Int J Eng Appl Sci,2009. 1(3):p. 1-11.

[9] LI X F. A unified approach for analyzing static and dynamic behaviors of functionally graded Timoshenko and Euler-Bernoulli beams. Journal of Sound and vibration,2008,318(4-5):1210-1229.

[10] ŞIMŞEK M. Fundamental frequency analysis of functionally graded beams by using different higher-order beam theories. Nuclear Engineering and Design,2010,240(4):697-705.

[11] ISLAM A S,CRAIG K C. Damage detection in composite structures using piezoelectric materials(and neural net). Smart Materials and Structures,1999,3(3):318.

[12] REDDY J,KHDEIR A. Buckling and vibration of laminated composite plates using various plate theories. AIAA journal,1989,27(12):1808-1817.

[13] LIEW K M. Vibration of symmetrically laminated cantilever trapezoidal composite plates. International Journal of Mechanical Sciences,1992,34(4):299-308.

[14] MINDLIN R D. Influence of rotary inertia and shear on flexural motions of isotropic elastic plates. Journal of Applied Mechanic,1951,18:31-38.

[15] VLACHOUTSIS S. Shear correction factors for plates and shells. International Journal for Numerical Methods in Engineering,1992,33(7):1537-1552.

[16] SHAHROKH H H,FADAEE M,TAHER H R D. Exact solutions for free flexural vibration of Lévy-type rectangular thick plates via third-order shear deformation plate theory. Applied Mathematical Modelling,2011,35(2):708-727.

[17] KHARE R K,KANT T,GARG A K. Free vibration of composite and sandwich laminates with a higher-order facet shell element. Composite Structures,2004,65(3-4):405-418.

[18] FERREIRA A,ROQUE C M C,MARTINS P A L S. Analysis of composite plates using higher-order shear deformation theory and a finite point formulation based on the multiquadric radial basis function method. Composites Part B:Engineering,2003,34(7):627-636.

[19] FERREIRA A,ROQUE C M C,MARTINS P A L S. Radial basis functions and higher-order shear deformation theories in the analysis of laminated composite beams and plates. Composite Structures,2004,66(1):287-293.

[20] MATSUNAGA H. Vibration and stability of cross-ply laminated composite plates according to a global higher-order plate theory. Composite Structures,2000,48(4):231-244.

[21] KANT T,SWAMINATHAN K. Analytical solutions for free vibration of laminated composite and sandwich plates based on a higher-order refined theory. Composite Structures,2001,53(1):73-85.

[22] FERREIRA A J M,CARRERA E,CINEFRA M,et al. Analysis of laminated shells by a sinusoidal shear deformation theory and radial basis functions collocation,accounting for through-the-thickness deformations. Composites Part B:Engineering,2011,42(5):1276-1284.

[23] GROVER N,SINGH B N,MAITI D K. Analytical and finite element modeling of laminated composite and sandwich plates:an assessment of a new shear deformation theory for free vibration response. International Journal of Mechanical Sciences,2013,67:89-99.

[24] REDDY J. Energy and Variational Methods. New York:John Wiley,1984.

[25] AKHRAS G,LI W. Static and free vibration analysis of composite plates using spline finite strips with higher-order shear deformation. Composites Part B:Engineering,2005,36(6):496-503.

[26] AYDOGDU M. Comparison of various shear deformation theories for bending,buckling,and vibration of rectangular symmetric cross-ply plate with simply supported edges. Journal of Composite materials,2006,40(23):2143-2155.

[27] PAGANO N J. Exact solutions for rectangular bidirectional composites and sandwich plates. Solid Mechanics and Applications,1970,34(8):86-101.

[28] REDDY J N. Mechanics of laminated composite plates:theory and analysis. Mechanics of laminated composite plates,1997,1.

[29] RAY M C. Zeroth-order shear deformation theory for laminated composite plates. Journal of Applied Mechanics,2003,70(3):374-380.

[30] NOOR A K. Free vibrations of multilayered composite plates. AIAA Journal,1973,11(7):1038-1039.

[31] LIEW K M,HUANG Y Q,REDDY J N. Vibration analysis of symmetrically laminated plates based on FSDT using the moving least squares differential quadrature method. Computer Methods in Applied Mechanics and Engineering,2003,192(19):2203-2222.

[32] FERREIRA A J M,CASTRO L M S,BERTOLUZZA S. A high order collocation method for the static and vibration analysis of composite plates using a first-order theory. Composite Structures,2009,89(3):424-432.

[33] RODRIGUES J D,ROQUE C M C,CARRERA E,et al.,Radial basis functions-finite differences quadrature collocation and a Unified Formulation for bending,vibration and

buckling analysis of laminated plates, according to Murakami's zig-zag theory. Composite Structures, 2011, 93(7): 1613-1620.

[34] LIU G R, ZHAO X, DAI K Y, et al. Static and free vibration analysis of laminated composite plates using the conforming radial point interpolation method. Composites Science and Technology, 2008, 68(2): 354-366.

[35] REDDY JN. Mechanics of laminated composite plates and shells: theory and analysis. CRC press, 2004.

[36] CHO K N, BERT C W, STRIZ A G. Free vibrations of laminated rectangular plates analyzed by higher order individual-layer theory. Journal of Sound and Vibration, 1991, 145(3): 429-442.

[37] WU C P, CHEN W Y. Vibration and stability of laminated plates based on a local high order plate theory. Journal of Sound and Vibration, 1994, 177(4): 503-520.

[38] REDDY J, PHAN N D. Stability and vibration of isotropic, orthotropic and laminated plates according to a higher-order shear deformation theory. Journal of Sound and Vibration, 1985, 98(2): 157-170.

[39] CHEN C C, LIEW K M, LIM C W, et al. Vibration analysis of symmetrically laminated thick rectangular plates using the higher-order theory and p-Ritz method. The Journal of the Acoustical Society of America, 1997, 102(3): 1600-1611.

[40] PRZEMIENIECKI J S. Theory of matrix structural analysis. Dover Publications, 1968.

[41] 高庆. 工程断裂力学. 重庆: 重庆大学出版社, 1986.

[42] 范天佑. 断裂力学基础. 南京: 江苏科学技术出版社, 1978.

[43] TADA H, PARIS P C, LRWIN G R, et al. The stress analysis of cracks handbook. New York: ASME press, 2000.

[44] KARAAGAC C, ÖZTÜRK H, SABUNCU M. Lateral dynamic stability analysis of a cantilever laminated composite beam with an elastic support. International Journal of Structural Stability and Dynamics, 2007, 7(3): 377-402.

[45] KARAAGAC C, ÖZTÜRK H, SABUNCU M. Free vibration and lateral buckling of a cantilever slender beam with an edge crack: Experimental and numerical studies. Journal of Sound and Vibration, 2009, 326(1-2): 235-250.

[46] KARAAGAC C, ÖZTÜRK H, SABUNCU M. Crack effects on the in-plane static and dynamic stabilities of a curved beam with an edge crack. Journal of Sound and Vibration, 2011, 330(8): 1718-1736.

[47] MÜLLER W H, HERRMANN G, GAO H. A Note on Curved Cracked Beams. International Journal of Solids and Structures, 1993, 30(11): 1527-1532.

[48] NOBILE L. Mixed mode crack initiation and direction in beams with edge crack. Theoretical and Applied Fracture Mechanics, 2000, 33(2): 107-116.

[49] RUOTOLO R, SURACE C, CRESPO P, et al. Harmonic analysis of the vibrations of a cantilevered beam with a closing crack. Computers & Structures, 1996, 61(6): 1057-1074.

7 特征值预测及损伤检测

结构裂纹是工作状态结构最为突出的隐患之一，若不及时检测、诊断、排除，便会扰乱正常的生产过程。尤其是现代机电设备日益朝着大型化、高速化和智能化的方向发展，而机械结构却又向着轻型、精巧的方向发展，使得近年来由裂纹故障而导致的事故不断发生，造成重大的经济损失甚至人员伤亡。因此，采用简单易行的技术，确定结构内部的裂纹、缺陷，成为了工程界十分关心和不断探求的课题。

由于任何动力系统都可以看作是由质量、阻尼与刚度矩阵组成的力学系统，一旦出现裂纹损伤，结构参数就随之发生变化，从而导致系统模态参数（固有频率、阻尼、振型）的改变，所以结构模态参数的改变可视为结构早期损伤发生的标志。在诸多基于模型的结构裂纹检测方法中，利用结构上出现裂纹和损伤后，将会减小结构的局部刚度，从而改变结构的固有频率这一原理，通过测试固有频率，尤其是近年来采用测量方便的结构低阶固有频率，建立结构传统有限元模型，事先绘制出裂纹参数（相对位置和相对深度两个参数变化）对结构前三阶固有频率的影响曲线，利用等高线法，定量诊断出结构裂纹存在的相对位置和相对深度。然而，这些方法基于传统有限元诊断裂纹，存在鲁棒性不强、计算效率低和精度不高等问题，为获得较高的诊断精度，必须采用大量的高维单元。小波有限元方法采用尺度函数或小波函数替代传统的多项式作为逼近函数，利用小波多分辨的特性，可以获得用于结构分析的多种基函数，针对求解问题的精度要求，采用不同的基函数。因此，采用小波有限元模型进行结构裂纹诊断可以克服传统有限元模型在结构裂纹定量识别中的不足。

7.1 一维结构裂纹定量诊断方法

本节将结构动力系统中结构部件裂纹等效为扭转线弹簧，以不同裂纹相对位置和相对深度为自变量，通过求解含裂纹结构的有限元模型，得到结构动力系统前三阶固有频率与裂纹相对位置和相对深度的对应关系，然后通过曲面拟合技术绘制出与裂纹相对位置和相对深度相对应的结构前三阶频率的解曲面，即结构动力系统裂纹定量诊断正问题模型数据库。通过实际测量含裂纹结构的前三阶固有频率，利用等高线法求解反问题，可定量诊断出结构裂纹存在的相对位置和相对深度。

7.1.1 正问题

由于实际测量中，可以采用单入单出模态分析方法高精度地获得结构动力系统前三阶固有频率，并且扭转线弹簧模型可以十分有效地描述开裂纹，因此，本节研究的结构动力系统裂纹定量诊断的正问题是针对结构开裂纹采用扭转线弹簧模型描述裂纹。图 7.1 所示为裂纹矩形截面梁简图。其中，图 7.1(a) 为裂纹梁模型，图 7.1(b) 为裂纹断面，梁长 L，梁宽 b，梁高 h，裂纹相对位置 $\beta = e/L$，裂纹相对深度 $\alpha = c/h$。

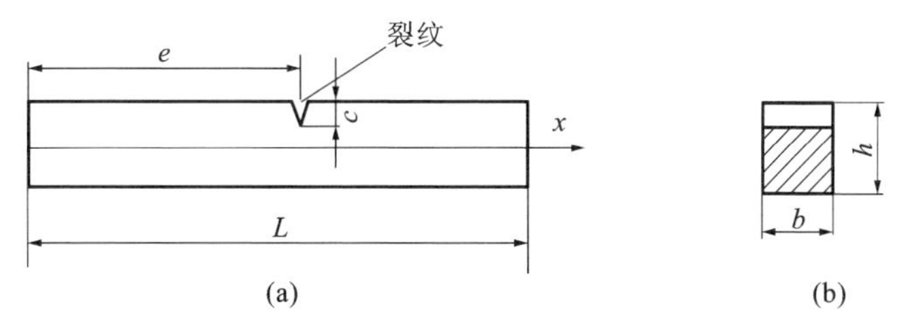

图 7.1　裂纹矩形截面梁简图

(a) 裂纹梁模型；(b) 裂纹断面

图 7.2 所示为一典型的横向裂纹转子简图。其中，图 7.2(a) 为裂纹转子系统模型，图 7.2(b) 为裂纹断面，各轴段长度分别为 L_1、L_2、L_3、L_4，转子系统总长为 L，转轴直径 d_1，圆盘直径 d_2，则相应的半径分别为 r_1 和 r_2。假定裂纹发生在 L_2 轴段，裂纹相对位置 $\beta = e/L_2$，裂纹相对深度 $\alpha = \delta/2r_1$。

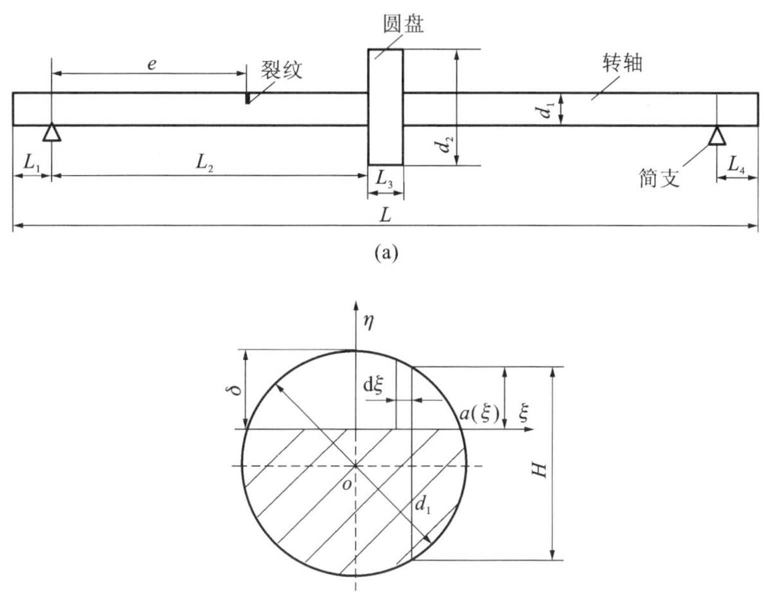

图 7.2　横向裂纹转子系统简图

(a) 裂纹转子系统模型；(b) 裂纹断面

基于前三阶固有频率变化的结构动力系统裂纹定量识别正问题，实际上是通过对含有任意相对位置 β 和相对深度 α 的裂纹转子进行模态分析，以获取裂纹定量诊断数据库，即确定关系式：

$$f_i = F_i(\alpha,\beta) \quad 或 \quad \omega_i = F_i(\alpha,\beta)(i = 1,2,3) \tag{7.1}$$

式中，ω_i(rad/s) 或 f_i(Hz) 为含裂纹结构动力系统前三阶固有频率，$F_i(i = 1,2,3)$ 为裂纹相对位置 β 和相对深度 α 与含裂纹结构动力系统前三阶固有频率的函数关系式。为确定上式，首先确定与裂纹相对深度 α 相关的扭转线弹簧刚度 K_t 及相应的裂纹刚度矩阵 $\boldsymbol{K}_s$ 为：

$$\boldsymbol{K}_s = \begin{bmatrix} K_t & -K_t \\ -K_t & K_t \end{bmatrix} \tag{7.2}$$

式中，K_t 可由断裂力学理论求得，对矩形截面梁结构有：

$$K_t = bh^2E/(72\pi\alpha^2 f(\alpha)) \tag{7.3}$$

其中，强度函数 $f(\alpha)$ 为：

$$f(\alpha) = 0.6384 - 1.035\alpha + 3.7201\alpha^2 - 5.1773\alpha^3 + 7.553\alpha^4 - 7.332\alpha^5 + 2.4909\alpha^6 \tag{7.4}$$

对圆截面转子系统有：

$$K_t = \frac{\pi E r_1^8}{32(1-\nu)} \times \frac{1}{\int_{-r_1\sqrt{1-(1-2\alpha)^2}}^{r_1\sqrt{1-(1-2\alpha)^2}} (r_1^2 - \xi^2)\left[\int_0^{a(\xi)} \eta F^2(\eta/H)\mathrm{d}\eta\right]\mathrm{d}\xi} \tag{7.5}$$

式中，ν 表示泊松比，高度 H 为：

$$H = 2\sqrt{r_1^2 - \xi^2} \tag{7.6}$$

积分上限 $a(\xi)$ 为：

$$a(\xi) = 2r_1\alpha - (r_1 - \sqrt{r_1^2 - \xi^2}) \tag{7.7}$$

强度函数 $F(\eta/H)$ 由经验公式给出，有：

$$F(\eta/H) = 1.122 - 1.40(\eta/H) + 7.33(\eta/H)^2 - 13.08(\eta/H)^3 + 14.0(\eta/H)^4 \tag{7.8}$$

其次将裂纹刚度矩阵 $\boldsymbol{K}_s$ 加入整体刚度矩阵中。裂纹左右两边单元节点排列见图 7.3 所示。

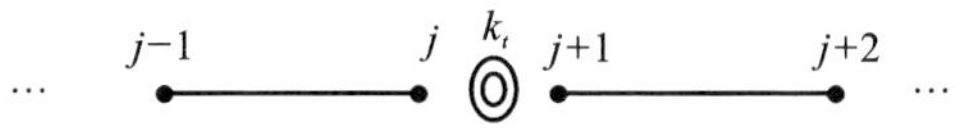

图 7.3　裂纹左右两边单元节点排列

裂纹左边单元自由度排列为：

$$\boldsymbol{w}^{\mathrm{left}} = [\cdots \quad w_j \quad \theta_j]^{\mathrm{T}} \tag{7.9}$$

裂纹右边单元自由度排列为：

$$\boldsymbol{w}^{\mathrm{right}} = [w_{j+1} \quad \theta_{j+1} \quad \cdots]^{\mathrm{T}} \tag{7.10}$$

由于裂纹两端单元节点的位移一致，即 $w_j = w_{j+1}$，而转角 θ_j 和 θ_{j+1} 并不相等，而是通过裂纹刚度矩阵 $\boldsymbol{K}_s$ 联系起来。因此自由度排列为：

$$\boldsymbol{w}^{\mathrm{left}} = [\cdots \quad \theta_j \quad w_j]^{\mathrm{T}} \tag{7.11}$$

则相应的结构动力系统整体刚度矩阵 $\overline{\boldsymbol{K}}$ 和整体质量矩阵 $\overline{\boldsymbol{M}}$ 可通过初等行列变换交换自由度排列相对应的行列。此时，通过叠加得到含裂纹结构动力系统整体自由度，表示为：

$$[\cdots \quad w_j \quad \theta_j \quad w_{j+1} \quad \theta_{j+1} \quad \cdots]^{\mathrm{T}} \tag{7.12}$$

按照转角自由度 θ_j、θ_{j+1} 在整体自由排列中的相应位置，可以将裂纹刚度矩阵 $\boldsymbol{K}_s$ 叠加进总体刚度矩阵 $\overline{\boldsymbol{K}}$ 中，而整体质量矩阵 $\overline{\boldsymbol{M}}$ 由结构动力系统整体质量矩阵按有裂纹结构自由度重新排列叠加得到，因此，$\boldsymbol{K}_s$ 加入位置由裂纹相对位置 β 决定，得到隐含裂纹相对位置 β 和相对深度 α 的结构动力系统总体无阻尼自由振动频率方程，在给定不同的裂纹相对位置 β 和相对深度 α 的前提下，求解与不同 β 和 α 相关的结构动力系统总体无阻尼自由振动频率方程，可得到裂纹相对位置 β 和相对深度 α 与前三阶固有频率的对应关系。由于函数关系 F_j 未知，因此，结构系统裂纹定量诊断正问题模型数据库可由计算得到的离散值通过曲面拟合技术获得。

7.1.2　反问题

通过已知的 f_i 求解出 α 和 β，即通过结构系统裂纹定量诊断反问题求解，可确定关系式：

$$(\alpha,\beta)=F_i^{-1}(f_i) \quad 或 \quad (\alpha,\beta)=F_i^{-1}(\omega_i)(i=1,2,3) \tag{7.13}$$

实际上，测量结构系统前两阶固有频率就可以确定裂纹相对位置β和相对深度α。然而，当应用等高线法求解结构系统裂纹定量诊断问题时，前两阶频率等高线的交点在某些工况下会超过一个。因此，为确定频率等高线的唯一交点，即确定未知参数β和α，最少需要前三阶固有频率等高线。假定前三阶固有频率已知，在同一坐标系中作出结构系统裂纹定量诊断模型数据库前三阶固有频率等高线，三条等高线的公共交点可定量诊断出结构系统裂纹存在的相对位置和相对深度。交点横坐标为对应的裂纹相对位置β，纵坐标为对应的裂纹相对深度α。

7.2 矩形截面梁结构裂纹定量诊断仿真分析及实验研究

7.2.1 仿真分析

算例 7.1 悬臂梁裂纹的定量诊断。矩形截面梁，右端固定，左端自由，梁长$L=0.5\text{m}$，弹性模量$E=2.1\times10^{11}\text{N/m}^2$，梁截面为$h\times b=0.02\text{m}\times0.012\text{m}$，泊松比$\nu=0.3$，材料密度$\rho=7860\text{kg/m}^3$。

采用10个BSWI4$_3$ Euler梁单元求解，图7.4给出了经曲面拟合后得到的悬臂梁裂纹定量诊断正问题模型数据库($\alpha,\beta\in[0.05,0.9]$)。表7.1给出了在不同裂纹相对位置$\beta$和相对深度$\alpha$时，10个BSWI4$_3$ Euler梁单元求解前三阶固有频率结果与理论解比较，表中括号中的值表示

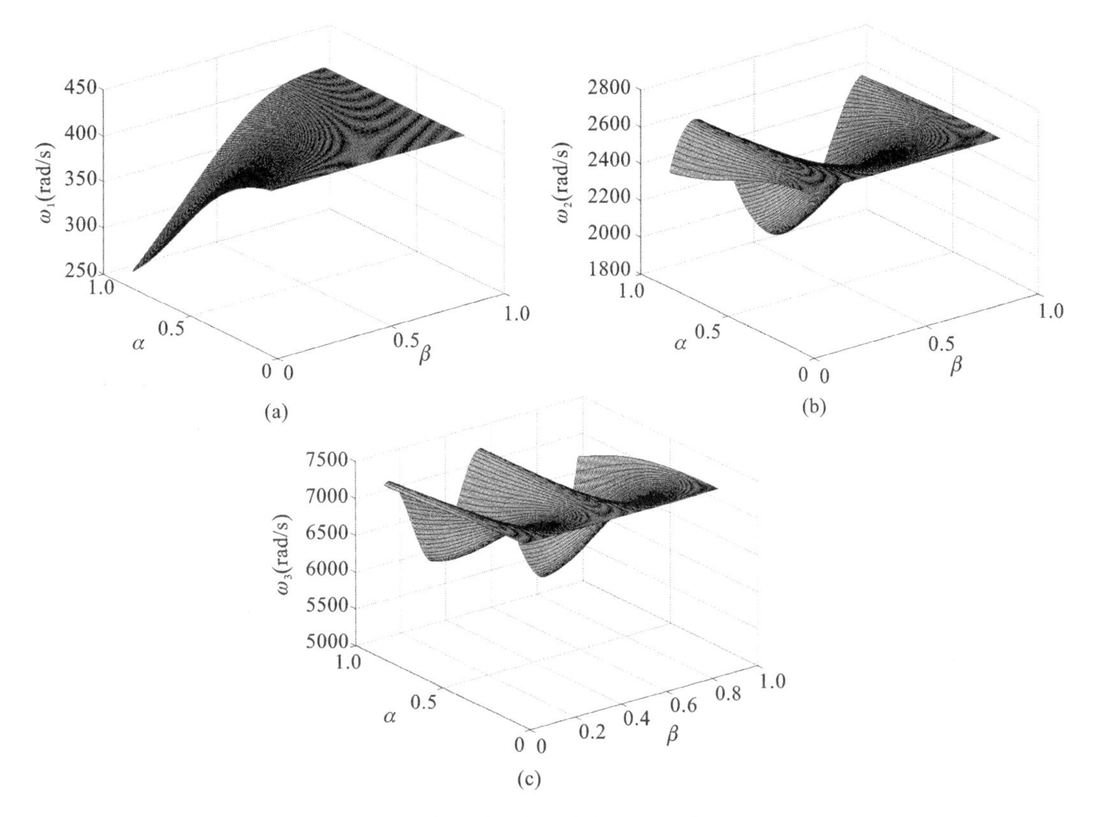

图 7.4 悬臂梁裂纹定量诊断正问题模型数据库

(a) 一阶固有频率；(b) 二阶固有频率；(c) 三阶固有频率

相对误差。从表中可看出，10个 $BSWI4_3$ Euler 梁单元求解频率结果与理论解几乎完全一样，表明了在矩形截面梁类结构裂纹问题求解中，$BSWI4_3$ Euler 梁单元可以较少的单元获得较高的精度。

表 7.1　10 个 BSWI Euler 梁单元求解裂纹悬臂梁频率结果与理论解比较

β	α	频率理论解(rad/s)			10个 $BSWI4_3$ Euler 梁单元频率解(rad/s)		
		ω_1	ω_2	ω_3	ω_1(相对误差/%)	ω_2(相对误差/%)	ω_3(相对误差/%)
0	0	419.663	2630.171	7365.295	419.709(0.011)	2630.273(0.004)	7364.840(0.006)
0.1	0.1	417.061	2624.196	7361.607	417.062(2.4E－4)	2624.196(0)	7361.607(0)
0.2	0.1	417.831	2630.163	7355.086	417.831(0)	2630.163(0)	7355.086(0)
0.2	0.3	403.646	2629.349	7282.126	403.646(0)	2629.349(0)	7282.126(0)
0.3	0.2	414.941	2621.726	7264.134	414.941(0)	2621.726(0)	7264.135(1.4E－5)
0.3	0.3	408.841	2610.963	7143.327	408.841(0)	2610.963(0)	7143.327(0)
0.4	0.2	416.784	2600.87	7312.469	416.784(0)	2600.87(0)	7312.470(1.4E－5)
0.4	0.4	406.993	2509.918	7160.351	406.993(0)	2509.918(0)	7160.351(0)
0.5	0.2	418.112	2587.296	7364.748	418.116(9.6E－4)	2587.297(3.9E－5)	7364.749(1.4E－5)
0.5	0.4	412.663	2455.742	7364.469	412.662(2.4E－4)	2455.742(0)	7364.469(0)
0.6	0.4	416.434	2464.946	7114.211	416.434(0)	2464.946(0)	7114.212(1.4E－5)
0.6	0.6	410.717	2237.924	6835.688	410.717(0)	2237.924(0)	6835.688(0)
0.7	0.4	418.547	2526.222	6843.417	418.547(0)	2526.222(0)	6843.417(0)
0.7	0.6	416.482	2361.633	6260.579	416.482(0)	2361.633(0)	6260.579(0)
0.8	0.3	419.577	2611.873	7161.643	419.577(0)	2611.872(3.8E－5)	7161.644(1.4E－5)

在本例仿真分析中，将理论解作为矩形截面悬臂梁裂纹定量诊断模型数据库反问题的输入，表 7.2 给出了裂纹定量诊断结果，括号中的值为相对误差。从表中可以看出，裂纹定量诊断结果 β^* 和 α^* 相对于梁长度和高度的相对误差十分小，与表 7.1 中几乎为零的相对误差相比较，在不同的工况下，裂纹定量诊断的相对误差普遍增大，其来源于曲面拟合过程的拟合误差。给出了几种工况下裂纹定量诊断等高线图(图 7.5)，图中交点 A 对应的横、纵坐标分别表示裂纹定量诊断相对位置 β^* 和相对深度 α^*。

从图 7.5 的工况 1 和工况 3 可知，如果仅采用前两阶固有频率等高线交点作为裂纹定量诊断，即图中线 1 和线 2 的交点为两个，不能唯一确定裂纹相对位置 β 和深度 α，也就是说，如果采用两线相交作为裂纹定量识别反问题求解方法，某些裂纹相对位置和相对深度的工况将无法给出正确的裂纹定量诊断结果，鲁棒性差。

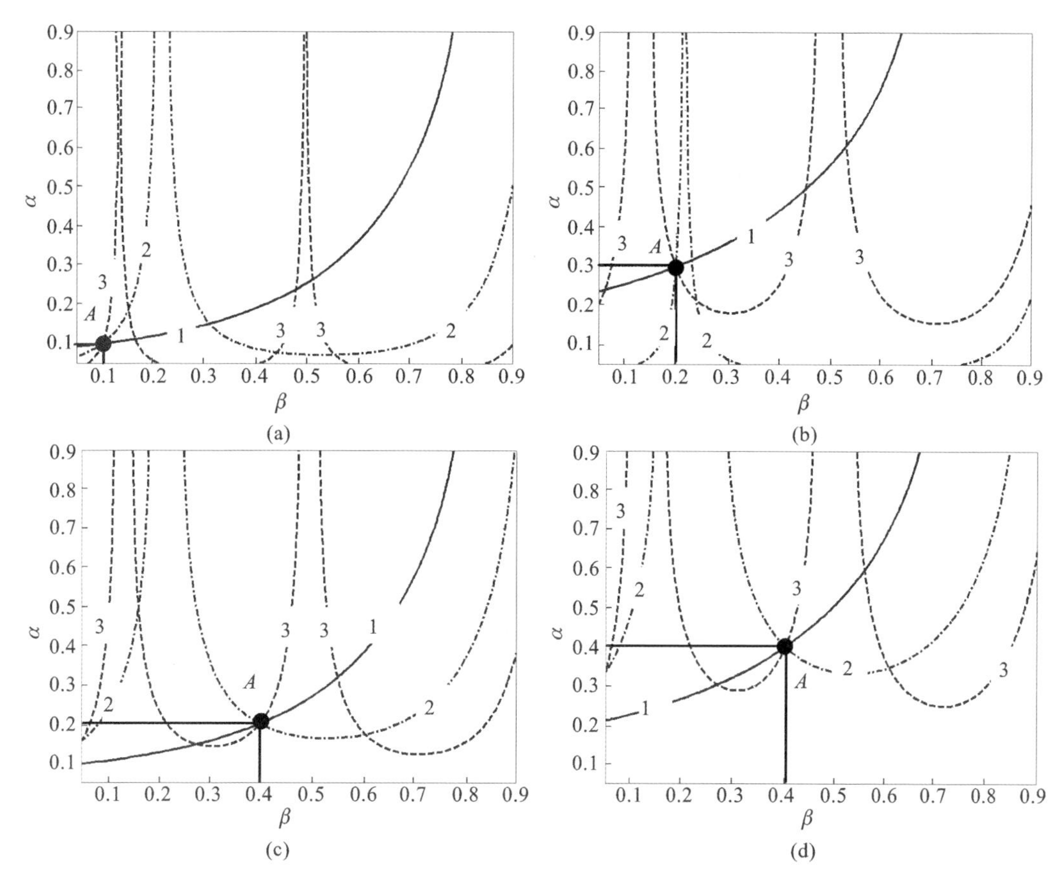

图 7.5　悬臂梁裂纹定量诊断反问题等高线

(a) 工况 1;(b) 工况 3;(c) 工况 6;(d) 工况 7

(1:一阶固有频率; 2:二阶固有频率; 3:三阶固有频率)

表 7.2　以理论解作为反问题输入时悬臂梁裂纹定量诊断结果

工况	实际 β	实际 α	理论解(rad/s)			定量诊断 β^*(相对误差 /%)	定量诊断 α^*(相对误差 /%)
			ω_1	ω_2	ω_3		
1	0.1	0.1	417.061	2624.196	7361.607	0.1001(0.01)	0.1001(0.01)
2	0.2	0.1	417.831	2630.163	7355.086	0.2004(0.04)	0.999(0.01)
3	0.2	0.3	403.646	2629.349	7282.126	0.2004(0.04)	0.2995(0.05)
4	0.3	0.2	414.941	2621.726	7264.134	0.3(0)	0.2(0)
5	0.3	0.3	408.841	2610.963	7143.327	0.3(0)	0.3(0)
6	0.4	0.2	416.784	2600.87	7312.469	0.4(0)	0.2(0)
7	0.4	0.4	406.993	2509.918	7160.351	0.4(0)	0.4(0)
8	0.5	0.2	418.112	2587.296	7364.748	0.4984(0.16)	0.1998(0.02)

续表 7.2

工况	实际 β	实际 α	理论解(rad/s)			定量诊断 β^*（相对误差/%）	定量诊断 α^*（相对误差/%）
			ω_1	ω_2	ω_3		
9	0.5	0.4	412.663	2455.742	7364.469	0.4985(0.15)	0.3995(0.05)
10	0.6	0.4	416.434	2464.946	7114.211	0.6(0)	0.4(0)
11	0.6	0.6	410.717	2237.924	6835.688	0.6(0)	0.6(0)
12	0.7	0.4	418.547	2526.222	6843.417	0.7001(0.01)	0.4001(0.01)
13	0.7	0.6	416.482	2361.633	6260.579	0.7001(0.01)	0.6002(0.02)
14	0.8	0.3	419.577	2611.873	7161.643	0.8001(0.01)	0.3002(0.02)

算例 7.2　简支梁裂纹的定量诊断。将算例 7.1 中的边界条件由悬臂改为两端简支，同样采用 10 个 BSWI4$_3$ Euler 梁单元求解，图 7.6 给出了经曲面拟合后得到的简支梁裂纹定量诊断正问题模型数据库($\beta \in [0.05, 0.9]$，$\alpha \in [0.05, 0.7]$)。表 7.3 给出了在不同裂纹相对位置 β 和相对深度 α 时，10 个 BSWI4$_3$ Euler 梁单元求解前三阶固有频率结果与理论解比较。从表中同样可看出，10 个 BSWI4$_3$ Euler 梁单元求解频率结果与理论解几乎完全一样。

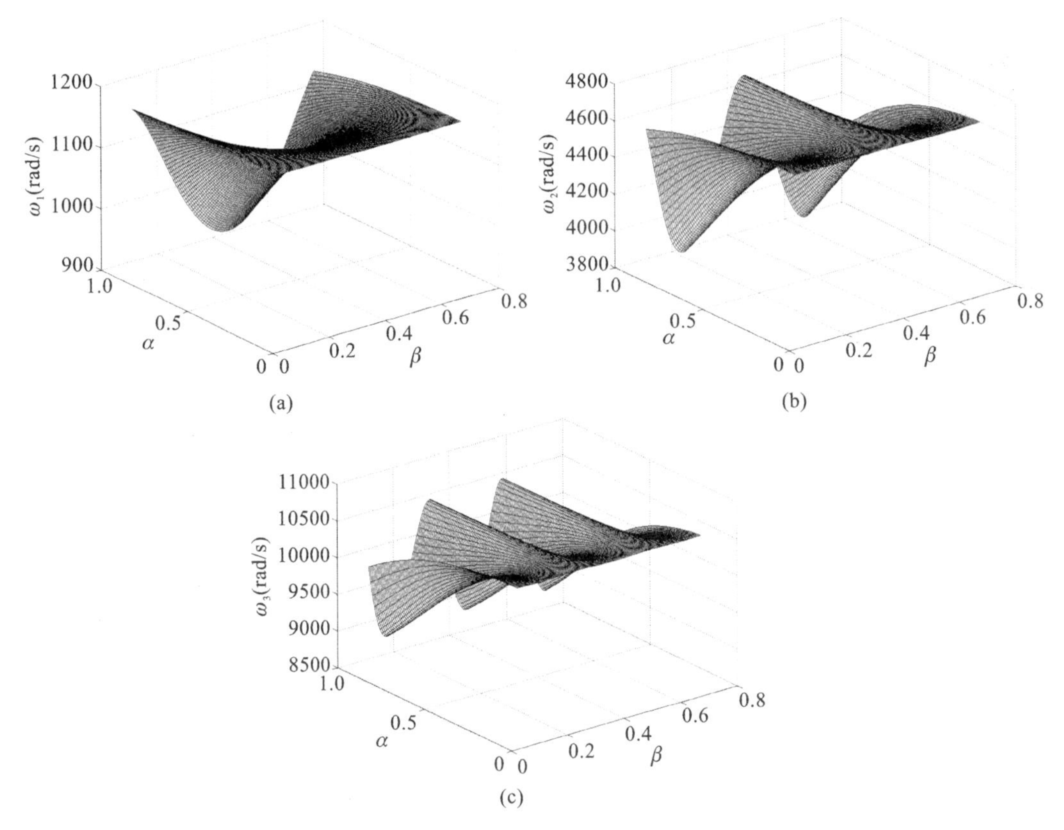

图 7.6　简支梁裂纹定量诊断正问题模型数据库

(a) 一阶固有频率；(b) 二阶固有频率；(c) 三阶固有频率

表 7.3 10 个 BSWI Euler 梁单元求解裂纹简支梁频率结果与理论解比较

β	α	频率理论解(rad/s)			10 个 $BSWI4_3$ Euler 梁单元频率解(rad/s)		
		ω_1	ω_2	ω_3	ω_1(相对误差/%)	ω_2(相对误差/%)	ω_3(相对误差/%)
0	0	1178.142	4712.566	10603.274	1178.142(0)	4712.566(0)	10603.276(1.9E−5)
0.1	0.1	1177.66	4705.604	10573.663	1177.66(0)	4705.604(0)	10573.665(1.9E−5)
0.2	0.1	1176.402	4694.446	10562.889	1176.402(0)	4694.446(0)	10562.891(1.9E−5)
0.2	0.3	1162.672	4557.815	10281.642	1162.673(8.6E−5)	4557.815(0)	10281.643(9.7E−6)
0.3	0.2	1165.559	4644.925	10587.306	1165.559(0)	4644.926(2.2E−5)	10587.307(9.5E−6)
0.3	0.3	1149.363	4563.174	10568.267	1149.363(0)	4563.174(0)	10568.269(1.9E−5)
0.4	0.2	1160.876	4686.538	10544.768	1160.876(0)	4686.538(0)	10544.769(9.5E−6)
0.4	0.4	1105.78	4608.053	10369.596	1105.78(0)	4608.054(2.2E−5)	10369.598(1.9E−5)
0.5	0.2	1159.108	4712.566	10436.419	1159.108(0)	4712.566(0)	10436.42(9.6E−6)
0.5	0.4	1099.58	4712.566	9964.053	1099.057(0.048)	4712.566(0)	9964.054(1.0E−5)
0.6	0.6	1003.482	4479.635	10090.524	1003.482(0)	4479.635(0)	10090.525(9.9E−6)
0.7	0.4	1124.204	4446.84	10541.653	1124.204(0)	4446.84(0)	10541.654(9.5E−6)
0.7	0.6	1042.566	4140.357	10474.076	1042.566(0)	4140.357(0)	10474.077(9.5E−6)
0.8	0.8	1100.028	4060.228	9522.737	1100.028(0)	4060.228(0)	9522.738(1.0E−5)

在本算例仿真分析中，将理论解作为矩形截面简支梁裂纹定量诊断模型数据库反问题的输入，表 7.4 给出了裂纹定量诊断结果。从表中可以看出，在不同工况下，裂纹定量诊断结果 β^* 和 α^* 相对于梁长度和高度的相对误差十分小，表明采用 BSWI Euler 梁单元进行基于模型的矩形截面梁结构裂纹定量诊断方法的鲁棒性十分好。同样，曲面拟合过程的拟合误差对简支梁裂纹定量诊断结果有一定的影响。图 7.7 给出了几种工况下裂纹定量诊断等高线图，图中交点 A 对应的横、纵坐标分别表示裂纹定量诊断相对位置 β^* 和相对深度 α^*。

本算例中简支梁结构由于结构完全对称，因此有两个完全对称的交点，但这并不影响诊断结果，因为对这种几何形状和边界条件完全对称结构，以图 7.7 所示工况 2 为例，在相同的裂纹相对深度 $\alpha = 0.1$ 前提下，裂纹相对位置 $\beta = 0.2$ 和 $\beta = 0.8$ 对裂纹结构固有频率影响完全一样。因此，给定某一含裂纹结构前三阶固有频率，存在裂纹的相对位置 β 应该为 0.2 或 0.8。

表 7.4 以理论解作为反问题输入简支梁裂纹定量诊断结果

工况	实际 β	实际 α	理论解(rad/s)			定量诊断 β^*(相对误差/%)	定量诊断 α^*(相对误差/%)
			ω_1	ω_2	ω_3		
1	0.1	0.1	1177.66	4705.604	10573.663	0.1001(0.01)	0.1001(0.01)
2	0.2	0.1	1176.402	4694.446	10562.889	0.1999(0.01)	0.1(0)
3	0.2	0.3	1162.672	4557.815	10281.642	0.1999(0.01)	0.3001(0.01)
4	0.3	0.2	1165.559	4644.925	10587.306	0.3001(0.01)	0.2(0)

续表 7.4

工况	实际 β	实际 α	理论解(rad/s)			定量诊断 β^*（相对误差/%）	定量诊断 α^*（相对误差/%）
			ω_1	ω_2	ω_3		
5	0.3	0.3	1149.363	4563.174	10568.267	0.3001(0.01)	0.3(0)
6	0.4	0.2	1160.876	4686.538	10544.768	0.4(0)	0.2(0)
7	0.4	0.4	1105.78	4608.053	10369.596	0.4(0)	0.4(0)
8	0.5	0.2	1159.108	4712.566	10436.419	0.501(0.1)	0.2(0)
9	0.5	0.4	1099.58	4712.566	9964.053	0.501(0.1)	0.4(0)
10	0.6	0.6	1003.482	4479.635	10090.524	0.6(0)	0.6(0)
11	0.7	0.4	1124.204	4446.84	10541.653	0.6999(0.01)	0.4001(0.01)
12	0.7	0.6	1042.566	4140.357	10474.076	0.7001(0.01)	0.6001(0.01)
13	0.8	0.6	1100.028	4060.228	9522.737	0.8001(0.01)	0.6001(0.01)

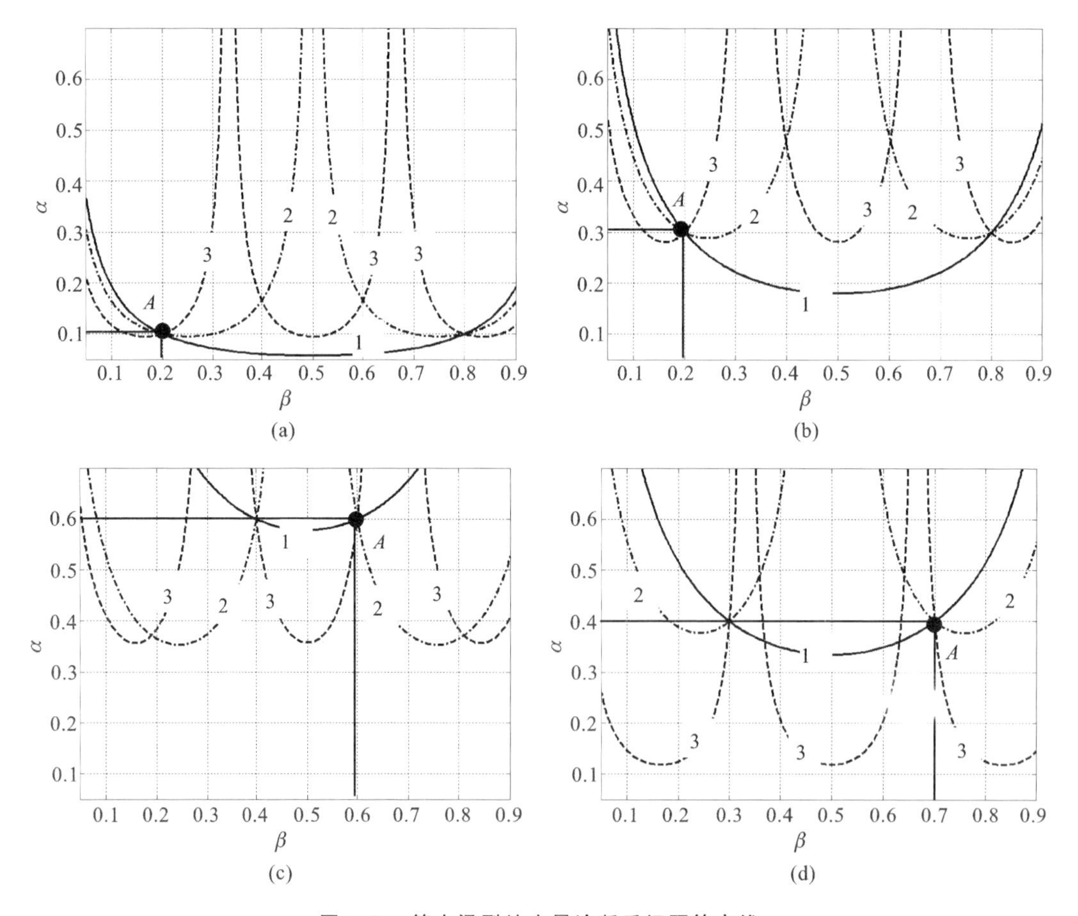

图 7.7 简支梁裂纹定量诊断反问题等高线

(a) 工况 2；(b) 工况 3；(c) 工况 10；(d) 工况 11

(1：一阶固有频率；2：二阶固有频率；3：三阶固有频率)

7.2.2 实验研究

悬臂梁梁长 $L = 0.515\text{m}$，简支梁梁长 $L = 0.5\text{m}$，横截面尺寸 $h \times b = 0.02\text{m} \times 0.012\text{m}$。试件的弹性模量 $E = 2.06 \times 10^{11}\text{N/m}^2$，泊松比 $\nu = 0.3$，材料为45钢，密度 $\rho = 7917\text{kg/m}^3$。裂纹切缝宽度为0.02mm。实验时采用力锤作脉冲激励源，用Polytec激光测振仪拾取脉冲响应信号，通过对响应信号进行频谱分析，得到结构动力系统前三阶固有频率，测试原理见图7.8。

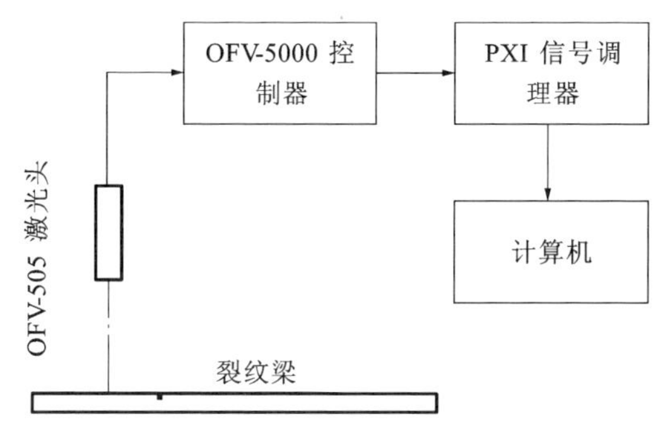

图7.8 测试原理图

在大多数情况下，如果直接采用测试的前三阶固有频率作为反问题的输入，不能得到正确的裂纹定量诊断结果，其原因在于测试频率因各种原因，如材料内阻尼、边界条件等与建立有限元模型时理想化处理不一致，导致采用有限元模型计算得到的频率值与测试频率有误差。为解决这一问题，提出了一种弹性模量修正方法。采用特征值求解的方法，对每一阶频率求出与其相对应的弹性模量修正值 $E_m^i(i = 1,2,3)$，使得无裂纹时完好结构的测试频率值与采用有限元模型的计算频率值完全一致，即采用下式求特征值 $E_m^i(i = 1,2,3)$：

$$\left| \omega_i^2 \overline{\boldsymbol{M}} - E_m^i \frac{\overline{\boldsymbol{K}}}{E} \right| = 0 \tag{7.14}$$

通过上式求出对应的弹性模量修正值 $E_m^i(i = 1,2,3)$，采用修正后的弹性模量建立结构裂纹定量诊断模型数据库。

在不同裂纹工况下，重复实验100次，对100组用Polytec激光测振仪拾取的脉冲响应信号作FFT＋DFT频谱细化，采用频率 $f_s = 4000$，提取其前三阶频率并求其均值作为反问题的输入，代入采用10个BSWI Euler梁单元建立的悬臂梁或简支梁结构裂纹定量诊断模型数据库，用等高线的交点 A 定量诊断出裂纹存在的相对位置 β^* 和相对深度 α^*。给出了裂纹悬臂梁和简支梁测试频率值及弹性模量修正值 $E_m^i(i = 1,2,3)$（表7.5、表7.6）。

表7.5 悬臂梁和简支梁裂纹工况

裂纹工况		β	α
悬臂梁	C1	0.272	0.2
	C2	0.272	0.4
简支梁	S1	0.2	0.2
	S2	0.4	0.4

表 7.6　裂纹悬臂梁和简支梁测试频率值及弹性模量修正值 E_m^i

裂纹工况		固有频率					
		测试值			计算值		
		f_1(Hz)	f_2(Hz)	f_3(Hz)	f_1(Hz)	f_2(Hz)	f_3(Hz)
悬臂梁	无裂纹	54.61	371.54	1034.37	62.1	389.4	1090.1
	C1	54.25	369.05	1030.19	E_m^1(Pa)	E_m^2(Pa)	E_m^3(Pa)
	C2	53.43	369.98	990.49	1.591158E+11	1.875321E+11	1.853921E+11
简支梁	无裂纹	190.4	681.2	1543.6	185	740.2	1665.5
	S1	189.4	674.8	1534.2	E_m^1(Pa)	E_m^2(Pa)	E_m^3(Pa)
	S2	172.8	671.7	1449.3	2.181E+11	1.744823E+11	1.769728E+11

图 7.9 为裂纹悬臂梁和简支梁在不同工况下裂纹定量诊断等高线，图中交点 A 对应的横坐标为诊断出的裂纹相对位置 β^*，纵坐标为诊断出的裂纹相对深度 α^*。在实验研究中，当三

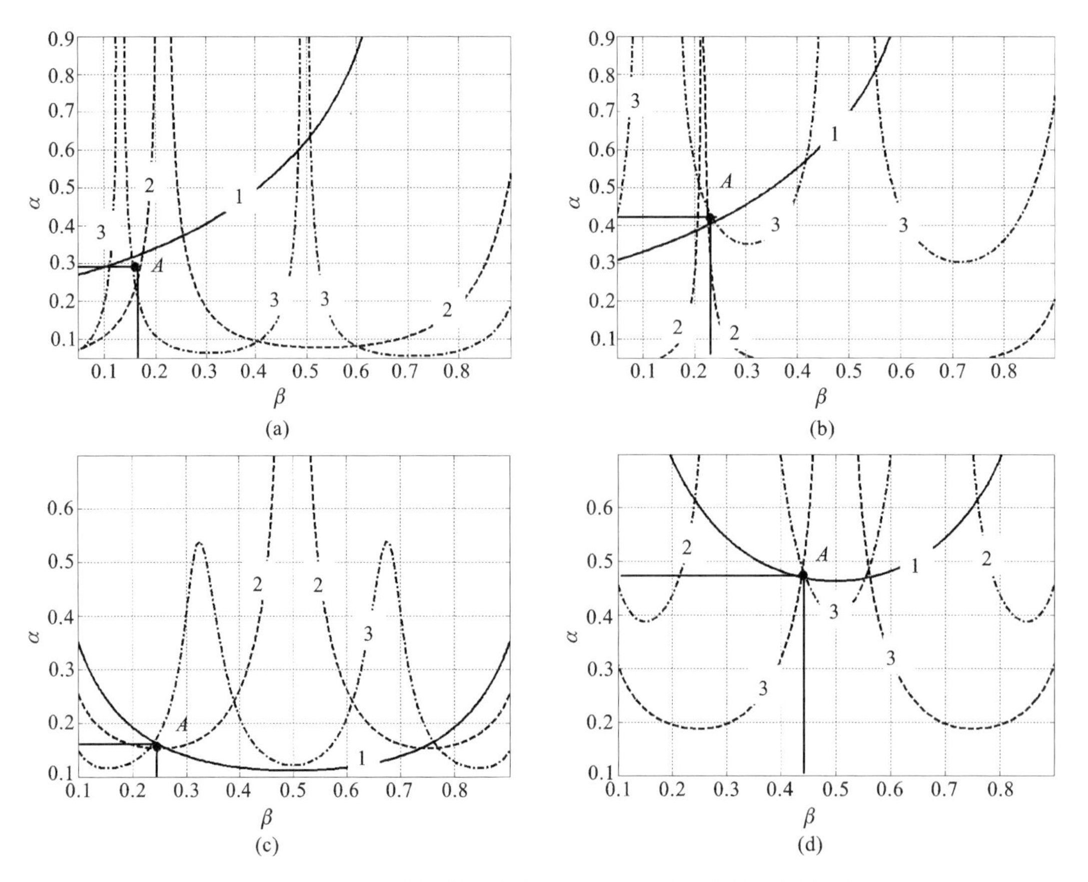

图 7.9　裂纹悬臂梁和简支梁在不同工况下裂纹定量诊断等高线

(a) 工况 C1；(b) 工况 C2；(c) 工况 S1；(d) 工况 S2

(1：一阶固有频率；2：二阶固有频率；3：三阶固有频率)

条等高线的交点并不精确交于一点时，常采用三条等高线三个交点形成的三角形的形心作为近似交点 A。表 7.7 给出了在不同工况下裂纹定量诊断结果及相对误差。由表可见，裂纹定量诊断位置最大误差不超过梁长的 8.8%，裂纹深度诊断最大误差不超过梁高的 9%。实验中裂纹定量诊断结果出现误差的原因在于每一次装夹裂纹工件时不可能保证与无裂纹工件的边界条件完全一致，从而有可能将因裂纹而导致的结构固有频率改变量歪曲。

表 7.7 裂纹诊断结果

裂纹工况		β^*	相对误差(%)	α^*	相对误差(%)
悬臂梁	C1	0.184	8.8	0.290	9.0
	C2	0.232	4.0	0.420	2.0
简支梁	S1	0.238	3.8	0.156	4.4
	S2	0.440	4.0	0.471	7.1

7.3 板结构频率三线相交损伤诊断方法研究

板结构在工程中一直扮演着非常重要的角色，本节以一维结构的裂纹诊断三线相交法[1,2]为基础进行扩展，提出板损伤定量诊断的频率三线相交方法。

7.3.1 BSWI 板单元结构固有频率求解

利用三线相交方法进行损伤诊断的关键在于精确求解结构的前三阶固有频率，因此选用 $\mathrm{BSWI4_3}$ 单元对结构进行建模和正问题求解。结构固有频率求解属于动力学特征值问题，利用 Hamilton 能量变分原理，令板结构自由度 d 取变分为零得到动力学格式的等效特征值问题：

$$(\boldsymbol{K}-\omega^2\boldsymbol{M})\boldsymbol{X}=0 \tag{7.15}$$

式中，ω 表示结构的圆频率；$\boldsymbol{X}$ 表示结构的模态位移振型矩阵，其与 ω 相应的每一列表示一阶响应的振型向量。参考第 3 章中关于使用平板特征 Lame 系数使曲壳单元退化为平板单元的方式进行 BSWI 板单元构造，质量矩阵 $\boldsymbol{M}$ 则可写作：

$$\boldsymbol{M}=\iint_{\Omega}(\boldsymbol{\Phi T})^{\mathrm{T}}\mathrm{diag}(\rho A \quad \rho I_x \quad \rho I_y)\,\mathrm{d}\Omega \tag{7.16}$$

利用积分助记符，表示为：

$$\boldsymbol{M}=\mathrm{diag}\left(\rho h\boldsymbol{\Gamma}_x^{00}\otimes\boldsymbol{\Gamma}_y^{00} \quad \frac{\rho h^3}{12}\boldsymbol{\Gamma}_x^{00}\otimes\boldsymbol{\Gamma}_y^{00} \quad \frac{\rho h^3}{12}\boldsymbol{\Gamma}_y^{00}\otimes\boldsymbol{\Gamma}_x^{00}\right) \tag{7.17}$$

考虑到实际应用中边界条件的复杂性，因此还需对各种边界条件及求解效率进行研究。在计算中均使用无量纲频率参数 $\Omega=\omega L^2\sqrt{\rho h/D}$ 对结果进行表述和对比，其中 $D=Eh^3/[12(1-\nu^2)]$，因此材料参数不影响结果。在计算中亦不再给出具体的长度 L 值，而是以 h/L 的形式进行表述，所有计算均使用 1 个 $\mathrm{BSWI4_3}$ 板单元进行离散。

算例 7.3 效率及收敛性验证，本例将 BSWI 方法求解结果与传统有限元 Q4 单元求解结果进行收敛性和计算效率对比，Q4 单元程序与 BSWI 单元程序在结构上保持一致，因此可以直接比较计算时间。使用这两种单元求解某正方形板在四边简支和四边固支边界下的固有频率，这一问题的精确解由Mindlin给出[3]。表7.8列出了CCCC与SSSS边界条件下薄板($h/L=0.01$)与中厚板($h/L=0.1$)的基频求解结果。通过对比可以发现，随着Q4单元网格数的不断增加，其计算精度逐步趋近于精确解。与此同时，时间消耗也呈指数增长，与之相比，BSWI方法使用了很少的自由度却求得了与Q4单元25×25网格精度相当的数值解，时间消耗几乎可以忽略不计。这一点说明BSWI方法是求解板结构固有频率的一种快速收敛并且高精度、高效率的方法。

表7.8　不同边界条件正方形板计算效率与精度对比

边界条件	数值方法(自由度数)	Ω_{11}	时间消耗(s)
CCCC($h/L=0.01$ $k=0.8601$)	10×10 Q4(363)	36.899	0.885782
	15×15 Q4(768)	36.361	5.688440
	20×20 Q4(1323)	36.177	32.918102
	25×25 Q4(2028)	36.093	186.854044
	BSWI4$_3$(363)	**35.988**	**0.663573**
	精确解[3]	35.946	—
CCCC($h/L=0.1$ $k=0.8601$)	10×10 Q4(363)	33.320	0.899357
	15×15 Q4(768)	32.920	6.582339
	20×20 Q4(1323)	32.782	37.201422
	25×25 Q4(2028)	32.719	201.715003
	BSWI4$_3$(363)	**32.609**	**0.517738**
	精确解[3]	32.668	—
SSSS($h/L=0.01$ $k=5/6$)	10×10 Q4(363)	19.951	0.955991
	15×15 Q4(768)	19.829	7.136242
	20×20 Q4(1323)	19.786	39.649913
	25×25 Q4(2028)	19.767	173.529725
	BSWI4$_3$(363)	**19.734**	**0.618683**
	精确解[3]	19.732	—
SSSS($h/L=0.1$ $k=5/6$)	10×10 Q4(363)	19.263	1.006504
	15×15 Q4(768)	19.153	8.159454
	20×20 Q4(1323)	19.114	43.018124
	25×25 Q4(2028)	19.096	172.468499
	BSWI4$_3$(363)	**19.065**	**0.655763**
	精确解[3]	19.065	—

算例7.4　不同边界板模态振型求解，对以固有频率为监测对象的结构健康监测方法而

言，测点布置位置十分重要，应当尽量避开所关心模态振型的节点以增加对该阶模态频率的测试精度，因此，使用有限元方法预先求解得到准确的节点位置对实验测试具有一定帮助。而对于以频响函数和模态振型为监测对象的结构健康监测方法，结构模态振型的测试精度更是直接决定着方法的可靠性。因此不论从哪个角度考虑，对于不同边界板模态振型的准确求解都显得十分重要。为此，图 7.10、图 7.11 以及图 7.12 系统地给出了 CCCC、SFSF 和 CFFF 边界条件下板的前六阶模态振型图。其中 C 表示固支边界，S 表示简支边界，F 表示自由边界。由图中可以看出利用 BSWI 方法求解的模态振型（图中曲线交叉点）与理论中各种边界条件振型（图中曲线）保持一致，因此可以作为可靠的正问题求解工具。

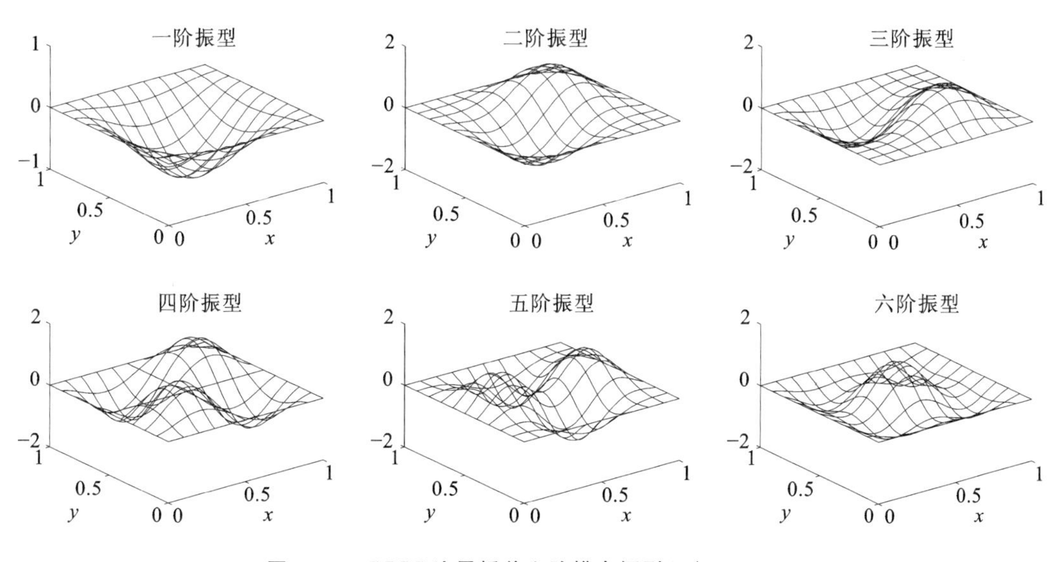

图 7.10　CCCC **边界板前六阶模态振型**$(h/L=0.1)$

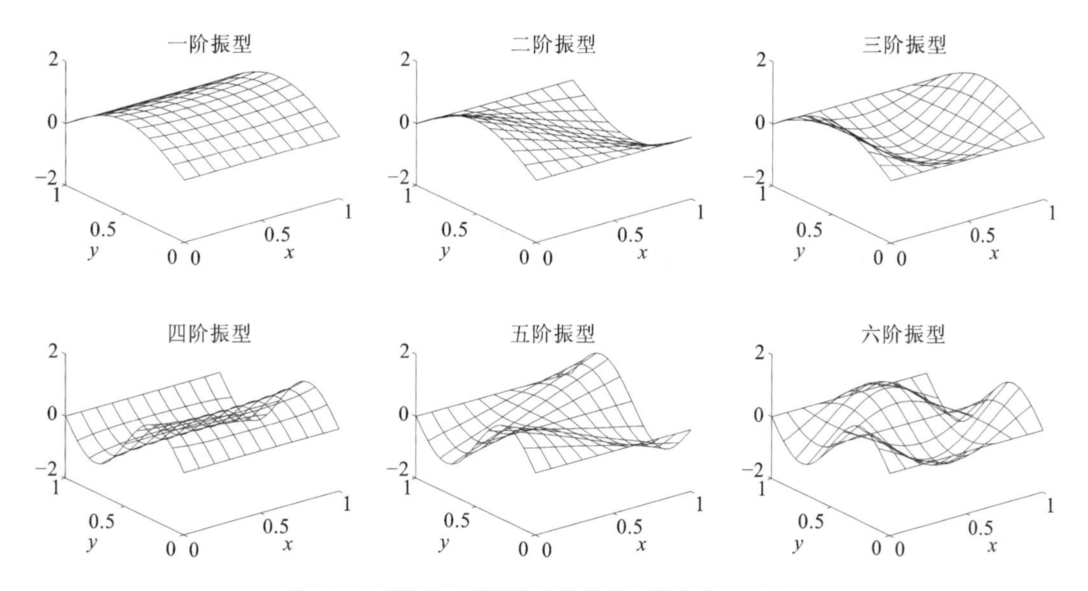

图 7.11　SFSF **边界板前六阶模态振型**$(h/L=0.1)$

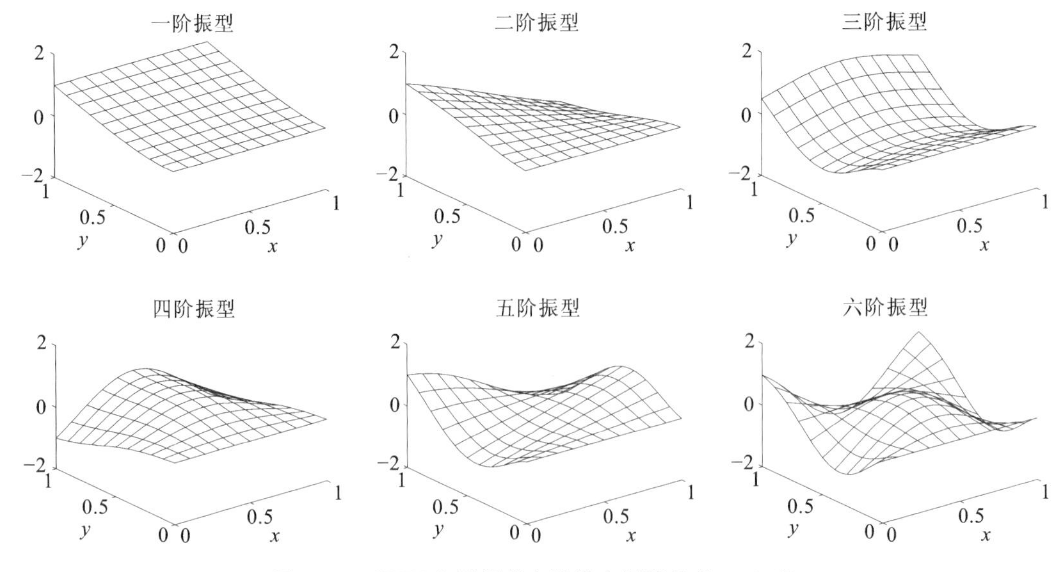

图 7.12　CFFF 边界板前六阶模态振型($h/L=0.1$)

算例 7.5　无量纲板厚参数 h/L 对频率求解精度的影响研究。板厚参数 h/L 对结构频率变化的影响是巨大的，如果一种数值方法不能在较大的厚度参数范围内给出板频率的合理精度解，其作用也会大打折扣。本例给出了对厚度参数 $h/L\in[0.1,0.25]$ 范围中 SSSS、CCCC、SCSC、SFSF 以及 CFFF 多种边界条件下板固有频率的解答对比，分别列于表 7.9 ～ 表7.13 中。

在表 7.9 中给出的 SSSS 边界条件频率数值结果对比中，作为参考解的是传统有限元 Q4 单元 25×25 网格解(四节点单元)，由 sheikh 等给出采用参数集中方法的解答[4](LS)，以一阶板理论为基础的无网格方法解答[5](FSDT meshfree)，Liew 等给出的正交差分法解[6](Liew DQ)，高阶板理论解[7](Higher-order)，由 Lim 给出的级数解[8]，以及由 Mindlin 给出的问题精确解[3]。

表 7.9　SSSS 边界条件频率参数求解对比($k=5/6$，$\nu=0.3$)

h/L	方法	Ω					
		$\Omega_{1,1}$	$\Omega_{1,2}$	$\Omega_{2,1}$	$\Omega_{2,2}$	$\Omega_{1,3}$	$\Omega_{3,1}$
0.1	25×25 Q4	19.096	45.740	45.740	70.188	86.151	86.151
	10×10 LS9[4]	19.203	46.175	46.175	71.213	87.143	87.143
	10×10 LS12[4]	19.202	46.161	46.161	71.216	86.983	86.983
	10×10 LS9RI[4]	19.062	45.462	45.462	69.734	84.985	84.985
	FSDT meshfree[5]	18.895	45.189	45.189	69.208	84.824	84.824
	Liew DQ[6]	19.090	45.647	45.647	70.137	85.798	85.798
	Higher - order[7]	19.065	45.487	45.487	69.809	85.065	85.065
	$BSWI4_3$	**19.065**	**45.484**	**45.484**	**69.796**	**85.076**	**85.076**
	精确解[3]	19.065	45.482	45.482	69.794	84.926	84.926

续表 7.9

h/L	方法	Ω					
		$\Omega_{1,1}$	$\Omega_{1,2}$	$\Omega_{2,1}$	$\Omega_{2,2}$	$\Omega_{1,3}$	$\Omega_{3,1}$
0.2	25×25 Q4	17.473	38.322	38.322	55.358	65.781	65.781
	10×10 LS9[4]	17.833	39.378	39.378	57.092	67.287	67.287
	10×10 LS12[4]	17.830	39.376	39.376	57.008	67.241	67.241
	10×10 LS9RI[4]	17.444	38.102	38.102	55.000	64.898	64.898
	Liew DQ[6]	17.526	38.490	38.490	55.796	64.385	64.385
	Lim[8]	17.459	38.162	38.162	55.158	65.150	65.150
	BSWI4$_3$	**17.448**	**38.152**	**38.152**	**55.150**	**65.157**	**65.157**
	精确解[3]	17.448	38.152	38.152	55.150	65.145	65.145
0.25	25×25 Q4	16.528	34.802	34.802	49.137	57.749	57.749
	10×10 LS9	16.971	36.025	36.025	50.693	59.253	59.253
	10×10 LS12[9]	16.964	35.996	35.996	50.612	59.102	59.102
	10×10 LS9RI[9]	16.503	34.602	34.602	48.842	57.125	57.125
	Liew DQ[6]	16.610	35.060	35.060	49.701	—	—
	BSWI4$_3$	**16.507**	**34.665**	**34.665**	**48.986**	**57.262**	**57.262**
	精确解[3]	16.507	34.665	34.665	48.986	57.254	57.254

总体来说，在给出的参数范围内 BSWI 方法与精确解吻合得良好，特别是对于低阶振型的特征频率求解。而高阶振型频率误差则相对较大，这是 BSWI 使用较少求解自由度的缘故。但是相对于其他参考解而言，BSWI 在所给参数范围内仍保持着较高的计算精度，特别是对于频率三线相交法所使用的前三阶固有频率。

表 7.10 所示为对 CCCC 边界条件板的频率估算。除了前述提到过的数值方法外，作为新增参考解的是 Rayleigh - Ritz 解[10]，离散奇异卷积解[11]（DSC），Liew 等给出的 Ritz 方法解[6]，稳定混合插值及平滑曲率方法解[12]（SMISC）以及稳定平滑有限元方法解[12]（STAB）。由于不存在精确解，因此使用 BSWI 方法与参考解进行求解范围比较。Rayleygh - Ritz 法与有限元方法给出的均是相对实际频率“偏刚”的求解结果（即求解频率高于实际频率），因此求解结果相对较低是有利的。通过对比可以发现，BSWI 方法在各阶频率上求解值均低于 Rayleygh - Ritz 法和传统有限元解，并且相对于其他方法而言，趋势一致且频率值处于较低水平，因此可以说 BSWI 方法对 CCCC 板固有频率求解结果是准确可靠的。对 SCSC、SFSF 以及 CFFF 边界条件的求解，其结论与 CCCC 等计算结果类似，因此不再赘述，分别列于表 7.11、表 7.12 及表 7.13 中以供参考。

表 7.10　CCCC 边界条件频率参数求解对比($k=0.8601$，$\nu=0.3$)

h/L	方法	Ω					
		$\Omega_{1,1}$	$\Omega_{1,2}$	$\Omega_{2,1}$	$\Omega_{2,2}$	$\Omega_{1,3}$	$\Omega_{3,1}$
0.1	25×25 Q4	32.719	62.795	62.795	88.015	104.625	105.628
	8×8 LS9RI[9]	32.512	61.953	61.953	86.718	102.049	103.015
	FSDT meshfree[5]	31.934	61.855	61.855	85.482	104.966	105.736
	Liew DQ[6]	32.848	62.718	62.718	87.973	103.562	104.539
	Rayleygh - Ritz[10]	32.667	62.281	62.281	87.406	103.187	104.068
	DSC[11]	32.845	62.723	62.724	87.976	—	—
	STAB[12]	32.572	62.283	62.283	87.277	103.284	104.275
	SMISC4[12]	32.569	62.282	62.282	87.254	103.274	104.264
	BSWI4₃	**32.609**	**62.290**	**62.290**	**87.374**	**103.074**	**104.050**
0.2	25×25 Q4	26.758	46.930	46.930	62.992	72.229	73.244
	Liew DQ[6]	26.932	47.139	47.139	61.936	72.299	73.290
	DSC[11]	26.948	47.073	47.141	61.983	—	—
	Liew Ritz[6]	26.456	46.134	46.134	61.930	70.549	71.521
	BSWI4₃	**26.693**	**46.683**	**46.683**	**62.728**	**71.529**	**72.525**
0.25	25×25 Q4	24.051	40.835	40.835	54.200	61.569	62.485
	Liew DQ[6]	24.232	41.113	41.113	54.689	61.896	—
	BSWI4₃	**24.002**	**40.657**	**40.657**	**54.024**	**61.059**	**61.962**

表 7.11　SCSC 边界条件频率参数求解对比($k=0.8220$，$\nu=0.3$)

h/L	方法	Ω					
		$\Omega_{1,1}$	$\Omega_{1,2}$	$\Omega_{2,1}$	$\Omega_{2,2}$	$\Omega_{1,3}$	$\Omega_{3,1}$
0.1	25×25 Q4	26.383	48.690	59.104	77.813	87.158	102.221
	Hashemi[9]	26.7369	49.2606	59.4801	79.1951	87.2072	102.0186
	DSC[11]	26.850	—	—	—	—	—
	Liew[6]	26.648	49.062	59.119	78.680	86.724	101.598
	BSWI4₃	**26.640**	**49.053**	**59.112**	**78.657**	**86.742**	**101.218**
	精确解[3]	26.683	49.144	59.186	78.942	86.833	101.158
0.2	25×25 Q4	21.840	39.198	43.934	57.000	65.601	78.910
	Him[9]	22.5099	40.1384	45.0569	59.1227	66.3706	71.3904
	Shannon[8]	22.363	39.859	44.617	58.554	65.774	70.564
	BSWI4₃	**22.295**	**39.735**	**44.444**	**58.313**	**65.557**	**70.272**

续表 7.11

h/L	方法	Ω					
		$\Omega_{1,1}$	$\Omega_{1,2}$	$\Omega_{2,1}$	$\Omega_{2,2}$	$\Omega_{1,3}$	$\Omega_{3,1}$
0.25	25 × 25 Q4	19.755	35.188	38.160	49.562	57.409	59.795
	Liew[6]	20.614	36.310	39.744	51.506	—	—
	$BSWI4_3$	**20.249**	**35.690**	**38.793**	**50.838**	**57.411**	**60.022**

表 7.12 SFSF 边界条件频率参数求解对比($k=5/6$,$\nu=0.3$)

h/L	方法	Ω					
		$\Omega_{1,1}$	$\Omega_{1,2}$	$\Omega_{2,1}$	$\Omega_{2,2}$	$\Omega_{1,3}$	$\Omega_{3,1}$
0.1	Hashemi[9]	9.4458	15.4054	33.9160	36.4246	42.8870	62.3304
	10 × 10 LS9RI[9]	9.438	15.367	33.729	36.327	42.704	61.888
	Liew[6]	9.435	15.387	33.843	36.330	42.755	62.080
	Higher - order[7]	9.440	15.389	33.859	36.357	42.792	62.149
	$BSWI4_3$	**9.441**	**15.396**	**33.876**	**36.363**	**42.809**	**62.184**
0.2	10 × 10 LS9RI[4]	8.980	14.073	29.027	31.227	35.865	49.322
	Hashemi[9]	8.9997	14.1341	29.2558	31.4338	36.1646	49.8953
	Higher - order[7]	8.983	14.093	29.136	31.270	35.960	49.561
	$BSWI4_3$	**8.983**	**14.094**	**29.137**	**31.271**	**35.962**	**49.564**

表 7.13 CFFF 边界条件频率参数求解对比($k=0.8601$,$\nu=0.3$)

h/L	方法	Ω					
		$\Omega_{1,1}$	$\Omega_{1,2}$	$\Omega_{2,1}$	$\Omega_{2,2}$	$\Omega_{1,3}$	$\Omega_{3,1}$
0.2	MITC4[12]	3.343	7.374	17.707	22.613	24.083	38.703
	MISC4[12]	3.342	7.374	17.705	22.610	24.077	38.683
	STAB[12]	3.342	7.368	17.686	22.594	24.050	38.643
	SMISC4[12]	3.342	7.368	17.685	22.592	24.043	38.624
	FEM	3.336	7.353	17.578	22.473	23.894	38.363
	Pb - 2 Ritz[13]	3.336	7.353	17.578	22.473	23.894	38.343
	$BSWI4_3$	**3.342**	**7.368**	**17.638**	**22.529**	**23.995**	**38.536**

图 7.13 中分别给出了 SSSS、CCCC、SCSC、SFSF 以及 CFFF 边界条件下频率随厚度参数的变化曲线。对于边界完全对称的 SSSS 以及 CCCC 情况,各阶频率随着厚度的增长基本保持平行,没有出现相交。而在边界条件对角对称的 SFSF 及 SCSC 情况下,曲线相交的趋势随着厚度的增长愈加明显。在悬臂结构 CFFF 中,可以清楚地看到曲线 $\Omega_{1,3}$ 与 $\Omega_{2,2}$ 之间出现了交点,

两阶频率逐渐趋同。

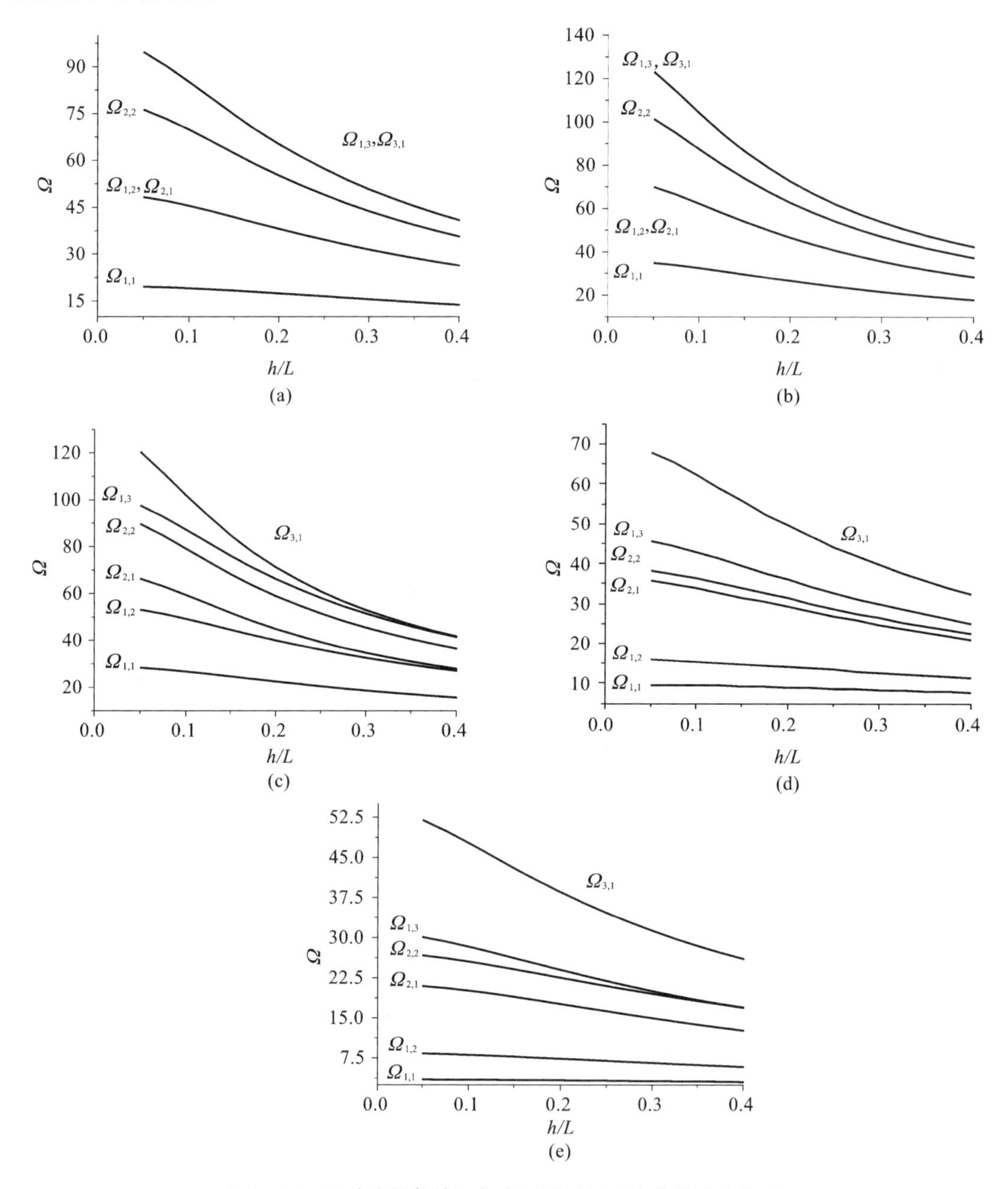

图 7.13 几种边界条件下频率受无量纲厚度参数影响曲线

(a)SSSS;(b)CCCC;(c)SCSC;(d)SFSF;(e)CFFF

算例 7.6 剪切锁死测试。由于在单元构造过程中使用了 Reissner-Mindlin 理论，因此剪切锁死效应(即随着板的厚长比 h/L 的减小，位移问题只能得到零解，而频率趋于无穷)出现在本书所构造的几种 BSWI 单元中均是不可避免的，所以采用两个典型板结构自由振动问题(CCCC 边界及 SSSS 边界)对所构造的单元进行剪切锁死测试。

利用 Warburton[14] 给出的薄板理论第一阶固有频率参数 $\Omega = \omega L^2 \sqrt{\rho t/D}$ 形式解作为参

考，图 7.14 给出了由中厚板至薄板参数范围($h/L \in [0.001, 0.1]$)的 BSWI 解与薄板理论解对比。由图 7.14 可见，对无量纲厚度小于 0.005 的参数范围，随着厚度的减小，BSWI 数值结果将逐渐大于薄板理论解，即出现了所谓的剪切锁死效应。而对于 0.005 ~ 0.020 参数范围，BSWI 数值解则与薄板理论解吻合良好，在 0.01 的参数值上，两者吻合得最佳。当无量纲厚度大于 0.020 时，BSWI 数值解将小于薄板理论解，这是薄板理论中忽视了剪切效应导致的。虽然剪切锁死在本书所构造的单元中是不可避免的(h/L 小于 0.001 后频率明显上升)，但是通过以上的剪切锁死测试可以看出，对于绝大多数工程上使用的薄板，BSWI 解均是合适的，因此可以被选作损伤监测正问题的裂纹库求解单元。

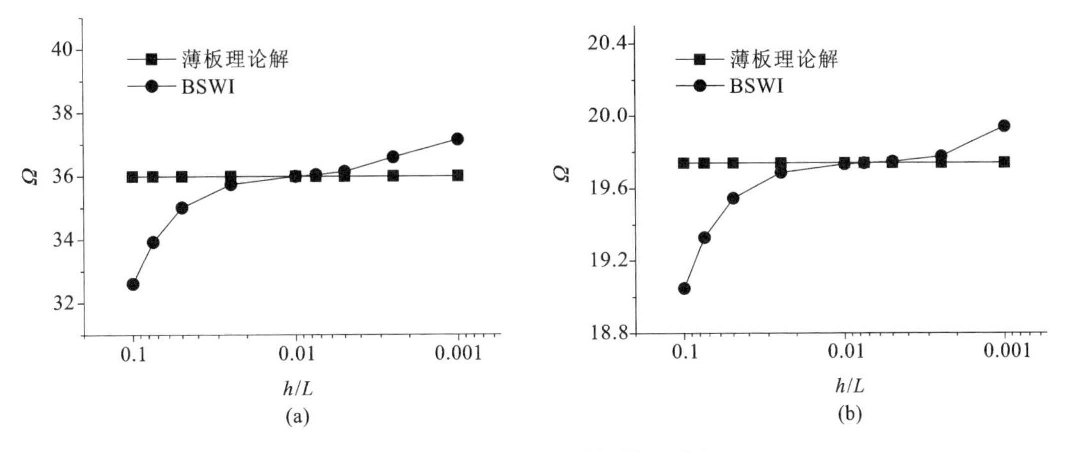

图 7.14 BSWI 单元剪切锁死测试

(a)CCCC;(b)SSSS

7.3.2 板结构损伤监测的三线相交方法

相对于梁结构与转子结构，板属于二维结构，损伤变量更多，因此对其直接使用三线相交方法进行损伤诊断[15,16]存在一定困难，本节将在一些假设和简化的基础上，提供一种板结构频率三线相交损伤诊断方法。简单板结构损伤问题物理模型如图 7.15 所示，在几何尺寸为 $L_x \times L_y \times h$ 的矩形板中存在一处损伤，损伤使用弹性模量缩减的方法进行建模，即采用缩减系数 α 令损伤区域弹性模量 $E_c = \alpha E$，大量文献[17-20]采用这种简便的损伤建模方法，因为此方法本身是有效且可靠的。

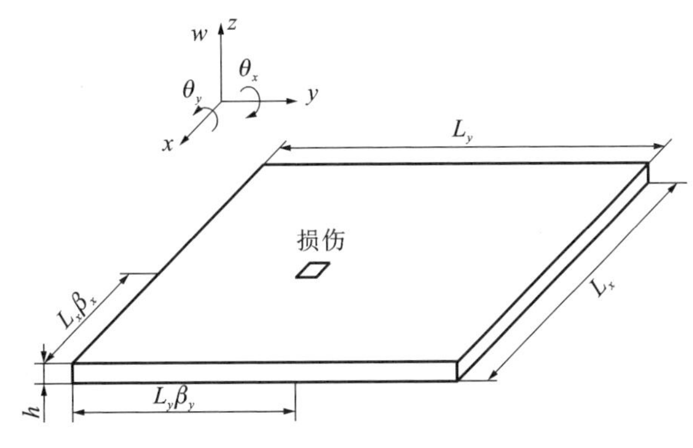

图 7.15 损伤板示意图

求解此结构的固有频率，最直接的方法即解偏微分方程，将损伤作为边界条件引入，但是求解各种复杂边界条件下的无损板固有频率解析解本身就是具有一定难度的研究课题，加之损伤增添了结构的复杂性，使之更加困难。但是基于频率的三线相交法对频率求解精度和模型精度有很高的要求，因此考虑使用前述 $BSWI4_3$ 中厚板单元进行建模求解，单元的构造和精度验证可见前文讨论。

1. 正问题

正问题旨在回答这样一个问题："损伤参数的改变会对结构固有频率产生怎样的影响？"图 7.15 所示的简单损伤具有三个基本参数：x 方向无量纲位置 β_x，y 方向无量纲位置 β_y，以及损伤程度参数 α。所以，在此处正问题具体化为这三个损伤参数的改变会对结构固有频率造成怎样的影响。正问题公式化为：

$$f_j = F_j(\alpha, \beta_x, \beta_y) \quad (j = 1,2,3,\cdots) \tag{7.18}$$

其中，f_j 表示第 j 阶固有频率，F_j 代表正问题求解函数，通过偏微分方程求解比较困难，因此利用有限元方法对可能的参数改变逐一建模求解，得到若干阶频率存入矩阵，形成损伤数据库。算法流程描述为：

※ 选择材料参数及几何参数
※ 计算无损伤部分单元刚度矩阵及质量矩阵
※ 组装总体质量矩阵
※ 生成损伤参数向量 $\boldsymbol{x}[i]$、$\boldsymbol{y}[j]$ 及 $\boldsymbol{\alpha}[k]$
※ 循环遍历损伤向量 $\boldsymbol{\alpha}[k]$
  ※ 利用 $\boldsymbol{\alpha}$ 计算损伤部分单元刚度矩阵
  ※ 循环遍历损伤向量 $\boldsymbol{y}^{[j]}$
    ※ 循环遍历损伤向量 $\boldsymbol{x}^{[i]}$
      ※ 组装总体刚度矩阵
      ※ 求解特征值问题 $(\boldsymbol{K} - \omega^2\boldsymbol{M})\boldsymbol{X} = 0$
      ※ 将特征频率 f 存入数据库
    ※ i 循环结束
  ※ j 循环结束
※ k 循环结束

2. 反问题

反问题旨在回答："当已知损伤结构的若干阶实测频率时，如何确定损伤的物理参数$(\alpha, \beta_x, \beta_y)$？"反问题实际是基于频率损伤识别技术的关键所在。而最直接的正反问题结合方式就是从正问题数据库中找出与反问题解最相近的参数，从而确定具体的损伤物理参数。

假设作为反问题输入数据的一组测量频率已被准确获得，并代入到正问题数据库中，剩下的任务则是具体辨识损伤的物理参数。由正问题获得的损伤数据库可以被看作是一个由$(\alpha, \beta_x, \beta_y)$矢量张成的三维空间，因此，反问题可公式化为：

$$(\alpha, \beta_x, \beta_y) = F_j^{-1}(f_j) \quad (j = 1,2,3,\cdots) \tag{7.19}$$

注意到等式左边存在三个未知参数，因此至少需要 3 个边界条件才能进行准确辨识，即选取三阶固有频率代入等式形成三个方程，反解未知参数。然而不幸的是，由于正问题求解函数 F_j 难以获得解析表达式，所以在反问题中其反函数 F_j^{-1} 也是难以直接使用的，从而影响到等式的反解过程。在这种情况下，受到一维结构损伤诊断三线相交法启示，提出使用图解法（二维结构三线相交法）进行损伤参数辨识。从线性代数的观点来看，由不同阶测量频率作为输入得到的方程组各子方程解可以视为一组在空间（α,β_x,β_y）中相互独立的曲面，而问题的解答则是这些曲面的交汇点。利用正问题数据库进行图解得到交汇点，即可实现参数辨识，二维结构三线相交法正是基于这样的思想。然而，在三维空间中进行图解存在一定难度，因此考虑使用一种间接方式对问题进行降维，在二维空间中进行图解辨识。

令反问题等式中损伤程度参数 α 取定值，此时反问题表达式重新写作：

$$(\beta_x,\beta_y)_\alpha = F_{\alpha,j}^{-1}(f_{\alpha,j}) \quad (\alpha \in [0,1], j = 1,2,3,\cdots) \tag{7.20}$$

右下角角标 α 表示取定值。此时反问题被重新定义在二维平面$(\beta_x,\beta_y)_\alpha$ 中，令相对深度 α 从 0 到 1 进行取值，可获得一系列参数平面，而三维问题也被简化为一系列参数平面上的三线相交图解问题。当 α 取值接近真实损伤程度参数 α_r 时，交点将会出现在参数平面$(\beta_x,\beta_y)_{\alpha_r}$ 上，从而实现三个未知参数的辨识。另一方面，对损伤参数取值不同于真实参数的点而言，交点不会出现，随着参数向真实参数靠近，非交汇区（区域 A，B）逐渐缩小，最终交汇于一点（瓶颈点），在三维空间中形成如图 7.16 所示的局部沙漏型区域。这样的局部沙漏特点可以被用作交汇点的判据，称为沙漏型判据。

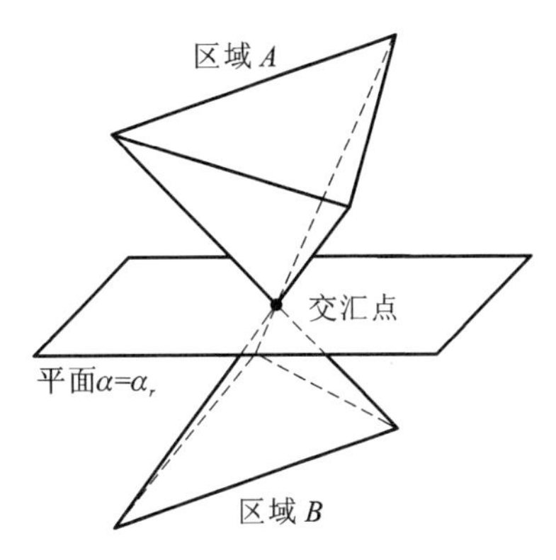

图 7.16　三维交汇示意图

需要说明的是，判据中所指的区域 A 和 B 可能并不总是封闭的多边形，而只是由三条等高线围出的一个逐渐变化的区域，这一点在稍后的数值验证中将详细阐明。基于这样的观点，形成了一种非解析的方法求解反问题，算法流程描述为：

- ※　输入测试频率
- ※　循环遍历损伤参数 $\alpha[k]$
  - ※　利用数据库得到试探参数 α 下的三条频率等高线
  - ※　将三条曲线绘制在同一平面上
  - ※　计算闭合区域面积
  - ※　迭代判断是否面积足够小
    - ※　是，循环结束，储存相关损伤参数
    - ※　否，循环继续
  - ※　k 循环结束
  - ※　存储并输出损伤参数

7.3.3　无噪声情况下的数值验证

为验证所提出方法的有效性，本节考虑使用一组有代表性的边界条件损伤算例进行测试，所使用的不同边界条件如图 7.17 所示，分别为完全不对称的 CSFF 边界条件（一边固支，一边简支，两边自由），沿结构中线对称的 CCCF 边界条件（三边固支，一边自由），以及沿对角线镜面对称的混合边界条件。其中需要对混合边界条件进行说明：这里所指的混合边界是为增添边界复杂性而特别设计的，该边界在受约束边上只有一半固支。在所有的数值验证中，板结构的

几何尺寸为 $L_x = 1\text{m}$，$L_y = 1\text{m}$，厚度 $h = 20\text{mm}$，材料弹性模量 $E = 2.06 \times 10^{11}\text{Pa}$，密度 $\rho = 7917\text{kg/m}^3$ 以及泊松比 $\nu = 0.3$。

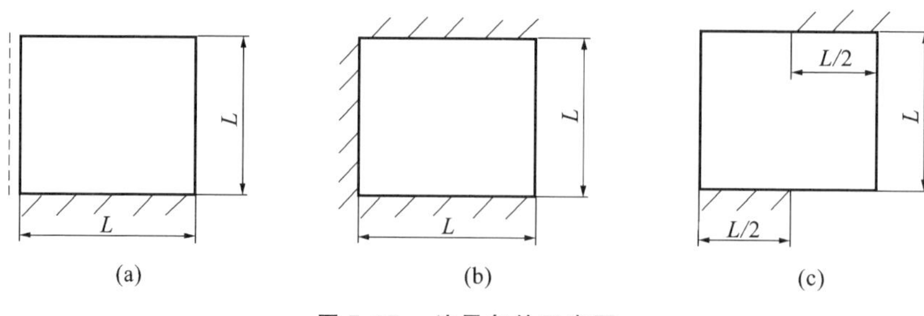

图 7.17　边界条件示意图

(a)CSFF；(b) CCCF；(c) 混合边界

由于所提出的方法需要至少三阶频率作为输入，加之考虑到实际中高阶频率测试和辨识结果绝对误差较大，并且对于有限元建模而言，高阶频率求解也存在一定误差，因此本方法选择将系统的前三阶固有频率作为反问题输入进行图解。图解过程中使用实线并加注数字“1”表示一阶固有频率等高线，使用点画线并加注数字“2”表示二阶固有频率等高线，使用虚线加注数字“3”表示三阶固有频率等高线。

1. CSFF 边界条件损伤参数辨识

使用BSWI方法对CSFF边界平板建立损伤频率数据库，数据库中前三阶典型的损伤参数频率关系曲面如图7.18所示，从图中可以看出受到边界条件CSFF非对称的影响，不同损伤位置引起的频率曲面也是非对称的。使用频率等高线方法，将损伤参数(0.85，0.25，0.35) 对应的损伤结构固有频率代入数据库进行反解，得到图 7.19 所示的在损伤程度参数 $\alpha = 0.83 \sim 0.87$ 层面上的频率等高线，图 7.19(a) 中出现的区域 A 随着损伤参数 α 向真实损伤参数的靠近而逐渐缩小，最终交汇在图 7.19(b) 所示的损伤交点处，继续增大损伤参数 α，三线交点开始发散，形成图 7.19(c) 所示的区域 B，通过判据可知，此时损伤参数辨识结果为(0.85，0.25，0.35)，与输入相符。

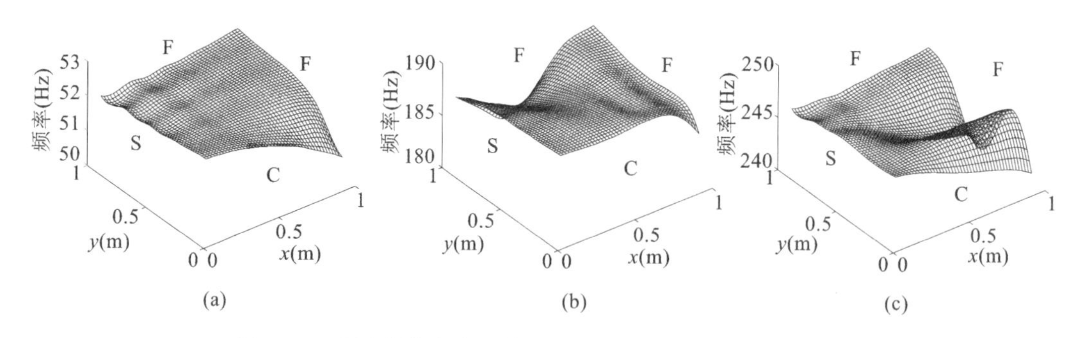

图 7.18　固定损伤程度下的 CSFF 板损伤位置频率关系曲面

(a) 一阶模态频率；(b) 二阶模态频率；(c) 三阶模态频率

2. CCCF 边界条件损伤参数辨识

进一步使用三线相交方法对结构损伤参数为(0.85，0.55，0.55) 的CCCF边界板进行损伤识别。数据库中前三阶典型的损伤参数频率关系曲面如图 7.20 所示，受到 CCCF 边界沿中线对称的影响，图中的前三阶频率曲面也出现了相应的对称状况，而这一点也势必会影响到损伤

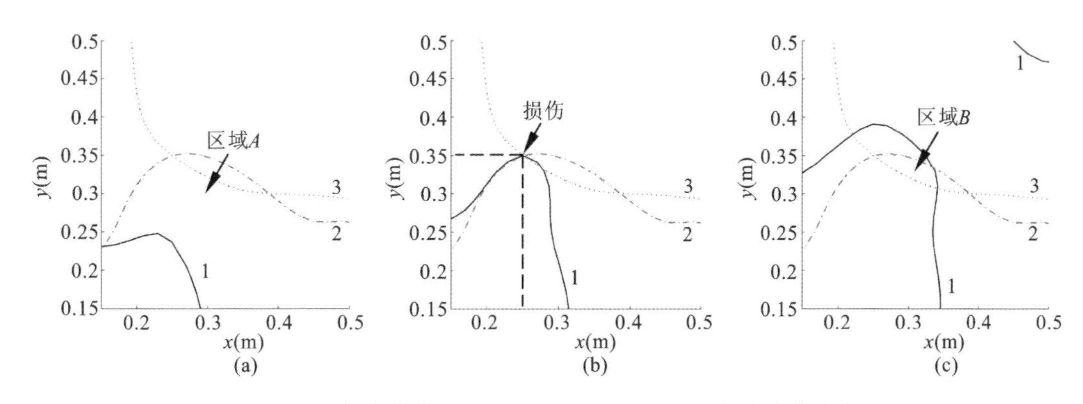

图 7.19　损伤参数(0.85,0.25,0.35)下 CSFF 板频率等高线

(a)$\alpha=0.83$;(b)$\alpha=0.85$;(c)$\alpha=0.87$

的辨识。将损伤参数对应的前三阶频率代入数据库进行辨识,得到图 7.21 所示的频率等高线结果。与 CSFF 边界结论类似,出现了沙漏状况,而与 CSFF 辨识结果不同的是,CCCF 边界辨识中出现了两个损伤可能发生点,这是 CCCF 边界中的对称因素导致的。辨识结果(0.85,0.55,0.55)与输入一致。

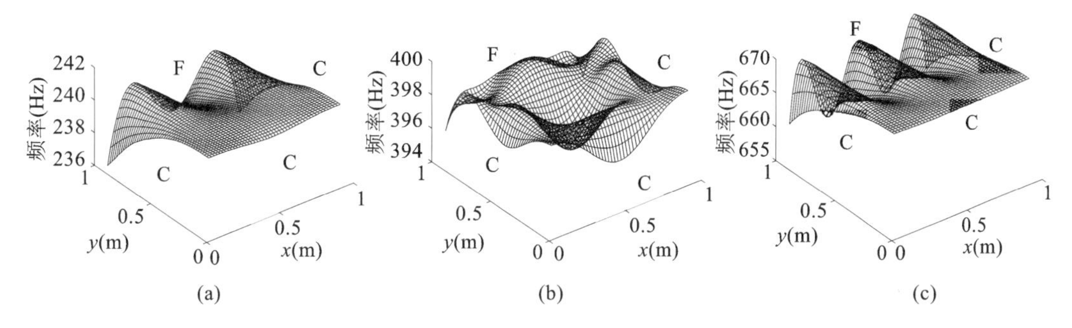

图 7.20　固定损伤程度下的 CCCF 板损伤位置频率关系曲面

(a) 一阶模态频率;(b) 二阶模态频率;(c) 三阶模态频率

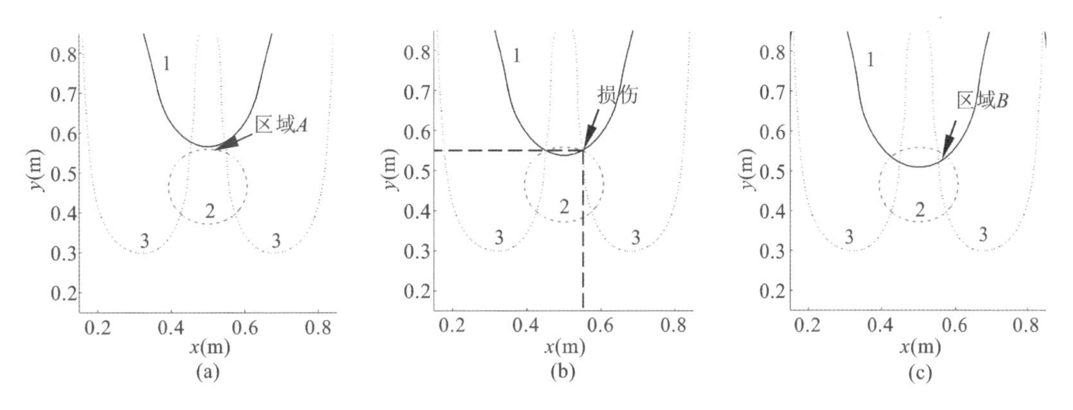

图 7.21　损伤参数(0.85,0.55,0.55)下 CCCF 板频率等高线

(a)$\alpha=0.83$;(b)$\alpha=0.85$;(c)$\alpha=0.87$

3. 混合边界条件损伤参数辨识

混合边界如图 7.17(c) 所示，对损伤参数为(0.85，0.65，0.65) 的损伤板进行辨识。这种混合边界沿着板的对角线存在镜面对称，图 7.22 给出的典型频率曲面也印证了这一点。将损伤参数对应的一组频率作为输入代入辨识数据库中，得到图 7.23 所示的频率等高线图，图中给出了沿板对角线镜面对称的两个损伤发生位置。需要说明的是，在实际工况中，受到边界条件和物理参数的影响，并不可能出现完全的对称结构，因此这里出现的两个辨识结果也仅仅是理论上存在的。通过等高线相交位置可以得到损伤参数为(0.85，0.65，0.65)，辨识结果与输入一致。

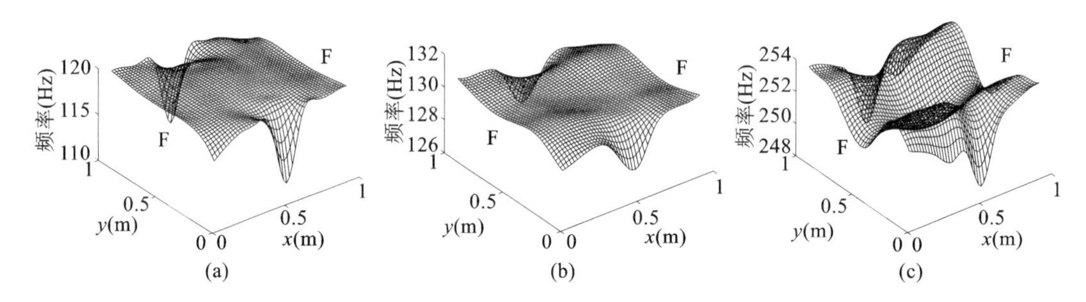

图 7.22　固定损伤程度下的混合边界板损伤位置频率关系曲面

(a) 一阶模态频率；(b) 二阶模态频率；(c) 三阶模态频率

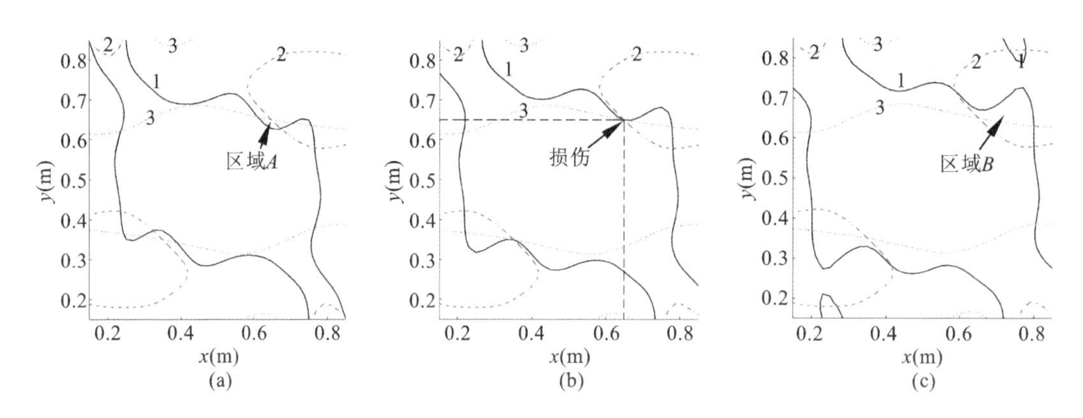

图 7.23　损伤参数(0.85，0.65，0.65) 下混合边界板频率等高线

(a)$\alpha=0.83$；(b)$\alpha=0.85$；(c)$\alpha=0.87$

7.3.4　测量噪声对损伤辨识结果影响的分析

为验证算法的准确性，前面所述段落的验证算例中并没有考虑测量噪声的影响，而测量噪声在实际状况中是不可避免的，因此，需要对含测量噪声的输入频率代入算法进行测试，以验证算法的噪声免疫能力。另一方面，测量噪声存在随机性，因此不能使用一组实验对其进行验证，而 Monte Carlo 方法[21] 为其提供了很好的验证途径。假设频率测试噪声幅值服从均值为 0，标准差由信噪比[定义为测试频率(Hz) 与噪声标准差(Hz) 的比值] 确定的高斯分布，以直接加和的方式将噪声计入测量频率中，选取样本数 100 的 Monte Carlo 含噪声频率形成测试样本，由大数定理可知，这样的测试样本数满足基本的测试要求。

辨识结果列于表 7.14 中，可见在 100dB 这样的高信噪比状态下辨识与无噪声状况基本相当。进一步降低信噪比至 80dB 进行测试，等高线结果绘于图 7.24 ～ 图 7.26 中，辨识结果列于表 7.14 中，随着信噪比减小，损伤程度和位置的辨识上均产生了 0.02 左右的偏差。

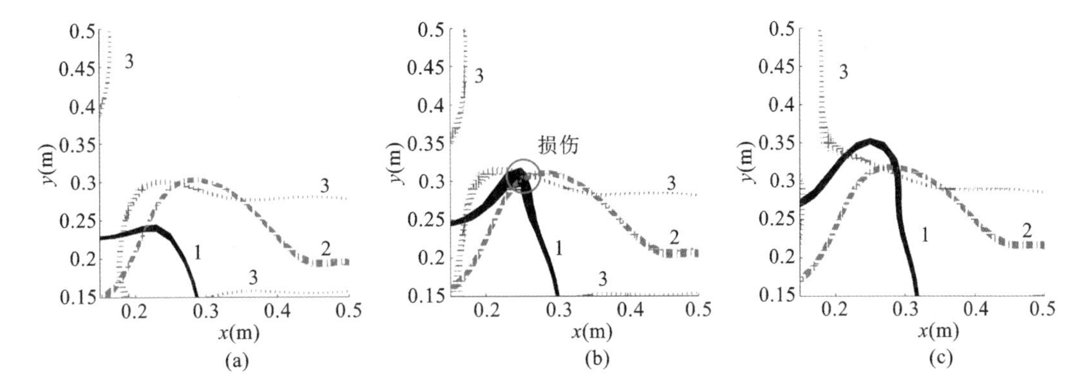

图 7.24　信噪比 80dB 工况下损伤参数(0.85,0.25,0.35) 时 CSFF 板频率等高线

(a)$\alpha = 0.86$;(b)$\alpha = 0.87$;(c)$\alpha = 0.88$

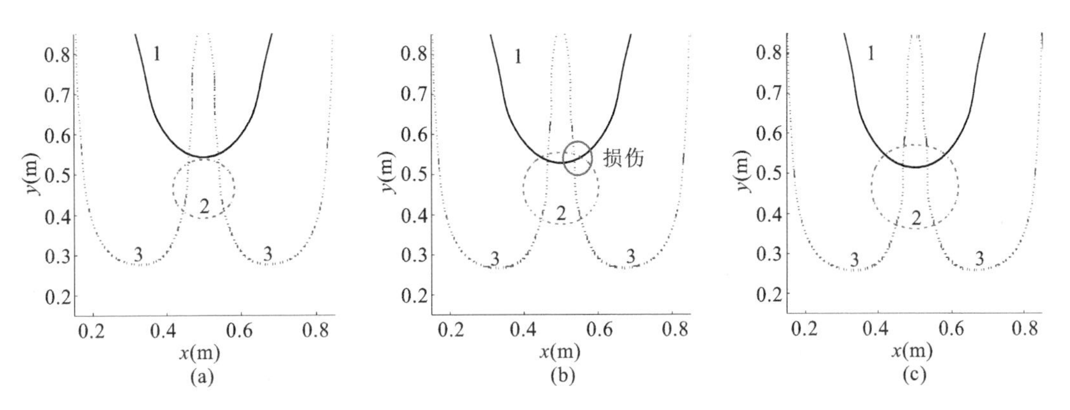

图 7.25　信噪比 80dB 工况下损伤参数(0.85,0.55,0.55) 时 CCCF 板频率等高线

(a)$\alpha = 0.83$;(b)$\alpha = 0.84$;(c)$\alpha = 0.85$

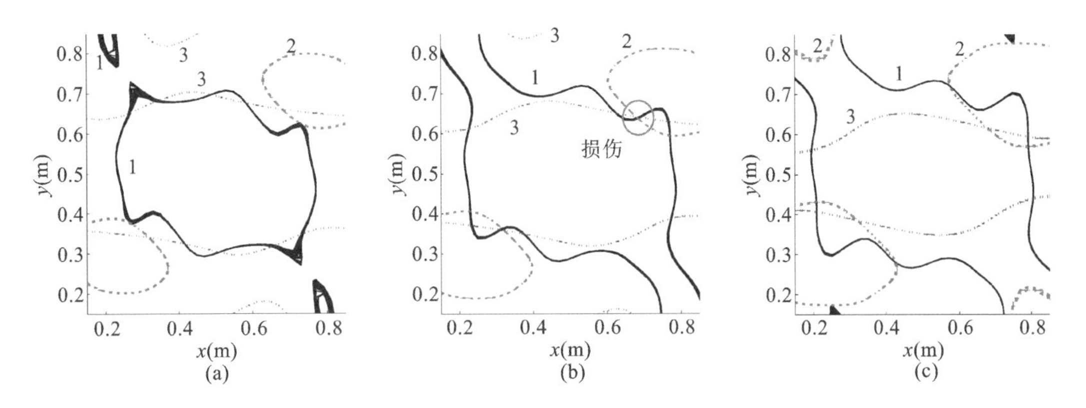

图 7.26　信噪比 80dB 工况下损伤参数(0.85,0.65,0.65) 时混合边界板频率等高线

(a)$\alpha = 0.85$;(b)$\alpha = 0.87$;(c)$\alpha = 0.89$

表 7.14 不同信噪比工况下损伤辨识结果对比

参数目录	边界条件		
	CSFF	CCCF	混合边界
损伤参数	(0.85,0.25,0.35)	(0.85,0.55,0.55)	(0.85,0.65,0.65)
辨识结果(60dB)	(0.78,0.26,0.29)	(0.77,0.52,0.53)	(0.75,0.72,0.66)
辨识结果(80dB)	(0.87,0.25,0.32)	(0.84,0.53,0.55)	(0.87,0.65,0.66)
辨识结果(100dB)	(0.85,0.25,0.34)	(0.85,0.54,0.55)	(0.85,0.65,0.65)

当使用60dB进行测试时的等高线图绘于图7.27中，辨识结果列于表7.14中，此时辨识误差主要出现在损伤长度上，出现了接近0.1的偏差，而位置参数也出现了0.05左右的偏差，但精度仍可接受。

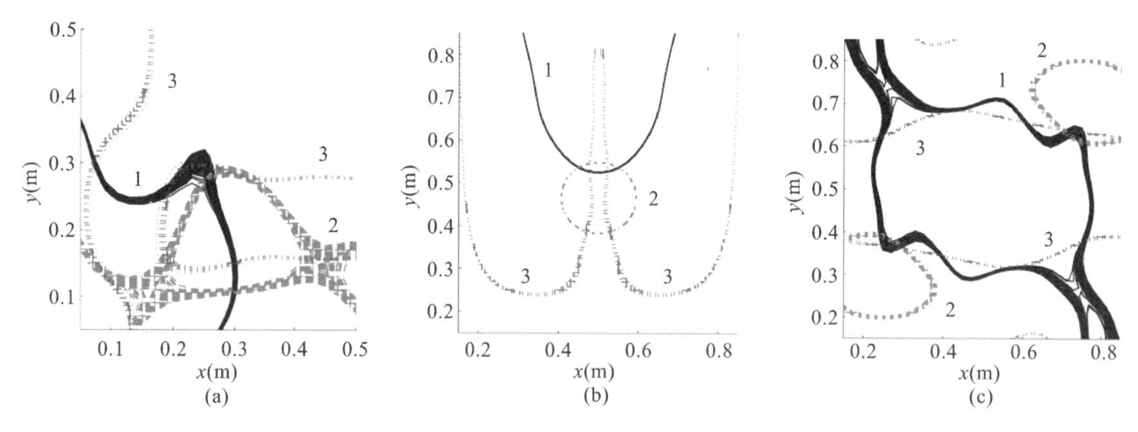

图 7.27 信噪比 60dB 工况下板频率等高线法辨识结果

(a) CSFF $\alpha=0.78$;(b) CCCF $\alpha=0.77$;(c) 混合边界 $\alpha=0.75$

参 考 文 献

[1] 何正嘉，陈雪峰. 小波有限元理论研究与工程应用的进展. 机械工程学报，2005，41(3)：1-11.

[2] 陈雪峰. 小波有限元理论与裂纹故障诊断的研究. 西安：西安交通大学，2004.

[3] MINDLIN R D. Influence of rotary inertia and shear on flexural motions of isotropic，elastic plates. Journal of Applied Mechanics，1951，18(1)：31-38.

[4] SHEIKH A H，HALDAR S，SENGUPTA D. Vibration of plates in different situations using a high-precision shear deformable element. Journal of Sound and Vibration，2002，253(2)：329-345.

[5] LIEW K M，WANG J，NG T Y，et al. Free vibration and buckling analyses of shear-deformable plates based on FSDT meshfree method. Journal of Sound and Vibration，2004，276(3)：997-1017.

[6] LIEW K M，TEO T M. Three-dimensional vibration analysis of rectangular plates based on differential quadrature method. Journal of Sound and Vibration，1999，220(4)：577-599.

[7] LIM C W,LIEW K,KITIPORNCHAI S. Numerical aspects for free vibration of thick plates part Ⅰ:Formulation and verification. Computer Methods in Applied Mechanics and Engineering,1998,156(1):15-29.

[8] LIM C W,LI Z R,XIANG Y,et al. On the missing modes when using the exact frequency relationship between Kirchhoff and Mindlin plates. Advances in Vibration Engineering,2005,4(3):221-248.

[9] HASHEMI S H,ARSANJANI M. Exact characteristic equations for some of classical boundary conditions of vibrating moderately thick rectangular plates. International Journal of Solids and Structures,2005,42(3):819-853.

[10] DAWE D J,ROUFAEIL O L. Rayleigh-Ritz vibration analysis of Mindlin plates. Journal of Sound and Vibration,1980,69(3):345-359.

[11] CIVALEKÖ. Three-dimensional vibration,buckling and bending analyses of thick rectangular plates based on discrete singular convolution method. International Journal of Mechanical Sciences,2007,49(6):752-765.

[12] XUAN N H,THOI T N. A stabilized smoothed finite element method for free vibration analysis of Mindlin-Reissner plates. Communications in Numerical Methods in Engineering,2009,25(8):882-906.

[13] BERMANI F G A A,LIEW F M. Natural frequencies of thick arbitrary quadrilateral plates using the pb-2 ritz method. Journal of Sound and Vibration,1996,196(4):371-385.

[14] WARBURTON G B. The vibration of rectangular plates. Proceedings of the Institution of Mechanical Engineers,1954,168(1):371-384.

[15] 向家伟,陈雪峰,李兵,等. 基于区间 B 样条小波有限元的裂纹故障定量诊断. 机械强度,2005,27(2):163-167.

[16] 陈雪峰,何正嘉,李兵,等. 早期裂纹故障预示中的高精度小波有限元算法. 中国科学 E 辑,2005,35(11):1145-1155.

[17] CHANG C C,CHEN L W. Damage detection of a rectangular plate by spatial wavelet based approach. Applied Acoustics,2004,65(8):819-832.

[18] WU D,LAW S S. Damage localization in plate structures from uniform load surface curvature. Journal of Sound and Vibration,2004,276(1):227-244.

[19] CHOI S,PARK S,STUBBS N,et al. Improved fault quantification for a plate structure. Journal of Sound and Vibration,2006,297(3):865-879.

[20] BAYISSA W L,HARITOS N,THELANDERSSON S. Vibration-based structural damage identification using wavelet transform. Mechanical Systems and Signal Processing,2008,22(5):1194-1215.

[21] SCHULLËR G I. Developments in stochastic structural mechanics. Archive of Applied Mechanics,2006,75(10):755-773.

8 特征向量预测及损伤检测

8.1 广义局部熵(GLE)监测方法

作为结构的集总参数(结构特征值),固有频率虽然对测点数要求较少,并且测量精度较高,但是它对结构损伤的定位能力有限,这一点在前文对频率三线相交法的论述中亦可以看出。与之相对应,模态振型(结构特征向量)则可视为结构的分布参数,这种分布性对结构损伤的定位是有益的。传统观点认为,受到测量技术的制约,模态振型测试结果往往不尽如人意,然而随着测试技术的提高和发展,无线传感器、非接触测量以及应力-应变测试水平的提高,模态振型的测试结果已经可以满足损伤定位需求[1]。本节将以梁结构的模态振型为对象,进行一系列损伤定位研究。

8.1.1 广义局部熵损伤指标的构造

损伤会导致结构振型在损伤处出现奇异性,而出现奇异性的线段亦会明显复杂于健康段,基于这种性质,即可实现利用熵评价方法的损伤定位。目前,大多数以模态振型为对象的损伤监测技术要求拥有结构在损伤及健康两种状态下的测试数据,将两者作差进行损伤定位,属于"有基线"形式。然而由于各种条件限制,拥有实际参考意义的实时健康结构数据往往难以获得,因此需要一种仅依靠损伤模态振型即可实现损伤定位的方法,即"无基线"方法。

在此提出一种新型"无基线"损伤判据,称为广义局部熵(Generalized local entropy,GLE)。由于不使用额外的前处理加强,GLE方法拥有较好的噪声免疫能力,且实施简单,对激振器激励下得到的模态振型裂纹监测效果良好。传统意义上熵的概念,是指由Clausius在热力学中为描述系统混乱度所给出的一类测度,对确定系统而言,熵是标量。熵成为重要科学概念是当Shannon[2]在对热力学熵进行借鉴并引入信息熵的概念后,才逐渐脱离了热力学的制约,成为一个被科学界广泛应用的物理量。而现如今,它的概念已远远超越了其原先的定义,被广泛应用于控制论、信号处理、经济学及其他诸多与人类生活息息相关的领域当中[3,4]。

一般而言,裂纹的产生会迫使结构在模态振型中出现不同程度的局部不连续或跳变,如果将模态振型曲线视作一个完整的系统,这种局部的复杂性质必将导致整个系统复杂度的上升,从而体现在系统熵值的上升中。然而,仅依靠系统熵值上升只能进行结构最初级的损伤判断,即对结构进行有损和无损的定性区分,并不能实现损伤的定位和定量级监测,但如果利用窗函数将系统分割为若干子系统,进而再对各子系统逐一进行熵值估计,得到其局部熵,使用局部熵便可以拼接形成系统的矢量熵。在矢量熵中,裂纹或损伤存在位置由于振型曲线的复杂性而表现出较高熵值,此时就可以通过局部熵的峰值位置及大小对结构损伤分别进行定位和定量判别。以上是从物理意义和原理的角度对局部熵进行阐述，在此，将以 Shannon[2] 信息熵的概念和推导为基础，系统地给出广义局部熵的概念和表达式，其中“广义”是指此处定义脱离了熵的原始含义，这一点将在下文做详细说明。

令 $P=(p_0,p_1,\cdots,p_n)$ 表示一自由度数为 n 的有限离散概率分布系统，根据概率性质得到每个子事件发生概率为 $p_i\geqslant 0(i=0,1,\cdots,n)$，且有 $\sum\limits_{i=0}^{n}p_i=1$，即所有子事件概率和为1。在信息熵的概念中，概率值 p_i 被称为 P 的熵分布，系统熵值 $H(P)$ 与子事件发生概率 p_i 之间存在如下关系：

$$H(P)=-\sum_{i=0}^{n}p_i\log_2 p_i \tag{8.1}$$

归一化后得到：

$$H(P)=-\sum_{i=0}^{n}\frac{p_i\log_2 p_i}{\log_2(n+1)} \tag{8.2}$$

如前所述，上式所给出的仅仅是系统的标量熵，需要附加滑移窗才能对局部特性进行评价。在局部熵的定义中，熵函数 H 被限制在系统 P 的子系统 L 中，特别地，对事件 i，局部熵表示为：

$$H(P_{Li})=-\frac{p_i\log_2 p_i}{\log_2(N+1)} \tag{8.3}$$

其中，N 表示子系统 L 的空间测度，其作用如式(8.2)所示的 n，实现对熵值的归一化。至此局部熵还尚未与结构损伤监测产生联系，这是由于学者较少将信息熵的概念直接应用于模态振型当中，而是以时域信号为研究重点进行熵值评估。显然，以时域信号为对象的熵估计更接近信息熵的原始概念，然而这也在一定程度上丧失了结构健康监测方法的损伤定位能力，仅给出一组部件级健康监测结果。结构的模态振型也同样可以视为一组特殊的波形，因此提出使用局部熵对振型评估以达到损伤定位的目的，这种定义脱离了熵的原始定义，因此称其为广义局部熵，简记作 GLE。

作为一种损伤定位方法，这里的熵值并不具有实际的物理意义。在局部熵的概念中，定义子事件 i 的发生概率由该点振型幅值以及窗内测点幅值之和进行评估，公式化为：

$$p_i=\frac{d_i}{\sum\limits_{i=0}^{N}d_i} \tag{8.4}$$

将式(8.4)代入局部熵表达式(8.3)，可以得到用于结构损伤定位的 GLE 表达式：

$$H(P_{Li})=-\frac{d_i(\log_2 d_i-\log_2\sum\limits_{j=0}^{N}d_j)}{\sum\limits_{j=0}^{N}d_j\log_2(N+1)} \tag{8.5}$$

式(8.5)中最重要的参数为窗长度 N，当选择较大的滑移窗长时，噪声可以被很好地抑制，然而边界效应也会出现相应的增加；相反，选择较小窗长时，虽然噪声抑制能力有限，却可以很好地降低边界影响。考虑到实验中的测点数较少，选取 $N=3$ 作为标准窗长进行计算。

GLE 方法可以针对模态振型进行有效的奇异值提取，通过判断模态振型曲线的局部复杂程度来实现裂纹定位。由于使用了较短的窗长，GLE 方法对模态测试点的数量要求也得到了降低，在后续几节中，将对 GLE 的损伤定位、定量以及噪声免疫能力进行讨论。

8.1.2 GLE 的梁结构损伤监测

图 8.1 所示为损伤梁结构的几何及力学模型，图中参数 L 表示悬臂梁长度，梁横截面由参数 $b\times h$ 定义，b 表示梁宽，h 表示梁高，损伤的位置和深度由参数 L_c 与 a 分别进行定义。为了便于表达，文中使用无量纲参数 $\alpha=a/h$，$\beta=L_c/L$ 对裂纹进行描述。结构在服役过程中往往会发生多处损伤同时存在的状况，因此对多处损伤的建模和监测也显得尤为重要，与单处损伤类似，可以构造如图 8.2 所示的多损伤梁结构，图中基本参数含义不变，参数角标表示损伤序号，这种记号对于无量纲损伤参数亦然。使用 Timoshenko 梁理论对结构进行建模，裂纹模型与第 7 章应力波分析部分所建立的模型一致，损伤由两种结构局部柔度构成，两种模式分别对应于梁结构中的弯曲能量和剪切能量，具体表达式参见第 7 章相关部分。

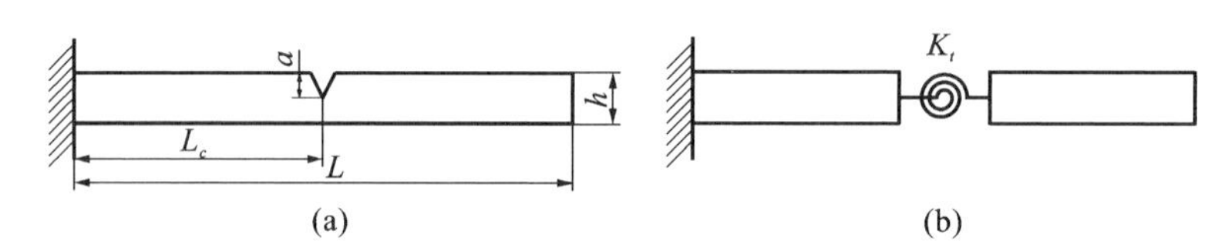

图 8.1 损伤梁结构

(a) 损伤梁结构几何示意图；(b) 损伤梁结构力学模型示意图

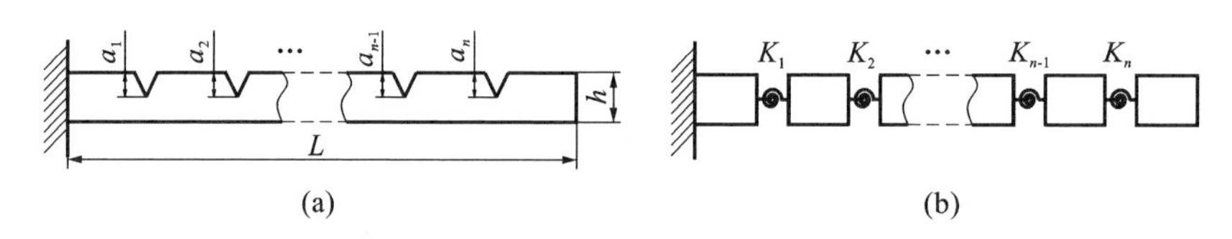

图 8.2 多损伤梁结构

(a) 多损伤梁结构几何示意图；(b) 多损伤梁结构力学模型示意图

在应用 GLE 进行实际的损伤监测实验前，有必要通过正问题分析从理论上证明其可靠性，同时避免对实验结果的盲目解释。在接下来的几个部分中，将围绕以下五个方面对 GLE 的性能进行讨论：

(1) GLE 幅值与裂纹位置之间的关系；

(2) GLE 幅值与裂纹深度之间的关系；

(3) GLE 幅值与模态振型阶次之间的关系；

(4) GLE 的多裂纹识别能力分析；

(5) GLE 的噪声免疫能力分析。

对长度为 300mm 的钢质悬臂梁结构，设定其在结构 $\beta=0.8$ 处发生一处 $\alpha=0.2$ 的裂纹，使用 $\mathrm{BSWI4_3}$ 梁单元建立结构模型，求解得到图 8.3 所示的前两阶损伤振型，图 8.3(b) 中的图线含义将在 GLE 监测方法部分加以说明。虽然发生了 $\alpha=0.2$ 的裂纹，但很难从振型图中发现相关信息，因此需要使用 GLE 进行损伤识别。(在采用特征切量进行损伤检测时，本章节图中坐标值显示相等是由于显示有效位数问题。)

对有裂纹的悬臂梁一阶模态振型，首先选取固定相对裂纹深度 $\alpha=0.2$ 下的 9 组不同裂纹位置($L_c=30$mm，60mm，…，270mm) 工况 1 ～ 9，对其分别进行 GLE 求解得到图 8.4(a) 所示的峰值指示，可以看到随着裂纹向悬臂端的移动，GLE 信号逐渐变弱，GLE 的这种性质

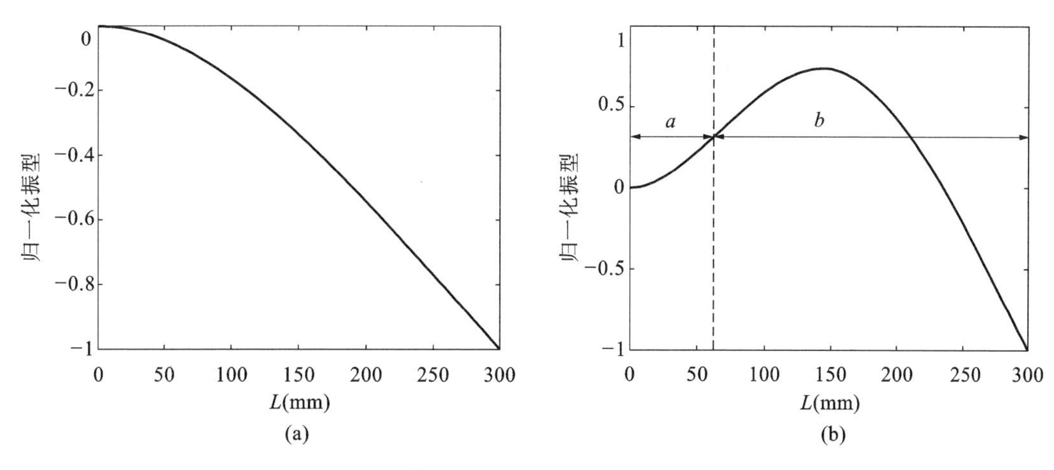

图 8.3 典型损伤梁前两阶归一化模态振型

(a) 一阶振型;(b) 二阶振型

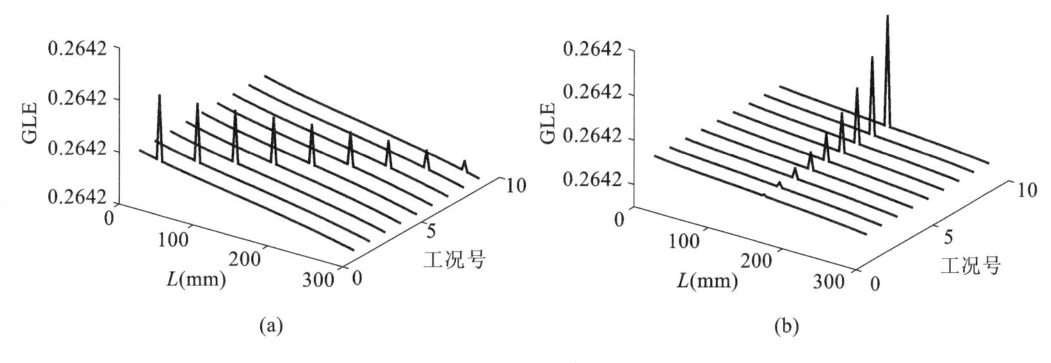

图 8.4 一阶振型广义局部熵不同损伤工况识别效果

(a) 不同位置;(b) 不同深度

不利于全结构损伤监测,然而在工况 9 下的裂纹指示仍保持可见,因此其指示效果仍是可以接受的。

继而选取固定裂纹位置 $L_c = 150$mm,9 组不同裂纹深度($\alpha = 0.05, 0.10, \cdots, 0.45$) 形成对深度变化的测试组,得到图 8.4(b) 所示的峰值指示。随着裂纹程度减弱,GLE 峰值也相应减弱。以上所讨论的均是 GLE 方法在一阶模态振型上的使用,当 GLE 直接使用于高阶振型时,受到振型节点影响,GLE 结果存在伪峰问题。以 150mm 处存在一处损伤的二阶有损振型为例,直接使用 GLE 方法求解得到图 8.5(b) 所示的裂纹峰值指示。与图 8.5(a) 对比可以看出,除了在曲线中部裂纹位置的微弱峰值外,曲线主要特征出现在 225mm 附近的模态节点位置,称为峰值跳变。经过分析发现,此处的跳变完全是由于二阶振型在此处符号变化所导致的虚假峰值,因此,对信号加入直流分量以阻止其变号,并对伪峰加以消除,公式化为:

$$\psi^* = \psi + C \tag{8.6}$$

其中,ψ 表示原振型;C 表示直流分量常数;而 ψ^* 则表示变换后得到的振型。对幅值归一化振型而言,C 可取 1.1 以保证振型同号,并且由于所加入的成分为直流分量,对波形幅值不会产生任何本质的影响。变换后的振型求解 GLE 得到图 8.5(c) 所示的峰值指示,可以清晰地看到 150mm 处的 GLE 裂纹峰值指示。

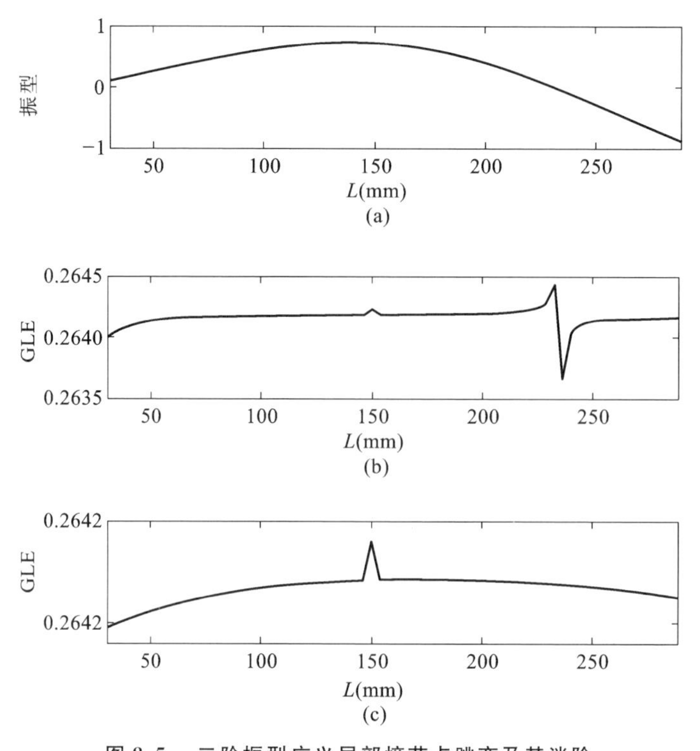

图 8.5　二阶振型广义局部熵节点跳变及其消除

(a) 归一化二阶振型;(b) 消除节点跳变前广义局部熵;(c) 消除节点跳变后广义局部熵

采用变换后的二阶模态振型,设置与一阶振型中相同的裂纹工况,求解得到不同位置和不同深度的 GLE 裂纹峰值指示,如图 8.6 所示。图 8.6(b) 中不同深度指示与一阶振型结果基本相同,在此主要对图 8.6(a) 所示结果进行分析。观察图 8.6(a) 可以发现,虽然 GLE 对不同位置裂纹都产生了一定的指示效果,但在接近图 8.3(b) 所示的虚线位置(60mm) 时,GLE 峰值发生了变向,出现了零峰值的现象,称为 GLE 的裂纹非敏感点,通过非敏感点将二阶振型分为如图 8.3(b) 所示的 a、b 两个部分。

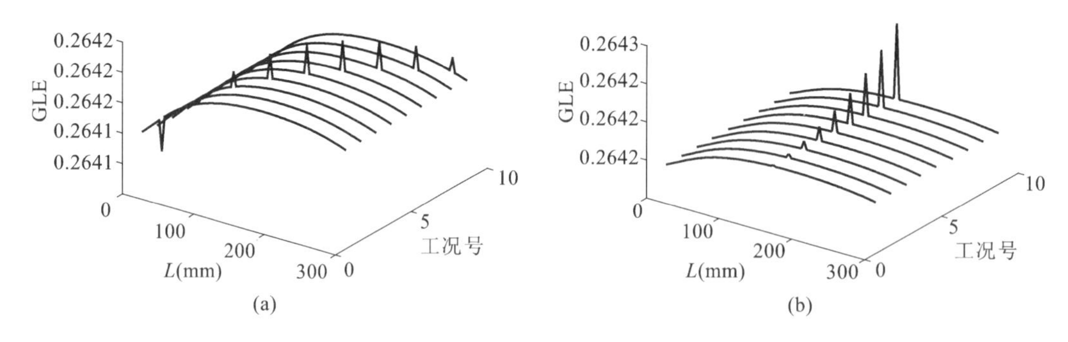

图 8.6　二阶振型广义局部熵不同损伤工况识别效果

(a) 不同位置;(b) 不同深度

观察图 8.3 所示的二阶振型可以看到,当裂纹处在区间 a 部分时,梁呈现出一种向上弯曲的态势,利用弹簧模拟裂纹的角度称为转簧压缩,b 部分则与 a 部分相反,出现了拉伸,如图 8.7 所示,因此,在两个部分之间必然存在这样一种态势,即裂纹既不拉伸也不压缩,因此不对刚度产生影响，导致 GLE 方法对此处损伤诊断出现困难。

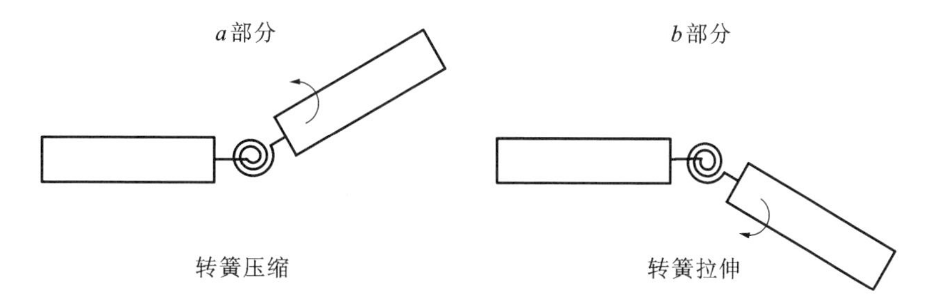

图 8.7　高阶模态振型裂纹非敏感点原理阐述

在实际服役过程中，多损伤工况对结构而言极有可能出现，此时较弱损伤往往容易被较强损伤所掩盖，造成漏检、漏判，因此有必要开展对 GLE 方法多损伤监测能力的考察和测试。研究对象选取为双裂纹梁结构，对于更多的裂纹，其原理和结论与双裂纹类似。图 8.8(a) 给出了四组不同位置、相同深度的双裂纹梁一阶振型 GLE 峰值指示，其中 $\alpha_1 = \alpha_2 = 0.2$，$L_{c1} =$ 30mm，60mm，90mm，120mm 以及 $L_{c2} =$ 270mm，240mm，210mm，180mm，GLE 对不同位置损伤均给出了合理的指示。图 8.8(b) 所示为九组固定位置不同深度的双裂纹梁一阶振型 GLE 峰值指示，其中 $\alpha_1 = \alpha_2 = 0.05, 0.10, \cdots, 0.45$，$L_{c1} = 120$mm，$L_{c2} = 180$mm。GLE 方法对两处裂纹位置的不同程度裂纹均能给出相应的指示，并且随着裂纹深度的减小，GLE 峰值也成比例减小，为定量诊断提供了一定可能性。

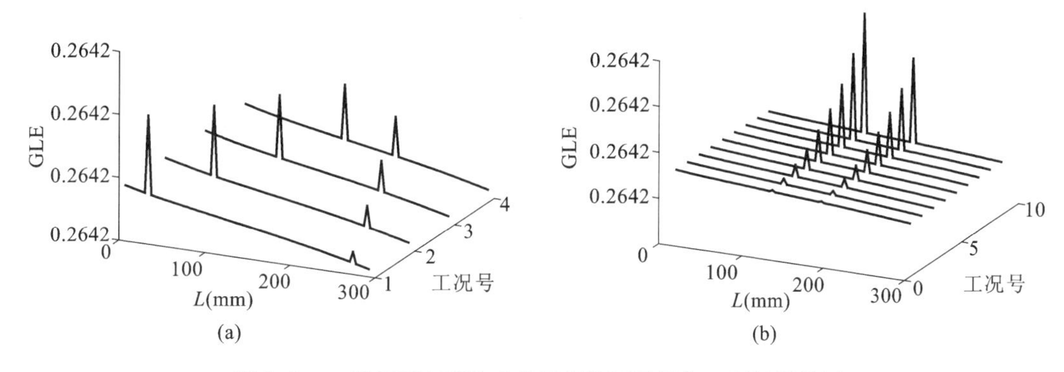

图 8.8　一阶振型多裂纹广义局部熵不同损伤工况识别效果

(a) 不同位置；(b) 不同深度

图 8.9 给出了与一阶振型相同裂纹参数下不同位置和不同深度的 GLE 裂纹峰值指示，与单裂纹类似，双裂纹工况下 GLE 方法在除了裂纹非敏感点外的所有区域均能对裂纹进行合理指示，而裂纹的深度参数在图 8.9(b) 中表现为 GLE 峰值的增减。

从前面的分析中可以发现，GLE 峰值对裂纹程度具有一定敏感性，因此可能带有裂纹深度信息。在此将对 GLE 峰值与裂纹深度间的关系进行讨论。图 8.10 给出了单裂纹状态下裂纹相对位置 RL(Relative Length) 和相对深度 RD(Relative Depth) 不同时 GLE 峰值组成的峰值曲面。从图 8.10(a) 中可以看出，对一阶峰值曲面而言，GLE 值变化与 RL 及 RD 之间基本为一一对应关系，即没有出现同样的峰值对应不同 RL 和 RD 参数的问题，图 8.10(b) 中二阶峰值曲面由于裂纹非敏感点的存在，导致曲面结构较一阶而言更为复杂，GLE 值变化与 RL 及 RD 之间没有一一对应关系。

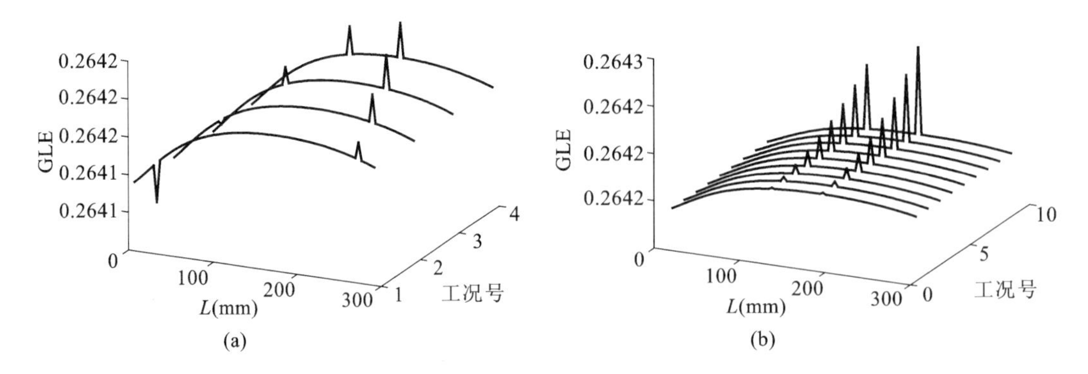

图 8.9 二阶振型多裂纹广义局部熵不同损伤工况识别效果

(a) 不同位置;(b) 不同深度

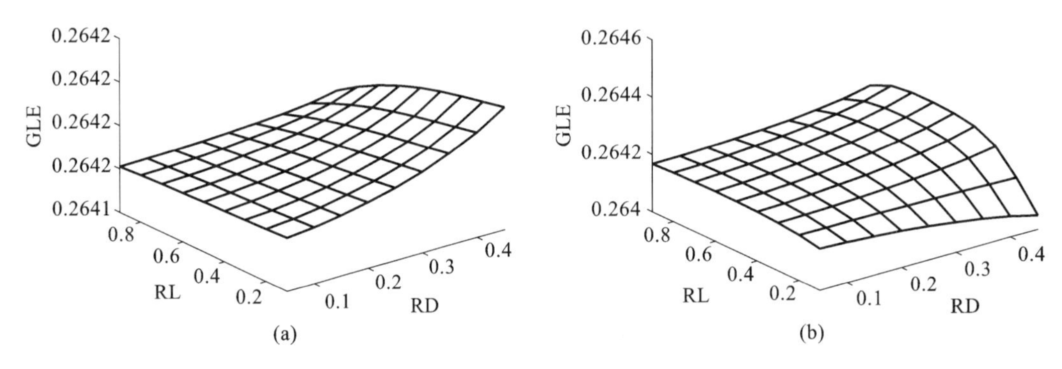

图 8.10 广义局部熵峰值曲面分析

(a) 一阶峰值曲面;(b) 二阶峰值曲面

图 8.11 为 GLE 一阶峰值曲面在 RL 或 RD 单一参数影响下的峰值变化曲线。从图 8.11(a) 可以看出,随着裂纹相对深度 RD 的增加,所有位置的 GLE 峰值均呈现出增长趋势。比较不同 RL 曲线可以发现,裂纹位于 RL = 0.1 时 RD 变化会对结构的 GLE 产生更大影响。在图 8.11(b) 中,RD 的增加导致了 RL 曲线的升高,随着裂纹向悬臂尖端移动,GLE 峰值也开始逐渐变小。但是观察图 8.11 中 GLE 的峰值变化量级可以发现,相对于 GLE 的基础值 0.26416,其变化量级在 0.00004 左右,在实验中难以识别。

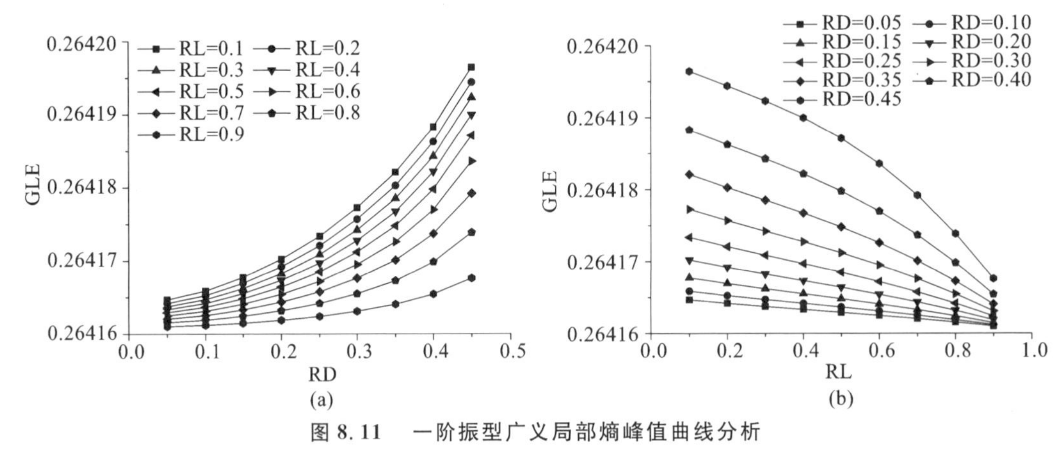

图 8.11 一阶振型广义局部熵峰值曲线分析

(a) 不同位置曲线;(b) 不同深度曲线

与图 8.10(b) 类似，图 8.12 所示的二阶 GLE 峰值曲线显现出较一阶更为复杂的趋势，对于图 8.12(a) 所示的不同位置曲线，在裂纹非敏感点的影响下，裂纹深度增长不再保证 GLE 峰值增大。对 RL = 0.1 ～ 0.2 之间的曲线而言，由于峰值朝下，裂纹深度的增长甚至会导致 GLE 峰值减小，图 8.12(b) 所示的众多曲线的交点即为裂纹非敏感点，在此处，不同裂纹深度表现出同样的 GLE 峰值，直接导致了裂纹定位和定量的困难。由以上分析可以看出，虽然 GLE 峰值携带了一定的裂纹定量信息，但由于变化过小，导致了实际实验中识别困难。

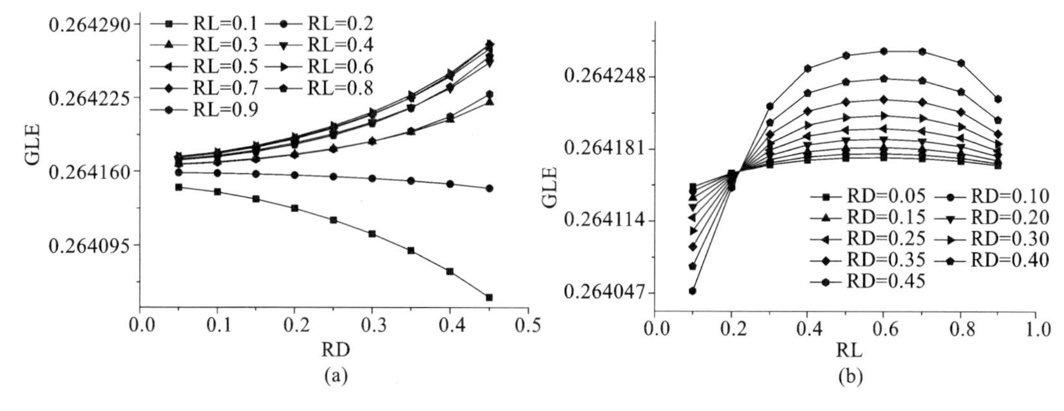

图 8.12　二阶广义局部熵峰值曲线分析

(a) 不同位置曲线；(b) 不同深度曲线

在此利用 Monte Carlo 方法开展对 GLE 方法的噪声免疫力测试，对无噪声模态振型施加均值为 0、标准差由信噪比确定的高斯分布白噪声，样本数设定为 100 进行测试，单裂纹测试组裂纹参数设定为 $\alpha = 0.2, \beta = 0.6$，双裂纹测试组参数设定为 $\alpha_1 = 0.2, \beta_1 = 0.4, \alpha_2 = 0.3, \beta_2 = 0.6$，测试信号信噪比设定为 60dB 与 80dB 两挡。

图 8.13 给出了一阶振型 GLE 不同信噪比 Monte Carlo 全样本及样本均值曲线，从全样本图及样本均值曲线可以看出，对于一阶振型而言，60dB 测试噪声下的 GLE 很难给出裂纹的实际指示，而在 80dB 测试噪声下，绝大多数样本对裂纹给出了清晰的指示，平均效果可见于图 8.13(d) 中。

使用同样的模拟噪声，计算二阶振型 GLE 不同信噪比下的 Monte Carlo 全样本绘于图 8.14 中，二阶振型在 60dB 噪声情况下即可给出裂纹的准确识别。相较之下，一阶振型需要 80dB 左右的信噪比强度才能给出类似效果。这是由高阶振型对裂纹的敏感性导致的，这一性质加强了裂纹奇异性在 GLE 中的表现程度，从而相对降低了噪声的影响，相当于提高了信噪比。从这样的观点来看，虽然高阶振型 GLE 较之于低阶振型更为复杂，却有着更好的噪声免疫力，因此是可用的。

对双裂纹工况开展类似测试，得到一阶振型 GLE，如图 8.15 所示，只有在 80dB 信噪比强度下才能对两处裂纹给出准确识别，而对于图 8.16 给出的二阶振型 GLE，60dB 时即可实现一阶振型在 80dB 信噪比强度下达到的效果。

总体来说，GLE 的抗噪能力较好，但裂纹非敏感点增多后，GLE 方法的裂纹指示结果趋于复杂，因此对高阶振型的裂纹指示能力较弱。在线监测中所测得的结构振型往往不是某阶特定振型，而是结构在周期激励下的一般谐响应，称为运行响应振型(Operational Deflection

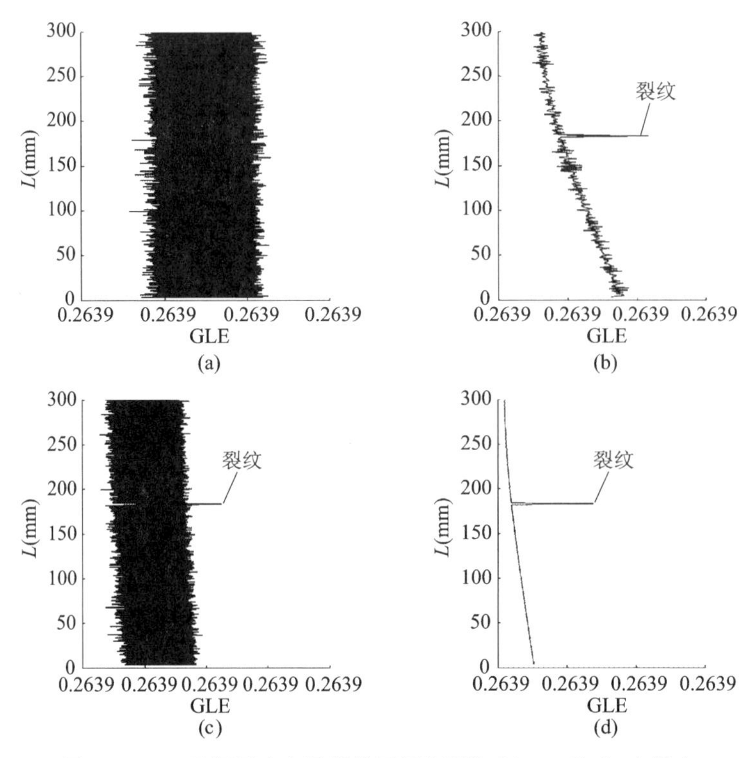

图 8.13 一阶振型广义局部熵不同信噪比 Monte Carlo 全样本

(a)60dB 全样本;(b)60dB 样本均值;(c)80dB 全样本;(d)80dB 样本均值

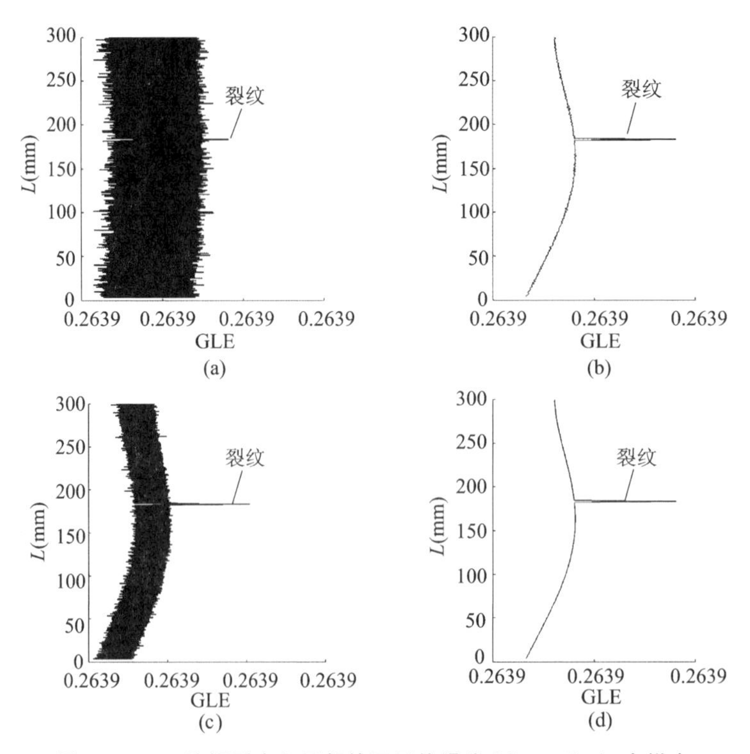

图 8.14 二阶振型广义局部熵不同信噪比 Monte Carlo 全样本

(a)60dB 全样本;(b)60dB 样本均值;(c)80dB 全样本;(d)80dB 样本均值

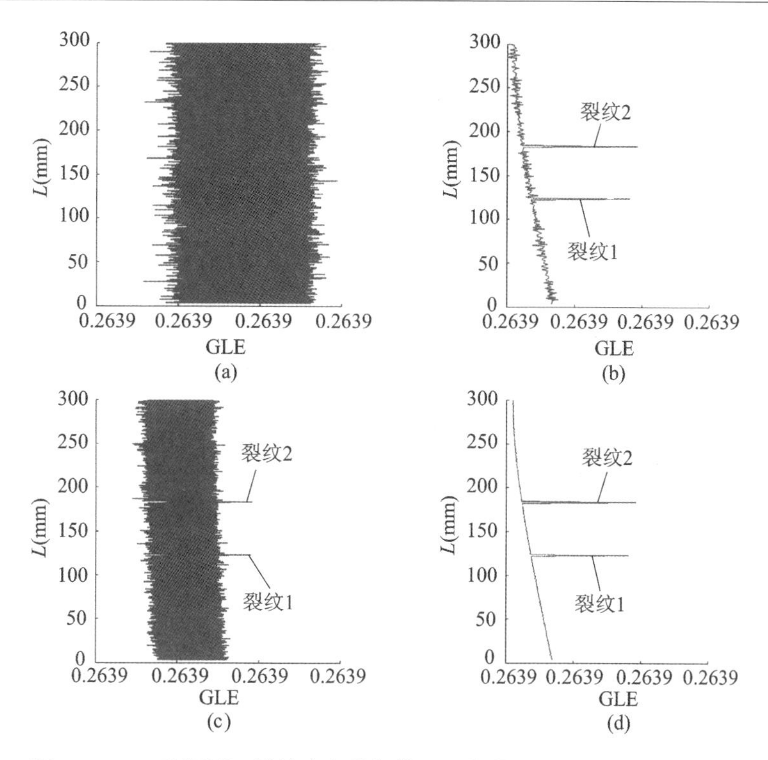

图 8.15 一阶振型双裂纹广义局部熵不同信噪比 Monte Carlo 全样本

(a)60dB 全样本;(b)60dB 样本均值;(c)80dB 全样本;(d)80dB 样本均值

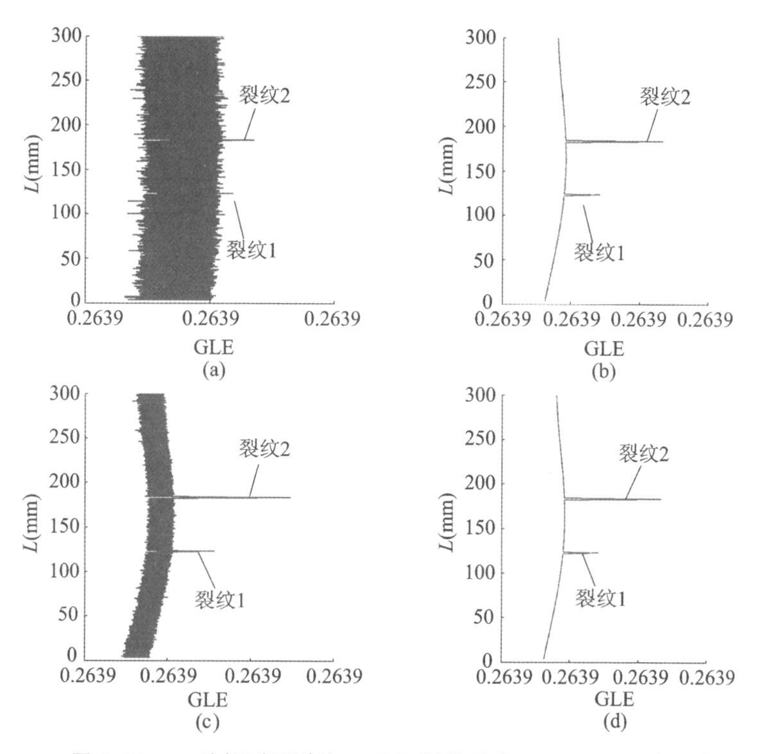

图 8.16 二阶振型双裂纹 GLE 不同信噪比 Monte Carlo 全样本

(a)60dB 全样本;(b)60dB 样本均值;(c)80dB 全样本;(d)80dB 样本均值

Shape,ODS),由模态分析理论可知,运行响应振型由多阶振型叠加而成,其中不乏高阶振型,由此亦可以预见,GLE 对运行响应振型的裂纹识别能力有限。

8.1.3 实验验证:梁结构损伤 GLE 识别

前文针对所提出算法的有效性和鲁棒性进行了一定程度的 Monte Carlo 测试,并且得到了较好的测试效果,但是以具体结构件为对象的实验验证尚未涉及,因此,本节在实验室条件下利用 GLE 方法对结构损伤识别进行了初步的验证研究。

在实际工程结构中,如转子主轴、机床丝杠、飞机机翼、风机叶片、房屋横梁以及大型桥梁桥体均可视为梁结构,因此对其开展损伤识别研究具有一定意义。选取图 8.17 所示的一组矩形截面钢质悬臂梁作为实验对象,梁长度 $L = 535\text{mm}$,截面宽度 $b = 20\text{mm}$,截面厚度 $h = 12\text{mm}$,在梁体上使用线切割加工深度为 3mm($\alpha = 0.25$) 的窄缝以模拟裂纹,并在梁体上均匀设置间隔为 20mm 的 19 个测点,其中单裂纹悬臂梁的裂纹位于距悬臂固支端 285mm 处,即测点 12 附近,而双裂纹悬臂梁裂纹分别位于距固支端 185mm 与 325mm 处,对应于测点 7 和 14 附近范围。

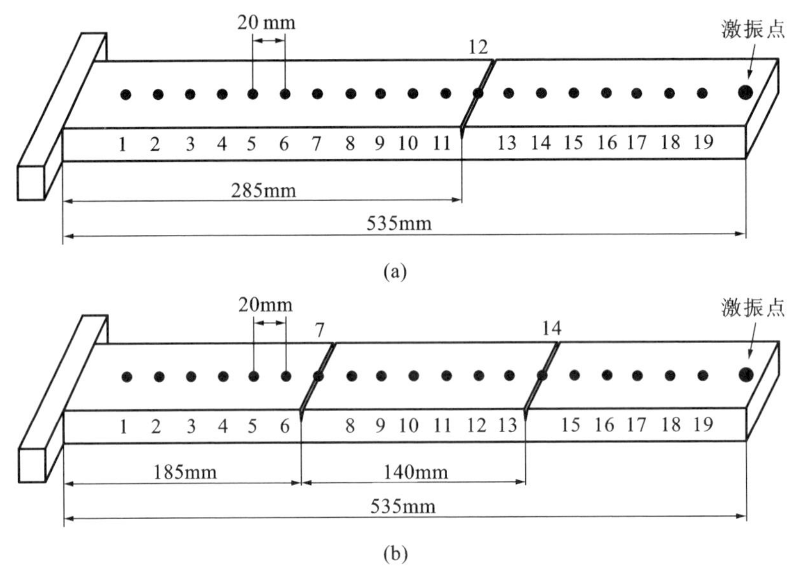

图 8.17 裂纹悬臂梁实验试件示意图

(a) 单裂纹悬臂梁实验试件模型;(b) 双裂纹悬臂梁实验试件模型

应用激振器在图 8.17 所示激振点处施加谐波激励,以使悬臂结构处于稳定响应状态,使用 OFV-503 单点激光测振仪对测点 1 ～ 19 逐个拾取一段时间间隔内的加速度振动信号,对振动信号进行包络并求取上包络线的峰值平均,如图 8.18 所示,得到的均值即为该测点振型幅值。在得到图 8.17 所示各测点振型幅值后,将各振型幅值逐点连接即可得到结构的特定阶模态振型。

图 8.19 所示为实验平台原理及实际布置图,通过函数发生器产生一组恒定频率的谐波电荷信号,经由功率放大器对电荷信号进行放大,产生相应的电流信号带动激振器激励悬臂梁并诱发谐响应。利用激光测振仪逐点收集加速度信号,并在信号调理箱中对激光信号进行解调和预处理,产生标准的传感器信号序列输出至 Econ AVANT MI-7008 数据采集仪中,输入个人电脑中进行存储分析。需要说明的是,本书在实验中所得到的是加速度振型,从严格意义上讲

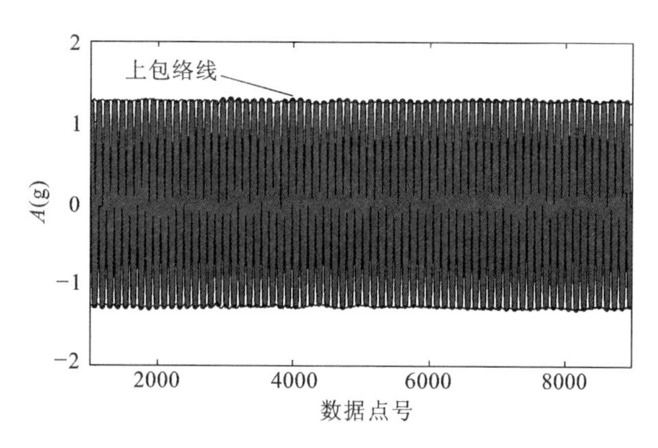

图 8.18 测点 1 数据波形及上下包络

它与模态振型并非同一个概念，但是两者在裂纹奇异性的表述上并不存在本质区别。对本书所提出的方法而言，并不强调信号的物理本质，仅仅是对信号中隐含的奇异性进行放大，因此选取加速度测试是可行的。另外，由于位移传感器质量较大，以低频响应为主，并且精度有限，而实验中的悬臂梁结构固有频率较高，因此也不适合使用位移传感器进行测量，故而选取加速度的测量方式表征模态振型。对大型的土木结构和大型机床，其固有频率较低，选取位移信号测试是合适的。为确定裂纹梁结构动态参数以便于选取合适的谐波频率和运行响应振型激振频率，在开展谐响应实验前预先采用力锤（PCB-086C03）敲击实验对裂纹梁固有频率进行测试，采样频率设置为 6400Hz，测试结果时域数据与频域数据如图 8.20 所示。图 8.20(b) 给出了较明显的三阶频率峰值，从而确定运行响应振型的激振器激励频率选取为 100Hz，以避免产生结构共振，而一、二阶振型则分别由 59.36Hz 与 365.6Hz 谐波激励诱发结构共振产生。

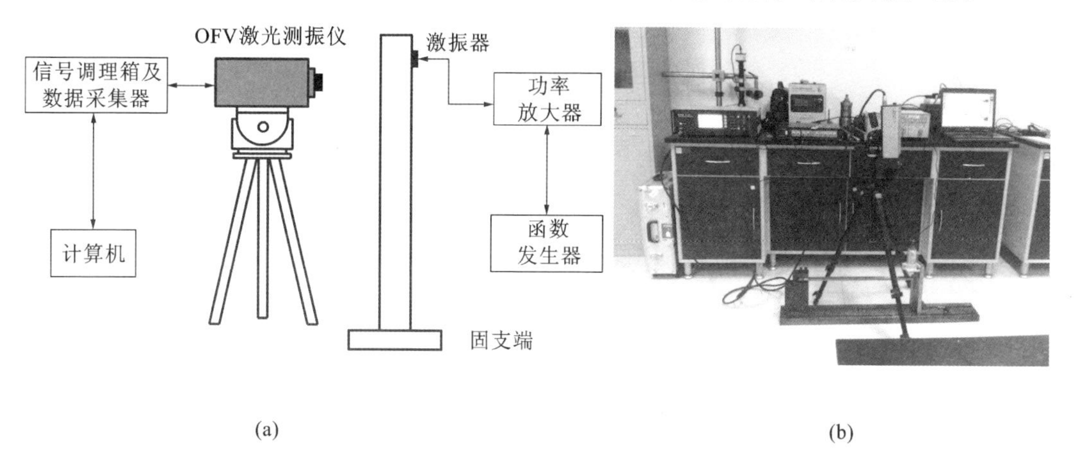

图 8.19 实验平台原理及实际布置图

(a) 实验原理图；(b) 实验布置图

除模态振型外，实验中还对基于该结构运行响应振型的 GLE 裂纹识别进行了分析验证。所谓运行响应振型，实际上可以简单理解为系统在非共振状态下所体现出的稳定响应变形，与模态振型相比更贴近结构的运行特征。该实验共包含三组子实验（实验 Ⅰ ～ Ⅲ），各组子实验与相应的实验目的和关联关系为：

(1) GLE 对单裂纹的识别能力验证（实验 Ⅰ）；

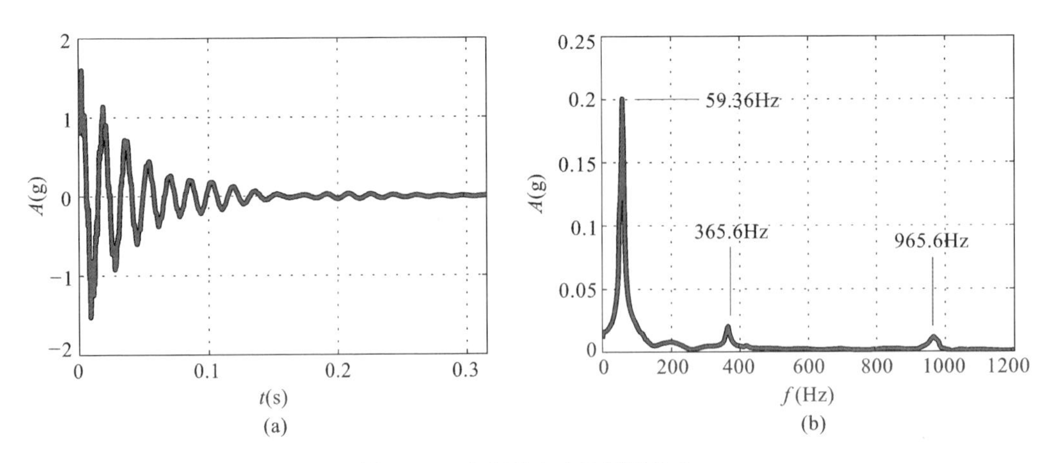

图 8.20　力锤敲击实验测试结果

(a) 时域信号;(b) 频域信号

(2) GLE 对多裂纹的识别能力验证(实验 Ⅱ);

(3) 高阶模态振型 GLE 对裂纹的识别能力验证(实验 Ⅰ 及 Ⅱ);

(4) GLE 对运行响应振型的裂纹识别能力验证(实验 Ⅲ)。

实验 Ⅰ:单裂纹悬臂梁一、二阶模态振型 GLE

为验证 GLE 方法对单个裂纹的识别能力,对图 8.17(a) 中单裂纹悬臂梁一、二阶模态振型数据利用GLE计算得到识别效果,如图 8.21 所示,一、二阶振型分别使用激振器产生 59.36Hz 与 365.6Hz 谐波激励诱发。两阶振型 GLE 图像在测点 12 位置均出现了较明显的局部峰值,并且高阶振型识别效果优于低阶振型,符合实际的裂纹位置,亦与正问题分析及 Monte Carlo 测试中得到的结论一致。

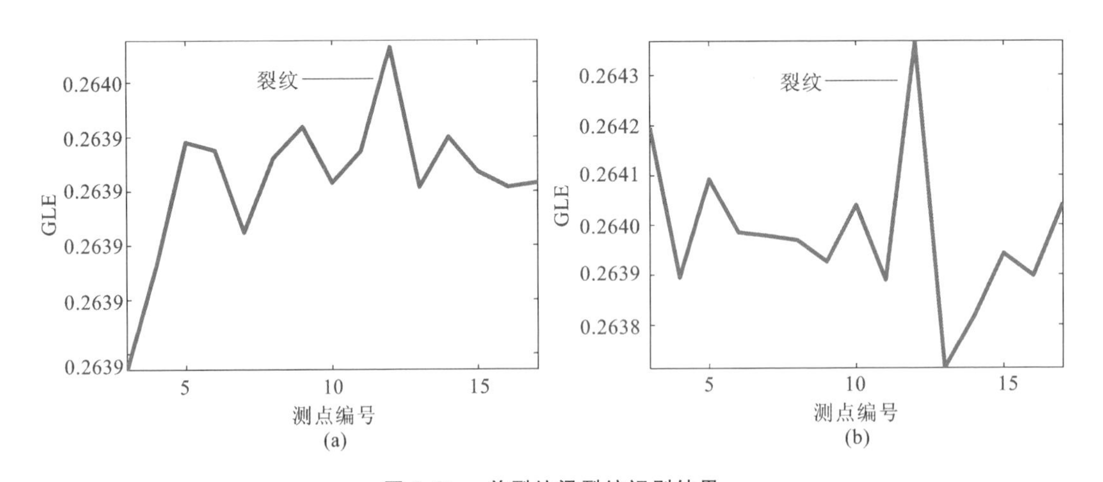

图 8.21　单裂纹梁裂纹识别结果

(a) 一阶振型广义局部熵;(b) 二阶振型广义局部熵

实验 Ⅱ:双裂纹悬臂梁一、二阶模态振型 GLE

进一步对双裂纹悬臂结构一、二阶模态振型使用 GLE 进行裂纹识别以检测其对多裂纹的监测能力。一、二阶振型的产生与实验 Ⅰ 一致,将测试得到的振型代入 GLE 进行计算,识别效果见图 8.22，其中一阶振型 GLE 对分布于测点 7 和测点 14 处的两处裂纹均给出了准确的指示，但是二阶振型仅在测点 14 位置显示出明显峰值，对于测点 7 处的裂纹，GLE 显得无能为力，经过分析认为：测点 7 位于 GLE 的裂纹非敏感位置附近，从而导致了二阶振型 GLE 峰值指示的失效，与正问题理论分析一致。

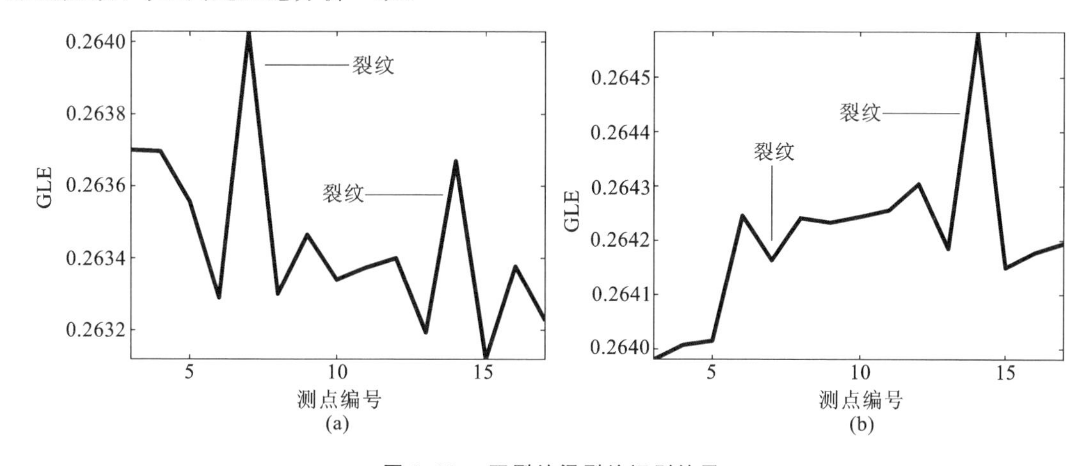

图 8.22　双裂纹梁裂纹识别结果

(a) 一阶振型广义局部熵；(b) 二阶振型广义局部熵

实验 Ⅲ：单裂纹悬臂梁运行响应振型 GLE

借助激振器产生 100Hz 谐波激励，诱发图 8.17(a) 所示损伤结构产生运行响应振型，使用 GLE 对其进行裂纹识别，得到图 8.23 所示的峰值指示，图中测点 12 处出现的局部峰值显示该处有较大可能出现裂纹，符合实际情况，但节点 4 同样出现了较大峰值，影响了损伤的明确判定。由于运行响应振型可以认为是由多个振型混合叠加而成的一种一般谐响应，而 GLE 在高阶振型中均存在裂纹不敏感点，并且振型阶次愈高，不敏感点的个数愈多，这在一定程度上抑制了 GLE 对于运行响应振型的裂纹识别效果，因此需要其他方法对其监测形成补充。

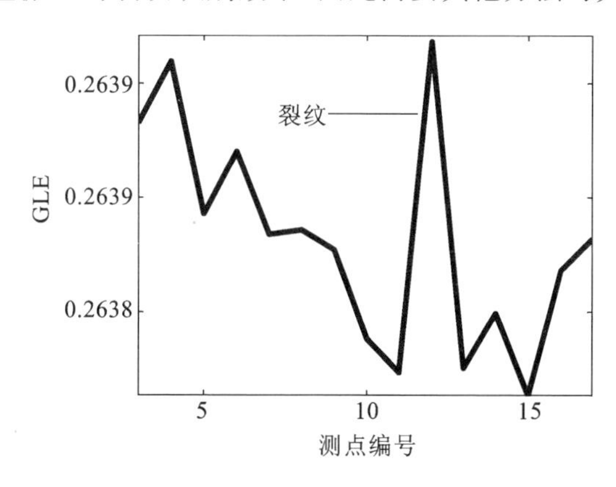

图 8.23　单裂纹悬臂梁 100Hz 运行响应振型裂纹广义局部熵识别结果

通过实验及理论研究可以发现，GLE 方法噪声免疫性较好，对使用激振器谐波激励得到的模态振型具有良好的裂纹辨识能力，但其裂纹辨识能力亦随着振型阶次升高受到裂纹非敏感点的影响而减弱。受到高阶振型的影响，GLE 方法对结构运行响应振型裂纹辨识能力偏弱。因此认为，GLE 方法适用于对谐波激励得到的模态振型数据进行裂纹辨识。

8.2 曲率维数(CWCD)监测方法研究

在 GLE 裂纹辨识的研究中可以发现,该方法对利用结构运行响应振型进行裂纹辨识存在一定困难,而运行响应振型对结构在线监测意义重大,是一种结构的常见状态,因此有必要开展进一步补充研究。在这样的研究动机激励下,本节开展了曲率维数监测方法研究,以弥补 GLE 方法在运行响应振型裂纹辨识方面的不足,形成互补方法,完善裂纹检测机制。

8.2.1 波形容量维数(WCD)监测方法

在传统分形维数的基础上,Sevick 提出了一种对波形分形维数的快速估计算法,称为波形容量维数[5]。对波形序列$\{w|(x_i,y_i),i=1,2,\cdots,n-1,n\}$,借助简单线性变换将其正则化得到:

$$\left.\begin{aligned}\xi_i &= \frac{x_i - x_{\min}}{x_{\max} - x_{\min}} \\ \eta_i &= \frac{y_i - y_{\min}}{y_{\max} - y_{\min}}\end{aligned}\right\} \tag{8.7}$$

其中,$i=1,2,\cdots,n-1,n$

以$\{w_{\mathrm{Nor}}|(\xi_i,\eta_i),i=1,2,\cdots,n-1,n\}$表示正则化后的波形序列,将序列 w_{Nor} 所占据的空间进行 $N\times N$ 网格划分,从而对波形序列形成一组特征长度为 $1/(2N-2)$ 的最小覆盖,此时波形容量维数 D_w 表示为:

$$D_w = \lim_{N\to\infty}\frac{\ln(2N-2)+\ln(2L)}{\ln(2N-2)} \tag{8.8}$$

式中,L 表示波形曲线长度。在实际计算中对曲线长度进行精确估计是困难的,因此 Sevick 又提出了一种改进的且更贴近于实际估计的方法,称为波形容量维数(Waveform capacity fractal,WCD)。Sevick 认为,对足够密度的网格划分而言,曲线长度 L 可以由覆盖数 N 与每个网格盒子覆盖中的微小直线长度 l 近似,由于盒子数目 N 受到 l 的控制,因此写作函数形式 $N(l)$,此时 $N(l)=L/l$,得到 WCD 表达式:

$$WCD = \lim_{l\to 0}\frac{\log l - \log L}{\log l} \tag{8.9}$$

l 在数据点中以欧氏距离 $\sqrt{(x_i - x_{i-1})^2 + (y_i - y_{i-1})^2}$ 进行评价。相对一般维数估计方法,式(8.9)所给出的估计公式更易于应用在离散序列当中,适合实时计算。

借助 WCD 对维数的估计,将两阶损伤振型作为一般波形直接代入式(8.9),可以得到图 8.24(a)、图 8.24(b)所示的 WCD 图像。对一阶振型而言,整条 WCD 曲线只有在固支端数值较大,但这里显然不是裂纹所在,而第二阶振型的 WCD 值在 150mm 附近出现了局部峰值,然而观察二阶振型的特点便可以看出这里出现的局部峰值实际上是由模态振型拐点导致的,因此直接使用 WCD 难以对裂纹进行定位。

由于线性映射不会破坏波形局部奇异性,可使用一种合适的映射方法对一阶振型固支端问题以及高阶振型模态拐点伪峰问题进行合理的抑制。对正则化模态振型序列$\{w_{\mathrm{Nor}}|(\xi_i,\eta_i),i=1,2,\cdots,n-1,n\}$作如下线性变换:

$$\begin{bmatrix}\xi_i^* \\ \eta_i^*\end{bmatrix} = \begin{bmatrix}1 & 0 \\ A & B\end{bmatrix}\begin{bmatrix}\xi_i \\ \eta_i\end{bmatrix} \tag{8.10}$$

其中，A 选取一个较大数值（大于1），而 B 则与 A 呈反比（小于1），如此得到新的归一化波形序列 $\{w_{\mathrm{Nor}}^{*} | (\xi_i^{*}, \eta_i^{*}), i = 1,2,\cdots,n-1,n\}$ 将表现为一条近似直线，此时拐点效应将被很好地抑制，而由于线性映射的性质，奇异性得以保留。特别地，选取变换系数 $A = \sin(-89°)$，$B = \cos(-89°)$[6]，得到映射后的 WCD 如图 8.24(c)、图 8.24(d) 所示，其中一阶振型在损伤位置出现了微弱的峰值，而二阶振型 WCD 值除了在损伤位置出现较明显峰值外，拐点伪峰现象也得到了抑制。

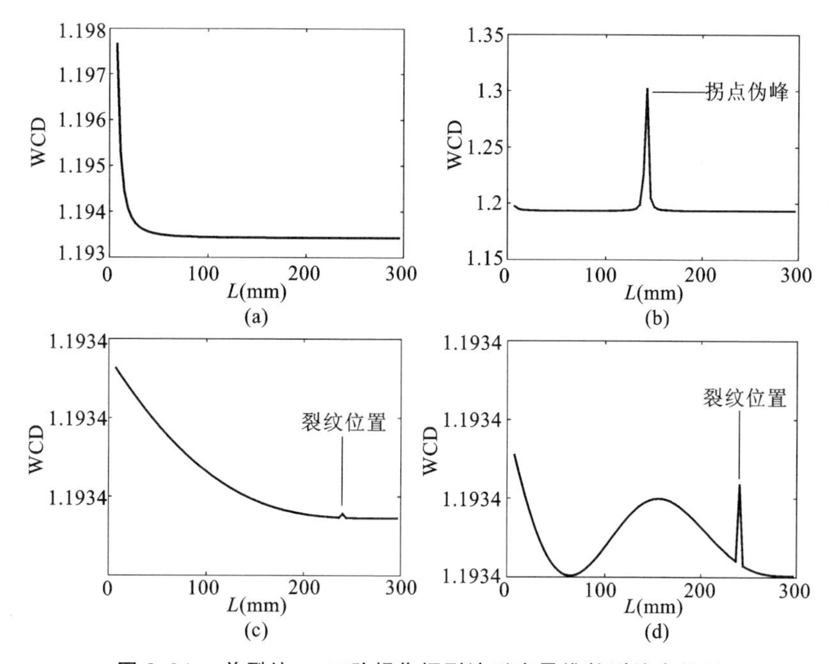

图 8.24 单裂纹一、二阶损伤振型波形容量维数裂纹定位图

(a) 一阶振型波形容量维数；(b) 二阶振型波形容量维数；
(c) 映射后一阶振型波形容量维数；(d) 映射后二阶振型波形容量维数

对图 8.3 所述问题在 $\beta = 0.2$ 处添加一处 $\alpha = 0.2$ 的裂纹，形成最简单的多裂纹问题，使用映射后的 WCD 方法对结构一、二阶振型进行计算得到图 8.25 所示的 WCD 曲线。可以看到 WCD 指标在一阶振型中对 $\beta = 0.2$ 处裂纹指示明确，但在 $\beta = 0.8$ 处裂纹反应微弱，而二阶振型中虽然 WCD 方法对两处损伤均有不同程度的指示效果，但 WCD 曲线拐点较多、起伏较大，

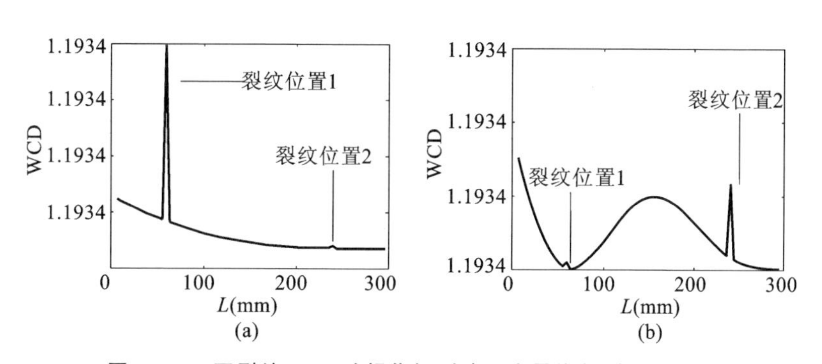

图 8.25 双裂纹一、二阶损伤振型波形容量维数裂纹定位图

(a) 映射后一阶振型波形容量维数；(b) 映射后二阶振型波形容量维数

在噪声情况下容易将裂纹奇异性湮没。总体来说，即使是对仿真信号的分析，WCD方法在映射消除了伪峰现象后其表现仍难尽如人意，因此需要提出一种改进的维数监测方法来对WCD进行加强和补充。

8.2.2 曲率模态(MSC)监测方法

曲率模态MSC具有比模态振型更高的损伤灵敏性，这一点已经在土木工程与结构工程学者的实践中得到验证。对于梁结构，曲率表示为挠度的两阶导数，即：

$$y'' = \frac{1}{r} = \frac{M}{EI} \tag{8.11}$$

其中，r 表示曲率半径；M 表示弯矩；E 表示弹性模量；I 表示惯性矩。MSC由于结构损伤导致 EI 值变化作用在分母上，直接引起曲率振型的改变，而这一点在数学的层面中则更易于理解：由于函数 y 局部变化所导致的微小奇异性，在导数作用下以变化率的形式被放大。MSC较振型而言具有更高的损伤敏感性，但MSC存在几个不可忽视的缺陷：① 噪声免疫问题，在曲率对损伤奇异性放大的同时，测量噪声也被同时增强，因此单独使用曲率作为损伤监测指标难以避免地会引入较多噪声偏差；② 相对于模态振型，目前测试技术的发展仍难以提供一种对曲率进行直接测量的传感器，因此MSC测量在很大程度上依赖于对模态振型进行数值微分。

式(8.11)给出的是曲率的数学表达式，数值计算理论中对函数 $y(x)$ 二阶导数的求解一般借助二阶中心差分获得。对挠度函数 $y(x)$ 在特定点 x_0 附近偏差 Δx 处分别进行泰勒级数展开得到：

$$y(x_0 - \Delta x) = y(x_0) + \frac{-\Delta x}{2^0} y'(x_0) + \frac{(-\Delta x)^2}{2^1} y''(x_0) + \cdots \tag{8.12}$$

$$y(x_0 + \Delta x) = y(x_0) + \frac{\Delta x}{2^0} y'(x_0) + \frac{\Delta x^2}{2^1} y''(x_0) + \cdots \tag{8.13}$$

式(8.12)与式(8.13)相加并移项得到：

$$y''(x_0) = \frac{y(x_0 + \Delta x) - 2y(x_0) + y(x_0 - \Delta x)}{\Delta x^2} + O(\Delta x^2) \tag{8.14}$$

略去高阶项 $O(\Delta x^2)$ 得到曲率的近似表达形式为：

$$y''(x_0) = \frac{y(x_0 + \Delta x) - 2y(x_0) + y(x_0 - \Delta x)}{\Delta x^2} \tag{8.15}$$

使用MSC对图8.3所述问题进行裂纹定位，得到如图8.26所示的监测图线。在图8.26(b)所

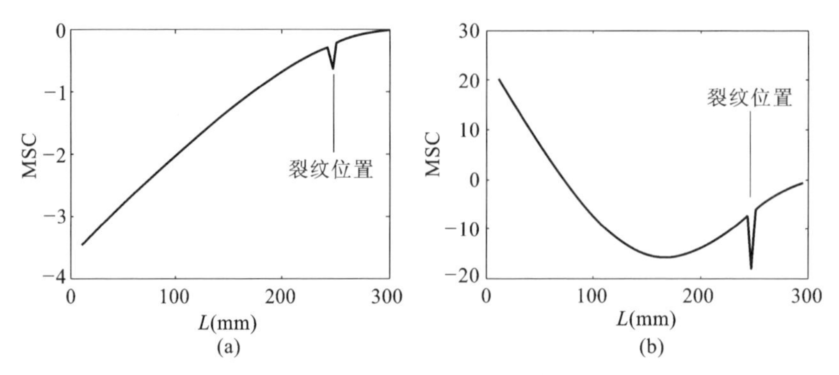

图8.26 单裂纹一、二阶损伤曲率振型裂纹定位图

(a) 一阶曲率振型；(b) 二阶曲率振型

示的二阶曲率振型中存在一个模态拐点(160mm),指标的裂纹定位效果与 WCD 类似,所求出的振型虽然在损伤处出现了局部峰值,但是在其他位置仍然有较大波动,如二阶振型拐点,当存在测量噪声时,这些点很容易被误认为是裂纹发生点。

对前述的双裂纹问题使用 MSC 方法进行裂纹指示,得到图 8.27 所示曲线。较之于图 8.25 所给出的 WCD 结果,MSC 对两处裂纹均有一定程度的指示,但均有一处指示效果偏弱,导致该点在实际测试中容易被湮没,发生漏判。不仅如此,在图 8.25(b) 中两处裂纹指示峰值方向不一,因此 MSC 方法也需要进行一定改进。

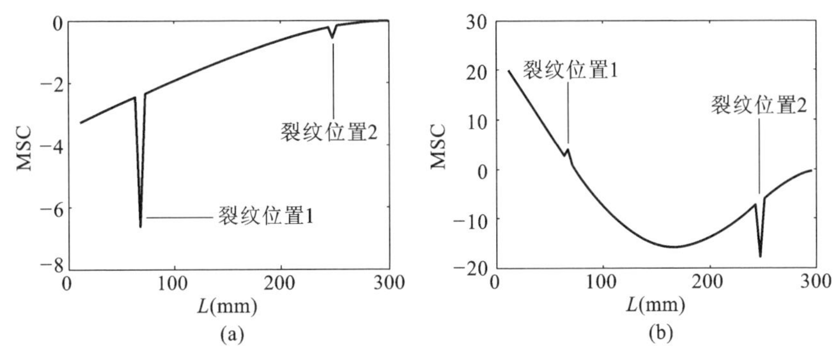

图 8.27 双裂纹一、二阶损伤曲率振型裂纹定位图

(a) 一阶曲率振型;(b) 二阶曲率振型

8.2.3 曲率维数监测方法

综合对比 MSC 与 WCD 方法可以看出,MSC 与 WCD 方法对裂纹敏感性均存在不足,造成监测困难,因此提出引入 MSC 作为 WCD 的前处理技术,将 MSC 作为波形代入 WCD 计算中,称为曲率维数方法,简记为 CWCD。本节在对 MSC 分析评价的基础上建立了 CWCD,利用 MSC 作为 WCD 方法的前处理流程,形成杂交方法,增加方法对裂纹敏感性。

对前述的单裂纹问题使用 CWCD 方法进行计算,得到图 8.28 所示的曲线,可以看到在 MSC 的加强作用下,裂纹位置峰值较之于 WCD 方法和 MSC 方法的更加清晰,并且消除了前述两种方法中出现的无裂纹处曲线起伏现象,为含噪声测试结果的准确性提供了保障。

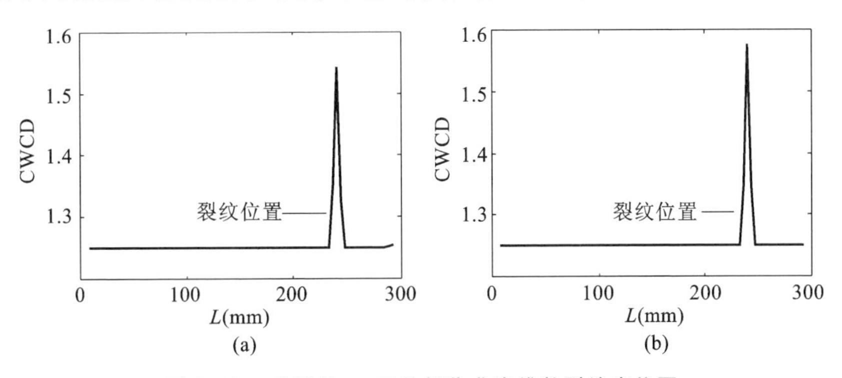

图 8.28 单裂纹一、二阶损伤曲率维数裂纹定位图

(a) 一阶曲率维数;(b) 二阶曲率维数

进而使用 CWCD 方法对双裂纹状况进行测试,得到图 8.29 所示的损伤指示曲线,相比于 WCD 和 MSC 方法,CWCD 方法对两处裂纹均有清晰指示,并且峰值方向一致,无裂纹处也未出现起伏，为多裂纹监测提供了可靠依据。

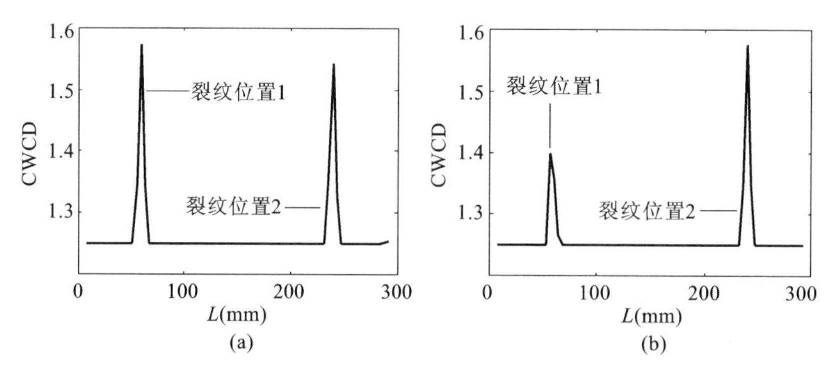

图 8.29 双裂纹一、二阶损伤曲率维数裂纹定位图

(a) 一阶曲率维数；(b) 二阶曲率维数

8.2.4 WCD 与 CWCD 方法对比分析

图 8.30 为一组在梁不同位置处($\beta=0.1,0.2,\cdots,0.9$) 设置 $\alpha=0.2$ 裂纹的 WCD 方法与 CWCD 方法识别效果对比。可以看出随着裂纹向结构悬臂尖端移动，WCD 方法对损伤的指示能力逐渐变弱，而CWCD方法对整个测试样本均表现良好，指示效果明确。图8.31 为对固定裂纹位置 $\beta=0.6$ 处改变 $\alpha=0.05,0.10,\cdots,0.50$ 所构成的测试组识别效果对比，受到边界效应的影响，WCD 方法对微弱损伤几乎难以指示，只有在损伤程度大于 0.25 后才基本可见。与之相对的是，CWCD 方法由于受到了曲率的加强作用，对微弱损伤识别效果良好。

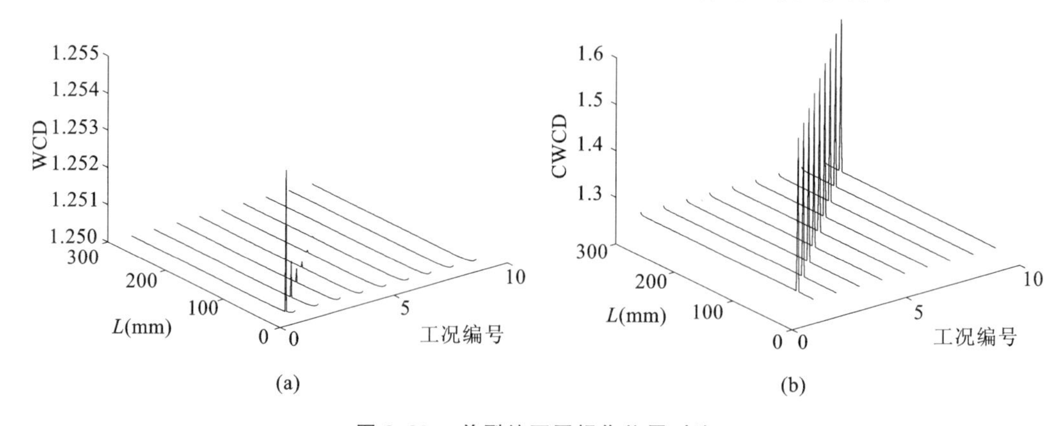

图 8.30 单裂纹不同损伤位置对比

(a) 波形容量维数；(b) 曲率维数

在实际服役过程中，多个损伤有可能同时出现，而此时较弱损伤往往容易被较强损伤所掩盖，造成损伤漏检漏判，因此，有必要在此开展对 CWCD 方法多损伤监测能力的考察和测试。这里将以一组不同深度双裂纹工况($\alpha_1=0.2,\beta_1=0.4;\alpha_2=0.3,\beta_2=0.6$) 为例对算法进行分析。图 8.32 给出了对所述双裂纹问题前三阶振型的 WCD 方法与 CWCD 方法识别对比。对一阶振型，受到边界条件的影响 WCD 方法基本无效，而二、三阶振型中对裂纹 1 的指示，WCD 也显得不甚明确。反观 CWCD 方法可以发现，对一至三阶振型，该方法对两处损伤的指示均保

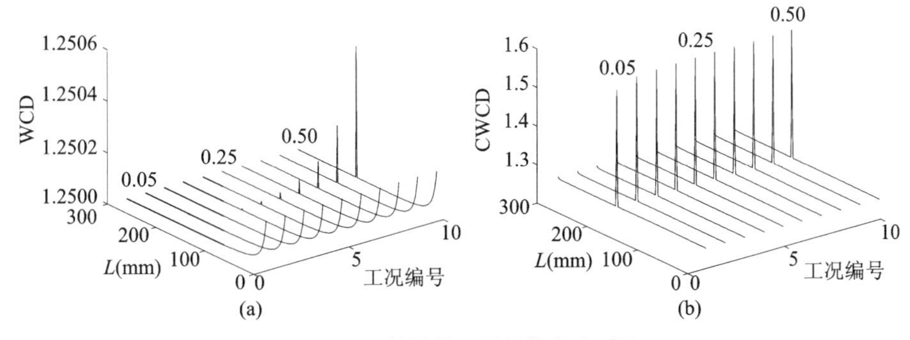

图 8.31　单裂纹不同损伤程度对比

(a) 波形容量维数；(b) 曲率维数

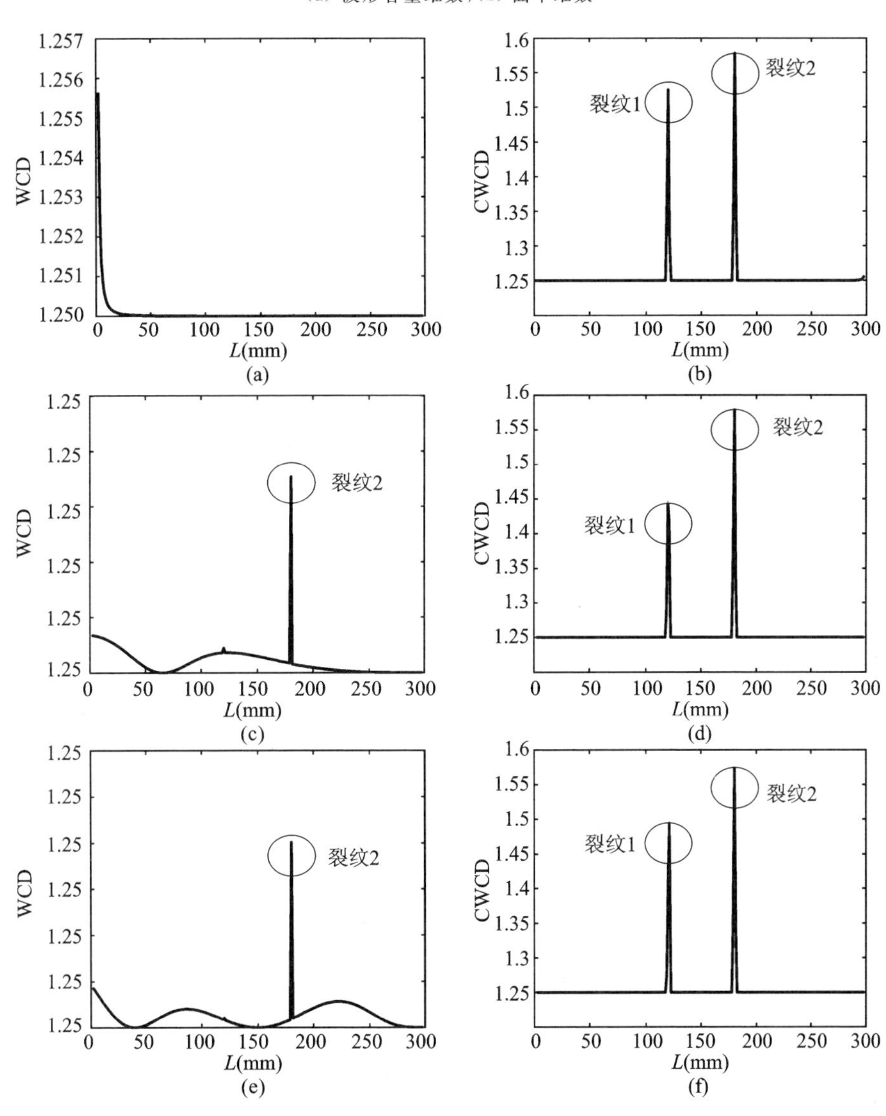

图 8.32　双裂纹前三阶振型裂纹识别对比

(a) 一阶振型波形容量维数；(b) 一阶振型曲率维数；(c) 二阶振型波形容量维数；

(d) 二阶振型曲率维数；(e) 三阶振型波形容量维数；(f) 三阶振型曲率维数

持了清晰的峰值，并且无裂纹处保持平直，这些特点对于实际裂纹检测均是十分有利的。与GLE方法对高阶振型效果劣化的特点相比，CWCD通过曲率和维数的双重强化对裂纹非敏感点附近损伤进行了有效辨识，因此没有出现与GLE方法类似的性能劣化。

CWCD在对裂纹奇异性信号放大的同时也对测量噪声进行了放大，因此可以推断，其噪声免疫能力弱于GLE方法。为了展示这种效应，使用Monte Carlo方法对模态振型施加均值为0、标准差由80dB信噪比（定义为最大振型值与噪声标准差的比值）确定的高斯分布白噪声，样本数设置为100进行测试，裂纹参数设定为（$\alpha_1=0.05, \beta_1=0.4; \alpha_2=0.3, \beta_2=0.6$）直接应用CWCD方法对前三阶振型处理得到的裂纹指示曲线如图8.33所示。受到噪声放大效应的影响，指示曲线未展示任何与裂纹相关的信息。

注意到式(8.10)对模态拐点的抑制作用，考虑将其也作为曲率模态噪声抑制的方法引入CWCD处理流程中，重做双裂纹情况前三阶振型CWCD，得到图8.34，图8.35以及图8.36。以图8.34为例说明处理流程，图8.34(a)表示直接使用MSC得到的裂纹指示图，图中存在较多噪声，且裂纹指示峰值朝下，对其使用式(8.10)得到图8.34(b)所示映射后的MSC图样，继而通过计算图8.34(b)的WCD值，得到图8.34(c)所示的最终CWCD。在一阶振型中，只有裂纹2得到指示，而二阶振型中对裂纹1有较微弱指示，第三阶振型对两处裂纹均得到了很好的指示效果，这也印证了高阶振型对损伤更为敏感的特性。

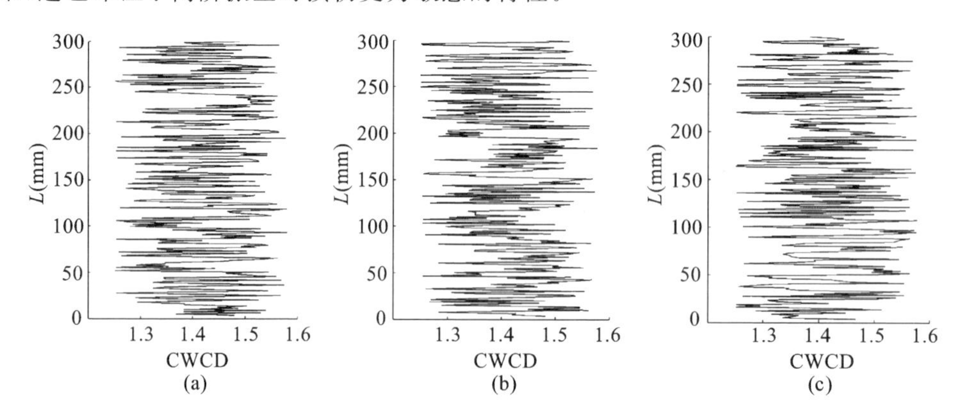

图8.33 噪声抑制双裂纹前三阶振型裂纹曲率维数识别样本

(a) 一阶振型；(b) 二阶振型；(c) 三阶振型

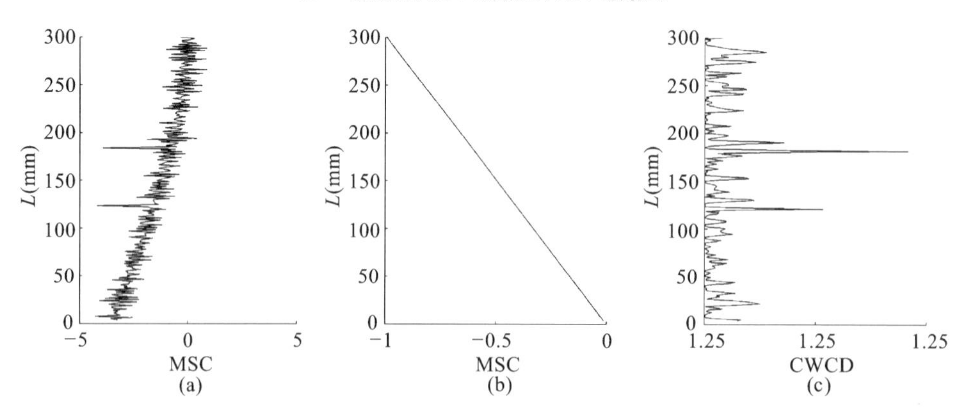

图8.34 80dB **信噪比一阶振型噪声抑制**

(a) 曲率振型；(b) 映射后曲率振型；(c) 曲率维数

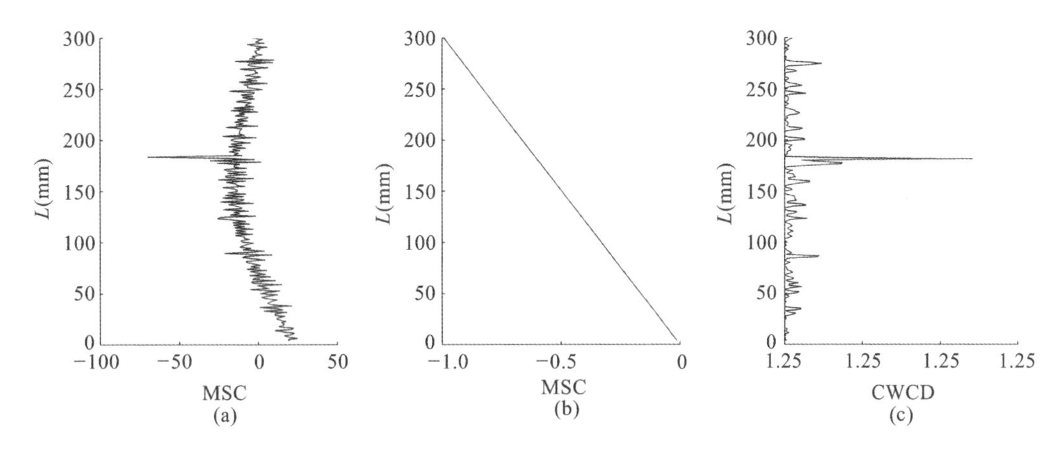

图 8.35　80dB 信噪比二阶振型噪声抑制

(a) 曲率振型;(b) 映射后曲率振型;(c) 曲率维数

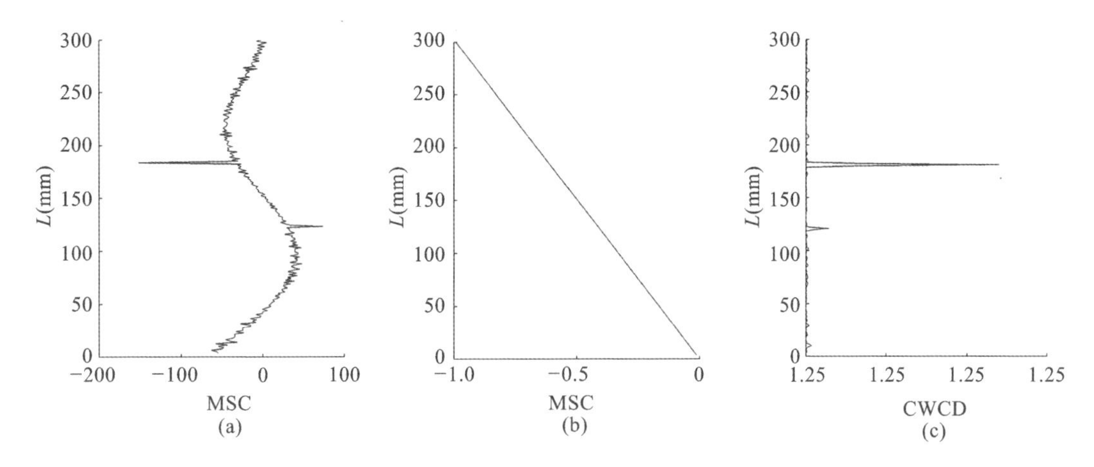

图 8.36　80dB 信噪比三阶振型噪声抑制

(a) 曲率振型;(b) 映射后曲率振型;(c) 曲率维数

图 8.37 为 Monte Carlo 全样本数据,可见对所测试的 100 组样本,大多数都可以达到很好的指示效果,也从统计角度印证了 CWCD 方法对裂纹监测的可信度。

降低信噪比至 70dB 进行测试,得到图 8.38 所示全样本图。对同样的信噪比大小,一阶振型对裂纹位置难以有很好的指示,二、三阶振型中对于两处裂纹均有不同程度的峰值,但同时从图中可以看到,即使采取了噪声抑制,所给出的样本图中仍存在一定程度的噪声规模,影响裂纹定位判断。若使用 60dB 信噪比进行测试,则无法得到裂纹位置,因此图中未予以给出,与 GLE 方法相比,CWCD 方法所能承受的信噪比大约在 70dB 附近,而 GLE 方法约在 60dB 附近,CWCD 方法的噪声免疫能力弱于 GLE 方法。

8.2.5　实验验证:转子损伤实验台损伤识别

为验证 CWCD 方法对利用运行响应振型进行的结构裂纹辨识的有效性,选取 Bently 转子实验台进行损伤识别。Bently 转子实验台是一种可进行多种故障模拟的实验平台,本节采用 Bently RK4 实验台搭建 Jeffcott 转子系统模型[7],以线切割转轴作为主要裂纹识别对象进行

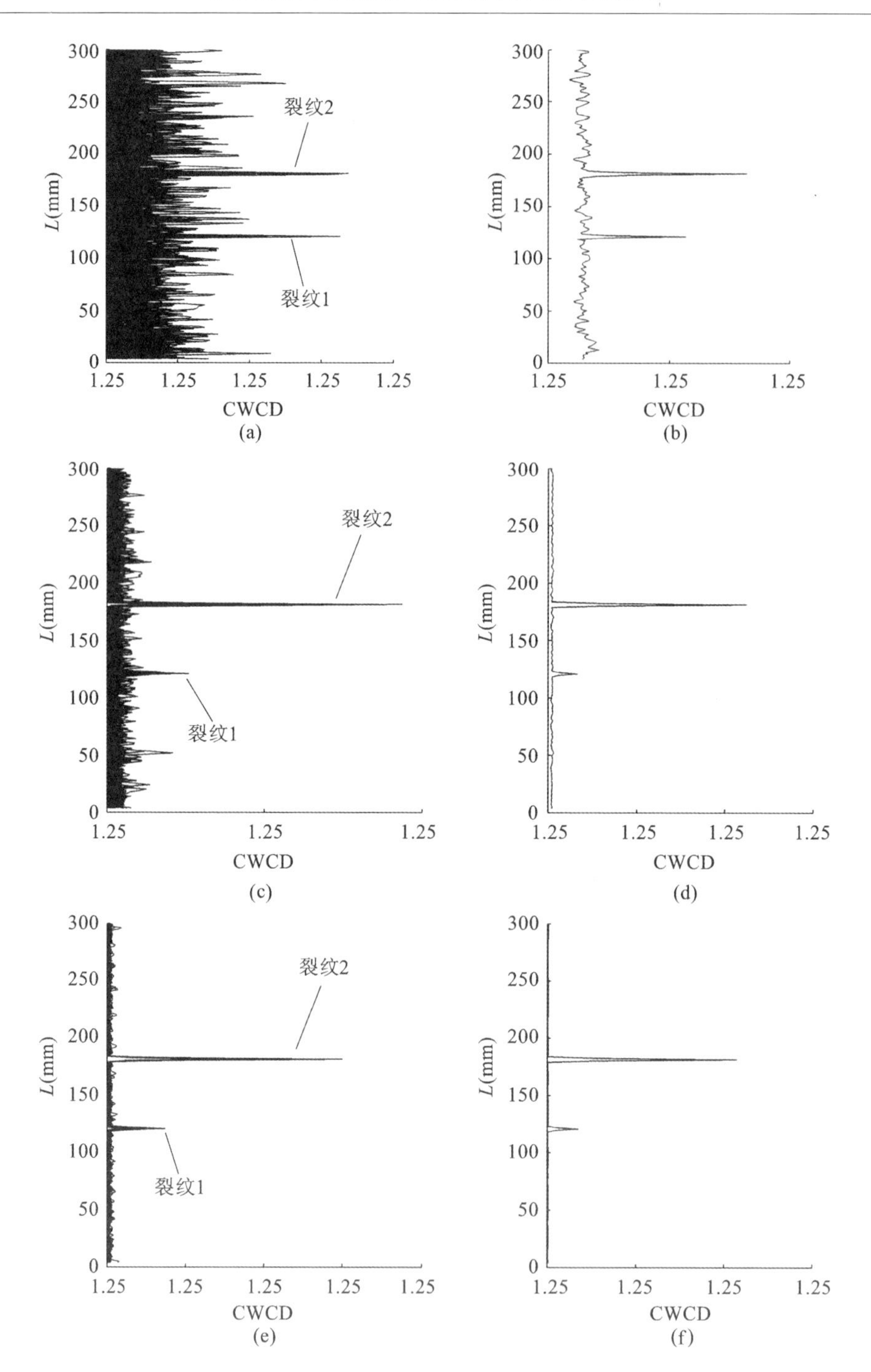

图 8.37 80dB 信噪比前三阶振型曲率维数 Monte Carlo 全样本

(a) 一阶振型全样本;(b) 一阶振型样本均值;(c) 二阶振型全样本;
(d) 二阶振型样本均值;(e) 三阶振型全样本;(f) 三阶振型样本均值

动态测试。图 8.39 为 Bently 转子实验台实物图,实验台由一个电机、两个滑动轴承,转轴(直径 10mm,长 560mm),转子质量盘(质量 800g,直径 75mm),转速调节器以及信号调理装置组成。数据采集设备选用 Sony EX 采集仪,采样频率 6400Hz,并采用一只电涡流位移传感器设置在

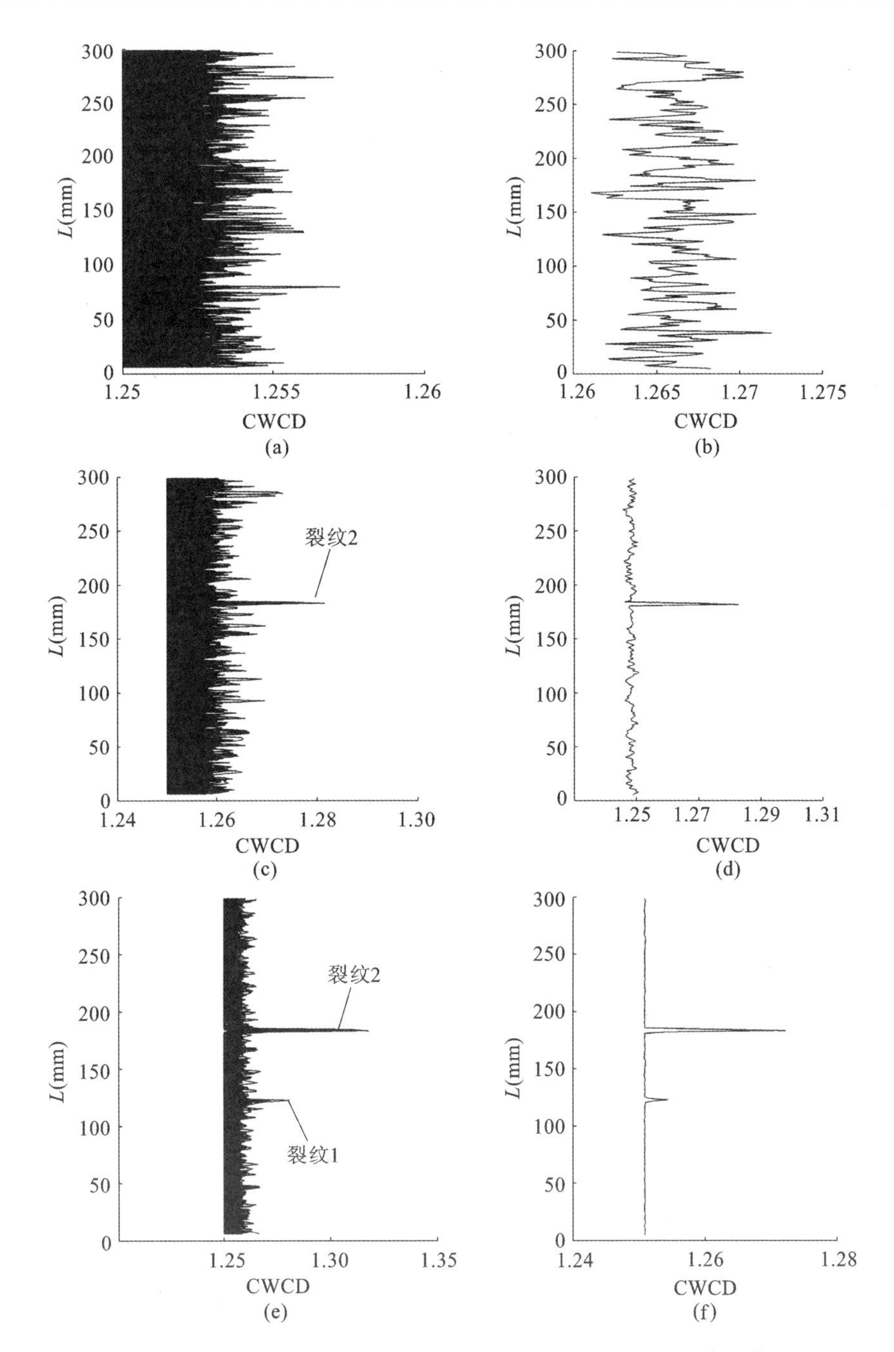

图 8.38　70dB **信噪比前三阶振型曲率维数** Monte Carlo **全样本**

(a) 一阶振型全样本；(b) 一阶振型样本均值；(c) 二阶振型全样本；

(d) 二阶振型样本均值；(e) 三阶振型全样本；(f) 三阶振型样本均值

垂向以进行旋转状态下的转子位移振型非接触测量。

测试设备连接状况如图 8.40 所示，与悬臂梁实验不同的是，本实验中没有设置激振器进行振动激励，而是利用质量盘以及转子本身微弱的不平衡量在转动状态下引起的离心力作为振动源。实验测试转速设置为 1100r/min 和 1500r/min 两挡，均未达到转子系统本身的一阶临

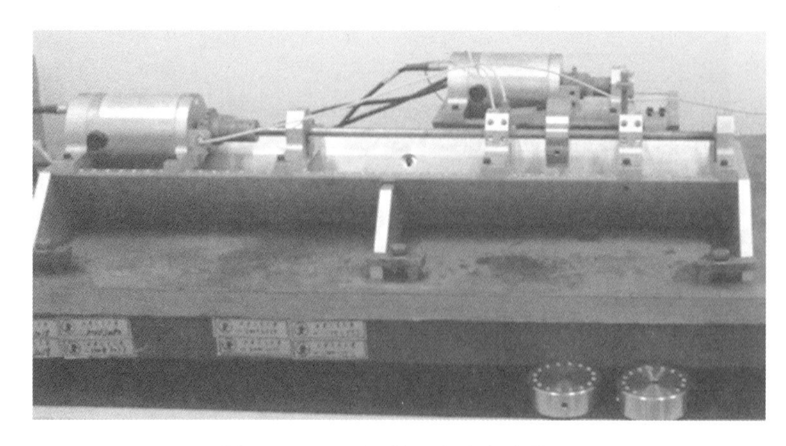

图 8.39 Bently 转子实验台实物图

界转速值(2100r/min 左右),避免了在转子共振状态下的测试,可以认为是转子系统的一种运行响应振型,若使用 GLE 方法进行识别,则效果有限,因此考虑使用 CWCD 方法进行裂纹识别。虽然共振状态下转子的裂纹特征将更加明显,但本实验所采用的激励方式和测试方案更接近转子工作特点,因此更为合理可行。

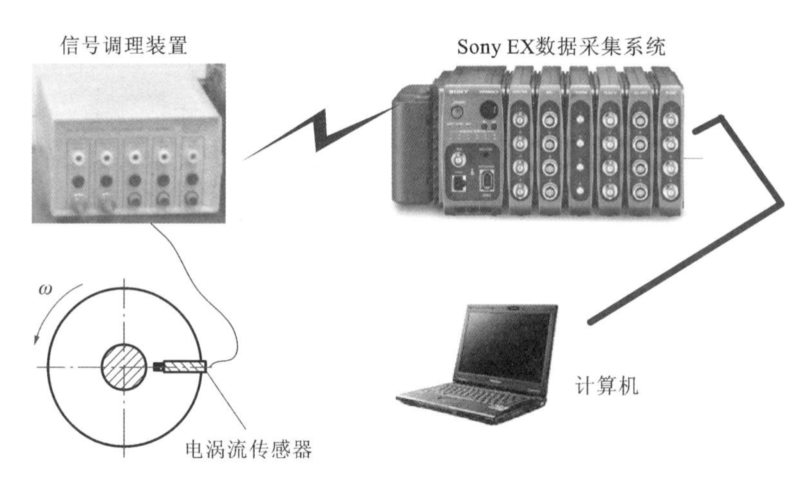

图 8.40 Bently 转子实验台裂纹识别实验仪器连接示意图

当系统转速稳定后,利用电涡流传感器在传感器支架导轨上逐点移动来完成交流电机至转盘左侧共 16 个测点的位移响应测试,其中裂纹位于测点 9 与测点 10 之间。传感器支架及其在导轨上的固定方式如图 8.41 所示。待传感器支架移动至节点处后,以螺丝固定,并采集一段时间内的转轴响应信号,通过 Hilbert 变换求解波形包络线,对包络线求平均完成对该测点在特定转速下的位移峰值估计,继而松开螺丝,将传感器支架移至下一点进行测试,将各测点位移峰值逐点连接,形成该转速下的转轴响应变形曲线,测试流程及实验台布置如图 8.42 所示。为对 CWCD 方法在不同转速下的转子裂纹识别能力进行评价,使用 WCD 方法与 CWCD 方法结果进行对比分析。实验测试转速设置为 1100r/min 和 1500r/min 两类,测试结果分别归入实验 Ⅰ 和实验 Ⅱ。

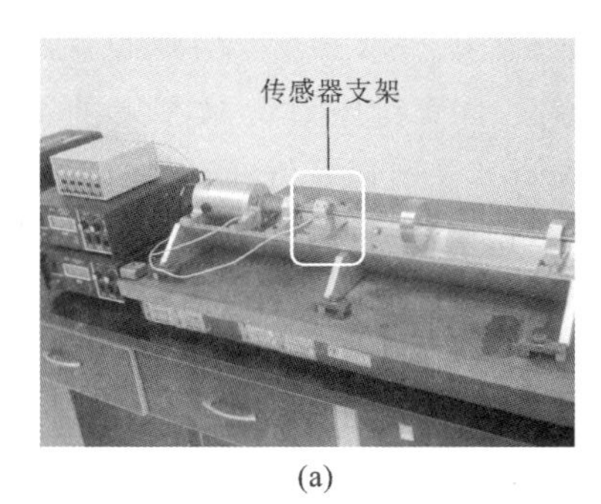

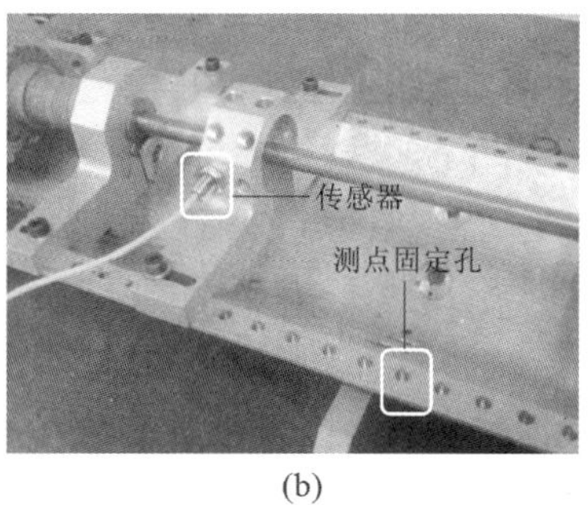

(a)　(b)

图 8.41　转子实验台测点及传感器布置实物图

(a) 支架布置鸟瞰图;(b) 细节图

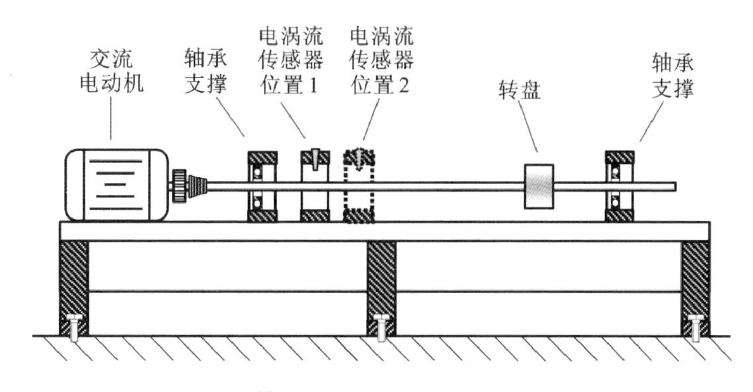

图 8.42　转子实验台测试流程及布置示意图

实验 Ⅰ:转速 1100r/min

将在转速 1100r/min 下得到的 1～16 点的位移变形曲线代入到 WCD 和 CWCD 计算公式中,得到图 8.43 所示的裂纹峰值指示。观察图 8.43 可以发现在 WCD 和 CWCD 方法所给出的结果中,除了测点 10 处出现了代表裂纹的峰值外,在测点 4 附近也同时存在一个较明显的裂纹峰值指示,这种状况在 WCD 结果中尤为突出,甚至其峰值高度超过了裂纹峰值指示。这一点可解释为由于测试数据本身在测点 4 附近的噪声偏大,产生了可与裂纹信号比拟的奇异性,虽然使用波形压缩等噪声抑制技术,但仍难以将其彻底消除。对比两图可以发现,使用 CWCD 方法时得到了更清晰的损伤辨识效果,有效地弱化了测点 4 测试数据奇异性对结果辨识带来的不良影响。

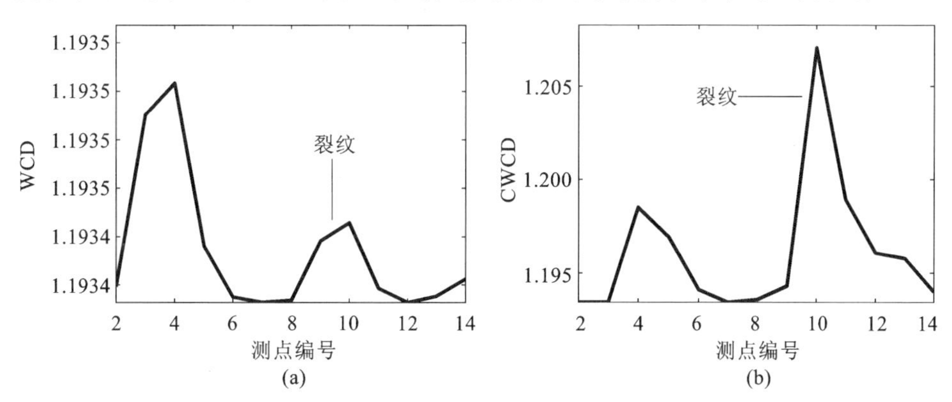

图 8.43　1100r/min **转速工况下转子裂纹识别结果**

(a) 波形容量维数;(b) 曲率维数

实验 Ⅱ:转速 1500r/min

改变转速至 1500r/min 重新进行位移曲线测试,计算得到图 8.44 所示的裂纹峰值指示图样。图 8.44(a) 所给出的 WCD 裂纹识别结果在测点 8 处出现峰值,略微偏离于测点 9 ~ 10 之间的裂纹实际位置,而图 8.44(b) 所给出的 CWCD 识别结果则在测点 9 处出现一明显峰值,更为靠近裂纹实际位置。因此,相对于 WCD 方法,CWCD 方法在本实验中表现得更为突出。同时也可以看到,随着转速向一阶临界转速的靠近,测试信号信噪比得到了一定提高,对比图 8.43、图 8.44 所示结果,除了一处较为明显的峰值指示外,其余峰值较小。

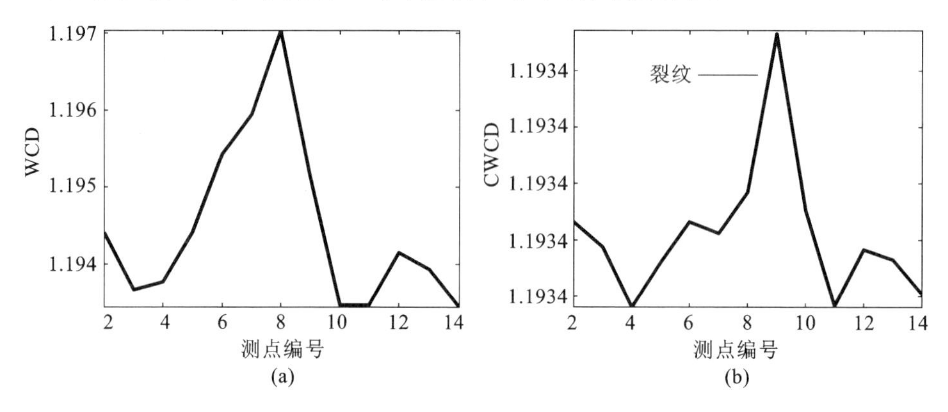

图 8.44 1500r/min 转速工况下转子裂纹识别结果

(a) 波形容量维数;(b) 曲率维数

通过理论分析和实验验证可以发现,在利用结构运行响应数据进行的结构损伤辨识中,使用 CWCD 方法可获得较好效果,但在 Monte Carlo 测试中亦可看出 CWCD 方法对噪声的免疫能力不及 GLE 方法。因此,CWCD 方法更适合于利用结构运行响应数据进行的结构损伤辨识。

8.3 基于多元分析(MVA)的结构损伤监测方法研究

金无足赤,人无完人。在对 GLE 方法和 CWCD 方法的孤立裂纹识别监测分析研究中发现,任何一种损伤判据或识别方法均或多或少地存在着难以克服的缺陷,而这些缺陷也往往是由于方法本身优势所产生的副作用。例如 GLE 方法虽然避免了 CWCD 方法的拐点伪峰问题,却对裂纹非敏感点附近损伤识别显得无能为力,且对运行响应振型损伤识别能力有限;CWCD 方法在使用曲率加强了奇异部位峰值的同时,也导致了抗噪能力的减弱。因此,通过任何一种单一的损伤指标进行损伤判定,其可信度都是有限的。不仅如此,在实际工程现场中,开展锤击模态测试得到结构模态数据十分便利,从模态数据获取的角度来看,很难将锤击模态测试归为运行响应振型测试或 GLE 方法所使用的共振法测试。因此,若以锤击模态测试数据独立地开展 GLE 或 CWCD 方法损伤辨识,算法可信度均有可能受到一定影响。

他山之石,可以攻玉。既然孤立地使用单一方法难以对结构进行准确可靠的损伤判定,那么为何不能将多个损伤判据有效结合起来进行损伤判定?兼听则明,偏信则暗。多元分析(Multivariate Analysis,MVA)[8,9] 为这种思路提供了很好的实现方法。MVA 是一种以多变量统计为基础的分析方法,即将对象的多个反应变量进行同时刻观测和分析,在最大程度上计入所有信息量,进而通过信息融合分析得到结论的一种统计分析方法。MVA 起源于 19 世纪末期，首先涉足 MVA 的是英国人类学家 Galton，他在关于人类遗传学的统计分析工作中[10] 首次将双变量的正态分布方法运用于传统的统计学，创立了相关系数和线性回归，在此后的几十年里，MVA 方法迅速发展，直到 20 世纪上半叶，MVA 理论已基本成熟。随着计算机科学的发展，MVA 在许多学科的研究中得到了越来越广泛的应用，发展成为涵盖线性模型方法、判别函数分析、聚类分析方法、主成分分析、典型相关和因素分析方法等的实用分析技术，为完整评估系统特性提供了可能。

在 CWCD 方法和 GLE 方法的研究基础上，本节将使用 MVA 方法将两者的裂纹监测结果综合起来，提出一种基于 MVA 的结构损伤监测方法，为后续工程的应用研究提供监测手段。结合 GLE 方法与 CWCD 方法的特点可以推断，融合了两者特点的 MVA 方法可利用共振法、运行响应振型及锤击模态测试数据进行可靠的损伤辨识，通过 GLE 与 CWCD 之间的互补，对低阶、高阶振型及运行响应振型形成准确且具有较好的噪声免疫能力损伤辨识方法。

8.3.1 MVA 结构损伤监测方法

令 $a_i(x_{\mathrm{cwcd}})$ 和 $a_i(x_{\mathrm{gle}})$ 分别表示由一维振型得到的测点 i CWCD 幅值和 GLE 幅值，自变量 x 表示相应测点的横坐标。考虑 CWCD 方法与 GLE 幅值量级间的差距，为了便于在线性空间内等权值表述两个指标对空间距离产生的影响，首先对幅值 $a_i(x_{\mathrm{CWCD}})$ 和 $a_i(x_{\mathrm{GLE}})$ 利用其所有测点的最大值和最小值进行归一化，得到线性归一化幅值表达 $\tilde{a}_i(x_{\mathrm{CWCD}})$ 和 $\tilde{a}_i(x_{\mathrm{GLE}})$，公式化流程为：

$$\tilde{a}_i(x_{\mathrm{CWCD}}) = \frac{a_i(x_{\mathrm{CWCD}}) - \min[a_\Delta(x_{\mathrm{CWCD}})]}{\max[a_\Delta(x_{\mathrm{CWCD}})] - \min[a_\Delta(x_{\mathrm{CWCD}})]} \tag{8.16}$$

$$\tilde{a}_i(x_{\mathrm{GLE}}) = \frac{a_i(x_{\mathrm{GLE}}) - \min[a_\Delta(x_{\mathrm{GLE}})]}{\max[a_\Delta(x_{\mathrm{GLE}})] - \min[a_\Delta(x_{\mathrm{GLE}})]} \tag{8.17}$$

式中，Δ 表示包括测点 i 在内的全测点集合。散点图是信息融合与判别分析中常用的表达形式，将式(8.16) 与式(8.17) 整合为一个指标，记作 $A_i[\tilde{a}_i(x_{\mathrm{CWCD}}), \tilde{a}_i(x_{\mathrm{GLE}})]$。由于在一维判据分析中将 $\tilde{a}_i(x_{\mathrm{CWCD}})$ 和 $\tilde{a}_i(x_{\mathrm{GLE}})$ 幅值视作测点 i 裂纹出现的模糊判据，即幅值越大，出现裂纹的可能性越高，因此若新指标 $A_i[\tilde{a}_i(x_{\mathrm{CWCD}}), \tilde{a}_i(x_{\mathrm{GLE}})]$ 以 $\tilde{a}_i(x_{\mathrm{CWCD}})$ 和 $\tilde{a}_i(x_{\mathrm{GLE}})$ 幅值分别代表二维指标的 x 轴和 y 轴坐标，则任意测点距原点的距离 d_{Ai} 可以直接用来表示该点裂纹出现的可能性。为了对两个指标进行区分，定义 CWCD 幅值表示 x 轴坐标，GLE 幅值表示 y 坐标，得到 MVA：

$$MVA = A_i[\tilde{a}_i(x_{\mathrm{CWCD}}), \tilde{a}_i(y_{\mathrm{GLE}})] \tag{8.18}$$

将横、纵坐标分别为 CWCD 和 GLE 组成的 MVA 称为互 MVA，如图 8.45(a) 所示，这种 MVA 综合了不同指标间的信息，实现了不同方法间的信息融合。

在相同指标不同阶振型指示间也同样存在判别差异问题，需要进行信息融合，取 MVA 的横、纵坐标为相同指标(不同阶振型)，称这种 MVA 为自 MVA，此类融合实现了不同阶振型间信息的融合分析，如图 8.45(b) 所示。综合自 MVA 与互 MVA 分析结果，便可以实现不同指标、不同阶振型间广泛的信息融合，为损伤判定提供可靠支持。

MVA 图中散点的原点距离记为 d_{Ai}：

$$d_{Ai} = \sqrt{\tilde{a}_i(x_{\mathrm{CWCD}})^2 + \tilde{a}_i(y_{\mathrm{GLE}})^2} \tag{8.19}$$

d_{Ai} 的物理含义如图 8.45(a) 所示，图中散点 1 ~ 3 原点距离不同，其中散点 2 距离最大，因此认为该处最有可能出现损伤。除了原点距离 d_{Ai} 所提供的损伤信息外，判别分析也可以帮助实现损伤识别。与聚类分析不同，判别分析方法假定组(或类)已事先分好，判别新样品应归属哪一组，对组的事先划分有时也可以通过聚类分析得到，而聚类分析将分类对象分成若干类，相似的归为同一类，不相似的归为不同的类[8,9]。显然，文中所涉及的问题实际上是将MVA样本点归入有损伤或无损伤的类中，属于典型的判别分析问题。判别分析如图8.45(b)所示，图中散点被分为A和B两个类，根据两个类不同的原点距离，可以判定A类散点出现损伤的可能性较小，而B类散点出现损伤的可能性较大，因此称A为无损伤类，称B为损伤类(或裂纹类)。

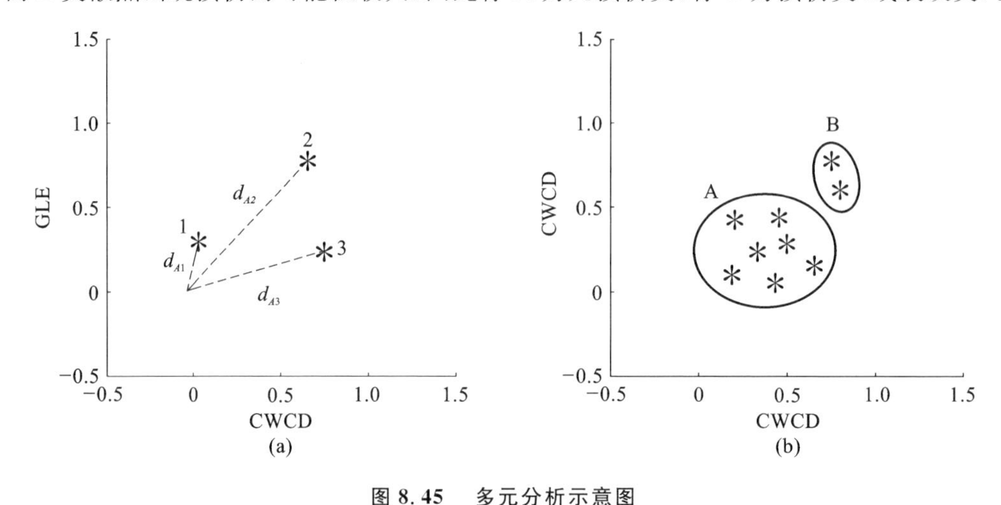

图8.45 多元分析示意图

(a) 互MVA及原点距离；(b) 自MVA及判别分析

8.3.2 MVA方法性能研究

首先对MVA的单裂纹识别能力进行分析，对象为前文研究过的图8.3所示300mm钢质悬臂梁结构前两阶损伤振型，设定在结构$\beta=0.8$处发生一处$\alpha=0.2$的损伤，为得到较多的测点样本，使用10个$BSWI4_3$单元建立模型，共得到80个样本点，其中裂纹位置位于64号测点，使用CWCD和GLE分别作为横、纵坐标形成互MVA，得到裂纹识别图8.46，图中使用下三角形和圆形空心散点分别标注了测点63和64的位置，而其余测点则使用方形空心散点表示，由于CWCD在无损伤位置离散度小，方形空心散点堆叠在GLE离散形成的狭窄区域中，构成了图示实心矩形。

依据欧氏距离，可以将散点归为3类，即无损伤类和以测点63、64为代表的两个损伤类。观察损伤类中的测点，发现测点63的原点距离小于测点64的，MVA图认为测点64出现损伤的概率高于测点63，而实际上也只有测点64为裂纹位置测点。进一步观察可以发现，对测点64，CWCD和GLE都给出了较高的评价值；而对测点63，只有GLE方法给出了较高的评价值，这是由于裂纹模型的节点特性使测点63具有一定的奇异性，因此也可以认为测点63代表了裂纹的一部分性质，从而致使其产生了0.25[图8.46(a)]和0.5[图8.46(b)]左右的CWCD值。需要说明的是，这种MVA的评价误差仅会出现在仿真情况中，实际实验中测点的稀疏性使得这种状况以损伤类的形式出现，因此不会影响到MVA判别结果。

除互MVA外，若将横坐标选为一阶振型的CWCD(或GLE)，纵坐标选为二阶振型的CWCD(或GLE)，可以形成一种自MVA。图8.47给出了图8.46所讨论问题的自MVA图样。由于横、纵坐标选取为相同的指标，因此自MVA无法实现互MVA中的指标间特性互补，而是实现了

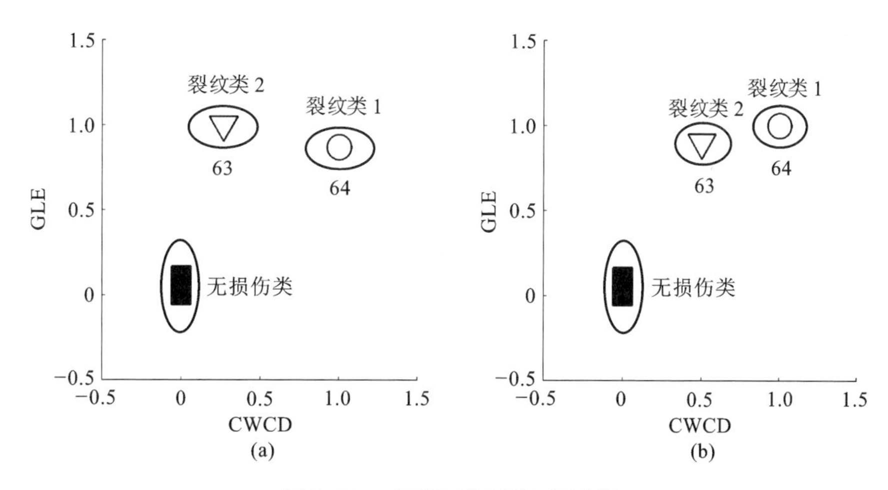

图 8.46 单裂纹互 MVA 识别图

(a) 一阶振型;(b) 二阶振型

相同指标不同振型间的信息互补。图 8.47(a) 中的 CWCD 自 MVA 将散点成功地分辨为三个不同的类,而单独使用 GLE 却难以将测点 63 和测点 64 区分,对近损伤点和损伤点两阶 GLE 都给出了接近 1 的损伤评价,因此也仅能给出裂纹类和无损伤类的区分,如图 8.47(b) 所示。

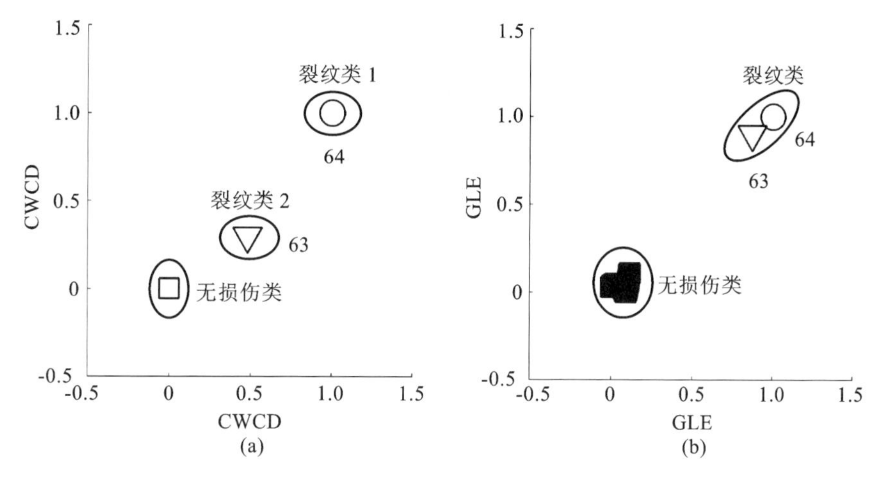

图 8.47 单裂纹自 MVA 识别图

(a)CWCD - CWCD;(b)GLE - GLE

双裂纹 MVA 分析对象选取 300mm 钢质悬臂梁结构前两阶损伤振型,裂纹参数设置为 $\alpha_1 = 0.2$,$\beta_1 = 0.4$ 和 $\alpha_2 = 0.2$,$\beta_2 = 0.6$,为了得到较多的测点样本,使用 10 个 $BSWI4_3$ 单元建立结构模型,共得到 80 个样本点,其中两处裂纹分别位于 32 号与 48 号测点,31 与 47 号测点为裂纹影响点,其中近损伤测点使用下三角形标示,而损伤点则使用圆形散点标示,其余测点使用方形散点标示。

图 8.48(a) 给出的一阶振型互 MVA 散点图在欧氏距离评估下被分为 3 类,由测点 31、32 组成的裂纹类 1,由测点 47、48 组成的裂纹类 2 和其余测点组成的无损伤类。显然,裂纹类 1 代表 $\beta_1 = 0.4$ 处裂纹,裂纹类 2 表示 $\beta_2 = 0.6$ 处裂纹。由于 GLE 幅值随裂纹位置向悬臂方向的移动而减弱这一性质,测点 32 和测点 48 之间在 GLE 轴上产生了较大的差距,导致两个裂纹特

征被清晰地分辨，而在此CWCD起到了甄别裂纹点和裂纹影响点的作用。在图8.48(b)所示的互MVA散点图中，测点依据欧氏距离被划分为3类，其中由测点32、48组成的裂纹类1代表了裂纹位置点，而以测点31、47为元素的裂纹类2代表了裂纹影响点，其余点则代表了无损伤处测点。可以看到，在二阶振型互MVA中未能将$\beta_1=0.4$处裂纹和$\beta_2=0.6$处裂纹划分为两个不同的类，而是对裂纹影响点和裂纹点给出了区分。但是，通过局部熵的仿真分析可以发现GLE幅值随裂纹位置向悬臂方向的移动而减弱这一性质，从而在GLE轴方向与图8.48(a)中类似地将测点32和测点48归为两类，实现了不同裂纹指标特性间的互补。

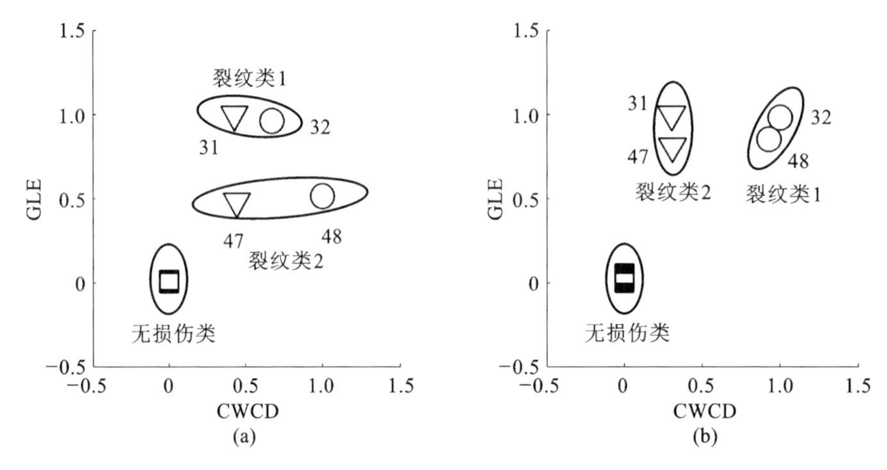

图8.48 双裂纹互MVA识别图

(a)一阶振型；(b)二阶振型

图8.49为双裂纹问题的自MVA，其中图8.49(a)所示的CWCD自MVA对裂纹位置测点给出了接近1的损伤评价，并且对3类损伤状况给出了准确的区分，但是难以区分32和48两处裂纹，因此将其归为一类。与之相对，GLE自MVA将测点47、48和测点31、32归为两类，即给出了不同位置裂纹的区分，但是也注意到与图8.47(b)所示的单裂纹情形一样，图8.49(b)给出的双裂纹GLE自MVA中三角形散点和圆形散点距离微小，因此它对近损伤点和损伤点之间的区分显得无能为力。

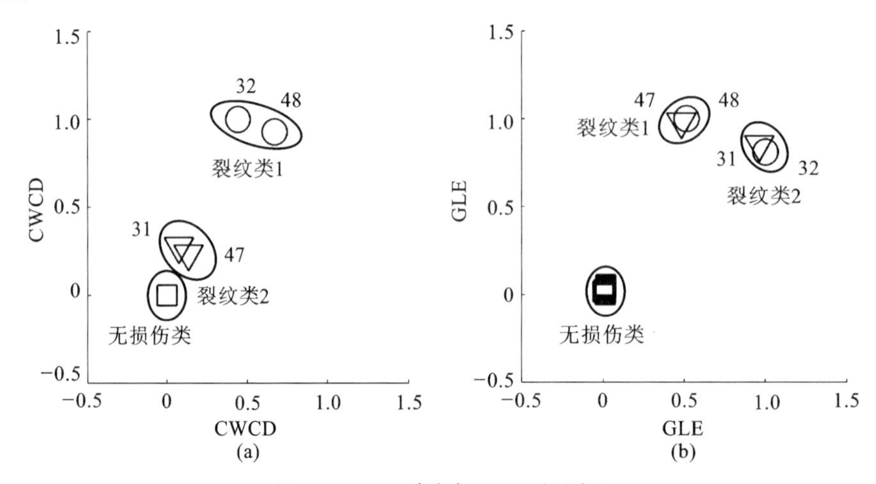

图8.49 双裂纹自MVA识别图

(a)CWCD-CWCD；(b)GLE-GLE

通过以上分析可以发现，互 MVA 与自 MVA 间性能各有不同，长短互补，因此将两者损伤判定进行统计分析可进一步提高损伤检测的可信度，实现不同指标间、不同振型间更高层次的信息融合分析。

指标的选取与组合不仅会对 MVA 识别图样产生影响，裂纹参数本身对 MVA 中散点分布的影响也是值得分析的。为了使结论显得更加简明，仅对单裂纹状况加以分析。首先考虑一组相同裂纹深度（$\alpha = 0.2$）不同裂纹位置（$\beta = 0.1, 0.2, \cdots, 0.9$）的工况，该种状态下的 CWCD 和 GLE 在相应章节中均给出过具体分析，在此利用互 MVA 形成一阶及二阶振型裂纹识别，如图 8.50 所示。在一阶振型互 MVA[图 8.50(a)] 中，由于 GLE 和 CWCD 均表现为依据裂纹参数 β 的单调变化趋势[图 8.50(a)]，因此散点被清晰地分为三类，其中由 9 个裂纹位置测点组成的裂纹类 1 散点随着 β 数值的增大而逐渐向原点靠近，GLE 减小速度大于 CWCD，导致圆形散点在纵轴方向展开。而使用下三角形标示的近损伤测点裂纹类 2 也大致依据与圆形散点类同的规律在纵轴展开，由于裂纹类 2 普遍具有偏小的 CWCD 评价，因而可以清楚地将其与裂纹类 1 加以区分。无损伤类在 CWCD 的微小变化区间内散列，并未影响到裂纹类，特别是裂纹类 1 的辨识。较之于一阶振型互 MVA，二阶振型互 MVA[图 8.50(b)] 受到二阶振型 GLE 依据裂纹参数 β 非单调变化的影响，裂纹类 1 和裂纹类 2 在纵轴上均出现了随着 β 增大而先升后降的趋势，三个不同类在 GLE 方向均有不同程度的展开，由于三个类均具有不同的 CWCD 值，因此得到了良好的辨识，即使当裂纹位于悬臂端（$\beta = 0.9$）时裂纹类 2 也可与无损类之间进行有效的区分。

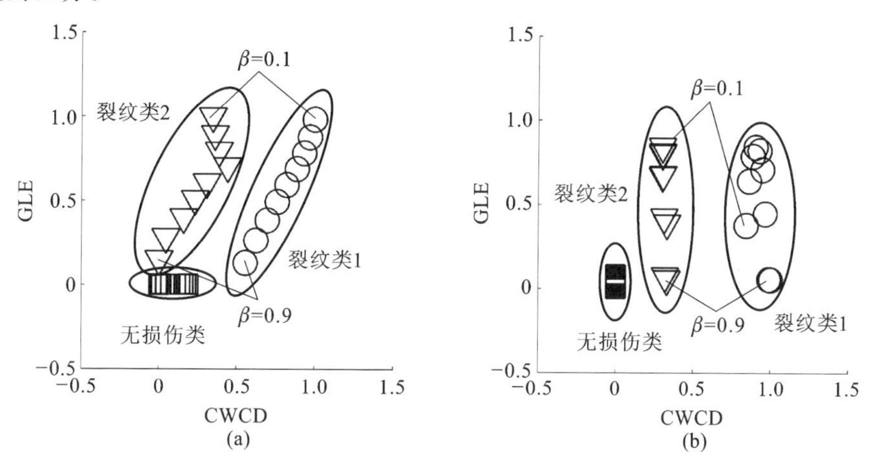

图 8.50　不同位置 $\alpha = 0.2$ 裂纹互 MVA 识别图

(a) 一阶振型；(b) 二阶振型

裂纹位置参数不同工况下的自 MVA 见图 8.51，其中图 8.51(a) 给出的 CWCD 自 MVA 对裂纹位置测点类（裂纹类 1）和近损伤类（裂纹类 2）给出了清楚的区分，随着 β 增大，两个类中散点逐渐向原点靠近，导致原点距离变小。图 8.51(b) 给出的 GLE 自 MVA 中，裂纹位置测点和近损伤测点难以区分，在不同 β 作用下形成了 9 个损伤子类。受到二阶 GLE 非单调变化的影响，图 8.51(b) 中的 9 个裂纹子类呈现出波动变化的趋势，这一点与二阶互 MVA 中的变化相对应。

对裂纹深度受 MVA 影响的讨论以一组 $\alpha = 0.05 \sim 0.45$，$\beta = 0.5$ 的裂纹悬臂梁一、二阶振型为对象展开。图 8.52 给出了一、二阶振型互 MVA 的损伤识别图样。在图 8.52(a) 所示的

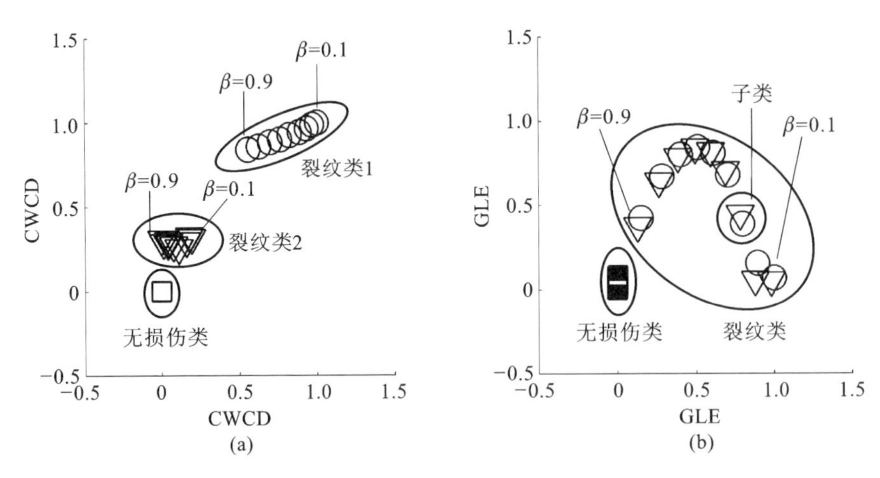

图 8.51 不同位置 $\alpha = 0.2$ 裂纹自 MVA 识别图

(a)CWCD - CWCD;(b)GLE - GLE

一阶振型 MVA 分析中，裂纹点、近损伤点和无损伤点被准确地划分为三个不同的类，随着损伤程度的减小，裂纹类1的GLE和CWCD指标均有减小，且GLE变化更剧烈。与之相反，裂纹类2在裂纹程度减小的过程中，GLE 指标减小较多，而 CWCD 有一定的增大趋势，从图 8.52(b) 给出的二阶量也可以看到类似的现象。

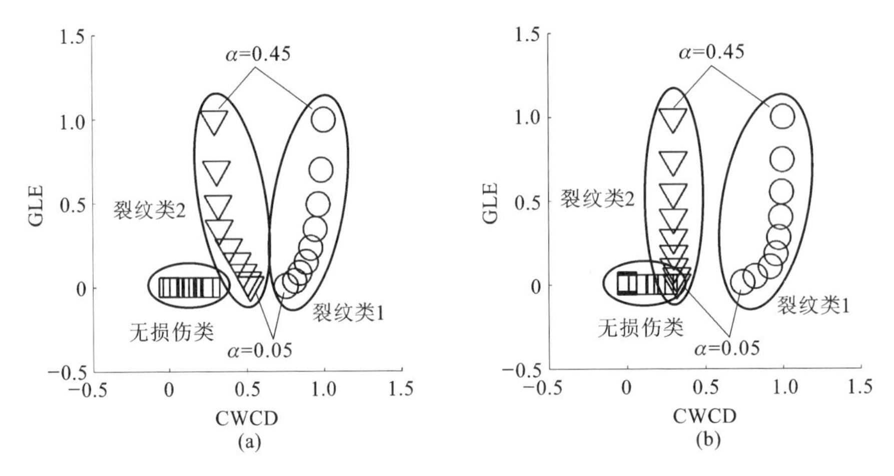

图 8.52 相同位置 $\beta = 0.5$ 裂纹互 MVA 识别图

(a) 一阶振型;(b) 二阶振型

对相同位置不同深度裂纹开展自 MVA 分析得到图 8.53，其中图 8.53(a) 给出的 CWCD 自 MVA 很好地将三类点加以区分，其中二阶振型 CWCD 对近裂纹点的裂纹深度不敏感，对一阶振型则较为敏感。由于一、二阶振型 GLE 对裂纹深度均呈比例变化，因此图 8.53(b) 所示的 GLE 自 MVA 散点近似分布在一条斜线上，与其他工况的 GLE 自 MVA 一致，此处该指标对近损伤点和裂纹点缺乏甄别能力，仅区分出了不同裂纹深度的 9 个子类，当裂纹深度较小时，该方法难以将无损伤类与裂纹类进行有效区分。

以下就单裂纹问题的 MVA 噪声免疫能力进行讨论，使用 Monte Carlo 方法对其进行验证。裂纹损伤参数设置为 $\alpha = 0.2, \beta = 0.8$，信噪比等级设置为 65dB，测试样本为 100 组，每组

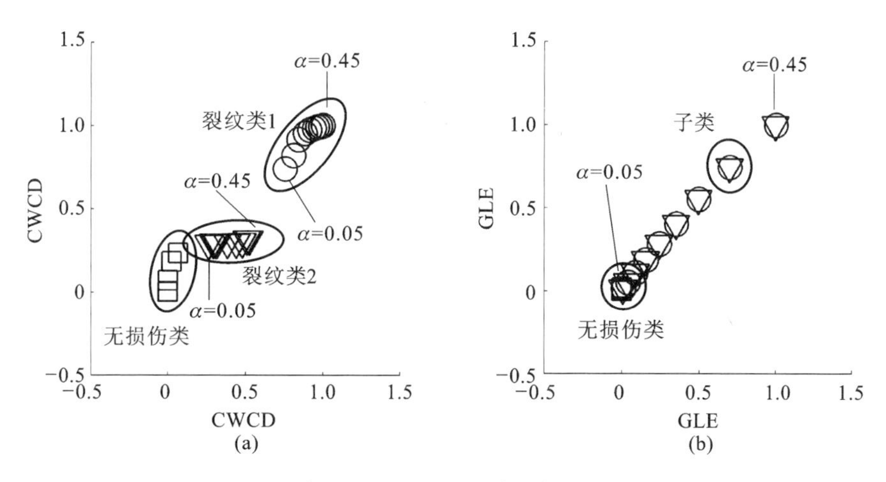

图 8.53　相同位置 $\beta=0.5$ 裂纹自 MVA 识别图

(a)CWCD-CWCD;(b)GLE-GLE

80 个节点。图 8.54 为 Monte Carlo 测试下的互 MVA 图样，其中图 8.54(a) 所示的一阶量互 MVA 在该信噪比下散点离散度较大，裂纹类 1 和裂纹类 2 具有较大的原点距离，在 GLE 为0.5 附近，裂纹类 2 与无损伤类存在交叠，难以将三类散点清楚区分。与图 8.54(a) 对比，图 8.54(b) 所示的二阶量互 MVA 则将三个类清楚地进行了区分，受到噪声影响，无损伤类分裂为两个不影响裂纹判断的子类。

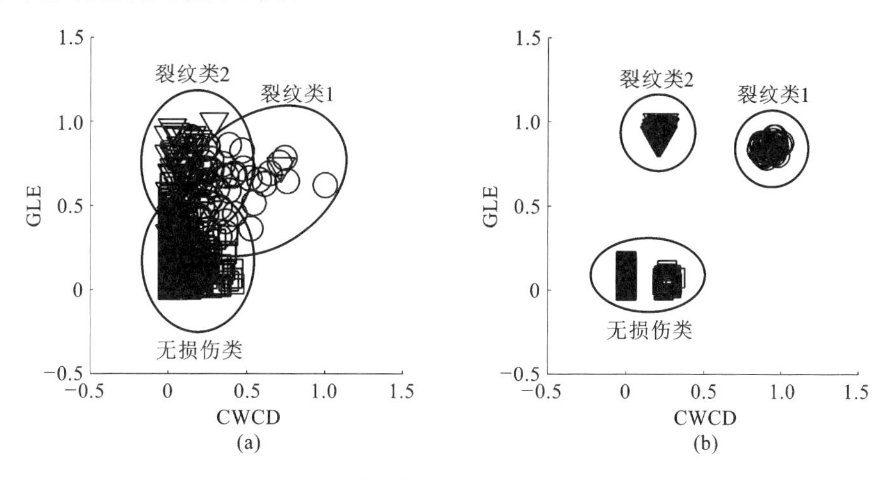

图 8.54　单裂纹 Monte Carlo 互 MVA

(a) 一阶振型;(b) 二阶振型

在图 8.55(a) 所示的 CWCD 自 MVA 中，受到二阶振型 CWCD 的作用，散点在纵轴方向被清楚地分类，虽然受到噪声的影响，裂纹类 2 和无损伤类存在部分交叠，但总体来说数据聚集性较好。单独使用 GLE 得到图 8.55(b) 所示的自 MVA、GLE 无法将近损伤点和损伤点区分，因此两者被归为同一个损伤类中，无损伤类被清楚地区分。

8.3.3　实验验证：离心式鼓风机转子叶片损伤识别

在转子实验台和悬臂梁损伤识别实验中，对 CWCD 方法及 GLE 方法分别单独进行了裂

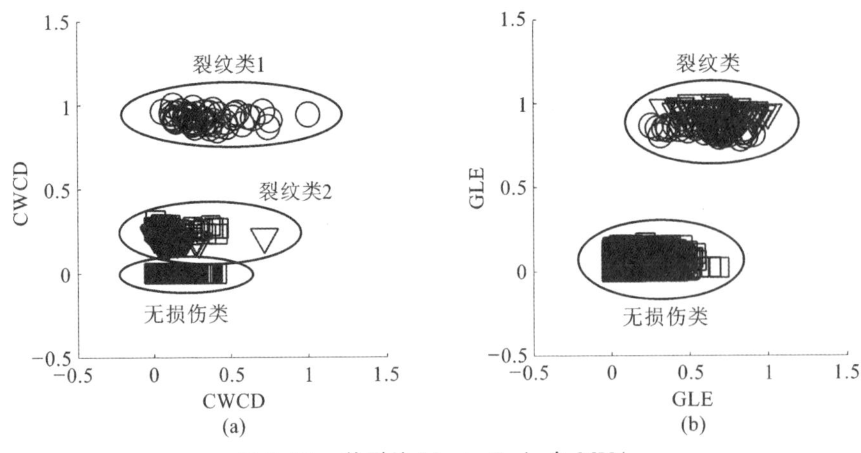

图 8.55　单裂纹 Monte Carlo **自** MVA

(a)CWCD-CWCD；(b)GLE-GLE

纹监测验证，在本节中将以互 MVA 及自 MVA 为载体把两者结合起来，对实际工程结构鼓风机转子叶片进行损伤识别研究，模态测试方式选取为锤击测试。

鼓风机是一种常见的过程工程装备，在冶金、石化、煤炭、空气分离、污水处理、生物制药以及电力等多个行业中发挥着不同的作用。根据其工作原理，一般可将鼓风机分为轴流式、离心式与贯流式三类。在轴流式风机中，气流沿平行旋转轴方向流入叶轮，被旋转叶轮加压以后，仍然沿平行旋转轴方向流出叶轮，通过下游的扩压器收集、排出；在离心式风机中，气流沿平行旋转轴的方向流入叶轮，被高速旋转的叶轮沿垂直旋转轴的方向甩出，通过涡壳的收集，从出口排出；在贯流式风机中，气流沿垂直旋转轴方向流入叶轮，穿过叶轮以后，仍然沿垂直旋转轴方向流出。

本实验研究对象为肇丰 4-72A 离心式风机转子叶轮。该风机额定功率为 2.2 kW，转速为 2800r/min，流量为 $1688 \sim 3517\mathrm{m}^3/\mathrm{h}$，全压力为 $792 \sim 1300$Pa，属于小型风机。风机转子 3D 模型如图 8.56(a) 所示，叶轮直径为 320mm，厚度为 110mm，在叶轮一周沿螺旋切线方向均布 10 组叶片，叶片一侧线状焊接，另一侧点状焊接。裂纹由一条分布在线状焊接端附近的 3cm 长锯缝进行模拟，位于 3 号叶片中。考虑到结构的复杂性，模态测试可能受到阻尼及其他因素限制而精度有限，因此采取对叶片逐片分别测试频响函数的方式来确定损伤叶片，这样的测试方法来源于“物以类聚”的聚类思想。对于大多数叶片而言，尽管焊接条件不尽相同，导致片与片之间频响函数存在一定差异，但这种差异相对于裂纹导致的频响函数变化来说是次要的。因此，可以通过对由各叶片频响函数同阶峰值构成的伪振型进行维数处理，识别损伤叶片。测试中力锤敲击点与加速度传感器放置点如图 8.56(b) 所示，测点编号与叶片编号一致，当完成图 8.56(b) 所示叶片 i 测试得到测点 i 数据后，将敲击点与测点移动至叶片 $i+1$，完成测点 $i+1$ 数据采集，以此类推，最终完成 10 组叶片的测试。

图 8.57 为风机叶片敲击实验测试系统实物图，力锤为 PCB-086C03 型，采用一枚 PCB 通用型加速度传感器以蜂蜡黏合方式粘贴在被测叶片上，采样频率设置为 6400Hz，每片叶片敲击 25 次，采取线性平均方式减少测试噪声对频响函数测量结果造成的干扰。

根据输入输出相关函数，舍去相关函数小于 0.8 的 $0 \sim 400$Hz 部分，所测得的典型叶片频响函数如图 8.58 所示。考虑到频响函数包含峰值较多，而在 1300Hz 及 1950Hz 处均存在明显峰值，因此选取图 8.58 中 1300Hz 及 1950Hz 附近峰值分别进行低频段和高频段损伤估计。

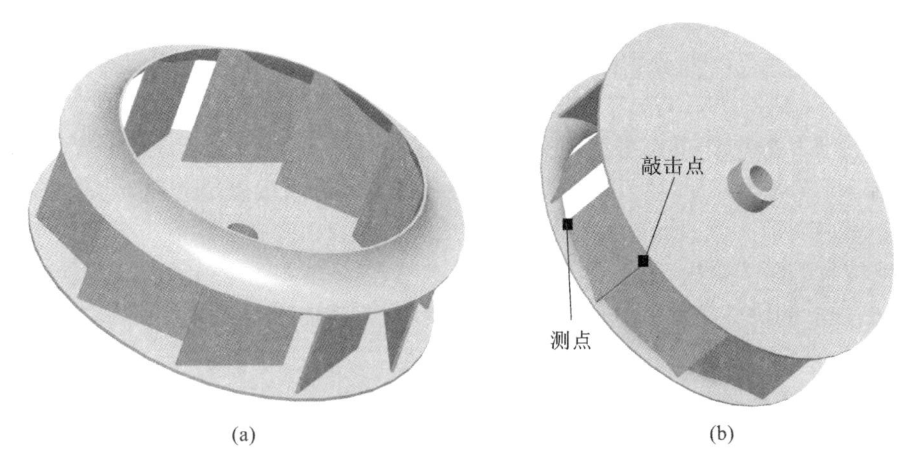

图 8.56 肇丰 4-72A 离心式风机转子叶轮 3D 模型

(a) 转子 3D 模型;(b) 测点布置

图 8.57 敲击实验布置图

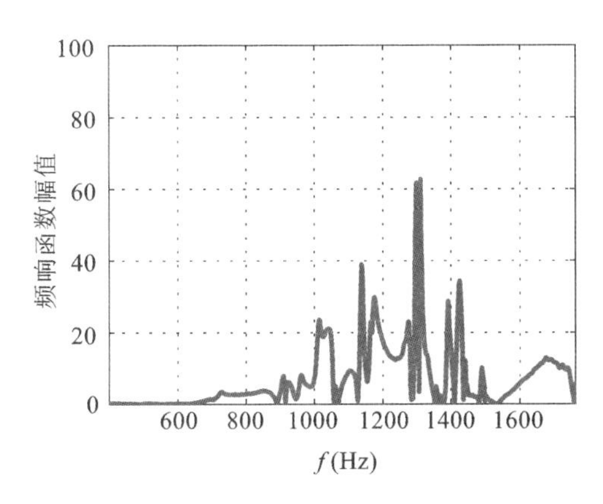

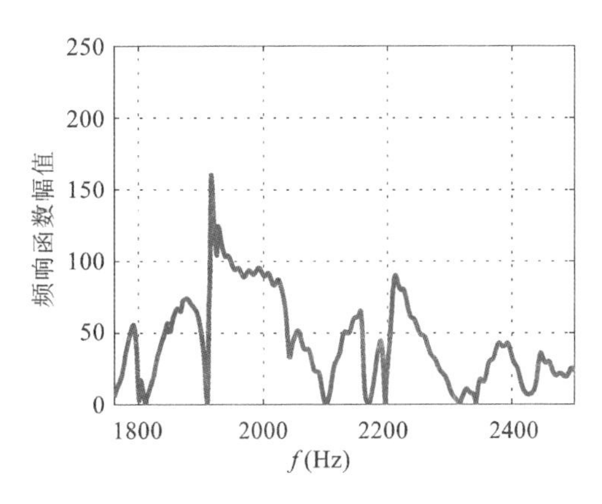

图 8.58 风机 1 号叶片频响函数

(a)400 ~ 1750Hz;(b)1750 ~ 2500Hz

单独使用 GLE 方法对离心风机转子叶轮中的裂纹进行辨识，得到的低频段和高频段裂纹峰值指示如图 8.59 所示，GLE 在测点 3 处出现一定的裂纹峰值，但也伴随显著的波动，影响了损伤位置的辨识，显示了 GLE 方法的缺陷和局限性。单独使用 CWCD 方法通过风机叶片高、低频段数据进行裂纹辨识，其结果如图 8.60 所示。图 8.60(a) 所示的低频段 CWCD 结果则指出叶片 3 可能出现裂纹，而叶片 7 也可能存在裂纹，根据实际情况确定叶片 3 为裂纹叶片。通过图 8.60(b) 可以看出在低频段中幅值表现较小的 4 号叶片在高频段中有一定的频率响应值，3 号叶片仍保持较小频响幅值。图 8.60(b) 所给出的 CWCD 值则指出叶片 3、4、8 较有可能存在问题。综合考虑低频段的估计结果，可以判断 3 号叶片与其他叶片不同，有可能存在损伤。

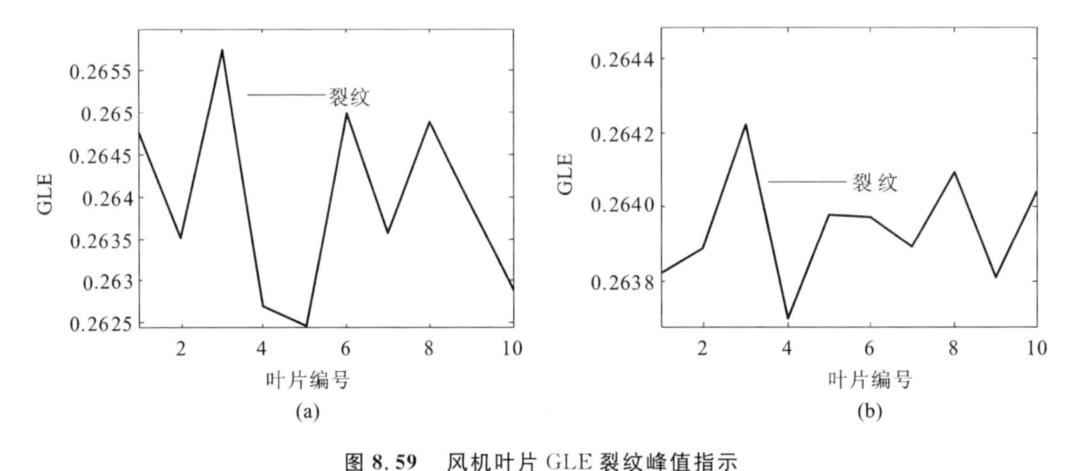

图 8.59 风机叶片 GLE 裂纹峰值指示

(a) 400 ～ 1750Hz 频段广义局部熵；(b)1750 ～ 2500Hz 频段广义局部熵

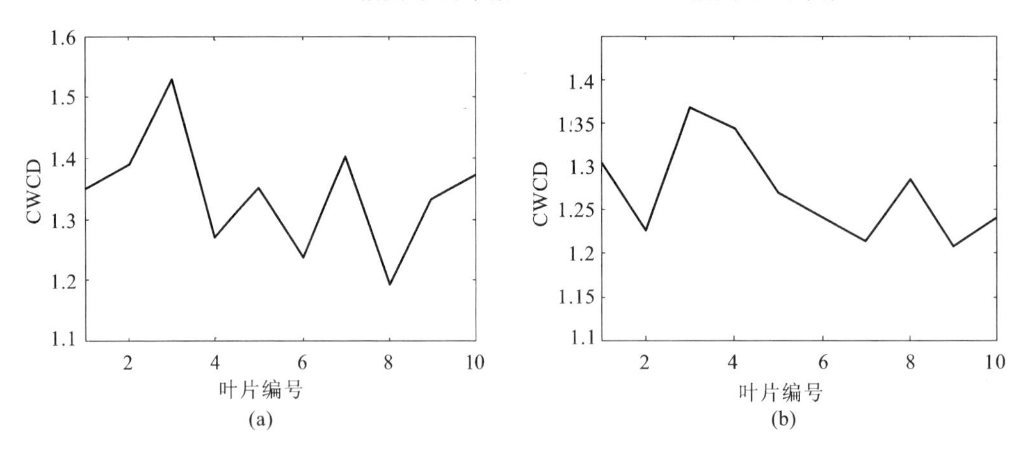

图 8.60 风机叶片曲率维数裂纹峰值指示

(a) 400 ～ 1750Hz 频段曲率维数；(b)1750 ～ 2500Hz 频段曲率维数

结合 GLE 与 CWCD 方法识别结果，可以发现单独使用 GLE 或 CWCD 均未能给出如悬臂梁及转子结构类似的清晰识别效果，这是由实际结构复杂性所导致的，不同叶片差异较大的点焊位置和点焊程度均对结构的频响函数测量造成了一定影响，导致测试结果即使在无损叶片间也存在一定差距，叶片的点焊和线焊接状况如图 8.61 所示。面对实际结构中的复杂性，应当将 CWCD 方法和 GLE 有机地结合起来，利用信息融合和距离方法，从更宽广的角度对结构裂纹进行监测和识别。

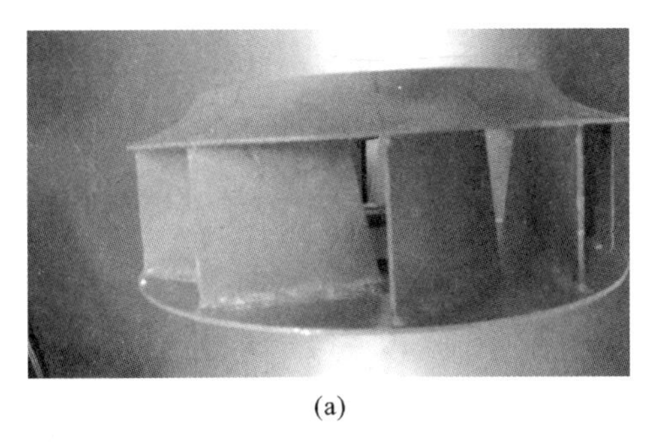

(a)

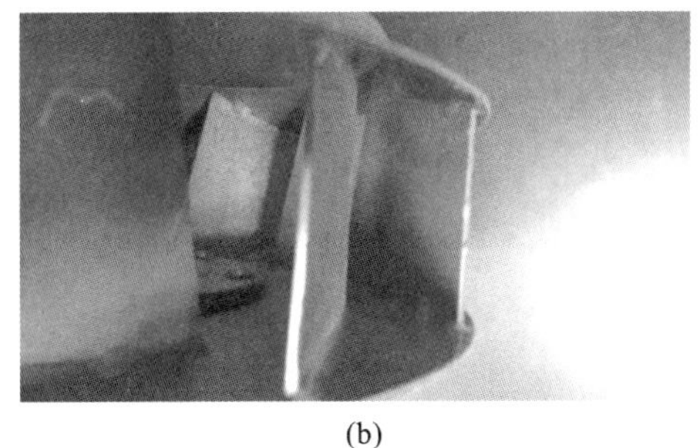

(b)

图 8.61 叶片两端焊接状况

(a) 线焊接部分;(b) 点焊部分

在 GLE 方法和 CWCD 方法均无法单独给出准确损伤判定的情况下,将两者结合起来,开展针对离心风机转子叶轮的 MVA 裂纹识别研究。图 8.62(a) 给出的互 MVA 低频段结果中散点被分为三个不同的类,包括两个无损伤类和一个以测点 3 为成员的裂纹类,图示无损伤类散点比较集中,由于测点 3 所在类的原点距离明显大于其他类的原点距离,因此指出该类为裂纹类,而其余为无损伤类。图 8.62(b) 给出的高频段互 MVA 结果同样将裂纹叶片与正常叶片清楚地进行了区分。与单独使用 CWCD 与 GLE 的效果相比,互 MVA 的裂纹识别结果更加清晰,体现了 MVA 的独特优势。

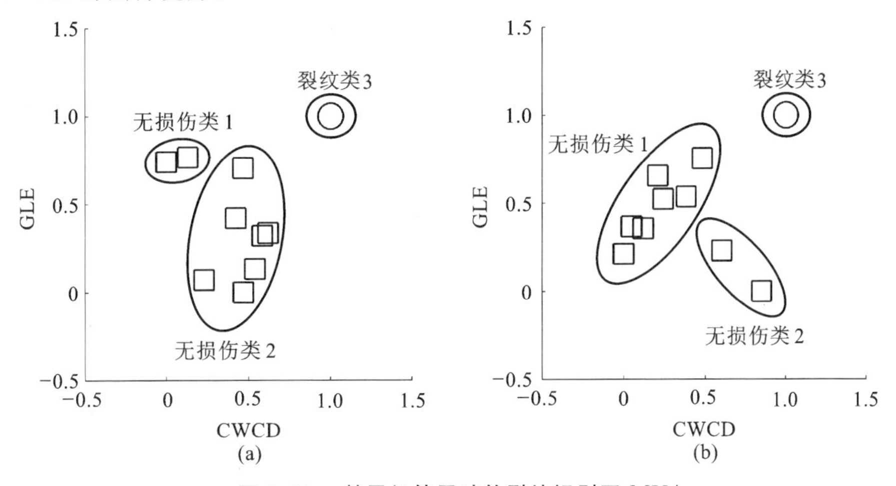

图 8.62 鼓风机转子叶轮裂纹识别互 MVA

(a)400 ～ 1750Hz 频段;(b)1750 ～ 2500Hz 频段

图 8.63 为 CWCD 与 GLE 指标的自 MVA 分析,在图 8.63(a) 所示的 CWCD 自 MVA 分析中,所有无损伤散点被准确地划分在同一个类中,而裂纹测点 3 则由于在高、低频段均拥有较大的原点距离而独立出来。使用 GLE 进行自 MVA 分析,得到图 8.63(b),图中出现了三个类,其中含测点 3 的类其原点距离大于其他两类,因此认定该类为裂纹类,其余两类为无损伤类。综合统计互 MVA 与自 MVA 中裂纹类散点所代表的物理测点出现频次,发现测点 3 出现 4 次,其他测点未出现,因此认为该处发生损伤,与实际相符。

通过理论分析与实验验证可以发现,MVA 方法可通过 GLE 与 CWCD 的互补,对低阶振型、高阶振型和运行响应振型形成准确且具有较好噪声免疫能力的损伤辨识方法,MVA 方法有效地融合了 GLE 与 CWCD 方法的优点,并通过 MVA 机制对其缺点进行了有效抑制。

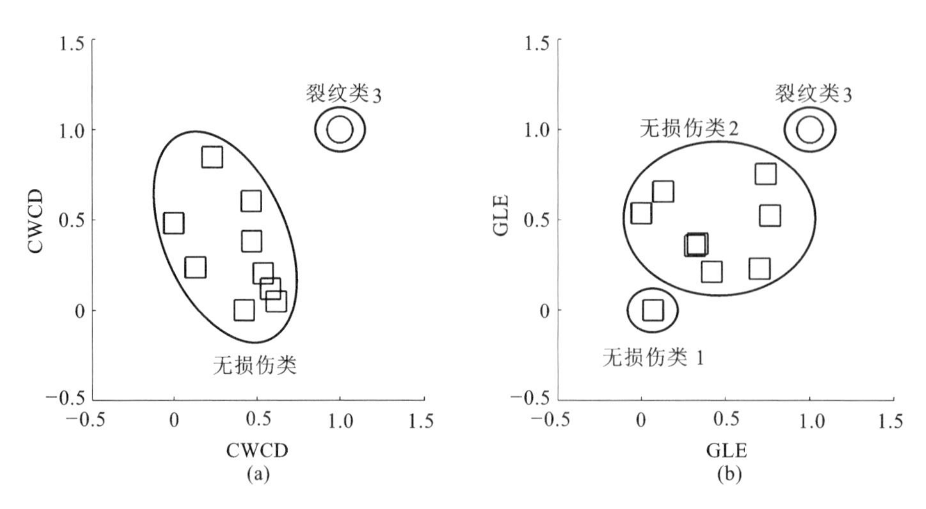

图 8.63 鼓风机转子叶轮裂纹识别自 MVA

(a)CWCD - CWCD;(b)GLE - GLE

在以结构固有频率为测试目标的结构健康监测技术方面,为了扩展用于裂纹定量识别的传统一维结构频率三线相交法的使用范围,使之有望应用于更复杂的结构当中,提出了基于小波有限元的板结构频率三线相交裂纹定量诊断方法,扩展提出了三维裂纹参数空间中的沙漏型判据,继而开展了仿真验证和 Monte Carlo 测试,对可能出现的测量误差代入有限元模型进行分析,为进一步开展基于模型的裂纹监测提供了基础。

在以结构振型为测试目标的结构健康监测技术方面,考虑到现有技术对结构健康数据的依赖,提出了两种"无基线"的裂纹监测指标:以信息熵为基础,提出了广义局部熵指标 GLE,适用于一般低阶振型的损伤辨识;以维数评估为基础提出了曲率维数指标 CWCD,适用于运行响应振型的损伤辨识。对所提出的指标分别开展了不同位置、不同程度及不同裂纹个数的裂纹识别研究,利用 Monte Carlo 方法对所提出指标的噪声免疫能力进行了分析。通过在悬臂梁实验台、Bently 转子实验台上分别开展实验验证,证明了所提出指标的可靠性。

鉴于单一指标难以形成对结构裂纹的准确评估,在多元分析 MVA 的基础上,提出了以 GLE 和 CWCD 为融合对象的 MVA 裂纹监测技术,将 GLE 和 CWCD 的优势融合起来,提出了互 MVA 技术和自 MVA 技术,形成了一种独特的裂纹诊断模式,实现了不同指标间、不同振型间的信息融合分析。开展仿真分析、Monte Carlo 测试以及实验研究对所提出方法的裂纹识别能力进行了验证。验证结果表明,相对于独立使用单一指标,MVA 具有明显的优势,可有效实现优势互补。

参 考 文 献

[1] FAN W,QIAO P Z. A 2-D continuous wavelet transform of mode shape data for damage detection of plate structures. International Journal of Solids and Structures,2009,46(25):4379-4395.

[2] SHANNON C E. The mathematical theory of communication(Reprinted). M D Computing,1997,14(4):306-317.

[3] YAN R Q,GAO R X. Approximate Entropy as a diagnostic tool for machine health monitoring. Mechanical Systems and Signal Processing,2007,21(2):824-839.

[4] YAN R Q,LIU Y B,GAO R X. Permutation entropy:a nonlinear statistical measure for status characterization of rotary machines. Mechanical Systems and Signal Processing, 2012,29(5):474-484.

[5] SEVCIK C,A procedure to estimate the fractal. dimension of wave forms. Chaos Solitons & Fractals. 2010,5.

[6] QIAO P Z,CAO M. Waveform fractal dimension for mode shape-based damage identification of beam-type structures. International Journal of Solids and Structures, 2008,45(22):5946-5961.

[7] 刘耀宗,胡茑庆. Jeffcott 转子碰摩故障试验研究. 振动工程学报,2001,14(1):96-99.

[8] MARDIA K V,KENT J T,BIBBY J M. Multivariate analysis(probability and mathematical statistics). London:Academic Press,1980.

[9] 王学民. 应用多元分析. 上海:上海财经大学出版社,2009.

[10] GALTON F. Natural inheritance. Macmillan and co,1989.

9 应变预测及损伤检测

9.1 基于 Kullback - Leibler 距离方法

9.1.1 距离测度

为度量两个数据集合之间的相似程度，需定义用于划分类别的测度指标，常用的测度指标有距离测度和相似系数。距离测度属于相异性测量指标，主要用来测量不同数据集合之间的差异程度，而相似系数属于相似性测量指标，主要用来测量不同数据集合之间的相似程度。一般来说，不同数据集合之间越相似，它们之间的差异程度就越低。特别地，当两个数据集合完全相同时，其距离测度为零。

对两个不同的数据集合，它们之间的距离测度应满足以下三个条件[1]：

(1) 非负性

$$d(x,y) \geqslant 0\text{，当且仅当 } x = y \text{ 时，} d(x,y) = 0$$

(2) 对称性

$$d(x,y) = d(y,x)$$

(3) 三角不等式

假定 z 为另一相同类型的数据集合，则有：

$$d(x,y) \leqslant d(x,z) + d(y,z)$$

满足上述三个条件的距离测度被称为可度量的距离测度；满足前两个条件但是不满足第三个条件的距离测度被称为半度量的距离测度或者广义的距离测度；有更多条件不满足的距离测度被称为非度量的距离测度。

在距离测度理论中，最常见的距离测度为 Kullback-Leibler 散度，其集中表示了两个向量之间的差异程度，常被用于测量结构的非相似度[2]。

9.1.2 Kullback-Leibler 距离

1951 年，Kullback[3] 提出了 Kullback-Leibler 距离，后又被称为 Kullback-Leibler 距离测度、Kullback-Leibler 散度、相对熵和交叉熵等，主要用于度量两个概率分布（或数据集合）之间的差异性信息，本书中若不作特殊说明，均简称为 Kullback-Leibler 散度（Kullback-Leibler Divergence，为 KLD）。

假定 $P = (p_1, p_2, p_3, \cdots, p_N)$ 和 $Q = (q_1, q_2, q_3, \cdots, q_N)$ 为两个离散型随机变量 X 的概率

分布，且满足条件：$p_i > 0, \sum_{i=1}^{N} p_i = 1, N \geqslant 2$ 和 $q_i > 0, \sum_{i=1}^{N} q_i = 1, N \geqslant 2$，则 P 和 Q 之间 Kullback - Leibler 散度的定义为：

$$KLD(P,Q) = \sum_{i=1}^{N} p_i \ln\left(\frac{p_i}{q_i}\right) \tag{9.1}$$

从式(9.1)可以看出，Kullback - Leibler 散度满足以下性质：

(1) 非负性

$KLD(P,Q) \geqslant 0$，当且仅当 $P = Q$ 时 $KLD(P,Q) = 0$。

(2) 最小 K - L 距离定理

假定离散型随机变量 X 的某一概率分布向量 Q 是已知的，则当 P 受到某些给定条件约束时，应选取 P 使得 P 和 Q 之间的 Kullback - Leibler 散度最小。但是由 Kullback - Leibler 散度的计算公式同样可以看出其不满足对称性和三角不等式，故其被归纳为非度量的距离测度。因结构在损伤发生前后其应变动力参数是不相同的，所以将其用于表征损伤特征时，概率分布 P 为无分层损伤层合板或包含分层损伤层合板的应变参数时，Kullback - Leibler 散度对分层损伤的表征效果是不同的，甚至差异比较大，这就给复合材料分层损伤的表征带来了一个如何选择 P 所代表的参数类型的问题，并造成损伤识别的复杂和不便，故引入 J 散度和卡方分布来解决该问题。

9.1.3　J 散度

J 散度(J Divergence，JD)是从对称的观点来描述 Kullback - Leibler 散度，是一种可度量的距离测度[4]。假定 $P = (p_1, p_2, p_3, \cdots, p_N)$ 和 $Q = (q_1, q_2, q_3, \cdots, q_N)$ 为两个离散型随机变量 X 的两个概率分布，且满足条件：$p_i > 0, \sum_{i=1}^{N} p_i = 1, N \geqslant 2$ 和 $q_i > 0, \sum_{i=1}^{N} q_i = 1, N \geqslant 2$，则 P 和 Q 之间 J 散度的定义为：

$$JD(P,Q) = \frac{1}{2N} \sum_{i=1}^{N} \left(\frac{q_i}{p_i} + \frac{p_i}{q_i} - 1\right) \tag{9.2}$$

从式(9.2)可以看出，J 散度满足以下性质：

(1) 非负性

$JD(P,Q) \geqslant 0$，当且仅当 $P = Q$ 时，$JD(P,Q) = 0$。

(2) 对称性

$JD(P,Q) = JD(Q,P)$。

(3) 三角不等式

假定 $W = (w_1, w_2, w_3, \cdots, w_n)$ 为离散型随机变量 X 的一个概率分布，则其满足以下三角不等式：

$$JD(P,Q) \leqslant JD(P,W) + JD(W,Q) \tag{9.3}$$

则由距离测度的定义可以看出，J 散度为一种可以度量的距离测度。

9.1.4　卡方分布

卡方分布又称为 Chi-square Distribution(简称 CSD)，它是从统计的观点对 Kullback-Leibler 散度进行表示，亦是 Kullback-Leibler 散度的对称表示[5]。假定 $P = (p_1, p_2, p_3, \cdots, p_N)$ 和 $Q =$

$(q_1, q_2, q_3, \cdots, q_N)$ 为两个离散型随机变量 X 的两个概率分布，且满足条件：$p_i > 0$，$\sum_{i=1}^{N} p_i = 1$，$N \geqslant 2$ 和 $q_i > 0$，$\sum_{i=1}^{N} q_i = 1$，$N \geqslant 2$，则 P 和 Q 之间卡方分布的定义为：

$$CSD = \sum_{i=1}^{N} \frac{(p_i - q_i)^2}{p_i + q_i} \tag{9.4}$$

从式(9.4)可以看出，卡方分布满足以下性质：

(1) 非负性

$CSD(P,Q) \geqslant 0$，当且仅当 $P = Q$ 时，$CSD(P,Q) = 0$。

(2) 对称性

$CSD(P,Q) = CSD(Q,P)$。

(3) 三角不等式

假定 $W = (w_1, w_2, w_3, \cdots, w_n)$ 为离散型随机变量 X 的一个概率分布，则满足以下三角不等式：

$$CSD(P,Q) \leqslant CSD(P,W) + CSD(W,Q) \tag{9.5}$$

则由距离测度的定义可以看出卡方分布为一种可以度量的距离测度。

9.1.5 混合距离测度的构造

混合距离测度指标主要是以无损伤和存在损伤时的应变模态差异为基础，基于 Kullback - Leibler 散度、J 散度和卡方分布（以下简称 Kullback - Leibler 散度及其对称表示）构造的复合材料分层损伤敏感指标，故此处以复合材料为对象，首先研究基于复合材料层合板有无分层损伤时的应变参数计算 Kullback - Leibler 散度及其对称表示的方法。

当层合板中出现分层损伤时，分层损伤引起的结构奇异性会导致分层损伤附近应变模态参数的变化，而当层合板中不存在分层损伤时其应变模态参数是相对不变的，因此层合板在有无分层损伤时其应变模态参数是不同的，存在着微小的差异。而从上述分析中可以看出，Kullback - Leibler 散度及其对称形式可以用来测量两个数据集合之间的差异程度。故可以使用 Kullback - Leibler 散度及其对称形式来提取层合板应变模态参数中与分层损伤有关的损伤特征，进而验证其成为分层损伤敏感特征的可行性。

依据获得的层合板在无分层损伤和存在分层损伤时的应变模态，Kullback - Leibler 散度及其对称形式可以提取层合板应变模态中与分层损伤有关的损伤特征，具体过程如下所示。

将获得的无损伤和存在分层损伤时层合板第 l 阶应变模态进行归一化之后记为 ε^l 和 ε^{dl}，其中 ε^{dl} 表示存在分层损伤时层合板的第 l 阶应变模态，则与第 l 阶应变模态相关的 Kullback - Leibler 散度 KLD^l 的计算方式如下所示：

$$KLD^l = \int_0^{L_x} \int_0^{L_y} \varepsilon^{dl} \lg \frac{\varepsilon^{dl}}{\varepsilon^l} \mathrm{d}x \mathrm{d}y \tag{9.6}$$

式中，L_x 为层合板在 X 轴方向的长度；L_y 为层合板在 Y 轴方向的长度。

当层合板被划分为 $N_X \times N_Y$ 部分时，层合板第 (i,j) 部分的 Kullback-Leibler 散度 $KLD_{(i,j)}^l$ 的计算方式为：

$$KLD_{(i,j)}^l = \int_{y_j}^{y_{j+1}} \int_{x_i}^{x_{i+1}} \varepsilon_{(i,j)}^{dl} \lg \frac{\varepsilon_{(i,j)}^{dl}}{\varepsilon_{(i,j)}^{l}} \mathrm{d}x \mathrm{d}y \tag{9.7}$$

式中，x_i 表示第 (i,j) 部分在 X 轴方向上坐标的最小值；x_{i+1} 表示第 (i,j) 部分在 X 轴方向上坐标的最大值；y_j 表示第(i,j)部分在Y轴方向上坐标的最小值；y_{j+1} 表示第(i,j)部分在Y轴方向上坐标的最大值。

为充分考虑获得的各阶应变模态对层合板分层损伤识别结果的影响，在计算第(i,j)部分的 Kullback - Leibler 散度时需考虑归一化之后的所有阶层合板应变模态，则相应的 Kullback - Leibler 散度的计算公式为：

$$KLD_{(i,j)} = \sum_{l=1}^{NM}\int_{y_j}^{y_{j+1}}\int_{x_i}^{x_{i+1}} \varepsilon_{(i,j)}^{dl} \lg \frac{\varepsilon_{(i,j)}^{dl}}{\varepsilon_{(i,j)}^{l}} \mathrm{d}x\mathrm{d}y \tag{9.8}$$

式中，NM 表示获得的层合板应变模态的阶数，本书中 $NM = 5$，以后若不作特殊说明，获得的层合板应变模态的阶数均为 5。采用相似的方法可以得到与第(i,j)部分有关的 J 散度 $JD_{(i,j)}$ 和卡方分布 $CSD_{(i,j)}$ 的计算公式，如下所示：

$$JD_{(i,j)} = \sum_{l=1}^{NM}\int_{y_j}^{y_{j+1}}\int_{x_i}^{x_{i+1}} \left(\frac{\varepsilon_{(i,j)}^{l}}{\varepsilon_{(i,j)}^{dl}} + \frac{\varepsilon_{(i,j)}^{dl}}{\varepsilon_{(i,j)}^{l}} - 1\right) \mathrm{d}x\mathrm{d}y \tag{9.9}$$

$$CSD_{(i,j)} = \sum_{l=1}^{NM}\int_{y_j}^{y_{j+1}}\int_{x_i}^{x_{i+1}} \frac{(\varepsilon_{(i,j)}^{l} - \varepsilon_{(i,j)}^{dl})^2}{\varepsilon_{(i,j)}^{l} + \varepsilon_{(i,j)}^{dl}} \mathrm{d}x\mathrm{d}y \tag{9.10}$$

由上述研究可以看出，Kullback-Leibler 散度及其对称表示在表示复合材料分层损伤时是三个独立的分层损伤敏感特征，而且 Kullback-Leibler 散度存在参数类型选择的问题，基于此本书提出混合距离测度(Hybrid Distance Measure，HDM)分层损伤敏感特征用于复合材料分层损伤识别。

混合距离测度主要是以 Kullback - Leibler 散度和 J 散度及卡方分布之间的相似性程度的度量为基础进行构造，其计算公式为：

$$HDM = \rho_{(KLD,JD)} JD + \rho_{(KLD,CSD)} CSD \tag{9.11}$$

式中，$\rho_{(KLD,JD)}$ 表示 KLD 和 JD 之间的互相关系数，其计算方法如式(9.12)所示；$\rho_{(KLD,CSD)}$ 表示 KLD 和 CSD 之间的互相关系数，其计算方法如式(9.13)所示。

$$\rho_{(KLD,JD)} = \frac{\sum (KLD - \overline{KLD})(JD - \overline{JD})}{\sqrt{\sum_{i=1}^{n}(KLD_i - \overline{KLD})^2}\sqrt{\sum_{i=1}^{n}(JD_i - \overline{JD})^2}} \tag{9.12}$$

$$\rho_{(KLD,CSD)} = \frac{\sum (KLD - \overline{KLD})(CSD - \overline{CSD})}{\sqrt{\sum_{i=1}^{n}(KLD_i - \overline{KLD})^2}\sqrt{\sum_{i=1}^{n}(CSD_i - \overline{CSD})^2}} \tag{9.13}$$

从混合距离测度的计算公式可以看出，其主要是从互相关系数的角度很好地考虑了 J 散度和卡方分布分别与 Kullback - Leibler 散度之间的近似程度，同时仍然具备上述三者对损伤的敏感能力。

9.1.6 结构应变模态的求取

假定一连续体结构被划分为 NE 个单元，第 i 个单元所有节点的位移组成的列矩阵为 $\boldsymbol{\delta}_{ei}$，其内某一点的位移列阵为 $\boldsymbol{\delta}_i$，则其可以表示为：

$$\boldsymbol{\delta}_i = \boldsymbol{P}\boldsymbol{a}_i \tag{9.14}$$

式中，$\boldsymbol{P}$ 表示位移函数矩阵；$\boldsymbol{a}_i$ 表示系数矩阵。为使该方程有唯一解，方程中变量的数目必须等于单元中节点位移自由度的数目，故由式(9.14)可以得到：

$$\boldsymbol{\delta}_{e\,i} = \boldsymbol{A}_i \boldsymbol{a}_i \tag{9.15}$$

可求取其系数矩阵：

$$\boldsymbol{a}_i = \boldsymbol{A}_i^{-1} \boldsymbol{\delta}_{e\,i} \tag{9.16}$$

将式(9.16)代入式(9.14)可得到：

$$\boldsymbol{\delta}_i = \boldsymbol{P}\boldsymbol{A}_i^{-1} \boldsymbol{\delta}_{e\,i} \tag{9.17}$$

故结构中第 i 单元上任一点的应变为：

$$\boldsymbol{\varepsilon}_i = \boldsymbol{D}\boldsymbol{\delta}_i = \boldsymbol{D}\boldsymbol{P}\boldsymbol{A}_i^{-1}[\boldsymbol{\delta}_e]_i = \boldsymbol{B}_i \boldsymbol{\delta}_{e\,i} \tag{9.18}$$

式中，$\boldsymbol{D}$ 表示微分算子；$\boldsymbol{B}_i$ 表示单元应变矩阵，且 $\boldsymbol{B}_i = \boldsymbol{D}\boldsymbol{P}\boldsymbol{A}_i^{-1}$。

由于矩阵 $\boldsymbol{B}_i$ 为对角矩阵，则式(9.18)可以具体表示为：

$$\begin{bmatrix} \boldsymbol{\varepsilon}_1 \\ \boldsymbol{\varepsilon}_2 \\ \boldsymbol{\varepsilon}_3 \\ \vdots \\ \boldsymbol{\varepsilon}_{NE} \end{bmatrix} = \begin{bmatrix} \boldsymbol{B}_1 & & & & \\ & \boldsymbol{B}_2 & & & \\ & & \boldsymbol{B}_3 & & \\ & & & \vdots & \\ & & & & \boldsymbol{B}_{NE} \end{bmatrix} \begin{bmatrix} \boldsymbol{\varepsilon}_{e\,1} \\ \boldsymbol{\varepsilon}_{e\,2} \\ \boldsymbol{\varepsilon}_{e\,3} \\ \vdots \\ \boldsymbol{\varepsilon}_{e\,NE} \end{bmatrix} \tag{9.19}$$

同样可以采用矩阵的方式来表达：

$$\boldsymbol{\varepsilon} = \boldsymbol{B}\boldsymbol{\delta} \tag{9.20}$$

式中，$\boldsymbol{\varepsilon}$ 表示单元应变；$\boldsymbol{\delta}$ 表示节点位移。

通过坐标变换将式(9.20)由局部坐标系转换到总体坐标系，则式(9.20)变为：

$$\boldsymbol{\delta} = \boldsymbol{\beta}\boldsymbol{\delta}_s \tag{9.21}$$

式中，$\boldsymbol{\beta}$表示坐标变换矩阵；$\boldsymbol{\delta}_s$ 表示全局坐标系中的节点位移向量。将式(9.20)代入式(9.21)可得到：

$$\boldsymbol{\varepsilon} = \boldsymbol{B}\boldsymbol{\beta}\boldsymbol{\delta}_s \tag{9.22}$$

对于不考虑阻尼的连续结构，其运动方程为：

$$\boldsymbol{M}_s \ddot{\delta}_s + \boldsymbol{K}_s \boldsymbol{\delta}_s = \boldsymbol{f}_s \tag{9.23}$$

当外力或者激励力 $\boldsymbol{f}_s = \boldsymbol{F}_s e^{j\omega t}$ 时，式(9.23)的解可以表示为：

$$\boldsymbol{\delta}_s = \boldsymbol{U}_s e^{j\omega t} \tag{9.24}$$

故式(9.23)可以简化为：

$$(-\omega^2 \boldsymbol{M}_s + \boldsymbol{K}_s)\boldsymbol{U}_s = \boldsymbol{F}_s \tag{9.25}$$

使用模态叠加理论，则式(9.23)的解为：

$$\boldsymbol{U}_s = \boldsymbol{\Phi}\boldsymbol{y}_r \boldsymbol{\Phi}^{\mathrm{T}} \boldsymbol{F}_s = \boldsymbol{H}\boldsymbol{F}_s \tag{9.26}$$

式中，$\boldsymbol{\Phi} = [\boldsymbol{\varphi}_1, \boldsymbol{\varphi}_2, \boldsymbol{\varphi}_3, \cdots, \boldsymbol{\varphi}_m]$，$\boldsymbol{y}_r = \mathrm{diag}[y_1, y_2, y_3, \cdots, y_k, \cdots, y_m]$，$y_k = (k_k - \omega^2 m_k)^{-1}$，$\boldsymbol{H} = \boldsymbol{\Phi}\boldsymbol{y}_r\boldsymbol{\Phi}^{\mathrm{T}} = \sum_{r=1}^{m} y_r \boldsymbol{\varphi}_r \boldsymbol{\varphi}_r^{\mathrm{T}}$；$k_k$ 表示第k 阶模态刚度；m_k 表示第k 阶模态质量；$\boldsymbol{H}$ 表示位移频响函数；$\boldsymbol{\Phi}$ 表示模态矩阵；$\boldsymbol{\varphi}_r$ 表示第k 阶固有模态；m 表示需考虑的模态总数。由式(9.22)、式(9.24)和式(9.26)可得结构的应变模态为：

$$\begin{aligned} \boldsymbol{\varepsilon} e^{j\omega t} &= \boldsymbol{B}\boldsymbol{\beta}\boldsymbol{\Phi}\boldsymbol{y}_r\boldsymbol{\Phi}^{\mathrm{T}}\boldsymbol{F}_s e^{j\omega t} = \Psi^{\varepsilon}\boldsymbol{y}_r\boldsymbol{\Phi}^{\mathrm{T}}\boldsymbol{F}_s e^{j\omega t} \\ &= \sum_{r=1}^{m} y_r \boldsymbol{\psi}_r^{\varepsilon} \boldsymbol{\varphi}_r^{\mathrm{T}} \boldsymbol{F}_s e^{j\omega t} = \boldsymbol{\Psi}^{\varepsilon}\boldsymbol{q} = \sum_{r=1}^{m} q_r \boldsymbol{\Psi}_r^{\varepsilon} \end{aligned} \tag{9.27}$$

式中，$\boldsymbol{\Psi}^{\varepsilon} = [\boldsymbol{\psi}_1^{\varepsilon}, \boldsymbol{\psi}_2^{\varepsilon}, \boldsymbol{\psi}_3^{\varepsilon}, \cdots, \boldsymbol{\psi}_m^{\varepsilon}] = \boldsymbol{B}\boldsymbol{\beta}\boldsymbol{\Phi}$，$\boldsymbol{\psi}_r^{\varepsilon} = \boldsymbol{B}\boldsymbol{\beta}\boldsymbol{\varphi}_k$，$q_r = y_r \boldsymbol{\varphi}_r^{\mathrm{T}} \boldsymbol{F}_s e^{j\omega t}$，$\boldsymbol{\psi}_r^{\varepsilon}$ 表示与第 r 阶模态振型对应的应变模态。

9.1.7　基于应变的损伤识别

为验证混合距离测度指标是否能提取结构应变模态中的分层损伤特征信息，从而验证其是否为有效的分层损伤敏感指标，以边界条件为相对边简支的正方形复合材料碳纤维层合板作为研究对象，其边长为240mm、厚度为3.2mm，铺设方式为$[0°/0°/90°/90°/0°/0°/90°/90°]_s$，其中$s$表示铺层方式为对称铺层，密度为1550kg/m^3，其材料参数如表9.1所示。

表9.1　层合板材料参数

E_1(GPa)	E_2(GPa)	E_3(GPa)	G_{12}(GPa)	G_{13}(GPa)	G_{23}(GPa)	ν_{12}	ν_{13}	ν_{23}
125	8.5	8.5	4.5	4.5	3.27	0.3	0.3	0.3

本书所研究的分层损伤模型有单处分层损伤和两处分层损伤的损伤模型，其中分层损伤的几何尺寸和位置尺寸如图9.1所示。

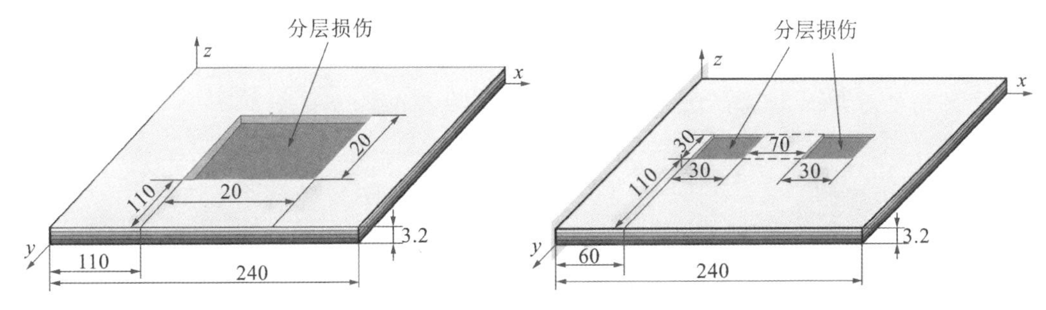

图9.1　分层损伤模型图(单位:mm)

从图9.2～图9.4所示的有无分层损伤时层合板应变模态的对比可以看出：与无分层损伤时层合板的应变模态相比，存在分层损伤时其应变模态变化不大，无法直观地看出因分层损伤而引起的变化，故需要构建分层损伤敏感指标来凸显与表征层合板应变模态中包含的分层损伤特征。

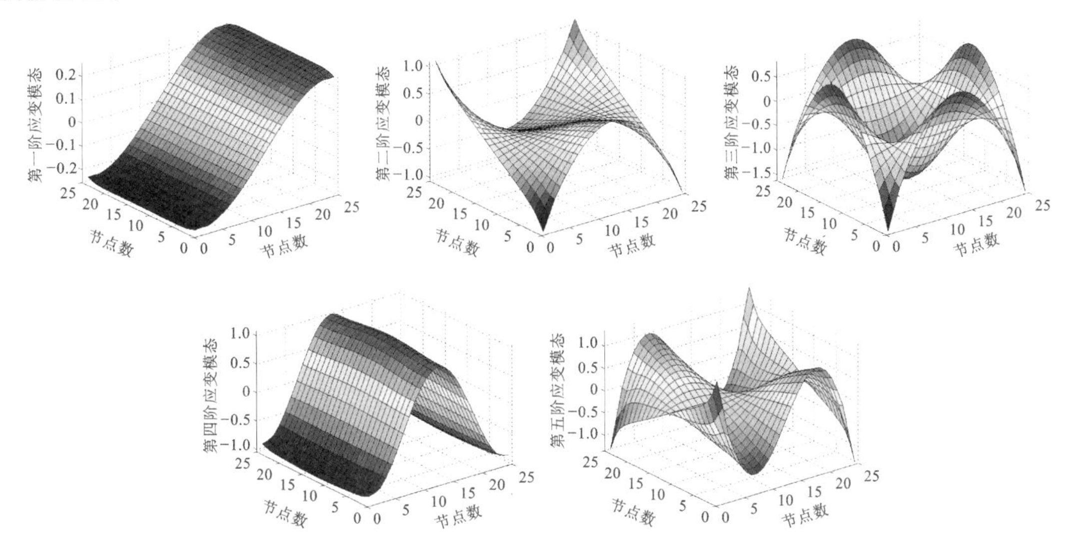

图9.2　无分层损伤时层合板的前五阶应变模态

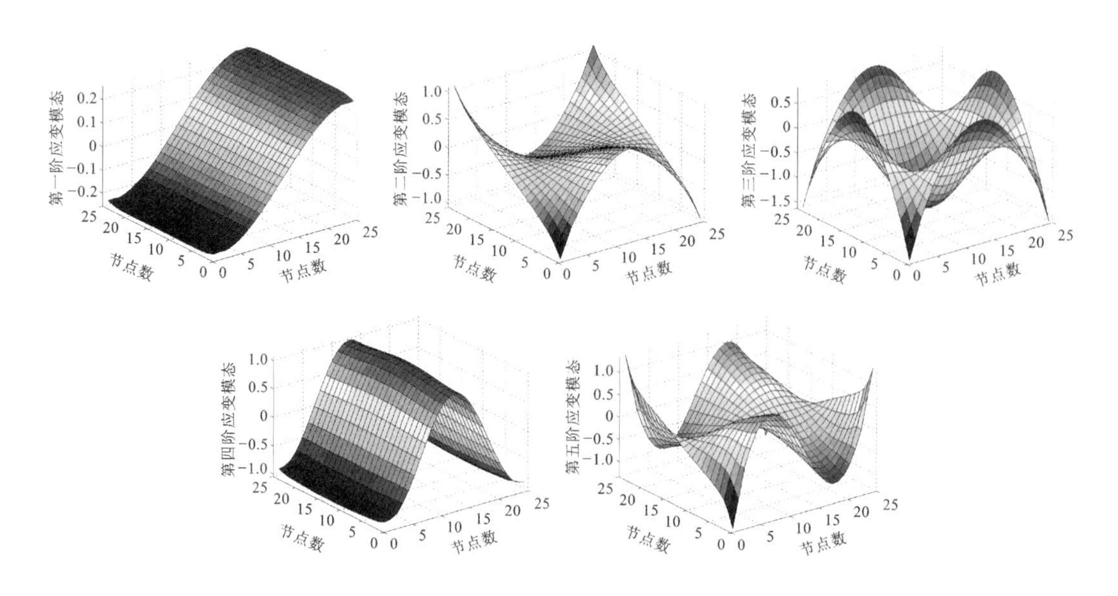

图 9.3　单处分层损伤时层合板的前五阶应变模态

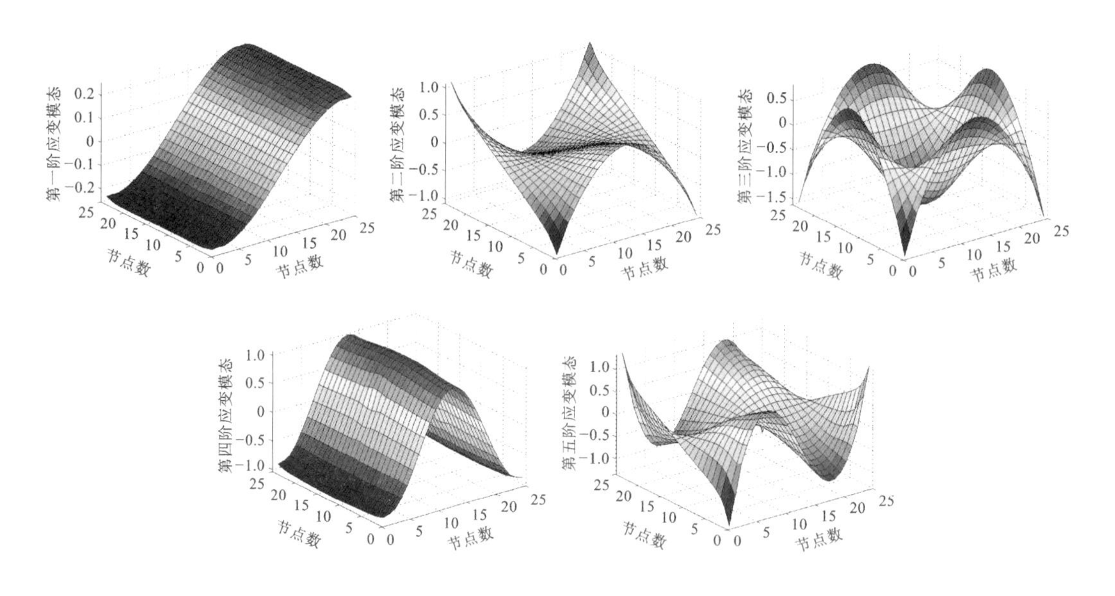

图 9.4　两处分层损伤时层合板的前五阶应变模态

为验证混合距离测度作为分层损伤敏感特征的能力，首先验证其基本构成要素 Kullback-Leibler 散度及其对称表示表征复合材料分层损伤的能力，然后验证混合距离测度作为复合材料分层损伤敏感特征的能力。

1. 基于数值仿真数据的验证

通过对上述复合材料层合板进行模态分析，可以分别获得其在无分层损伤、单处分层损伤和两处分层损伤时的应变模态，然后基于上述 Kullback-Leibler 散度及其对称表示的计算公式可得到它们的计算结果，如图 9.5 和图 9.6 所示。

从 *KLD* 及其近似表示的计算结果可以看出，在分层损伤的位置处均有一个显著的峰

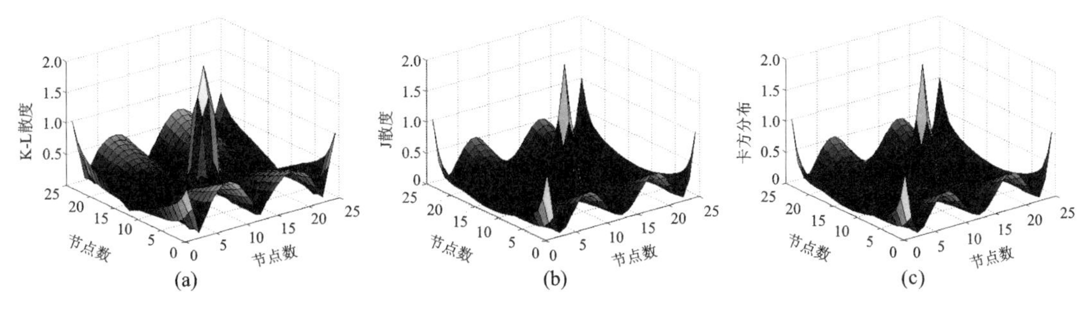

图 9.5　单处分层损伤时的计算结果

(a)Kullback-Leibler 散度;(b)J 散度;(c)CSD

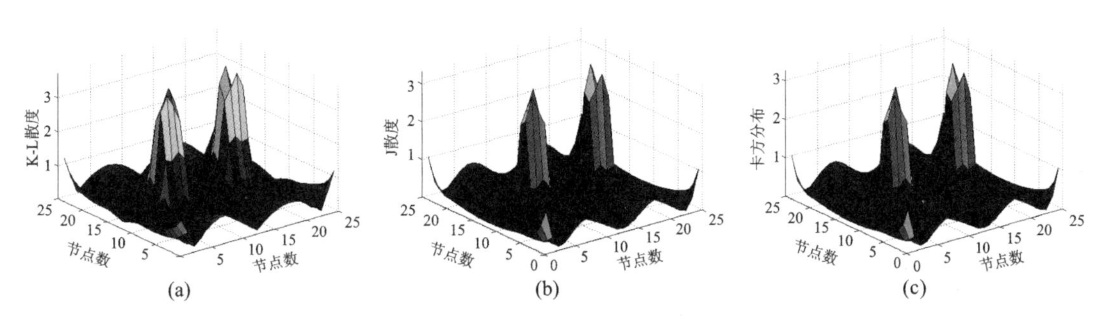

图 9.6　两处分层损伤时的计算结果

(a)Kullback-Leibler 散度;(b)J 散度;(c)CSD

值,该峰值表明 *KLD* 及其对称表示包含的与分层损伤有关的特征信息,可以作为层合板分层损伤识别时的灵敏特征,但是在层合板的边缘和四角部分,*KLD* 及其近似表示的值均比较大,尤其是在层合板四角的部分,*KLD* 及其近似表示的值比边缘部分的值更大,而这代表较大的与分层损伤无关的干扰信息,影响 *KLD* 及其近似表示中与分层损伤识别有关的特征信息的比例。因此,迫切需要一种改进算法在提取 *KLD* 及其近似表示中包含的与分层损伤有关的特征信息的前提下降低相应的干扰信息,从而使其成为更有效的分层损伤敏感特征。

从 Kullback - Leibler 散度及其对称表示在两处分层损伤的计算结果可以看出 Kullback - Leibler 散度及其对称表示在两处分层损伤位置处均出现了两个显著的峰值,而且两处峰值相差不大,说明对于两处分层损伤来说,Kullback - Leibler 散度及其对称表示仍是一个有效的分层损伤敏感特征,不会出现一处分层损伤特征信息丢失的情况,但是此时 Kullback - Leibler 散度两处分层损伤位置间的值相对 J 散度和卡方分布来说比较大,会造成干扰信息比较大,这就导致 Kullback - Leibler 散度和 J 散度及卡方分布之间包含的与分层损伤有关的特征信息的准确度不一致的问题,因此需要构造一个既能表明 Kullback - Leibler 散度和 J 散度及卡方分布三者包含的与分层损伤有关的特征信息,同时又能包含上述三者在层合板的四角及其边缘处存在的干扰信息,故仍然迫切需要一种改进算法在提取 Kullback - Leibler 散度及其对称表示所包含的与层合板两处分层损伤有关的高灵敏度信息的前提下降低其干扰信息的含量,从而成为更有效的分层损伤敏感特征。

为验证混合距离测度是否可以当作有效的分层损伤敏感特征，上述的层合板模型被用来验证上述结论，基于获得的 Kullback - Leibler 散度及其对称表示的计算结果可以获得混合距离测度指标，其计算结果如图 9.7 所示。

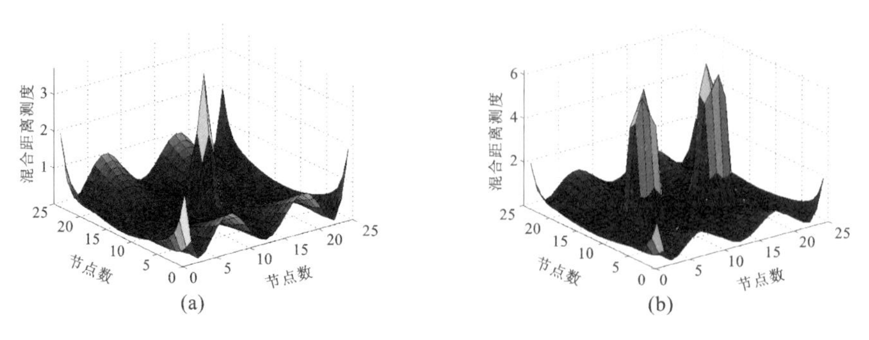

图 9.7　混合距离测度 *HDM*(一)

(a) 单处分层损伤；(b) 两处分层损伤

从图 9.7 可以看出，混合距离测度指标 *HDM* 近似完整地保留了与分层损伤有关的特征信息，在损伤发生的位置其指标值更突出，而且在两处分层损伤之间的值相对很小。从这个方面来说，该指标包含相对完整的与分层损伤有关的特征信息，但是在层合板四角和边缘处的值仍然较大，也就是说它仍包含有干扰信息。总的来说，混合距离测度指标对分层损伤非常敏感，是一个有效的分层损伤敏感指标。

2. 基于实验数据的验证

为验证混合距离测度指标在实际工程应用中的可行性，采用基于光纤光栅传感器的复合材料碳纤维层合板的动态响应实验来验证上述结论。本实验采用光纤 Bragg 光栅，其原理为：当结构受到激励而引起结构上待测点位置的应变发生变化时，此位置上粘贴的光纤光栅的光栅栅距会发生变化，如伸长或者缩短，由此造成光纤光栅中输入光源反射波长的改变，如图9.8 所示。光纤光栅的波长变化 $\Delta\lambda_B$ 与相应的轴向应变 ε 之间的关系可以通过等效转换系数 p_e 联系在一起，具体表示如下：

$$\varepsilon=\frac{\Delta\lambda_B}{p_e}\times 1000=\frac{\lambda_B-\lambda_0}{p_e}\times 1000 \tag{9.28}$$

式中，p_e 表示转换系数，在实验中取值为 1.2pm/$\mu\varepsilon$；λ_B 表示实时波长(nm)；λ_0 表示初始波长(nm)。

实验中，光纤光栅应变传感器贴于碳纤维层合板的边缘位置，其中心波长为(1550 ± 0.5)nm，测量范围为 3000$\mu\varepsilon$，半峰全宽小于 0.3nm 且反射率大于 80%，其窄带宽和高反射率性能可以在保证传播光能低损耗的同时让传感器获得精确应变。

光纤光栅解调系统(图 9.9)包括 SM130-700 光纤光栅传感解调仪和光信号获取与处理模块。SM130 光纤光栅传感解调仪功能是获取测试阶段由应变变化引起的光纤光栅应变传感器中心波长的准静态 / 动态的变化，利用校正波长扫描激光器和大功率快扫描光源实现了动态信号的高速解调，其主要技术参数列于表 9.2 中。由表中可以看出，解调仪的长周期稳定性和重复率可以满足绝对高速加载下应变值测量的高精度要求。实验的整体安装如图 9.10 所示。

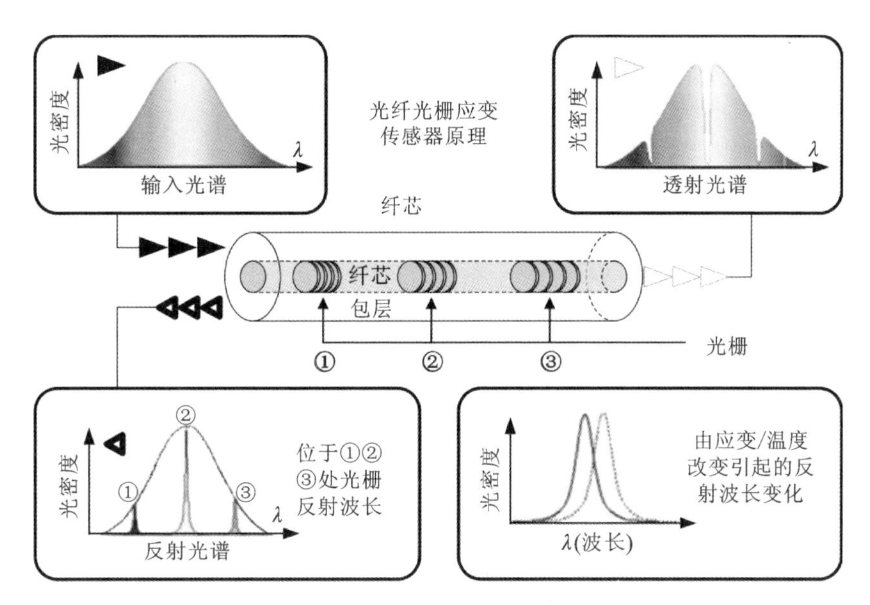

图 9.8　光纤光栅传感器测量原理示意图

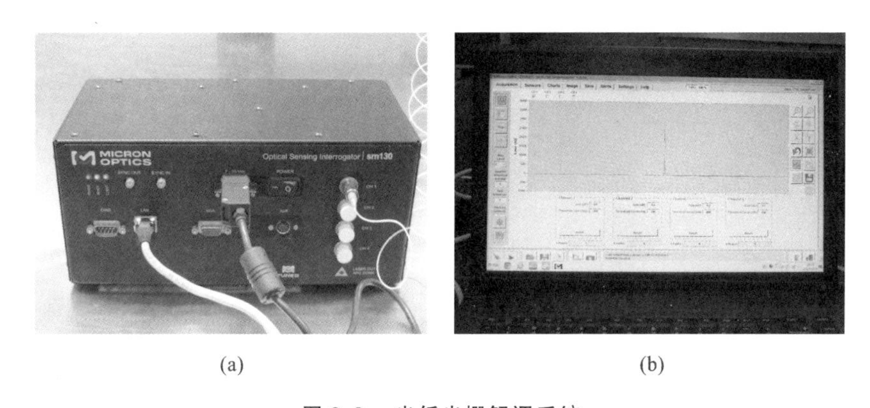

(a)　(b)

图 9.9　光纤光栅解调系统

(a) 光纤光栅解调仪;(b) 信号与处理模块界面图

表 9.2　SM130 光纤光栅解调仪的主要技术参数

技 术 指 标	数　　值
波长范围(nm)	1510 ～ 1590
波长稳定性(pm)	典型值 2,最大值 5
波长重复性(pm)	1(1000 点平均值 0.05)
扫描频率(kHz)	1
单通道最大传感器个数	80(4 通道)
工作温度范围(℃)	0 ～ 50
工作湿度范围(%)	0 ～ 80(不凝露)

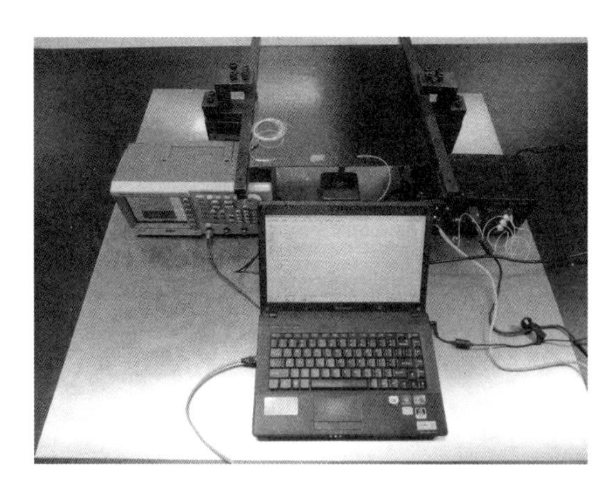

图 9.10　实验整体图

本实验中施加载荷的位置和分层损伤的位置如图 9.11 所示。图中黑色点的位置为使用激振器施加载荷的位置，方框圈出的位置为分层损伤的位置。模拟分层损伤方法的主要过程如下：首先在碳纤维层合板上加工出一正方形的凹陷，然后将与凹陷同样厚度、与碳纤维层合板材料和铺层方向一致的层合板粘贴在凹陷中，粘贴时只粘贴凹陷边缘的部分，其中间的部分不粘贴，从而模拟出分层损伤，如图 9.12 所示。

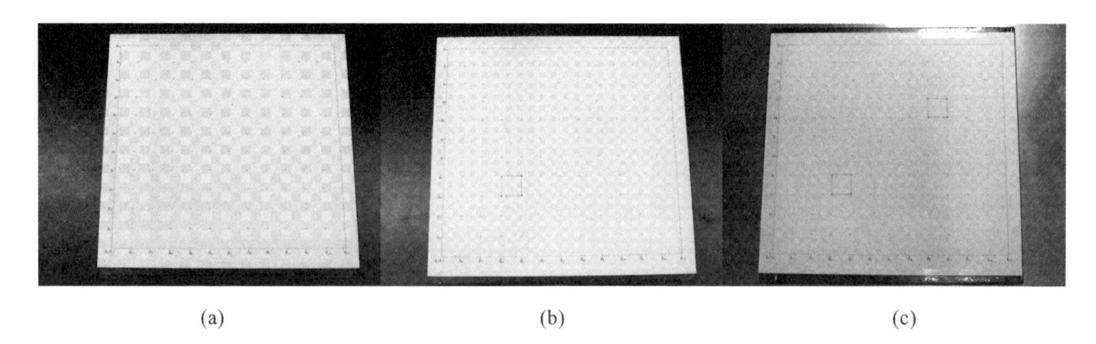

(a)　　(b)　　(c)

图 9.11　碳纤维层合板中载荷施加位置和分层损伤位置

(a) 无分层损伤层合板；(b) 单处分层损伤；(c) 两处分层损伤

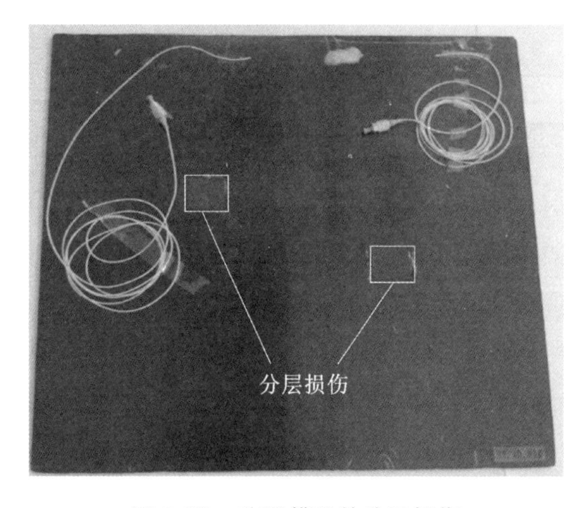

图 9.12　实际模拟的分层损伤

本实验中使用的激振器为TMS公司的激振器，其序列号为1357，其模型号为K2007E01，如图9.13(a)所示。信号发生器使用塔克公司的AFG3022C系列信号发生器，如图9.13(b)所示。

(a)

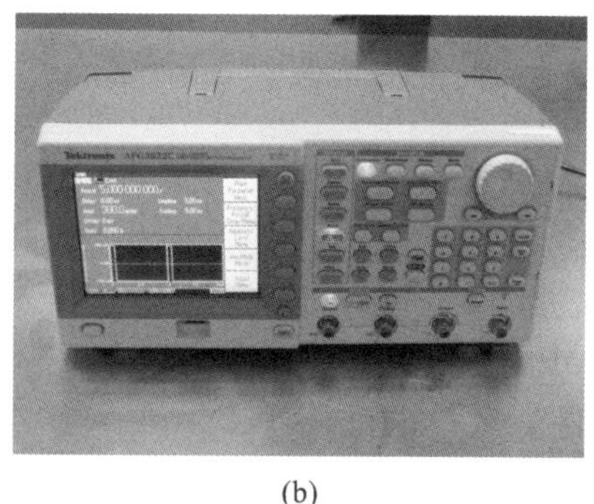
(b)

图9.13　激振器和信号发生器

(a)激振器；(b)信号发生器

使用信号发生器和激振器对碳纤维层合板施加脉冲激励，载荷一个周期内的波形和主要参数如图9.14所示。其中使用四种不同幅值的载荷激励对碳纤维层合板施加激励，这四种幅值分别为：200mvpp、250mvpp、300mvpp、350mvpp和400mvpp。使用光纤光栅分别获取四种不同幅值载荷激励的情况下的响应。

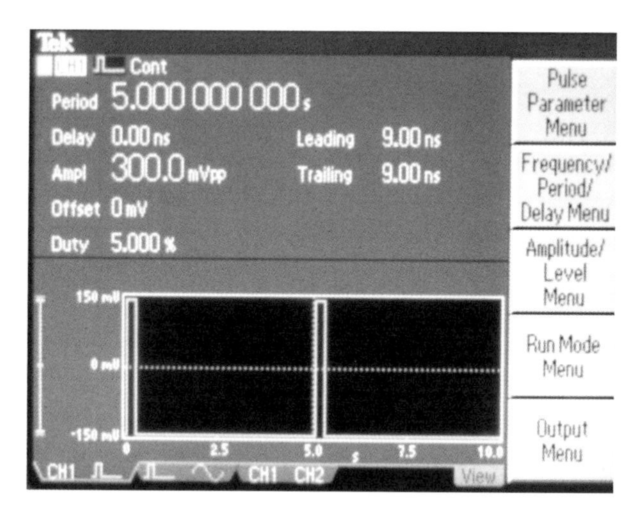

图9.14　一个周期内的波形图

分别获取不同的载荷位置的波长响应值，但是此时只是响应的光波波长值，依据公式计算出相应的应变响应，为简便起见，以载荷幅值为200mvpp情况下层合板的应变响应为例来说明，如图9.15所示。

$$\varepsilon = \frac{(\lambda - 1550.110) \times 1000}{1.2} \tag{9.29}$$

式中，λ表示实验测量的波长；1550.110表示初始状态波长λ_0；1.2表示转换系数，单位为pm/$\mu\varepsilon$。

图中节点数的减少是由边界条件导致的，具体为获取不同激励点的应变响应时，由于对层合板施加两边固支的边界条件是通过四根几何尺寸和材料完全相同的钢梁来完成的，此时对

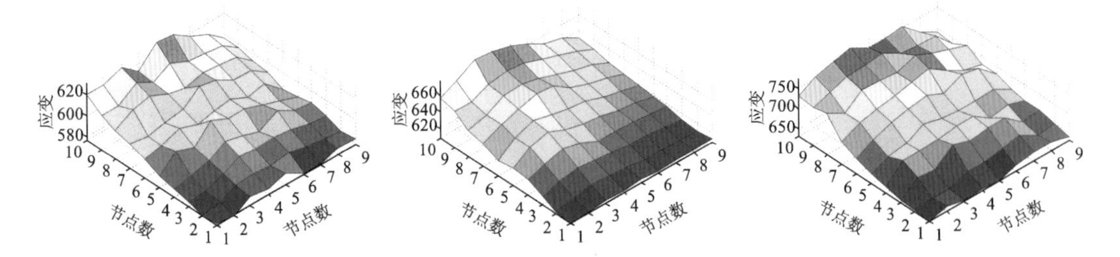

图 9.15　无分层、单分层和两处分层损伤时层合板的应变响应(200mvpp)

钢梁附近的激励点施加激励时，由于空间的限制此处无法放置激振器，故无法对钢梁附近的激励点施加脉冲激励，总体上为便于层合板分层损伤识别结果的展示，取中间部分的 90 个节点 (10×9) 的应变响应进行相应的分层损伤识别。在获得上述应变响应的基础上，分别将载荷幅值为 200mvpp、250mvpp、300mvpp、350mvpp 和 400mvpp 情况下的应变响应依照幅值的大小看作不同阶的应变参数，通过上述 Kullback-Leibler 散度及其对称表示的计算结果如图 9.16 ～图 9.18 所示。

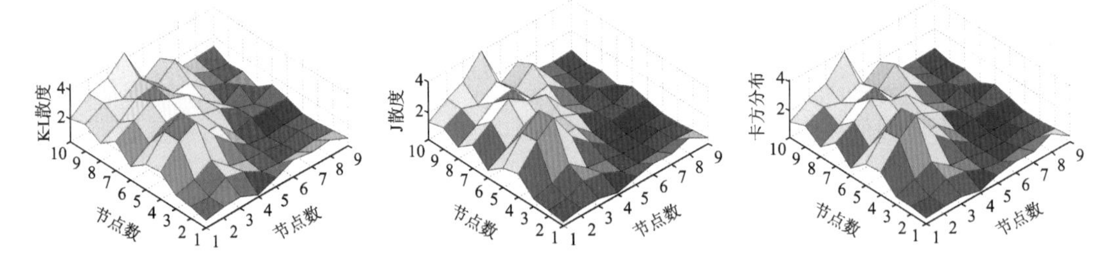

图 9.16　单处分层损伤时的 Kullback - Leibler 散度及其对称表示

(a)Kullback - Leibler 散度；(b)J 散度；(c)CSD

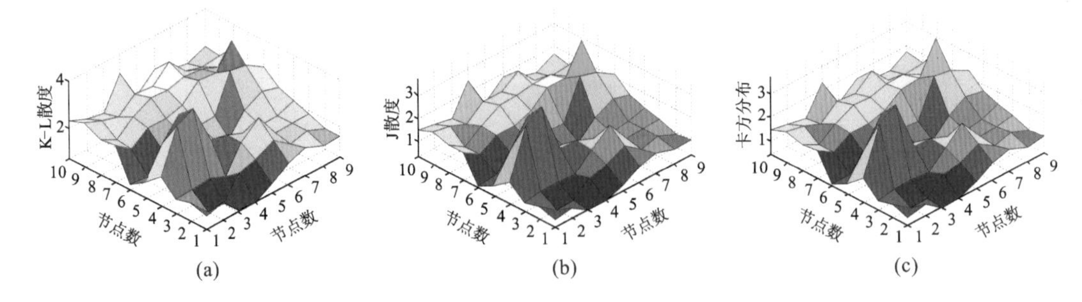

图 9.17　两处分层损伤时的 Kullback - Leibler 散度及其对称表示

(a)Kullback - Leibler 散度；(b)J 散度；(c)CSD

图 9.16 给出了 Kullback-Leibler 散度及其对称表示对单处分层的识别结果，从其可知，Kullback-Leibler 散度及其对称表示可以很好地给出分层损伤的特征信息，但是其在分层损伤附近的区域值依然很多，这代表着较大的干扰损伤识别的信息。从图 9.17 给出的两处分层的识别结果中同样可以得出相似的结论，只不过其相应的干扰信息更多，故对其更需要一种提取和优化方法来滤掉此干扰信息。为从实验中验证混合距离指标 *HDM* 作为分层损伤敏感特征的可行性，采用依据实验计算的 Kullback - Leibler 及其对称表示作为初始参数计算相应的混合距离测度，计算结果如图 9.18 所示。

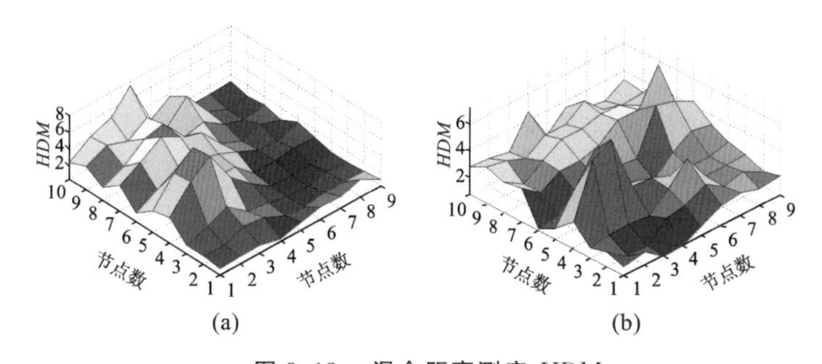

图 9.18　混合距离测度 *HDM*

(a) 单处分层损伤；(b) 两处分层损伤

从图 9.18 所示的混合距离测度 *HDM* 的计算结果来看，不论是对于单处分层损伤还是两处分层损伤，混合距离测度均包含了与层合板分层损伤有关的特征信息，具备成为分层损伤敏感特征的基本条件，而且其在分层损伤处的峰值远远大于其在无损伤区域处的值，这更使其具备了成为有效的分层损伤敏感特征的条件。但是从依据实验的和数值仿真的混合距离测度计算结果的对比可以看出，依据实验获取的应变响应计算结果的噪声干扰信息明显大于基于数值仿真的计算结果，这说明在实际实验中由于测量误差、系统误差等导致的不确定性更多。不论是依据数值仿真的计算结果还是依据实验数据的计算结果，混合距离测度 *HDM* 保留了 Kullback - Leibler 散度及其对称表示对分层损伤比较敏感这个优点，而且其包含的与分层损伤无关的干扰信息相对较少，故其为一个相对理想的分层损伤敏感指标。

9.2　基于改进应变能变化率的分层损伤识别方法

9.2.1　改进的应变能变化率

改进的应变能变化率法主要是指仅使用结构无损伤时的应变模态参数作为有损伤识别的参考基准，通过混合距离测度和无分层损伤时层合板应变模态参数的对比来优化并显示混合距离测度指标中分层损伤敏感特征信息，从而在保证分层损伤识别可靠性的同时提高分层损伤识别精度。本书将基于改进应变能变化率的有基准损伤识别方法(Baseline Improved Strain Change Ratio Method，BSC)，以各向异性复合材料层合板为例，其应变能的计算公式如下所示：

$$U = \frac{1}{2}\int_0^{L_y}\int_0^{L_x}\left[D_{11}\left(\frac{\partial^2 w}{\partial x^2}\right)^2 + D_{22}\left(\frac{\partial^2 w}{\partial y^2}\right)^2 + 2D_{12}\frac{\partial^2 w}{\partial x^2}\frac{\partial^2 w}{\partial y^2}\right.$$
$$\left. + 4\left(D_{16}\frac{\partial^2 w}{\partial x^2} + D_{26}\frac{\partial^2 w}{\partial y^2}\right)\frac{\partial^2 w}{\partial x \partial y} + 4D_{66}\left(\frac{\partial^2 w}{\partial x \partial y}\right)^2\right]\mathrm{d}x\mathrm{d}y \tag{9.30}$$

式中，L_x 表示层合板在 X 轴方向上的长度；L_y 表示层合板在 Y 轴方向上的长度；D_{ij} 表示层合板的弯曲刚度；w 表示层合板的中线上的挠度；$\frac{\partial^2 w}{\partial x^2}$ 表示层合板在 X 轴方向上的弯曲曲率；$\frac{\partial^2 w}{\partial y^2}$ 表示层合板在 Y 轴方向上的弯曲曲率；$\frac{\partial^2 w}{\partial x \partial y}$ 表示层合板的扭转曲率。

在此只考虑层合板的弯曲效应，不考虑其扭转效应，故可以假定 $\frac{\partial^2 w}{\partial x \partial y} = 0$，所以式(9.30)可以化简为：

$$U=\frac{1}{2}\int_0^b\int_0^a\left[D_{11}\left(\frac{\partial^2 w}{\partial x^2}\right)^2+D_{22}\left(\frac{\partial^2 w}{\partial y^2}\right)^2+2D_{12}\frac{\partial^2 w}{\partial x^2}\frac{\partial^2 w}{\partial y^2}\right]\mathrm{d}x\mathrm{d}y \tag{9.31}$$

本书使用的层合板为材料的自然坐标轴与材料主向一致的特殊正交各向异性层合板，对于该种复合材料层合板，其弯曲刚度的计算方法为：

$$\left.\begin{aligned}D_{11}&=\frac{Q_{11}t^3}{12}\\D_{12}&=\frac{Q_{12}t^3}{12}\\D_{22}&=\frac{Q_{22}t^3}{12}\end{aligned}\right\} \tag{9.32}$$

式中，t 表示层合板的厚度；Q_{ij} 表示层合板的折减刚度矩阵，其计算方法为：

$$\left.\begin{aligned}Q_{11}&=\frac{E_1}{1-\nu_{12}\nu_{21}}\\Q_{12}&=\frac{\nu_{21}E_1}{1-\nu_{12}\nu_{21}}\\Q_{22}&=\frac{E_2}{1-\nu_{12}\nu_{21}}\end{aligned}\right\} \tag{9.33}$$

由于曲率模态是应变模态的一种特殊形式[6]，故层合板中与 l 阶应变模态有关的应变能 U^l 的计算方法为：

$$U^l=\frac{1}{2}\int_0^{L_y}\int_0^{L_x}[D_{11}(\varepsilon^{lx})^2+D_{22}(\varepsilon^{ly})^2+2D_{12}\cdot\varepsilon^{lx}\cdot\varepsilon^{ly}]\mathrm{d}x\mathrm{d}y \tag{9.34}$$

当层合板被划分为 $N_X\times N_Y$ 部分时，其第 (i,j) 部分所代表的区域在 X 轴和 Y 轴方向上的范围可以用坐标 (x_i,x_{i+1}) 和 (y_j,y_{j+1}) 表示，故与层合板第 (i,j) 部分相关的层合板应变能 $U^l_{(i,j)}$ 的计算方式为：

$$U^l_{(i,j)}=\frac{1}{2}\int_{y_j}^{y_{j+1}}\int_{x_i}^{x_{i+1}}[D_{11}(\varepsilon^{lx}_{(i,j)})^2+D_{22}(\varepsilon^{ly}_{(i,j)})^2+2D_{12}\cdot\varepsilon^{lx}_{(i,j)}\cdot\varepsilon^{ly}_{(i,j)}]\mathrm{d}x\mathrm{d}y \tag{9.35}$$

基于混合距离测度 HDM 构造与式(9.35)相似的指标 $D^l_{(i,j)}$，其计算公式为：

$$\begin{aligned}D^l_{(i,j)}=&\frac{1}{2}\int_{y_j}^{y_{j+1}}\int_{x_i}^{x_{i+1}}[D_{11}(HDM^{lx}_{(i,j)})^2+D_{22}(HDM^{ly}_{(i,j)})^2\\&+2D_{12}\cdot HDM^{lx}_{(i,j)}\cdot HDM^{ly}_{(i,j)}]\mathrm{d}x\mathrm{d}y\end{aligned} \tag{9.36}$$

则第 (i,j) 部分的 $U^l_{(i,j)}$ 和 $D^l_{(i,j)}$ 相对于总体的比例为：

$$UF=\frac{U^l_{(i,j)}}{U^l}=\frac{\int_0^{L_y}\int_0^{L_x}[D_{11}(\varepsilon^{lx}_{(i,j)})^2+D_{22}(\varepsilon^{ly}_{(i,j)})^2+2D_{12}\cdot\varepsilon^{lx}_{(i,j)}\cdot\varepsilon^{ly}_{(i,j)}]\mathrm{d}x\mathrm{d}y}{\int_0^{L_y}\int_0^{L_x}[D_{11}(\varepsilon^{lx}_{(i,j)})^2+D_{22}(\varepsilon^{ly}_{(i,j)})^2+2D_{12}\cdot\varepsilon^{lx}_{(i,j)}\cdot\varepsilon^{ly}_{(i,j)}]\mathrm{d}x\mathrm{d}y} \tag{9.37}$$

$$DF=\frac{D^l_{(i,j)}}{D^l}=\frac{\int_{y_j}^{y_{j+1}}\int_{x_i}^{x_{i+1}}\begin{bmatrix}D_{11}(HDM^{lx}_{(i,j)})^2+D_{22}(HDM^{ly}_{(i,j)})^2\\+2D_{12}\cdot HDM^{lx}_{(i,j)}\cdot HDM^{ly}_{(i,j)}\end{bmatrix}\mathrm{d}x\mathrm{d}y}{\int_0^{L_y}\int_0^{L_x}\begin{bmatrix}D_{11}(HDM^{lx}_{(i,j)})^2+D_{22}(HDM^{ly}_{(i,j)})^2\\+2D_{12}\cdot HDM^{lx}_{(i,j)}\cdot HDM^{ly}_{(i,j)}\end{bmatrix}\mathrm{d}x\mathrm{d}y} \tag{9.38}$$

因为单个单元的能量远小于总体的能量，故 UF 和 DF 均远小于 1，即：

$$\left.\begin{aligned}UF&<<1\\DF&<<1\end{aligned}\right\} \tag{9.39}$$

因此可以得到以下等式：

$$1+UF = 1+DF \tag{9.40}$$

当复合材料层合板存在分层损伤时，$1+UF$ 和 $1+DF$ 的值均会发生变化，但是其总体变化不大，故可以改进的应变能变化率的计算公式定义为：

$$BSC_{(i,j)}^{l} = \left(\frac{D^{l}+D_{(i,j)}^{l}}{U^{l}+U_{(i,j)}^{l}}\right)\frac{U^{l}}{D^{l}} \tag{9.41}$$

为考虑所求取的应变模态的阶数对分层损伤识别的影响，将基于改进应变能变化率的分层损伤识别量修正为：

$$BSC_{(i,j)} = \left(\frac{\sum_{l=1}^{NM}(D^{l}+D_{(i,j)}^{l})}{\sum_{l=1}^{NM}(U^{l}+U_{(i,j)}^{l})}\right)\frac{\sum_{l=1}^{NM}U^{l}}{\sum_{l=1}^{NM}D^{l}} \tag{9.42}$$

式中，NM 表示求取的应变模态的阶数。式(9.42)所示即为基于改进应变能变化率识别分层损伤时识别量的计算公式，接下来将从数值仿真和实验两个方面验证其对分层损伤的识别能力。

9.2.2 基于改进应变能变化率的分层损伤识别结果

1. 基于数值仿真数据的分层损伤识别结果

为从数值仿真的角度验证改进应变能变化率对分层损伤的识别能力，以如图 9.2 所示的无分层损伤时层合板应变模态为基准，通过式(9.42)计算基于改进应变能变化率的分层损伤识别量 BSC，为使 BSC 的计算结果与其他方法计算结果的显示方式一致，使用 BSC 的最大值减去其本身并求取相应的绝对值作为最终的计算结果，其识别单处分层损伤和两处分层损伤的结果如图 9.19 所示。

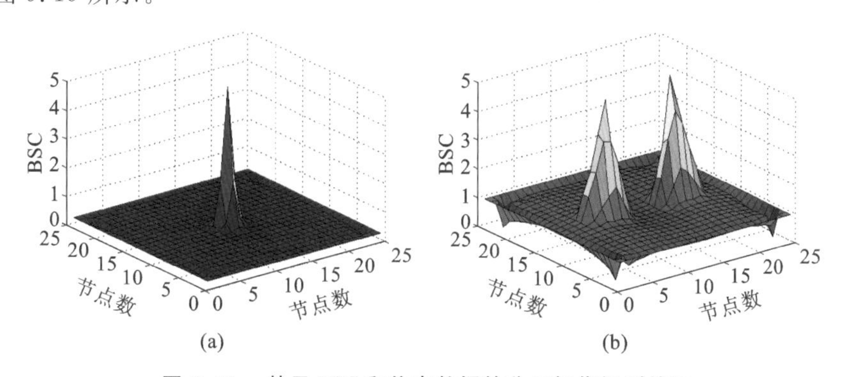

图 9.19 基于 BSC 和仿真数据的分层损伤识别结果

(a) 单处分层损伤；(b) 两处分层损伤

从图 9.19 可以看出，对于单处分层损伤，基于改进的应变能变化率的分层损伤识别方法可以很好地提取混合距离测度中与分层损伤识别有关的特征信息，从图 9.19(a)可以看出，在分层损伤的位置处有一处非常明显的峰值，而且在四角处亦没有比较大的值，这就说明此时的分层损伤的识别误差比较小，故可以说基于改进的应变能变化率的分层损伤识别方法以很高的损伤识别精度识别了单处分层损伤。对于图 9.19(b)所示的两处分层损伤的识别结果，在两个分层损伤的位置亦有两个明显的峰值，这说明基于改进的应变能变化率的分层损伤识别方法可以识别两处分层损伤，但是在四角处有相对比较明显的小峰值，这说明此时的分层损伤识别误差相对于单处分层损伤的识别结果来说略大。

总的来说，从上述数值仿真分析的结果来看，基于改进的应变能变化率的分层损伤识别方法可以提取混合距离测度指标中与分层损伤识别有关的信息，从而完成分层损伤的损伤识别，但是其对单处分层损伤的识别效果明显优于对两处分层损伤的识别效果，其原因可能是两处分层损伤中损伤之间的相互作用使得分层损伤识别误差的增大，从而导致其识别效果没有单处分层损伤的识别效果好。

2. 基于实验数据的分层损伤识别结果

为从实验的角度验证改进应变能变化率对分层损伤的识别能力，以图 9.15 所示的无分层损伤时层合板的应变响应为基准，通过式(9.42) 计算基于改进应变能变化率的分层损伤识别量 BSC，其识别单处分层损伤和两处分层损伤的结果如图 9.20 所示。

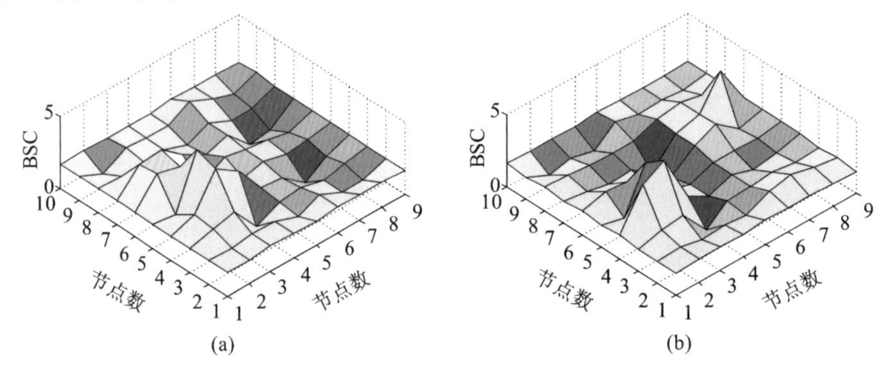

图 9.20 基于 BSC 和实验数据的分层损伤识别结果

(a) 单处分层损伤；(b) 两处分层损伤

从图 9.20 可以看出，改进的应变能变化率很好地提取了分层损伤敏感特征混合距离测度中与单处分层损伤和两处分层损伤有关的特征信息，从而准确识别了层合板中的单处分层损伤和两处分层损伤，同时亦很好地抑制了分层损伤敏感特征混合距离测度中与分层损伤无关的干扰信息。

经过上述数值仿真和实验的验证可以看出，以对分层损伤敏感的混合距离测度指标为基础，基于改进的应变能变化率的分层损伤识别方法可以很好地提取分层损伤敏感特征混合距离测度中与分层损伤有关的特征信息，从而完成分层损伤的准确识别。

9.3 基于混合因子法的分层损伤识别

9.3.1 混合因子法

结构的固有频率是结构本身的重要固有特征，是结构本身完整性的重要衡量指标，在复合材料分层损伤识别的过程中若考虑了结构的固有频率特性，则可以显著提高分层损伤识别的精度，降低其识别误差。基于混合因子法的分层损伤识别指标主要是指同时使用层合板在无损伤时的应变动力参数和固有频率信息作为分层损伤识别的参考基准，并依据此参考信息实现层合板结构的损伤识别。在此将采用基于混合因子法的有基准分层损伤识别方法(Baseline Hybrid Factor Method，BHF)，其计算过程如下所示。

(1) 计算损伤前后层合板固有频率的变化，即：

$$\Delta\omega_l = \omega_l - \omega_l^d \tag{9.43}$$

式中，ω_l 和 ω_l^d 为分层损伤前后层合板的第 l 阶模态频率。

(2) 为提高混合损伤指标对分层损伤的识别精度和降低边界效应的影响，对层合板应变模态的混合距离测度 $HDM_{(i,j)}^l$ 进行样条插值，插值点的数目为滤波窗口大小的一半。此处 $HDM_{(i,j)}^l$ 的计算公式为：

$$HDM_{(i,j)}^l = \rho_{(KLD^l, JD^l)} \cdot JD_{(i,j)}^l + \rho_{(KLD^l, CSD^l)} \cdot CSD_{(i,j)}^l \tag{9.44}$$

(3) 采用下述公式重构混合距离测度。

$$\widetilde{HDM}_{(i,j)}^l = \sum_{i=1}^{i} \alpha_{(i,j)} HDM_{(i,j)}^l \tag{9.45}$$

其中，$\widetilde{HDM}_{(i,j)}^l$ 为重构之后的混合距离测度；$\alpha_{(i,j)}$ 为重构系数，且 $\alpha_{(i,j)} = \dfrac{1}{i \times j}$。

(4) 如果层合板上“测量点”数目不充足的话，选择合适的插值数目对上一步重构的混合距离测度进行立方插值。

(5) 采用下述公式计算重构混合距离测度的曲率 $HDMV_{(i,j)}^l$。

$$HDMV_{(i,j)}^{lx} = \frac{\widetilde{HDM}_{(i+1,j)}^l + \widetilde{HDM}_{(i-1,j)}^l - 2\,\widetilde{HDM}_{(i,j)}^l}{h_x^2} \tag{9.46}$$

$$HDMV_{(i,j)}^{ly} = \frac{\widetilde{HDM}_{(i,j+1)}^l + \widetilde{HDM}_{(i,j-1)}^l - 2\,\widetilde{HDM}_{(i,j)}^l}{h_y^2} \tag{9.47}$$

$$HDMV_{(i,j)}^l = \sqrt{(HDMV_{(i,j)}^{lx})^2 + (HDMV_{(i,j)}^{ly})^2} \tag{9.48}$$

式中，h_x 表示层合板中第 i 个测点与第 $(i+1)$ 个测点在 X 轴方向上的距离；h_y 表示梁结构中第 j 个测点与第 $(j+1)$ 个测点在 Y 轴方向上的距离。

(6) 对 $HDMV_{(i,j)}^l$ 进行无量纲归一化。

$$\widetilde{HDMV}_{(i,j)}^l = \frac{HDMV_{(i,j)}^l - \min(HDMV_{(i,j)}^l)}{\max(HDMV_{(i,j)}^l) - \min(HDMV_{(i,j)}^l)} \tag{9.49}$$

(7) 构造分层损伤识别函数 $HDMR_{(i,j)}^l$。

$$HDMR_{(i,j)}^l = 1 - \left| (\widetilde{HDMV}_{(i,j)}^l)^2 - \Delta\omega_l \right| \tag{9.50}$$

(8) 对分层损伤识别函数 $HDMR_{(i,j)}^l$ 进行归一化。

$$\widetilde{HDMR}_{(i,j)}^l = \frac{HDMR_{(i,j)}^l - \min(HDMR_{(i,j)}^l)}{\max(HDMR_{(i,j)}^l) - \min(HDMR_{(i,j)}^l)} \tag{9.51}$$

(9) 计算基于混合因子法的分层损伤识别量。

$$BHF_{(i,j)} = \sum_{l=1}^{NM} \widetilde{HDMR}_{(i,j)}^l \frac{\sum_{j=1}^{NM} \left[(\varepsilon_{(i,j)}^{dl})^2 + \sum_{i=1}^{N} (\varepsilon_{(i,j)}^{dl})^2 \right] \sum_{i=1}^{N} (\varepsilon_{(i,j)}^{l})^2}{\sum_{j=1}^{NM} \left[(\varepsilon_{(i,j)}^{l})^2 + \sum_{i=1}^{N} (\varepsilon_{(i,j)}^{l})^2 \right] \sum_{i=1}^{N} (\varepsilon_{(i,j)}^{dl})^2} \tag{9.52}$$

9.3.2 基于混合因子法的分层损伤识别结果

1. 基于数值仿真数据的分层损伤识别结果

为从数值仿真的角度验证改进应变能变化率对分层损伤的识别能力，以图 9.2 所示的无分层损伤时层合板应变模态为基准，通过式(9.52)计算基于混合因子法的分层损伤识别量BHF，其识别单处分层损伤和两处分层损伤的结果如图 9.21 所示。

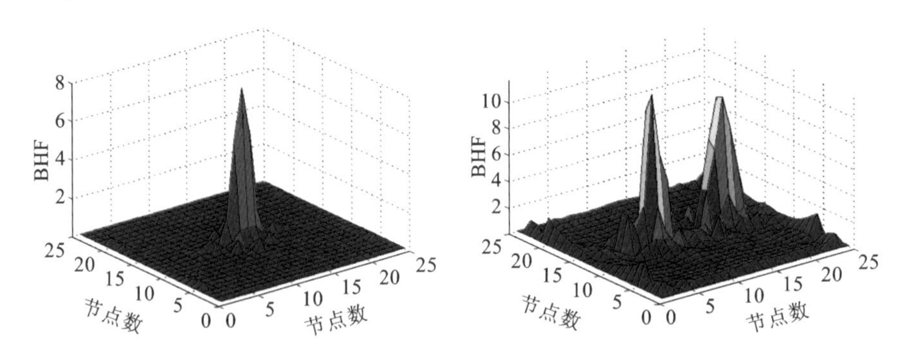

图 9.21 基于 BHF 和仿真数据的分层损伤识别结果

(a) 单处分层损伤；(b) 两处分层损伤

从图 9.21 可以看出，对于单处分层损伤，混合因子法可以很好地提取混合距离测度中与分层损伤识别有关的特征信息，从图 9.21(a) 可以看出在分层损伤的位置处有一处非常明显的峰值，而且在四角处亦没有比较大的值，这就说明此时的分层损伤的识别误差比较小，故可以说混合因子法以很高的损伤识别精度识别了单处分层损伤。对于图 9.21(b) 所示的两处分层损伤的识别结果，在两个分层损伤的位置亦有两个明显的峰值，这说明基于混合因子法的分层损伤识别量同样可以识别两处分层损伤。相对误差较大的地方由四角移动到边缘，同时误差较大的位置较小，说明此方法可以很好地降低并分散分层损伤的识别误差，而且从总体的分层损伤识别效果来说，与基于改进的应变能变化率的分层损伤识别量相比，本方法的识别效果较好。其原因为结构的固有频率信息很好地弥补了单一基准的损伤识别指标在识别分层损伤时存在的不足。

2. 基于实验数据的分层损伤识别结果

为从实验的角度验证混合因子法对分层损伤的识别能力，首先利用加速度传感器、LMS 数据采集系统和脉冲激励装置力锤等对碳纤维复合材料层合板进行模态测试，获取其在该边界条件下该层合板的前五阶固有频率。通过式(9.11) 获取的混合距离测度指标为基础，以图 9.15 所示的无分层损伤时层合板的应变响应为基准，通过式(9.52) 计算基于混合因子法的分层损伤识别量 BHF，其识别单处分层损伤和两处分层损伤的结果如图 9.22 所示。

从图 9.22 所示的分层损伤识别结果可以看出，基于混合因子法的分层损伤识别量 BHF 在识别单处分层损伤时，其在无分层损伤区域内的指标值均比较小，这说明其识别单处分层损伤的精度非常高，从图 9.22(b) 可以看出，与混合距离测度相比，基于混合因子法的分层损伤识别量很好地提取了混合距离测度中与分层损伤有关的特征信息，同时其识别两处分层损伤时的误差也比较小。

经过上述数值仿真和实验的验证可以看出，基于因子法的分层损伤识别量可以很好地提取分层损伤敏感特征混合距离测度中与分层损伤有关的特征信息，从而完成分层损伤的识别，而且可以很好地抑制其包含的噪声信息，从而可以相对准确地识别分层损伤，但是需要结构的固有频率信息。

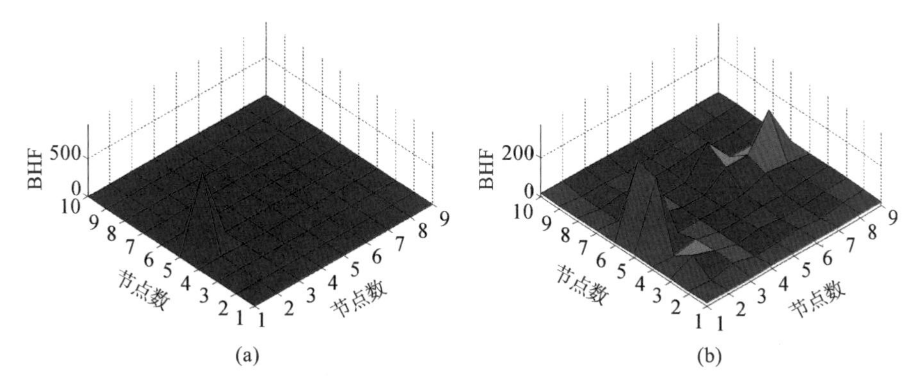

图 9.22　基于 BHF 和实验数据的分层损伤识别结果

(a) 单处分层损伤；(b) 两处分层损伤

9.4　基于噪声压缩方法的损伤识别研究

9.4.1　噪声压缩法

结构无损伤时的应变信息在一些情况下是很难获得的，基于有基准的损伤识别方法在实际应用过程中会碰到困难，故发展不需要基准的损伤识别方法，即不需要结构在无损伤时的结构信息作为损伤识别的基准，从而可以避免上述问题的发生。在发展无基准的损伤识别方法时，如何实现在识别损伤的同时抑制或消除与损伤识别无关的噪声干扰依然是必须要关注的问题。噪声压缩算法的根本目的就是在损伤识别的过程中将损伤敏感特征中与损伤有关的特征信息凸显，将与损伤无关的噪声压缩，从而达到在识别损伤的过程中抑制或消除与损伤识别无关的噪声干扰信息的目的，最终完成损伤的精确识别。

在此将基于噪声压缩法的无基准分层损伤识别方法简称为 NNC(Non-baseline Noise Compression Method)，其计算过程如下所示。

(1) 通过式 9.11 可以获得基于复合材料层合板第 l 阶应变模态的混合距离测度指标 $HDM^l(x,y)$。

(2) 选取三角核函数 $k(x,y)$ 作为计算特征提取函数 $L(x,y)$ 的核函数。其中，三角核函数的计算公式如下所示：

$$y=\frac{\sin(\alpha x)}{\pi x} \tag{9.53}$$

当 $\alpha=\pi$ 时，上述核函数的图像如图 9.23 所示。

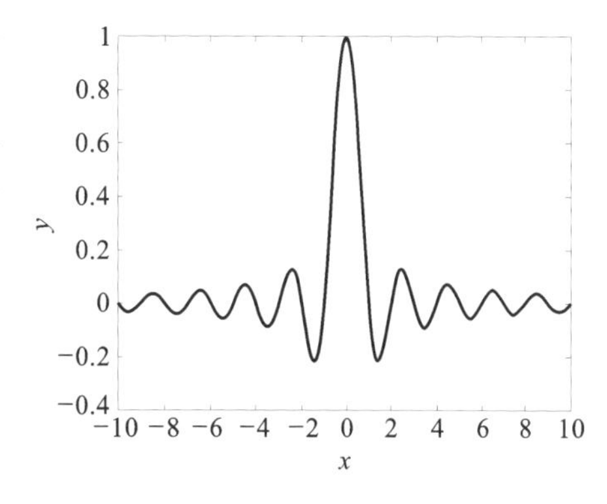

图 9.23　三角核函数

(3) 基于损伤敏感特征混合距离测度指标 $HDM^l(i,j)$ 计算相应的特征提取函数 $L^l(x,y)$，其计算方法如下所示：

$$L^l(x,y)=\iint k(x,y)HDM^l(x,y)\mathrm{d}x\mathrm{d}y \tag{9.54}$$

本步骤主要是将混合距离测度指标数据转换成核函数空间中，对混合距离测度指标数据的局部凸显作用，进而对分层损伤敏感信息的表征起到加强作用。

（4）依据下述公式计算最终的目标函数。通过下述公式可以获得基于噪声压缩法的分层损伤识别量的计算公式。

$$NNC(x,y) = NNC^0(x,y) \cdot \prod_{l=1}^{NM} L^l(x,y) \tag{9.55}$$

式中，$NNC^0(x,y)$表示目标函数的初始值，此处使用基于第一阶模态数据计算的混合距离测度 $HDM^l_{(i,j)}$

（5）计算基于噪声压缩法的分层损伤识别量。

$$NNC(x,y) = HDM^l \cdot \prod_{l=1}^{NM} L^l(x,y) \tag{9.56}$$

9.4.2 基于噪声压缩法的分层损伤识别结果

1.基于数值仿真数据的分层损伤识别结果

为从数值仿真的角度验证噪声压缩法对分层损伤的识别能力，以通过式(9.11)获取的混合距离测度数据（图 9.7）为基础，通过式(9.55)计算基于噪声压缩法的分层损伤识别量NNC，其识别单处分层损伤和两处分层损伤的结果如图 9.24 所示。

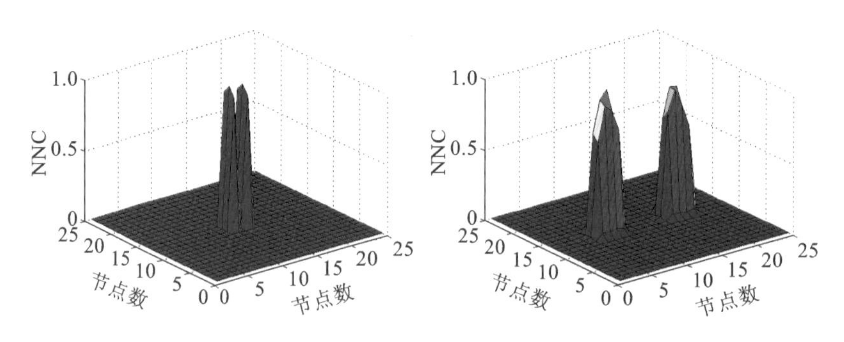

图 9.24 基于 NNC 和仿真数据的分层损伤识别结果

(a) 单处分层损伤；(b) 两处分层损伤

从图 9.24 可知：不论是对于单处分层损伤还是两处分层损伤，基于噪声压缩方法的分层损伤识别量 NNC 在分层损伤的位置均有明显的峰值，说明其可以有效地抽取损伤敏感特征混合距离测度中与损伤有关的特征信息，而且在无分层损伤的区域内，相应的损伤识别量 NNC 的值相对分层损伤位置处的值非常小，小到甚至可以忽略不计，说明损伤识别量 NNC 可以在抽取与损伤有关的特征信息的同时抑制甚至消除分层损伤敏感特征中与损伤无关的噪声干扰信息。

2.基于实验数据的分层损伤识别结果

为从实验的角度验证噪声压缩法对分层损伤的识别能力，以通过式(9.11)获取的混合距离测度数据（图 9.18）为基础，通过式(9.55)计算基于噪声压缩法的分层损伤识别量 NNC，其识别单处分层损伤和两处分层损伤的结果如图 9.25 所示。

从图 9.25 可以看出，不论是对于单处分层损伤还是两处分层损伤，基于噪声压缩方法的分层损伤识别量 NNC 在分层损伤的位置均有明显的峰值，说明其可以有效地抽取损伤敏感特征混合距离测度中与损伤有关的特征信息，但是与基于数值仿真的分层损伤识别结果相比，基于实验的分层损伤识别误差更大。

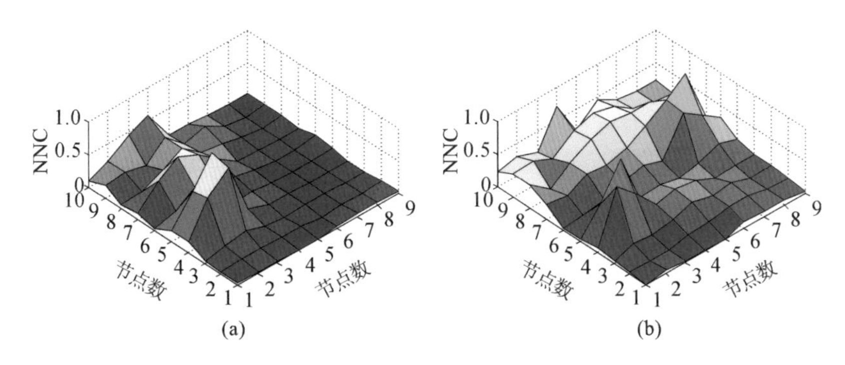

图 9.25　基于 NNC 和实验数据的分层损伤识别结果

(a) 单处分层损伤；(b) 两处分层损伤

经过上述数值仿真和实验的验证可以看出，基于噪声压缩方法的分层损伤识别量 NNC 可以有效地提取分层损伤敏感特征混合距离测度中与分层损伤有关的特征信息，从而完成分层损伤的识别，基于混合距离测度指标开展相关计算，可以相对准确地识别分层损伤。

9.5　基于灰度分析假设检验的损伤识别研究

9.5.1　灰度分析假设检验法

灰度分析假设检验法主要是采用灰度的观点处理数据，然后按照概率论中假设检验的观点处理通过灰度分析获得的数据，将基于灰度分析假设检验法的无基准分层损伤识别方法简称为 NGH(Non - baseline Grey Analysis Hypothesis)。

灰度相关分析主要用来测量两组不同数据之间的相似程度，可依据数据集合之间的相似程度的差异识别损伤。其最关键的是灰度相关系数的求取，进而依据灰度相关分析的结果来判断两组不同数据之间的相似程度。其可以用以下的例子来说明。

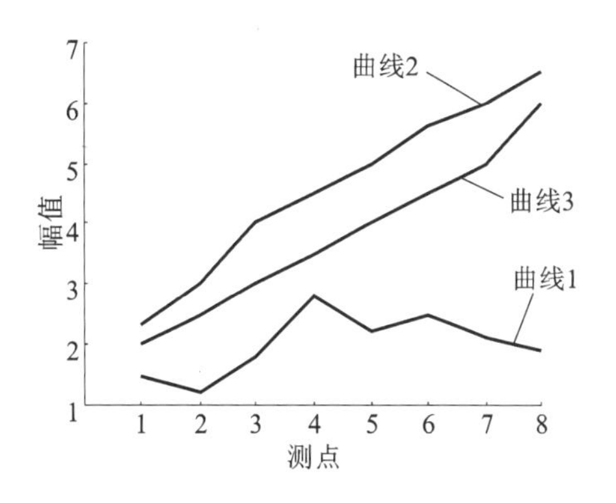

图 9.26　三条曲线之间的相关系数图

假定 3 组数据之间的灰度相关系数如图 9.26 所示，从图可知曲线 1 和 2 之间的相似程度大于曲线 1 和 3 之间的相似程度，即 $\xi_{12} > \xi_{13}$。

灰度分析的主要过程如下所示：

对于两个数据集合 $\{x_i(k)\}$ 和 $\{x_j(k)\}$，它们之间进行灰度分析的过程：

$$\xi_i(k) = \frac{\min_i \min_k |x_i(k) - x_j(k)| + \alpha \max_i \max_k |x_i(k) - x_j(k)|}{|x_i(k) - x_j(k)| + \alpha \max_i \max_k |x_i(k) - x_j(k)|} \tag{9.57}$$

式中，α 为灰度相关系数，本书取 0.5。

在使用灰度分析处理第 2 章得到的混合距离测度时，其主要被用来测量依据不同阶数的应变模态参数获得的混合距离测度之间的相似关系，相应的计算公式如下所示：

$$\xi_i(k)=\frac{\min\limits_i\min\limits_k|HDM_i(k)-HDM_j(k)|+\alpha\max\limits_i\max\limits_k|HDM_i(k)-HDM_j(k)|}{|HDM_i(k)-HDM_j(k)|+\alpha\max\limits_i\max\limits_k|HDM_i(k)-HDM_j(k)|} \tag{9.58}$$

为进一步降低损伤识别的误差，使用假设检验处理上述数据，假设检验是统计推断的一类重要问题，在总体的分布函数完全未知或者只知道其形式，但不知道其详细参数的情况下，为了推断总体的某些未知特性，剔除关于总体的某些假设。在损伤识别过程中，可采用灰度相关分析来获取与损伤有关的识别指标之间的相似程度，并通过假设检验来处理获得的灰度相关分析的数据以降低损伤识别误差，从而获得更准确的损伤识别结果。

在使用假设检验对灰度相关分析获得的数据进行处理之前需要将获得的数据进行标准化处理，即在对总体特性进行统计推断之前需要按式(9.59)进行标准化处理。

$$z_i=\frac{x_i-E(x)}{\sigma(x)} \tag{9.59}$$

式中，$E(x)$ 表示数据 x 的期望值；$\sigma(x)$ 表示数据 x 的标准差。

此时进行损伤识别时基本的假设检验为期望已知的假设检验，其两大基本假设为：

(1) 原假设：结构是完好的，即 $z_i < z_\alpha$。

(2) 备择假设：结构是存在损伤的，即 $z_i \geqslant z_\alpha$。

式中，z_i 表示标准概率分布；z_α 表示在一定置信度下的假设检验。

本书在进行损伤识别时选择置信度为 95% 的假设检验，此时 $\alpha=0.05$，依据概率与统计的相关知识可以看出 $z_\alpha=z_{0.05}=1.645$[7]，z_α 称为标准正态分布的上 α 分位点。

故最终进行损伤识别的指标为：

$$DI(x)=\frac{x_i-E(x)}{\sigma(x)}-z_\alpha \tag{9.60}$$

采用上述分析过程可得基于灰度分析假设检验的分层损伤识别量的计算方法为：

$$NGH(x)=\frac{\xi_i-E(\xi)}{\sigma(\xi)}-z_\alpha \tag{9.61}$$

9.5.2　基于灰度分析假设检验的分层损伤识别结果

(1) 基于数值仿真数据的分层损伤识别结果

为从数值仿真的角度验证改进应变能变化率对分层损伤的识别能力，以通过式(9.11)获取的混合距离测度数据(图 9.7)为基础，通过式(9.61)计算基于灰度分析假设检验法的分层损伤识别量 NGH，其识别单处分层损伤和两处分层损伤的结果如图 9.27 所示。

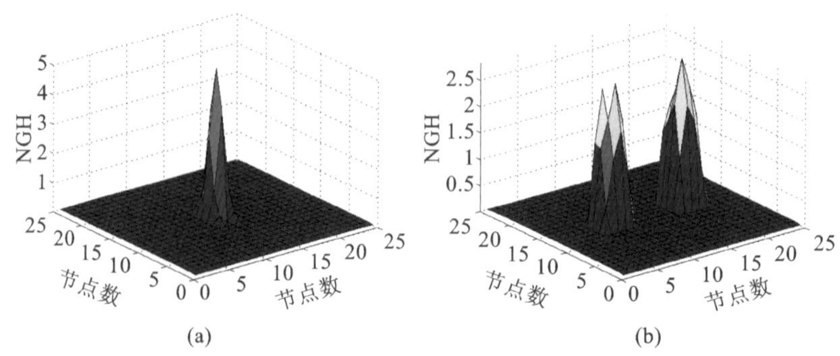

图 9.27　基于 NGH 和仿真数据的分层损伤识别结果

(a) 单处分层损伤；(b) 两处分层损伤

可以看出，不论是对于单处分层损伤还是两处分层损伤，基于混合距离测度和灰度分析假设检验的分层损伤识别量 NGH 在分层损伤的位置均有明显的峰值，说明其可以有效地抽取损伤敏感特征混合距离测度中与损伤有关的特征信息，而且在无分层损伤的区域内，相应的损伤识别量 NGH 的值相对分层损伤位置处的值非常小，小到甚至可以忽略不计，说明损伤识别量 NGH 可以在抽取与损伤有关的特征信息的同时抑制甚至消除分层损伤敏感特征中与损伤无关的噪声干扰信息。

(2) 基于实验数据的分层损伤识别结果

为从实验的角度验证改进应变能变化率对分层损伤的识别能力，以通过式(9.11)获取的混合距离测度数据(图9.18)为基础，通过式(9.61)计算基于灰度分析假设检验法的分层损伤识别量 NGH，其识别单处分层损伤和两处分层损伤的结果如图9.28所示。

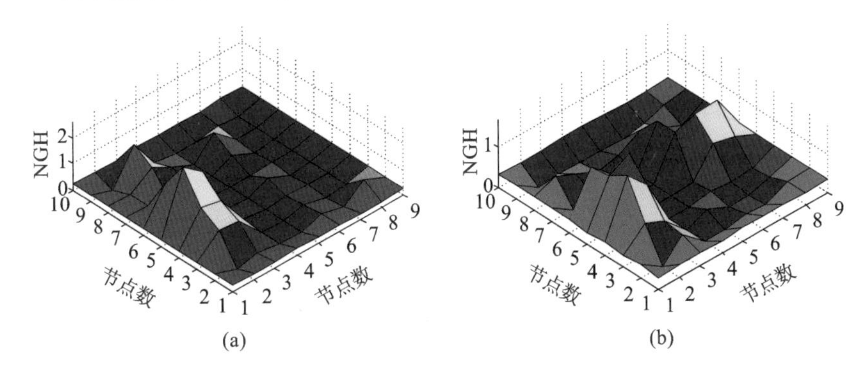

图9.28　基于 NGH 和实验数据的分层损伤识别结果

(a) 单处分层损伤；(b) 两处分层损伤

从上述分层损伤识别结果可知：基于实验数据的分层损伤识别量 NGH 可以精确地识别复合材料层合板中的单处分层损伤和两处分层损伤，但是与基于数值仿真的识别结果相比，相应的分层损伤识别误差较大，原因可能为实验数据的测量误差比仿真数据的误差大。

9.6　多证据信息融合损伤识别方法

9.6.1　信息融合简述

对于工程中的复杂结构，由于实际测试量的噪声干扰，上述单一方法在精确识别结构分层损伤时有一定的限制条件，如基准分层损伤识别方法多在复合材料结构基准信息可以获得的场合下使用，基于噪声压缩的分层损伤识别方法需要提前选择合适的三角核函数等，而且不同分层损伤识别方法的识别结果存在一定的差异，为实现不同分层损伤识别方法的优势互补，需要从信息融合的角度综合处理不同的分层损伤方法，提升分层损伤识别的精度和可信度。

信息融合 IF(Information fusion) 技术是研究对不同信息源进行综合处理及应用的理论与方法，其主要内容为对来自多个不同信息源的信息进行多层次、多级别和多方面的综合处理，从而最终产生新的更可靠的、更全面的和更深层次的结果。

从本质上来说，结构的损伤识别过程是一条完整的信息传递和处理的信息链[8]。依据不同的传感器或者不同的信息渠道获取结构的功能、行为等各种信息，通过数学变换、参数转换及人机智能协作等方式对获得的信息进行必要的和初步的处理，采用不同的损伤识别方法或者数学计算方法对初步处理过的信息进行再次处理，以获得结构整体的新的信息，依据获得的新的信息对结构进行损伤识别、定位、定量和寿命预测，从而保障结构和设备的正常工作。而结构的损伤识别也是一个多源信息融合的过程，将信息融合技术引入损伤识别过程中，充分利用多元数据的冗余性、互补性，实现不同损伤识别方法之间的优势互补，完成损伤的准确识别，并保证识别方法的实用性和先进性，所以将信息融合技术引入结构损伤识别领域已经成为结构损伤识别技术发展的一种趋势。

因信息融合研究内容、研究方法和研究对象的多样性和广泛性，故对信息融合很难给出一个标准的、统一的定义。目前，研究信息融合的学者们比较接受的一个定义是由美国的三军组织表示实验室理事联合会(Joint Directors of Laboratories，JDL) 在 1991 年提出，由澳大利亚防御科学技术委员会(Defense Science and Technology Organization，DSTO) 在 1994 年加以扩展的[9]。它将信息融合定义为一种多层次、多方面的处理过程，其包括对多源数据进行检测、关联、组合和估计，从而提高状态和特性估计的精度，以及对战场态势和威胁及其重要程度进行适时的完整评价。

由于信息融合最开始主要应用于军事领域，因此上述定义包含军事方面的信息，而一般意义上的信息融合技术主要是指利用计算机技术，对来自不同信息源相关的或无关的观测信息，在一定评价准则和数学理论的指导下进行上述信息之间的自动综合分析，以期获取单个或单类无法推断出的更准确、更全面和更有价值的结论，并最终完成其预先赋予任务的信息处理技术。而该过程被称为信息融合，其主要是指把不同信息源的信息“混合或者综合成整体” 的过程。

虽然很难给信息融合一个标准的、统一的定义，但当其用于结构的损伤识别领域时存在一个统一的基本原理。信息融合用于损伤识别的基本原理如下所示：

在损伤识别的过程中，对于待识别的 m 个损伤 $Da = (Da_1, Da_2, Da_3, \cdots, Da_m)$，采用 n 个损伤识别方法 $DI = (DI_1, DI_2, DI_3, \cdots, DI_n)$ 对结构进行损伤识别，其中采用损伤识别方法 DI_i 对损伤进行识别的识别信息量为：

$$I_{DI_i}(Da) = H(Da) - H(Da \mid DI_i) \tag{9.62}$$

式中，$I_{DI_i}(Da)$ 表示采用损伤识别方法 DI_i 识别损伤 Da 所获得的信息量；$H(Da)$ 表示损伤 Da 的熵，此处被当作信息量的衡量方法；$H(Da \mid DI_i)$ 表示经过损伤识别方法 DI_i 识别之后损伤 Da 的熵。

损伤识别过程中的信息量定义为损伤识别方法所含有的与损伤有关的信息，它表示因为损伤识别方法 DI_i 的引入，对损伤 Da 认知的不确定度的减少量。

当采用损伤识别指标 DI 对结构中的损伤 Da 进行损伤识别时，响应的识别信息量为：

$$I_{DI}(Da) = I_{DI_1}(Da) + I_{DI_2 \mid DI_1}(Da) + I_{DI_3 \mid DI_1, DI_2}(Da) + \cdots + I_{DI_n \mid DI_1, DI_2, DI_3, \cdots, DI_{n-1}}(Da) \tag{9.63}$$

由上述公式可以知道，n 种损伤识别方法带来的损伤识别信息等于损伤识别方法 DI_1 带来的识别信息，加上 DI_1 识别后由 DI_2 带来的识别信息，以此类推，至前$(n-1)$个损伤识别方法 DI_{n-1} 识别后由 DI_n 带来的识别信息，故可得到以下不等式：

$$I_{DI}(Da) \geqslant I_{DI_i}(Da) \tag{9.64}$$

由不等式(9.64) 可以知道多个损伤识别方法带来的损伤识别信息必定不小于单个损伤

识别方法带来的损伤识别信息。这是采用信息融合进行损伤识别的理论基础。

采用信息融合的方法进行损伤识别具备以下优点：

(1) 大幅度地提高损伤识别结果的可靠度

通过融合不同损伤识别指标包含的与损伤识别有关的特征信息，不仅可以得到损伤指标的单一特征，还可以得到损伤指标间的关联特征，从而使得信息融合系统所得到的综合信息具备所有的单一方式的信息所不具备的更高的可靠度。

(2) 增加了损伤识别结果的维数

通过对不同损伤识别指标包含的与损伤识别有关的特征信息的融合，增加了损伤识别指标间不相关的特征信息，进而使信息融合系统获得了单一的损伤识别指标所不具备的独立的与损伤识别有关的特征信息，最终增加了损伤识别结果的维数。

(3) 提高了信息融合系统的容错能力

信息融合系统所获得的信息是通过不同的渠道获得的，同时这些信息既包括与损伤识别相关的有用信息，亦包括与损伤识别不相关的干扰信息，故这些信息具有很大的冗余性，当信息融合系统获得信息的渠道有一个或者几个出现错误甚至发生故障时，系统可以通过其他渠道获得的相关信息来做出比较正确的综合判断，从而提高了信息融合系统的容错能力。

(4) 增强了系统的整体性能

从理论上说，信息融合系统所获得的信息既有各个损伤指标间的相互独立的信息，也有损伤识别指标间的相互关联的信息，从而增加了系统的整体性能。

总的来说，信息融合技术的基本过程如图 9.29 所示。

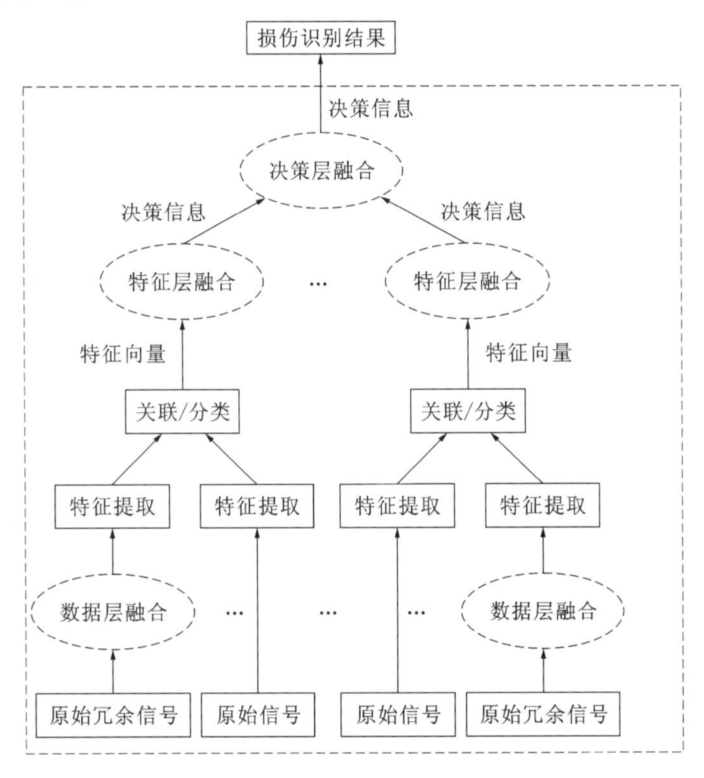

图 9.29 信息融合技术的基本过程

9.6.2　多证据分析

尺有所短，寸有所长。基于改进的应变能变化率的分层损伤识别方法可以很好地识别损伤，但是识别对频率变化敏感的复合材料结构中的分层损伤时，基于混合因子法的分层损伤识别方法具备更高的精度。同样基于噪声压缩法的分层损伤识别方法有很好的分层损伤识别精度，但是合适核函数的选取是其准确识别分层损伤的前提；基于灰度分析假设检验的分层损伤识别方法虽然不需要选择核函数，但是相对于选择了准确核函数的噪声压缩法，其识别精度略低。只有通过对不同分层损伤识别方法包含的信息进行多证据分析，综合其识别分层损伤的优点，同时摈弃其缺点，才能从根本上更好地解决上述问题。

为更好地综合上述两类分层损伤识别方法的优点，同时摈弃其缺点，做到取其精华，去其糟粕，在此提出一种新的信息融合方法表示多证据分析法(Multi-Evidence Analysis，MEA)。多证据分析法主要是从概率的概念来分析和处理不同信息源中包含的与分层损伤有关的特征信息，把不同信息源中的特征信息当作分层损伤识别的基本证据，并对这些特征信息进行进一步的筛选，选取对分层损伤相对敏感的特征信息参与到最终的多证据分析过程中，依据最终的多证据分析结果高精度地识别损伤。在上述多证据分析的过程中，由于存在选择对分层损伤更加敏感的特征信息的过程，故多证据分析法可以综合不同的分层损伤识别方法的优点，同时对于上述两类损伤识别指标中包含的与分层损伤特征不敏感的或无关的干扰信息，则可以尽量地抑制甚至消除，减少其对分层损伤识别结果的影响，最终达到精确识别复合材料分层损伤的目的。所以从本质上说，上述多证据分析法融合处理不同信息源中的与分层损伤有关的特征信息时主要包括两个过程：一是以候选的分层损伤识别方法为不同信息源时，从其中筛选出分层损伤特征信息含量较高的信息，作为参与到后续信息融合过程的优质分层损伤特征信息；二是对上一步中筛选出的优质特征信息进行融合处理，从而准确地识别分层损伤。

多证据分析法融合处理不同信息源包含的特征信息用于复合材料结构分层损伤识别的过程如下：

(1) 假定存在两个不同的包含有分层损伤特征信息的信息源 S_1 和 S_2，需要对这两个信息源进行信息融合以识别 NE 个目标，而且这 NE 个目标表示为$A_1, A_2, A_3, \cdots, A_{NE}$，在以识别复合材料分层损伤为目的的多证据分析过程中，把每个测量点作为需要给出最终决定的目标，即可识别复合材料结构中所有测量位置附近存在分层损伤的可能性。所以，结构中测量点的数目与需要识别的目标的数目 NE 是相等的。

(2) 构造此次信息融合过程的基准函数

对于需要进行分层损伤识别的复合材料结构，在其需要进行分层损伤检测的区域附近但不在检测区域内任选一点作为测量点，对不同的测量点分别施加随机激励(该种激励力的形式与建立信息源时采用的激励方式不一样)，并在预先选取的测量点测量相应的应变响应，依次测量获取复合材料结构在无损伤和存在分层损伤时的响应 ε_{A_i} 和 $\varepsilon_{A_i}^d$，依据下述公式建立相应的基准函数 $B(A_i)(i=1,2,3,\cdots,NE)$：

$$B(A_i)=\frac{\sum_{i=1}^{NE}\left[(\varepsilon_{A_i}^d)^2+\sum_{i=1}^{NE}(\varepsilon_{A_i}^d)^2\right]\sum_{i=1}^{NE}(\varepsilon_{A_i})^2}{\sum_{i=1}^{NE}\left[(\varepsilon_{A_i})^2+\sum_{i=1}^{N}(\varepsilon_{A_i})^2\right]\sum_{i=1}^{NE}(\varepsilon_{A_i}^d)^2}\tag{9.65}$$

(3) 在获得信息融合过程的基准函数之后，依据单个信息源的指标函数 $M(A_i)(i=1,2,3,\cdots,NE)$ 和上一步获得的基准函数 $B(A_i)(i=1,2,3,\cdots,NE)$ 通过式(9.66)获得每个目标事件的发生概率 $P(A_i)(i=1,2,3,\cdots,NE)$：

$$P(A_i)=M(A_i)\cdot B(A_i)(i=1,2,3,\cdots,NE) \tag{9.66}$$

由于此处的多证据分析过程是以复合材料结构的分层损伤识别为目标，即判断该结构中测量区域内的哪个部分存在分层损伤，哪个部分是完好不存在分层损伤的，故此时信息源中对结构不同部分的划分是一个无重叠的完全划分，以便对复合材料结构分层损伤识别有一个明确的和无重叠的最小分层损伤识别区域。故上述的 NE 个识别目标 $A_1,A_2,A_3,\cdots,A_{NE}$ 可以完成对复合材料结构总体的无重叠的完全划分，即在赋予复合材料结构每个子部分出现分层损伤的概率意义的同时完成了对其的无重叠的完全划分。

(4) 在获得每个目标事件的发生概率 $P(A_i)(i=1,2,3,\cdots,NE)$ 后，依据相应的贝叶斯概率公式可以获得每个目标事件在只存在两个信息源 S_1 和 S_2 条件下的发生概率 $P(A_i|S_1,S_2)$，其计算公式为：

$$P(A_i|S_1,S_2)=\frac{P(S_1,S_2|A_i)}{\sum_{j=1}^{NE}P(S_1,S_2|A_j)} \tag{9.67}$$

当信息源 S_1 和 S_2 中每个目标在只存在两个信息源 S_1 和 S_2 条件下事件发生与否的局部决定之间是相互独立时，式(9.67)可以转化为：

$$P(A_i|S_1,S_2)=\frac{P(S_1|A_i)P(S_2|A_i)P(A_i)}{\sum_{j=1}^{NE}P(S_1|A_j)P(S_2|A_j)P(A_j)} \tag{9.68}$$

(5) 当只从两个信息源 S_1 和 S_2 中获取基准证据信息时，需要选择分层损伤特征信息含量较高的优质信息作为参与计算的条件概率，由于概率值的大小代表事件存在的可能性，故较大的概率值就意味着此处目标事件发生的可能性比较大，也就是说，此时复合材料结构存在分层损伤的可能性亦比较大，因此此处将在只存在两个信息源 S_1 和 S_2 条件下，将每个目标事件中发生概率最大的概率值作为含分层损伤信息较高的优质信息参与到最终的计算中，则每个目标事件在只存在两个信息源 S_1 和 S_2 条件下的发生概率的计算方法可以转化为：

$$P(A_i|S_1,S_2)=\frac{\max(P(S_1|A_i),P(S_2|A_i))P(A_i)}{\sum_{j=1}^{NE}P(S_1|A_j)P(S_2|A_j)P(A_j)} \tag{9.69}$$

(6) 在实际的工程应用中，分层损伤信息的来源渠道是很多的，即信息源的数目是大于两个的，故需要研究基于多个信息源(大于两个)条件下的多证据分析，以确定此时信息源中目标时间的发生概率，并最终完成复合材料结构分层损伤的识别。

当需要对 $M(M\geqslant 3)$ 个信息源进行多证据分析时，相应的信息融合过程与两处信息源的多证据分析过程大致相同，只是选择含分层损伤信息较高的优质信息的过程不同，此时的优质信息选择过程如下所示：

将所有信息源中关于第 i 个目标事件的发生概率 $P(S_k|A_i)(k=1,2,3,\cdots,M)$ 组成向量 $\{P(S_1|A_i),P(S_2|A_i),\cdots,P(S_M|A_i)\}$，仍然选取概率值大的发生概率作为含分层损伤特征信息含量较高的优质信息，故求取其最大值，即求取 $\max(\{P(S_1|A_i),P(S_2|A_i),\cdots,P(S_M|A_i)\})$，记为 $\max_1(P(S_k|A_i))$。此目标事件此时的发生概率既然已经被选择，则在后续

过程中再次被选择的可能性很小，就可以认为是不会发生的，故可以令上述向量 $\{P(S_1|A_i),P(S_2|A_i),\cdots,P(S_M|A_i)\}$ 中发生概率最大的目标事件的发生概率为零，再次求取新的向量的最大值，即求取 $\max(\{P(S_1|A_i),P(S_2|A_i),\cdots,0,\cdots,P(S_M|A_i)\})$，记为 $\max_2(P(S_k|A_i))$。

当 $M(M\geqslant 3)$ 个信息源中每个目标事件发生与否的局部决定之间是相互独立时，则目标事件在 $M(M\geqslant 3)$ 个信息源条件下的发生概率为：

$$P(A_i|S_1,S_2,\cdots,S_M)=\frac{\max_1(P(S_k|A_i))\cdot\max_2(P(S_k|A_i))}{\sum_{j=1}^{NE}\prod_{k=1}^{M}P(S_k|A_j)P(A_j)} \tag{9.70}$$

$$\max_1(P(S_k|A_i))=\max_1(P(S_1|A_i),P(S_2|A_i),\cdots,P(S_M|A_i)) \tag{9.71}$$

特别地，当需要融合的信息源为两个信息源 S_1 和 S_2 时，上述计算过程依然有效。

从上述研究内容可以知道：多证据分析的过程中在制定分层损伤信息含量较高的优质信息的衡量标准时，依据目标事件发生概率的大小代表着该目标时间发生可能性大小的原则，依次选择不同信息源目标事件发生概率组成的向量的最大值作为评判信息是否为优质信息的标准。从而保证了与分层损伤特征有关的优质信息尽可能多地参与到不同信息源之间信息融合的过程中去；在选出优质的分层损伤特征信息之后，采用信息累积优化的方式进行信息融合，从而可以更好地融合来自不同信息源的优质分层损伤特征信息，最终以更高的识别精度完成复合材料结构的分层损伤识别。

9.6.3　损伤识别研究

(1) 基于数值仿真数据的分层损伤识别结果

基于改进的应变能变化率的分层损伤识别方法没有考虑结构的频率变化信息，对于频率变化比较敏感的结构，采用基于混合因子法的分层损伤识别方法更合适，为实现上述两种分层损伤方法的优势互补，采用多证据分析方法对基于改进的应变能变化率法和混合因子法得到的分层损伤识别结果进行多证据分析，提升分层损伤识别结果的精度和可信度。

将使用不同阶应变模态下的分层损伤识别结果当作不同的信息源，由于使用的是复合材料前五阶的应变模态，故在进行有基准（或无基准）范围内的多证据分析时，可将两种分层损伤识别方法在不同阶应变模态下的分层损伤识别结果当作不同的信息源，即对十个不同信息源进行多证据分析以精确识别复合材料结构的分层损伤。当对层合板数值仿真的数据进行多证据分析时，625 个节点被用来对层合板进行单元划分，故此时有 625 个目标事件；以分层损伤识别量 BSC 和 BHF 为基础证据信息，通过式(9.71) 可以计算获得相应的多证据分析结果，如图 9.30 和图 9.31 所示。

从上述多证据分析结果可以看出：不论是基于数值仿真数据还是基于实验数据。相应的多证据分析结果均可以很好地识别分层损伤，而且在层合板无分层损伤的区域，多证据分析结果的值均非常小，说明此时分层损伤识别的误差亦比较小，从而说明基于 BSC 和 BHF 的多证据分析很好地实现了两者之间的优势互补，提高了分层损伤识别结果的精度和可靠性。

基于噪声压缩的分层损伤识别方法有很高的识别精度，但是在识别损伤时需要选择合适的核函数，基于灰度分析假设检验的分层损伤识别方法不需要选择核函数，但当选择了正确的三角核函数时，基于噪声压缩法的分层损伤识别量识别分层损伤时的精度较高，为实现上述两

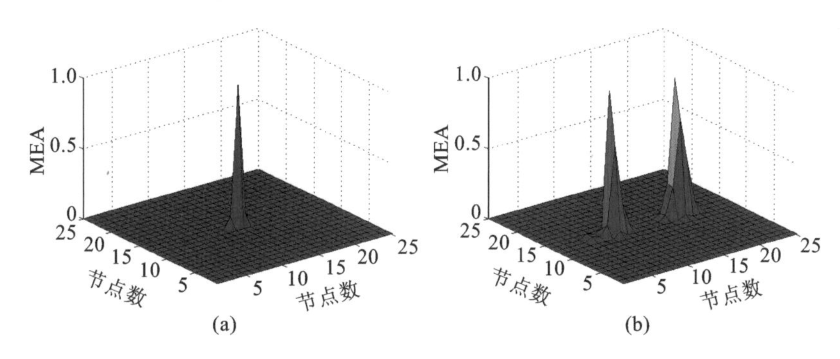

图 9.30 基于 BSC、BHF 和数值仿真数据的多证据分析结果

(a) 单处分层损伤；(b) 两处分层损伤

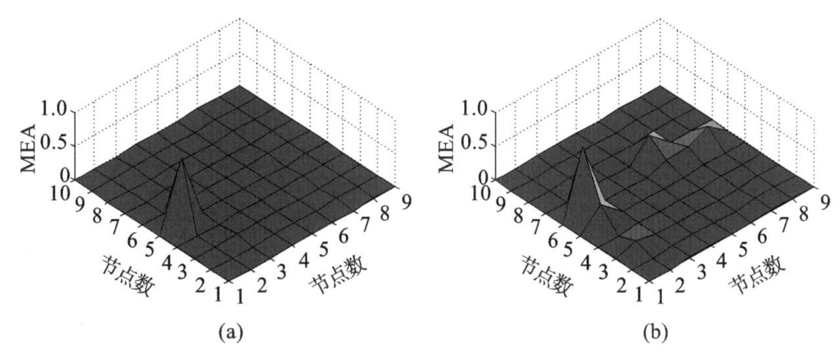

图 9.31 基于 BSC、BHF 和实验数据的多证据分析结果

(a) 单处分层损伤；(b) 两处分层损伤

种分层损伤方法的优势互补，采用多证据分析方法对基于噪声压缩法和灰度分析假设检验法得到的分层损伤识别结果进行多证据分析，提升分层损伤识别结果的精度和可信度。

将两种分层损伤识别方法在不同工况下的分层损伤识别结果当作不同的信息源，即对 10 个不同信息源进行多证据分析以精确识别复合材料结构的分层损伤。而且使用 90 个激励点对层合板进行完全划分，故此时有 90 个目标事件；然后以分层损伤识别量 NNC 和 NGH 为基础证据信息，通过式(9.71) 可以计算获得相应的多证据分析结果，如图 9.32 和图 9.33 所示。

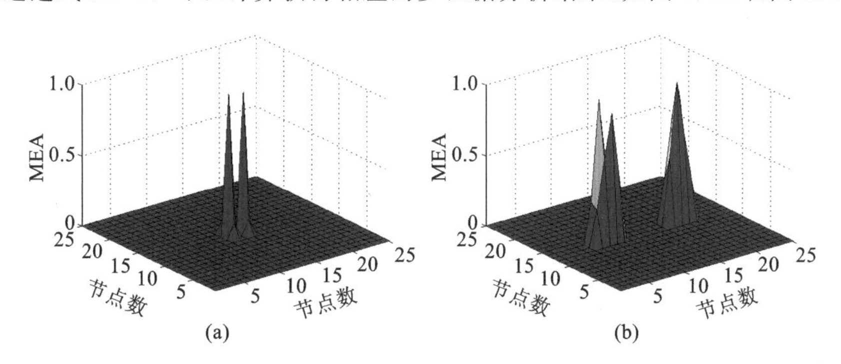

图 9.32 基于 NNC、NGH 和数值仿真数据的多证据分析结果

(a) 单处分层损伤；(b) 两处分层损伤

从上述多证据分析结果得出与基于有基准分层损伤识别方法多证据分析相似的结论，与之不同的是此时的多证据分析由于不需要基准数据而有更强的适应性。

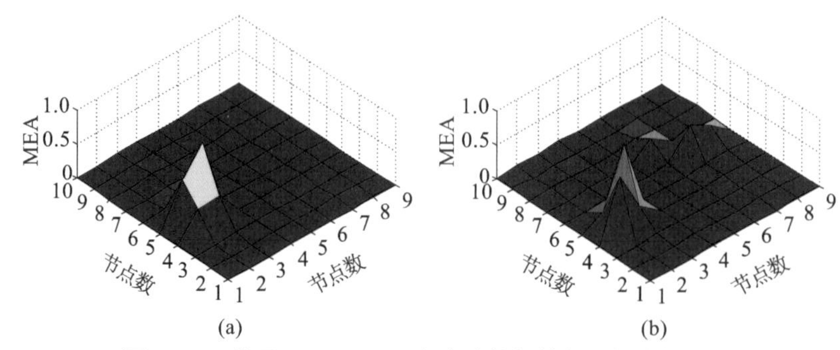

图 9.33 基于 NNC、NGH 和实验数据的多证据分析结果

(a) 单处分层损伤;(b) 两处分层损伤

综合上述多证据分析的分层损伤识别结果,不论是基于有基准分层损伤识别方法的多证据分析,还是基于无基准分层损伤识别方法的多证据分析,它们均可以很好地识别层合板中的单处分层损伤和两处分层损伤,而且经过多证据分析之后分层损伤识别结果具备更高的精度,验证了本书提出的多证据分析方法的可行性和有效性。从而说明多证据分析方法可实现不同分层损伤识别方法之间的优势互补,提高分层损伤识别的精度和可靠性。

(2) 基于实验数据的分层损伤识别结果

本实验以小型复合材料风机叶片为对象,以不同幅值脉冲激励下风机叶片的应变响应实现风机叶片的分层损伤识别为目的,脉冲激励的五种不同幅值分别为 300mvpp、400mvpp、500mvpp、600mvpp 和 700mvpp,风机叶片实际工作时,风载荷是作用在风机叶片的迎风面上,为与风机叶片的实际工作状态相一致,将激励施加在风机叶片的迎风面上,相应的激励位置如图 9.34 所示;本实验使用 AB 胶(丙烯酸酯)将光纤光栅传感器粘贴在风机叶片的背风面(图 9.35),本实验的总体情况如图 9.35 所示。

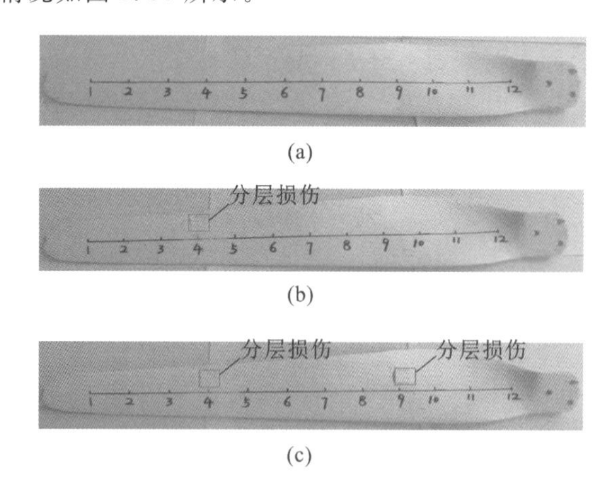

图 9.34 风机激励位置和分层损伤

(a) 无分层损伤;(b) 单处分层损伤;(c) 两处分层损伤

通过上述实验可以获得无分层损伤及含分层损伤时风机叶片在不同幅值激励下的应变响应,依据式(9.11)可计算出相应的混合距离测度指标,以混合距离测度指标数据为基础,通过分层损伤识别量 BSC 和 BHF 的计算方式,可以获取其对分层损伤的识别结果(图 9.36、图 9.37、图 9.38)。通过分层损伤识别量 NNC 和 NGH 的计算方式,如式 9.56 和式 9.61,可以

图 9.35 实验总体安装图

获取其对分层损伤的识别结果(图 9.39、图 9.40、图 9.41)。

在使用多证据分析法分别处理得到的有基准或无基准的分层损伤识别方法时,将使用不同工况下的分层损伤识别结果当作不同的信息源,由于使用的是复合材料 5 种幅值载荷下的响应,故在进行有基准(或无基准)范围内的多证据分析时,可将两种分层损伤识别方法在不同工况下的分层损伤识别结果当作不同的信息源,即对 10 个不同信息源进行多证据分析以精确识别复合材料结构的分层损伤。当使用多证据分析方法识别风机叶片中的分层损伤时,通过 12 个不同的激励位置将风机叶片划分为不同的部分,故此时有 12 个目标事件。通过式(9.71)可以获取相应的多证据分析结果。

从图 9.36 可知:对于单处分层损伤的识别结果,在分层损伤所在的第四个 FBG 处,相应的 BSC 值很大;对于两处分层损伤的识别结果,在分层损伤所在的第四个和第九个 FBG 处,相应的 BSC 值很大,这说明分层损伤识别量 BSC 识别了单处分层损伤和两处分层损伤,在无分层损伤位置处 BSC 值也较大,即存在一定的分层损伤识别误差,相似的结论也可以从其他有基准和无基准分层损伤识别方法的识别结果中得出。与单处分层损伤的识别结果相比,两处分层损伤识别结果在无分层损伤位置处的值较大,造成两处分层损伤的识别精度较大。

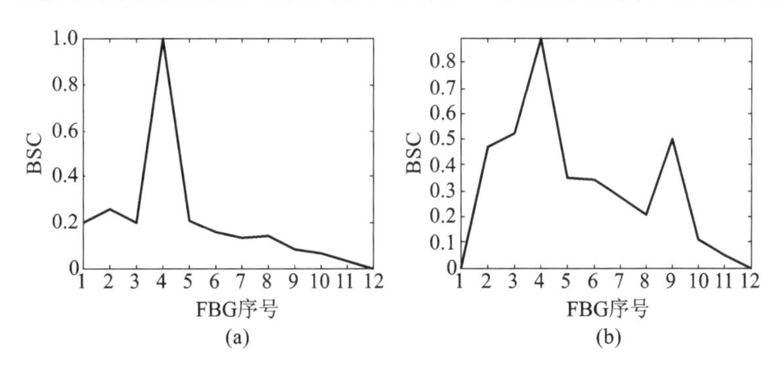

图 9.36 基于 BSC 的分层损伤识别结果

(a) 单处分层损伤;(b) 两处分层损伤

从基于 BSC 和 BHF 的多证据分析结果来看,在无分层损伤的位置处,相应的多证据分析值均非常小,远小于此处的BSC和BHF的值,说明此时有非常小的分层损伤识别误差,相似的结论亦可以从基于 NNC 和 NGF 的分层损伤识别结果中得出,故基于多证据分析的分层损伤

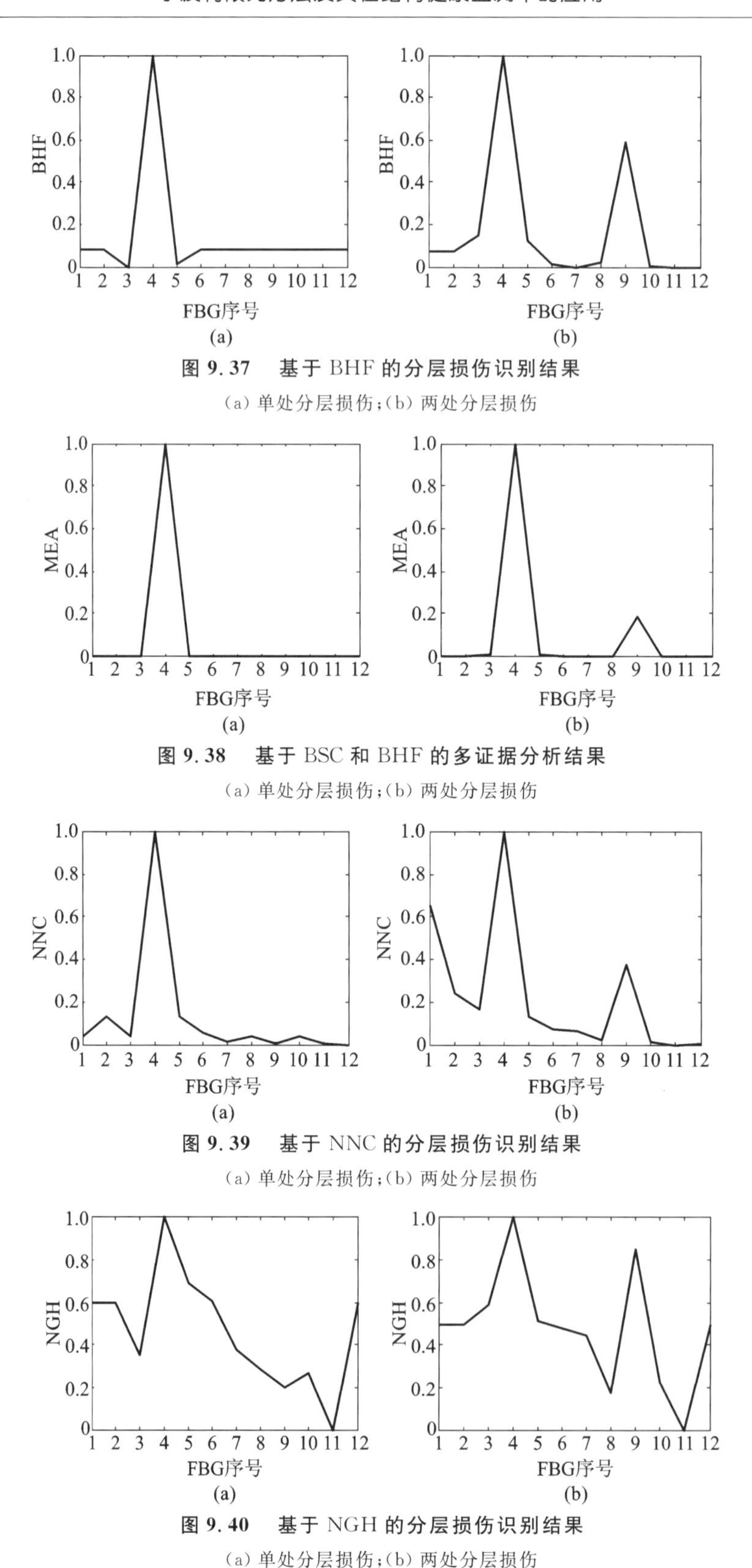

图 9.37　基于 BHF 的分层损伤识别结果

(a) 单处分层损伤；(b) 两处分层损伤

图 9.38　基于 BSC 和 BHF 的多证据分析结果

(a) 单处分层损伤；(b) 两处分层损伤

图 9.39　基于 NNC 的分层损伤识别结果

(a) 单处分层损伤；(b) 两处分层损伤

图 9.40　基于 NGH 的分层损伤识别结果

(a) 单处分层损伤；(b) 两处分层损伤

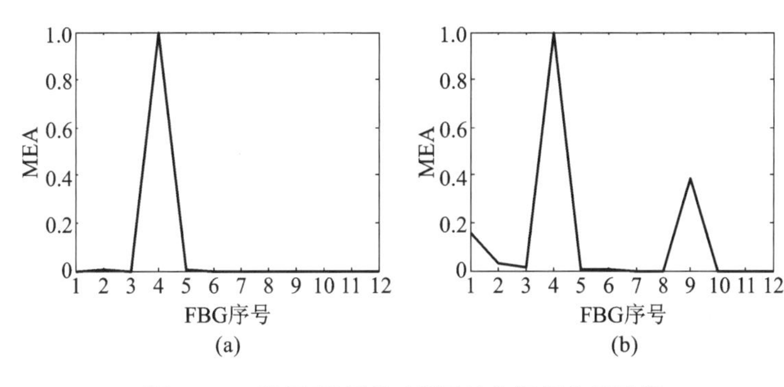

图 9.41 基于 NNC 和 NGF 的多证据分析结果

(a) 单处分层损伤;(b) 两处分层损伤

识别方法识别复杂结构风机叶片中单处分层损伤和两处分层损伤时的识别精度更好,故其可以显著地降低风机叶片分层损伤识别时的识别误差,实现不同分层损伤识别方法间的优势互补,完成风机叶片动态载荷下的分层损伤识别。

参考文献

[1] 王素芳.基于 Hellinger 距离的 Adhoc 网络合作性研究.武汉:华中科技大学,2008.

[2] PUZICHA J,TOMAST C,RUBNER Y,et al. Empirical evaluation of dissimilarity measures for color and texture. Computer vision and image understanding,1999,84(1):25-43.

[3] KULLBACK S,LEIBLER R A. On information and Sufficiency. The Annals of Mathematical Statistics,1951,22(1):79-86.

[4] 屈梁生,张西宁,沈玉婷.机械故障诊断理论与方法.西安:西安交通大学出版社,2009.

[5] MATHIASSEN J R,SKAVHAUG A,et al. Texture similarity measure using Kullback-Leibler divergence between gamma distributions. In Computer Vision—ECCV 2002,2002:133-147.

[6] 张冀.基于多源信息融合的传感器故障诊断方法研究.北京:华北电力大学,2008.

[7] CHOI S,STUBBS N. Damage identification in structures using the time-domain response. Journal of Sound and Vibration,2004,275(3):577 - 590.

[8] 沈怀荣,杨露,周伟静,等.信息融合故障诊断技术.北京:科学技术出版社,2013.

[9] 杨露菁,余华.多源信息融合理论与应用.北京:北京邮电大学出版社,2006.